2008 年度普通高等教育精品教材
普通高等教育“十一五”国家级规划教材
高等职业教育系列教材

电工与电子技术基础

第 2 版

周元兴　主编

机械工业出版社

本书介绍了电工技术、电子技术的基础知识和必备的基本技能。内容包括：直流电路、正弦交流电路、电磁电器和电磁设备、继电-接触器控制电路、可编程序控制器简介、工厂输配电与照明电路和安全用电；常用晶体管、晶体管放大电路、集成运算放大电路、门电路和组合逻辑电路、触发器和时序逻辑电路、集成555定时器和非电量的测量（传感器）等共13章。各章均配有实训和习题，书后附有部分习题参考答案。

本书既可作为高职高专机电类学生“电工与电子技术”课程的教材，也可供相关技术人员参考。

图书在版编目（CIP）数据

电工与电子技术基础/周元兴主编．—2版．—北京：机械工业出版社，2008.2（2020.7重印）

普通高等教育“十一五”国家级规划教材．高等职业教育系列教材

ISBN 978-7-111-08312-2

Ⅰ．电…　Ⅱ．周…　Ⅲ．①电工技术-高等学校：技术学校-教材　②电子技术-高等学校：技术学校-教材　Ⅳ．TM TN

中国版本图书馆CIP数据核字（2008）第017890号

机械工业出版社（北京市百万庄大街22号　邮政编码100037）
责任编辑：吴鸣飞　版式设计：霍永明
责任校对：申春香　责任印制：常天培
北京捷迅佳彩印刷有限公司印刷
2020年7月第2版·第12次印刷
184mm×260mm·20.75印张·513千字
51 100—52 100册
标准书号：ISBN 978-7-111-08312-2
定价：39.00元

电话服务	网络服务
客服电话：010-88361066	机工官网：www.cmpbook.com
010-88379833	机工官博：weibo.com/cmp1952
010-68326294	金书网：www.golden-book.com
封底无防伪标均为盗版	机工教育服务网：www.cmpedu.com

高等职业教育系列教材
机电类专业编委会成员名单

出 版 说 明

《国家职业教育改革实施方案》（又称“职教20条”）指出：到2022年，职业院校教学条件基本达标，一大批普通本科高等学校向应用型转变，建设50所高水平高等职业学校和150个骨干专业（群）；建成覆盖大部分行业领域、具有国际先进水平的中国职业教育标准体系；从2019年开始，在职业院校、应用型本科高校启动“学历证书+若干职业技能等级证书”制度试点（即1+X证书制度试点）工作。在此背景下，机械工业出版社组织国内80余所职业院校（其中大部分院校入选“双高”计划）的院校领导和骨干教师展开专业和课程建设研讨，以适应新时代职业教育发展要求和教学需求为目标，规划并出版了“高等职业教育系列教材”丛书。

该系列教材以岗位需求为导向，涵盖计算机、电子、自动化和机电等专业，由院校和企业合作开发，多由具有丰富教学经验和实践经验的“双师型”教师编写，并邀请专家审定大纲和审读书稿，致力于打造充分适应新时代职业教育教学模式、满足职业院校教学改革和专业建设需求、体现工学结合特点的精品化教材。

归纳起来，本系列教材具有以下特点：

1）充分体现规划性和系统性。系列教材由机械工业出版社发起，定期组织相关领域专家、院校领导、骨干教师和企业代表召开编委会年会和专业研讨会，在研究专业和课程建设的基础上，规划教材选题，审定教材大纲，组织人员编写，并经专家审核后出版。整个教材开发过程以质量为先，严谨高效，为建立高质量、高水平的专业教材体系奠定了基础。

2）工学结合，围绕学生职业技能设计教材内容和编写形式。基础课程教材在保持扎实理论基础的同时，增加实训、习题、知识拓展以及立体化配套资源；专业课程教材突出理论和实践相统一，注重以企业真实生产项目、典型工作任务、案例等为载体组织教学单元，采用项目导向、任务驱动等编写模式，强调实践性。

3）教材内容科学先进，教材编排展现力强。系列教材紧随技术和经济的发展而更新，及时将新知识、新技术、新工艺和新案例等引入教材；同时注重吸收最新的教学理念，并积极支持新专业的教材建设。教材编排注重图、文、表并茂，生动活泼，形式新颖；名称、名词、术语等均符合国家有关技术质量标准和规范。

4）注重立体化资源建设。系列教材针对部分课程特点，力求通过随书二维码等形式，将教学视频、仿真动画、案例拓展、习题试卷及解答等教学资源融入到教材中，使学生学习课上课下相结合，为高素质技能型人才的培养提供更多的教学手段。

由于我国高等职业教育改革和发展的速度很快，加之我们的水平和经验有限，因此在教材的编写和出版过程中难免出现疏漏。恳请使用本系列教材的师生及时向我们反馈相关信息，以利于我们今后不断提高教材的出版质量，为广大师生提供更多、更适用的教材。

机械工业出版社

前　　言

本教材是根据高等职业教育的发展，结合机电类专业培养高级应用型技术人材的需求，在机械工业出版社出版的《电工与电子技术基础》第1版的基础上进行修订的。本教材已被教育部列为普通高等教育“十一五”国家级规划教材。

本教材在第1版的基础上，按照职业教学的特点，做了以下几方面的工作：

（1）根据学生的认知特点，对第1章的内容进行了较大的改编，先介绍物理量、直流电路中的元器件，再介绍电路的基本定律，最后介绍对直流电路进行电路分析的常用方法。

（2）根据通俗易懂的原则，将已学过的知识穿插在需要的教材中，如用RC元件组成第9章的桥式振荡电路，采用物理概念进行分析，避开了繁琐的数学推导。

（3）考虑到555定时器内既非模拟电路，又非数字电路，故将它另列为一章。

（4）为使学生掌握基本理论知识，各章安排了相应较实用的实训内容。同时将电动机的拆装改为变压器、电动机绕组的同名端判别。

本课程是机电类专业的一门重要技术基础课。其任务是使学生掌握机电类专业必备的电工基础知识、电子基础知识和安全用电常识；熟悉常用的电工应用技术、电子应用技术；了解电工技术和电子技术在机械领域的新产品、新技术、新趋向。考虑到本课程是机电类专业的综合性基础课程，结合高等职业技术教育的特点，力求做到内容浅显好学，语言通俗易懂，图文并茂；又根据本课程实践性较强的特点，在各章后都安排了相应的实践性环节，使理论教学与实践紧密结合，以培养学生理论联系实际的能力和实事求是的科学态度。

为便于教学和读者自学，本书各章均配有实训和习题，书后附有部分参考答案，并提供与教材配套的电子课件，读者可在机械工业出版社教材服务网 www. cmpedu. com 上免费下载。

本教材参考学时数为164学时，其中理论教学为122学时，技能训练为42学时。

本书由周元兴主编。第1、2、7、8章由吴铁群编写，第3、6章由周元兴编写，第4、9、13章由王建锋编写，第5、10、11、12章由吴秋芹编写。

本书由郭再泉副教授主审，并提出了许多宝贵意见。在修订过程中，得到了许多同行的帮助，尤其得到了参与第1版编写工作的孙艳霞、李溪冰、李积芳、成建生、赵明富、汪卫红、方凤玲等各位老师的帮助，在此一并表示诚挚的感谢。

由于编者水平所限，书中错误和欠妥之处在所难免，敬请读者指正。

作　者

目　　录

第1章　直流电路

本章要点

- 电路的主要物理量及其参考方向
- 电路元件的伏安关系及其等效变换
- 电路的三种工作状态及额定值
- 电路的基本定律、基本定理
- 电路中电位的概念和计算

1.1　电路及其主要物理量

1.1.1　电路的组成和作用

1. 电路的组成

电路就是电流所经过的路径，它是为完成某一功能，由各电路元件按一定方式组合而成的。电路元件的结构形式多样，繁简不一，功能也不尽相同。在研究电路的工作原理时，通常是用一些规定的图形符号来代表实际的电路元件，并用连线表示它们之间的连接关系，画成原理电路图进行分析。原理电路图简称电路图。

图1-1所示的电路是一个最简单的实用直流电路，它由一个电源（干电池）、一个负载（小灯泡）、一个开关和连接导线所组成。对电源来讲，负载、连接导线和开关称为外电路，电源内部的一段电路称为内电路。图1-2是该直流电路的电路图。

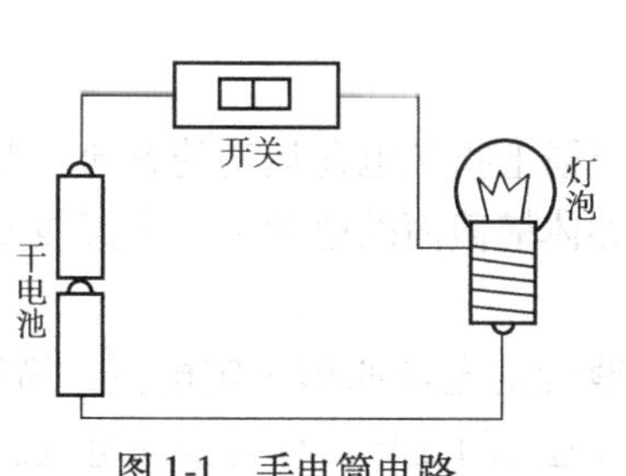

图1-1　手电筒电路

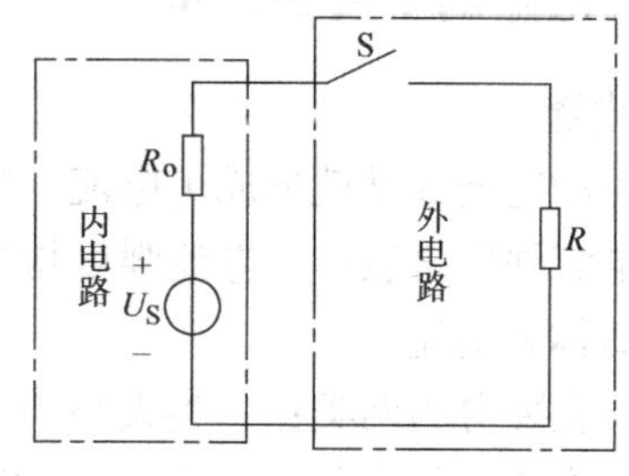

图1-2　原理电路图

电源是供应电能的装置，它把其他形式的能量转换为电能。例如干电池、蓄电池、发电机等都是电源。

负载是取用电能的装置，它把电能转换为其他形式的能量。例如电灯、电动机等。

连接导线和开关，用来连接电源与负载，它们构成电流的通路，把电源的能量输送给负载，并根据需要控制电路的接通和断开，统称中间环节，起传输和控制电能的作用。

2. 电路的作用

（1）电能的传输、转换和分配

此功能一般由电力电路实现。对于这一类电路，要求在传输和转换过程中，尽可能地减少能量损耗，以提高效率。

（2）电信号的产生、传递、处理和应用

此功能一般由电子电路实现。电子电路中电源称为信号源，其电信号虽然也有能量的传输和转换，但其数量很小，一般所关心的是信号传递的质量，如要求失真小、准确、灵敏、快速等。

一个完整的电路，由电源(或信号源)、负载和中间环节这三个基本部分组成，它们是缺一不可的。

1.1.2 电路模型

实际电路中的元件种类繁多，在电路分析中不可能因物而异，通常是将实际电路元件理想化(或模型化)，即在一定条件下，突出其主要的电磁性质，忽略其次要因素，把它近似地看做理想电路元件，用一个理想电路元件或由几个理想元件的组合来代替实际电路元件。最基本的理想电路元件有无源和有源两类。无源的电路元件有：只消耗电能，并将电能转换为其他能量的电阻元件；只表示磁场效应，具有储存或释放磁场能量性质的电感元件；只表示电场效应，具有储存或释放电场能量性质的电容元件。有源的电路元件有提供电压的电压源元件和提供电流的电流源元件。

用理想电路元件及其组合来代替实际电路元件，就构成了与实际电路相对应的电路模型。如用电阻 R 的理想电路元件来代替电阻器、电阻炉、灯泡等消耗电能的实际元件，用内电阻 R_0 和理想电压源 U_S 相串联的电路模型来代替实际的直流电源等。

我们在进行理论分析时所指的电路，就是这种电路模型。根据对电路模型的分析所得出的结论，有着广泛的实际指导意义。

1.1.3 电路的主要物理量

1. 电流

电荷的定向移动就形成了电流。电流的实际方向习惯上指正电荷运动的方向，电流的大小常用电流强度来表示。电流强度指单位时间内通过导体横截面的电荷量。电流强度习惯上又常被简称为电流。

电流主要分为两类：一类大小和方向均不随时间改变的电流叫做恒定电流，简称直流，其电流强度用符号 I 表示。另一类为电流的大小和方向随时间变化，称为变动电流。其电流强度用符号 i 来表示。其中一个周期内电流的平均值为零的变动电流叫做交变电流，简称交流，其电流强度也用符号 i 来表示。在本章只研究直流电路。

对于直流，单位时间内通过导体横截面的电荷量是恒定不变的。

$$I=\frac{Q}{t} \tag{1-1}$$

对于变动电流(含交流)，在一很小的时间间隔 $\mathrm{d}t$ 内，通过导体横截面的电荷量为 $\mathrm{d}Q$，则该瞬间电流强度为

$$i = \frac{\mathrm{d}Q}{\mathrm{d}t} \tag{1-2}$$

电流的单位是 A(安[培])。1A 电流为 1s(秒)内通过导体横截面的电荷为 1C (库[仑])。常用的有千安(kA)，毫安(mA)或微安(μA)。

在分析电路时，对复杂电路中某一段电路里电流的实际方向有时很难立即判定，有时电流的实际方向还在不断地改变，因此在电路中很难确定电流的实际方向。为了解决这样的困难，引入了电流的“参考方向”这一概念。

在一段电路或一个电路元件中事先可任意选定一个方向，称电流的参考方向。在电路图中用箭头表示，或用双下标表示，如 I_{ab} 表示参考方向是由 a 指向 b 的电流。但选定的电流参考方向不一定与电流的实际方向一致。当电流的实际方向与参考方向一致时，电流为正值($I>0$)，如图 1-3a 所示；当电流的实际方向与参考方向相反时，电流为负值($I<0$)，如图 1-3b 所示。因此在选定参考方向之后，电流的值才有正负之分。也只有在此条件下，电流的正负才有意义。必须指出，参考电流一经选定，就不能任意改变。

2. 电压和电位

图 1-1 所示手电筒电路中，灯泡发光是由于灯泡中有电流通过，其两端存在电场力，在电场力作用下正电荷做功，将电能转换成光能的结果，即在灯泡两端存在电压。

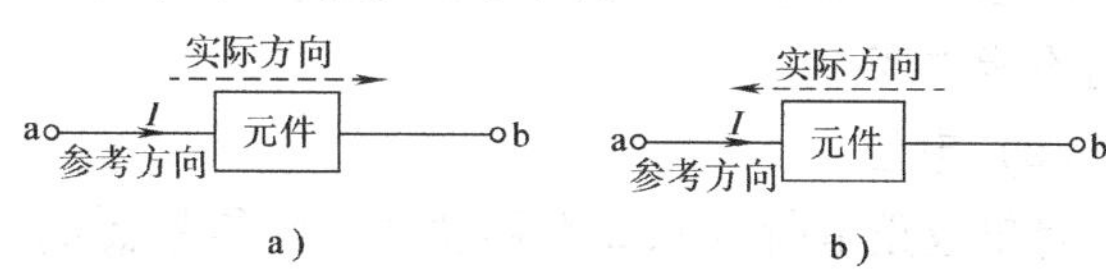

图 1-3　电流参考方向与实际方向的关系

a) $I>0$　b) $I<0$

(1) 电压

图 1-4 所示电路中，将单位正电荷 Q 从 a 移动到 b 点，电场力所做的功 W_{ab} 称为电压 U_{ab}。

$$U_{ab} = \frac{W_{ab}}{Q} \tag{1-3}$$

电压的单位是伏[特](V)。1V 电压为 1C (库[仑])正电荷在电场力作用下做了 1J(焦[耳])的功。电压的单位还有千伏 (kV)、毫伏(mV)、微伏(μV)等。

电压的实际方向规定为电场力的方向，即 a 点指向 b 点。

在一些复杂电路中，某两点间的电压实际方向有时难以事先确定，和对待电流一样，在元件或电路两点之间可以任意选定一个方向为电压的参考方向。当电压的实际方向与电压的参考方向一致时，电压值为正($U>0$)，如图 1-5a 所示；反之，当电压的实际方向与电压的参考方向相反时，电压值为负($U<0$)，如图 1-5b 所示。同电流一样，不标出电压参考方向，电压的正负值就没有正确的意义。

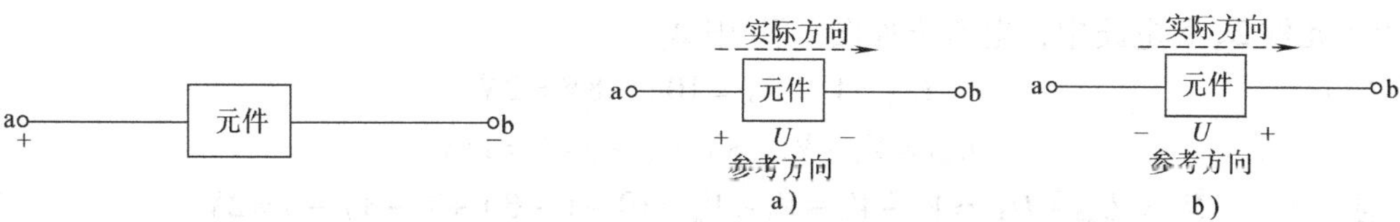

图 1-4　电路中的电压

图 1-5　电压参考方向与实际方向的关系

a) $U>0$　b) $U<0$

电压的参考方向用电压极性“+”、“-”表示；也有用箭头或双下标表示的，如 U_{ab}表示电压的参考方向由 a 点指向 b 点。

电压的实际方向是客观存在的，它决不因该电压的参考方向的不同选择而改变，由此可知：$U_{ab}=-U_{ba}$。

电流参考方向的选定与电压参考方向的选定是任意的。但为了方便起见，对一段电路或一个电路元件，如果选定电流的参考方向与电压的参考方向一致，即选定电流参考从标以电压“+”极性端流入，从标以电压“-”极性端流出，则把这种电流和电压的参考方向称为关联参考方向，如图 1-6a 所示；反之，称非关联参考方向，如图 1-6b 所示。

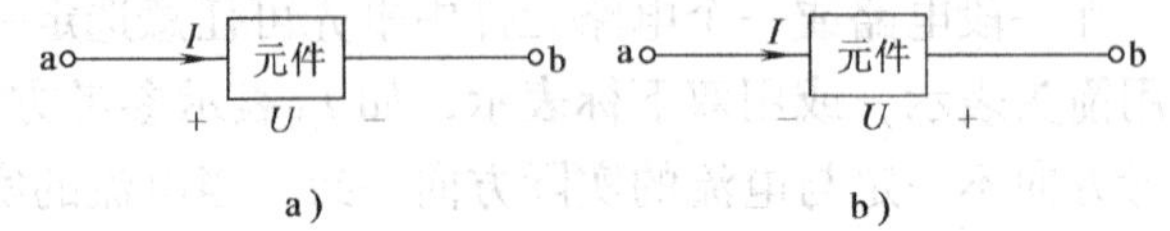

图 1-6 电流、电压的关联和非并联参考方向
a）关联参考方向 b）非关联参考方向

需要指出，在计算电路的某一未知电流或电压时，应先标明该电流或电压的参考方向，一经选定，其参考方向不能改变。

（2）电位

将单位正电荷 Q 从 a 点移动到电位参考点 b，电场力所做的功 W_a 称为电压 V_a。

$$V_a=\frac{W_a}{Q} \tag{1-4}$$

在电路中，常指定电路中某一点(只能一点)的电位为零，称为电位参考点。一般将电路中的接地端或公共端作为参考点。指定参考点后，电路中各点的电位均是惟一的值。当电路中其他点电位比参考点高时，则该点电位为正，否则为负。

电位的单位是伏[特](V)。

由此可见，电路中任意两点的电位之差称为电压，用字母 U 表示。例如 a、b 两点间的电压为

$$U_{ab}=V_a-V_b \tag{1-5}$$

所以电压又称为电位差。由于电压的实际方向规定为电场力的方向，因此电位是逐点降低的，称为“电位降”。

【例 1-1】 在图 1-7a 中，各方框表示电路中的各种元件。已知 $I_1=3A$，$I_2=2A$，$I_3=-1A$，$V_a=10V$、$V_b=8V$、$V_d=-3V$。

（1）欲验证 I_1、I_3 数值是否正确，各电流表在图中应如何连接？并标明电流表极性。

（2）求 U_{ab}、U_{bd}，若要测量这两个电压，电压表应如何连接？并标明电压表极性。

解 （1）$I_1>0$，表示实际电流方向与参考电流方向相同，则电流表 A_1 串入元件 1、3 电路中，电流表如图 1-7b 中 A_1；$I_3<0$，表示实际电流方向与参考电流方向相反，则电流表 A_3 串入元件 2、5 电路中，电流表如图 1-7b 中 A_3。

（2）
$$U_{ab}=V_a-V_b=10V-8V=2V$$
$$U_{bd}=V_b-V_d=8V-(-3V)=11V$$

或
$$U_{ab}=U_{ad}+U_{db}=V_a-V_d+V_d-V_b=10-(-3)+(-3)-8=2V$$
$$U_{bd}=U_{ba}+U_{ad}=V_b-V_a+V_a-V_d=8-10+10-(-3)=11V$$

由于 $U_{ab}>0$，表示实际电压方向与参考电压方向一致，则电压表 V_1 并接在元件 1 两端，

且电压表的“+”端接到a端，电压表的“-”端接到b端，如图1-7b中V_1；$U_{bd}>0$，表示实际电压方向与参考电压方向一致，则电压表V_2并接在元件4两端，且电压表的“+”端接到b端，电压表的“-”端接到d端，如图1-7b中V_2。

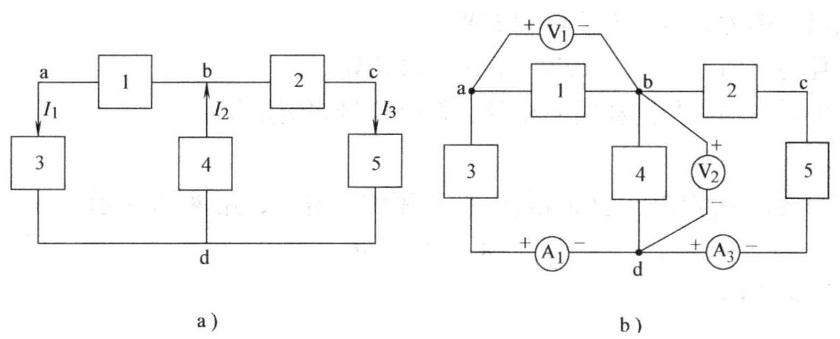

图1-7　例1-1图

以上两种思路计算所得结果完全相同，由此得出如下结论：

1）两点之间的电压等于这两点之间路径上全部电压的代数和；

2）计算两点间的电压与路径无关。

3. 电功率和电能

（1）电功率

在电流通过电路的同时，电路中发生了能量的转换。

在电源内，非电场力不断地克服电场力对正电荷做功，正电荷在电源内获得了能量，把非电能转换成电能。在外电路中，正电荷在电场力作用下，不断地流过负载，正电荷在外电路中放出能量，把电能转换成为其他形态的能。由此可见，在电路中，电荷只是一种转换和传输能量的媒介物，电荷本身并不产生或消耗任何能量。通常所说的用电，就是指取用电荷所携带的能量。

在电流、电压采用关联参考方向时，某段时间内，电路消耗的电能与该段时间的比值称为电功率，用P表示。

$$P=\frac{W}{t}=\frac{UQ}{t}=UI \tag{1-6}$$

功率的单位是瓦[特]（W），常用千瓦(kW)、毫瓦(mW)。

当采用非关联参考方向时，电功率P为

$$P=-UI \tag{1-7}$$

当$P>0$时，表示该元件消耗功率，或称取用功率；当$P<0$时，表示该元件供出功率，或称提供功率。在计算功率时一定要分清电流、电压的参考方向是关联参考方向还是非关联参考方向。

【例1-2】　如图1-8所示，已知$U_1=24V$，$U_3=22V$，$I=5A$，求U_2、P_1、P_2和P_3。

解　$U_2=U_1-U_3=24V-22V=2V$

元件1的U_1和I为非关联参考方向，故

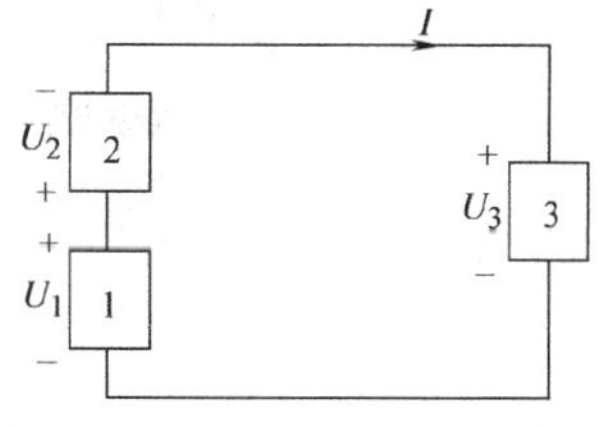

图1-8　例1-2电路

$$P_1 = -U_1 I = -24\text{V} \times 5\text{A} = -120\text{W}(\text{供出功率})$$

元件 2、3 的 U_2、I 及 U_3、I 为关联参考方向，故

$$P_2 = U_2 I = 2\text{V} \times 5\text{A} = 10\text{W}(\text{消耗功率})$$

$$P_3 = U_3 I = 22\text{V} \times 5\text{A} = 110\text{W}(\text{消耗功率})$$

电路中供出功率为 $P_1 = -U_1 I = -120\text{W}$

电路中消耗功率为 $P_2 + P_3 = 10\text{W} + 110\text{W} = 120\text{W}$

可见电路中供出功率与消耗功率相等，符合能量守恒定律。

(2) 电能

在某段时间内，电路中产生(或消耗)的功率称为电能，用 W 来表示。

$$W = Pt = UIt \tag{1-8}$$

式中 U——电压 (V)；

I——电流 (A)；

t——时间 (s)。

电能的单位是焦[耳] (J)，也可用千瓦· [小]时(kW·h)，$1\text{kW}\cdot\text{h} = 3.6 \times 10^6\text{J}$。

【思考题 1-1】

(1) 导线中通过一直流电流，已知 1s 内从该导线 a 端到 b 端通过横截面的电荷量为 0.5C。

①如通过导线的电荷是正电荷，试求 I_{ab} 和 I_{ba}；

②如通过导线的电荷是负电荷，试求 I_{ab} 和 I_{ba}。

(2) 如图 1-9 所示，当某元件两端电压 $U = -150\text{V}$ 时，试写 U_{ab} 和 U_{ba} 各为多少伏。

(3) 某一生产车间有 100W、220V 的电烙铁 50 把，每天使用 5h，一个月(按 30 天计)用电多少 kW·h?

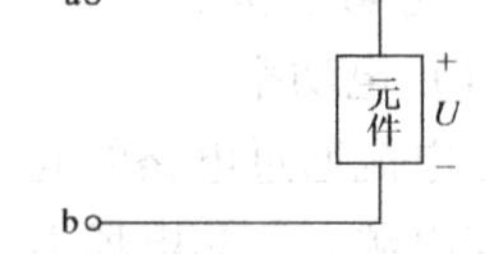

图 1-9 思考题 1-1 (2) 电路

1.2 电阻元件及电阻的串、并联连接

在具有固定阻值的金属材料、炭精棒等物体两端接上导线就构成了电阻器，如图 1-10a 所示为金属膜电阻器和线绕电阻器的外形图。

电阻元件是电阻器的理想化模型。其电路中的图形符号如图 1-10b 所示，文字符号为 R。

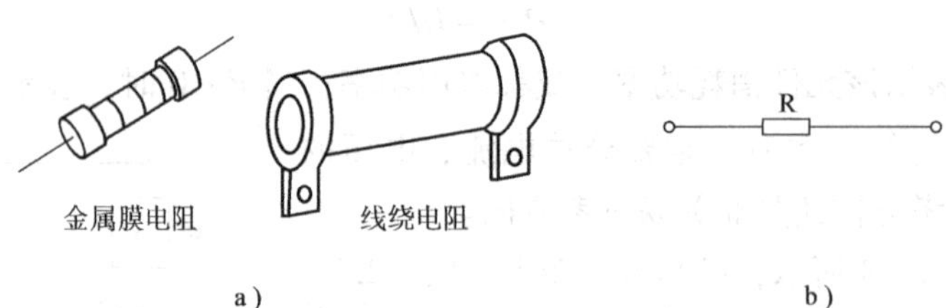

图 1-10 电阻

a) 电阻的种类 b) 电阻的图形符号和文字符号

1.2.1 电阻元件

1. 元件的伏安关系（欧姆定律）

电阻是电路中消耗电能的元件。当电阻两端的电压、电流取关联参考方向时，如图1-11a所示，则任一时刻它两端的电压、电流服从欧姆定律，即

$$U=RI \quad I=\frac{U}{R} \tag{1-9}$$

若 U 和 I 为非关联参考方向，如图 1-11b 所示，则欧姆定律应表示为

$$U=-RI \quad I=-\frac{U}{R} \tag{1-10}$$

由欧姆定律可知，当 U 一定时，R 愈大，则电流愈小，显然，电阻具有对电流起阻碍作用的物理性质。

式(1-9)、(1-10)中 R 称为电阻元件的电阻值，简称电阻，单位为欧[姆](Ω)。高电阻值时，则以千欧(kΩ)或兆欧(MΩ)为单位。

电阻元件的电流与电压关系可用伏安特性表示，如图 1-12 所示。可见，R 是与电压、电流无关的正实常数。

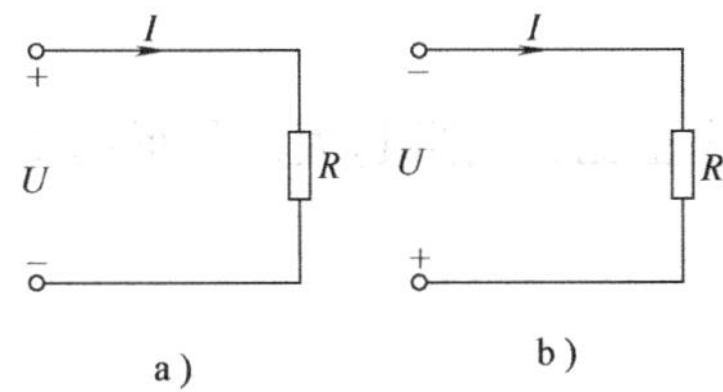

图 1-11 欧姆定律

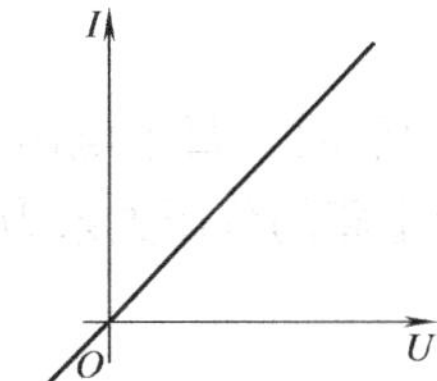

图 1-12 线性电阻的伏安特性

2. 电阻元件的电功率

电阻元件无论当电压、电流是关联或非关联参考方向时，电阻元件的电功率为

$$P=\pm UI=I^2R=\frac{U^2}{R} \tag{1-11}$$

由于 R 为正实常数，故功率 P 恒为正值，所以电阻为耗能元件。同时，当电流通过电阻元件时，将电能转换为热能，向周围空间散去，不可能再转换为电能。因此电阻中的能量转换是不可逆的，说明电阻元件是一个非储能元件。

【例 1-3】 为了测量电阻，工程上常用“伏安法”（即在电阻两端加一直流电压，分别用直流电压表和直流电流表）测出电压和电流，然后根据欧姆定律算出电阻的阻值。如图 1-13 所示，在一电炉丝两端加上直流电压 220V，测量得电流是 4.5A，问此时电炉的电阻是多少。

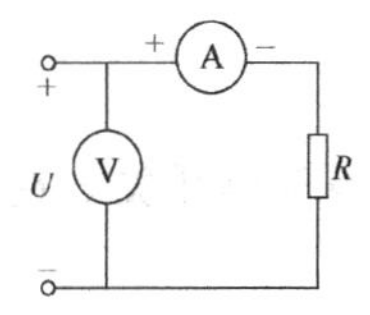

图 1-13 例 1-3 电路

解 根据式 $U=RI$ 得

$$R=\frac{U}{I}=\frac{220\text{V}}{4.5\text{A}}=48.9\Omega$$

由此可知，电炉丝的电阻是48.9Ω。

1.2.2 电阻元件的串联和并联

1. 电阻的串联

将若干个电阻一个接一个地依次连接起来，构成一个无分支的电路，这种连接方式称为电阻串联电路，如图1-14a所示。

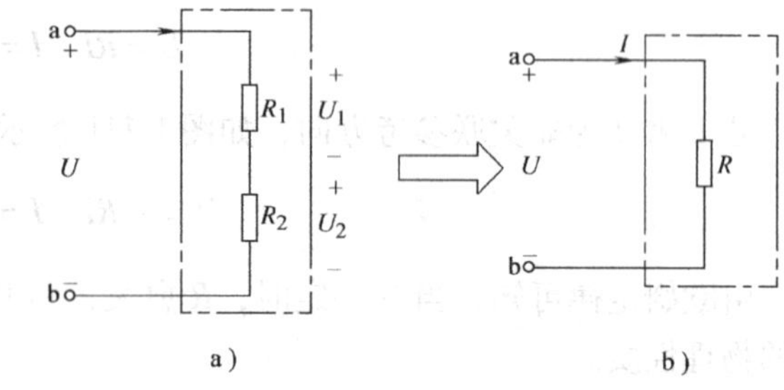

图1-14 电阻串联电路

电阻串联电路的特点：

1）根据电流连续性原理，各串联电阻中通过的电流是相同的。

2）根据能量守恒定律，电路取用的总功率应等于各段电阻取用的功率之和，即

$$UI = U_1I + U_2I$$

由此可得

$$U = U_1 + U_2 \tag{1-12}$$

上式说明，在串联电路中，总电压等于各段电压之和。

3）几个电阻串联，可用一个等效电阻来代替。在串联电路中，等效电阻R等于各电阻之和，如图1-14b所示，即

$$R = R_1 + R_2 \tag{1-13}$$

4）电阻串联时，每个电阻两端的电压与电阻值成正比，电阻越大，分得的电压也越高。串联电阻电路的分压关系为

$$U_1 = \frac{R_1}{R}U \tag{1-14}$$

$$U_2 = \frac{R_2}{R}U \tag{1-15}$$

因此，在直流电路中，可以通过电阻的串联来实现分压。

【例1-4】 图1-15所示为一分压器电路。设输入电压U_i为100V，要求转换开关S在位置1、2时输出电压U_o分别为10V和1V，即通过分压器要求把输入电压衰减到原来的1/10和1/100。若R_1、R_2、R_3串联的等效电阻为5kΩ，求各电阻的阻值。

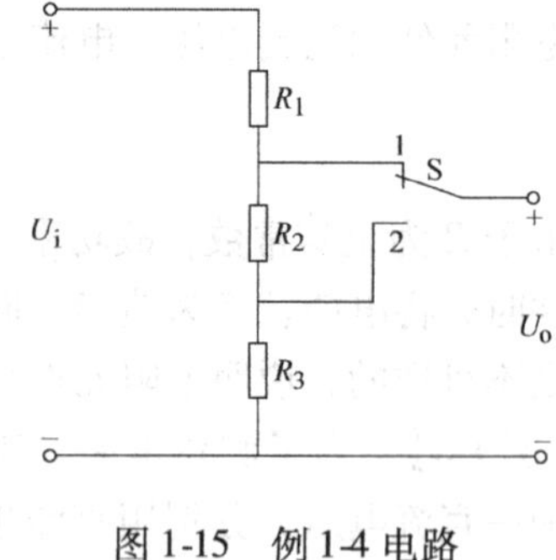

图1-15 例1-4电路

解 当转换开关S在位置2时，由分压公式可知

$$R_3 = \frac{U_{o2}}{U_i}R = \frac{1\text{V}}{100\text{V}} \times 5000\Omega = 50\Omega$$

当转换开关S在位置1时，由于

$$U_{o2} = \frac{R_3}{R}U_i$$

$$U_{o1} = \frac{R_2 + R_3}{R}U_i$$

所以

$$R_2+R_3=\frac{U_{o1}}{U_i}R=\frac{\frac{1}{10}\times 100\text{V}}{100\text{V}}\times 5000\Omega=500\Omega$$

$$R_2=500\Omega-R_3=500\Omega-50\Omega=450\Omega$$

因此 $$R_1=5000\Omega-(R_2+R_3)=4500\Omega=4.5\text{k}\Omega$$

2. 电阻的并联

将几个电阻的首尾端分别连接在两个公共节点上，这种连接方式称为电阻的并联，如图 1-16a所示。

电阻并联电路的特点：

1）各并联电阻的端电压相等。

2）电路内总电流等于各分支电路电流之和。

$$I=I_1+I_2 \tag{1-16}$$

3）并联电路的等效电阻的倒数等于各个并联电阻的倒数之和。

$$\frac{1}{R}=\frac{1}{R_1}+\frac{1}{R_2} \tag{1-17}$$

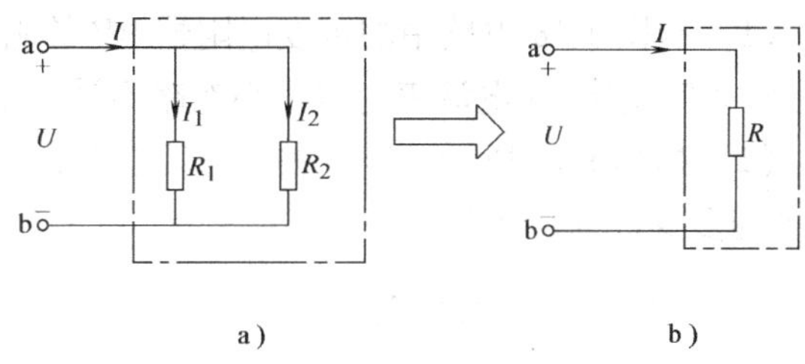

图 1-16　电阻并联电路

对于两个电阻并联的情况，其等效电阻（见图 1-16b）为

$$R=\frac{R_1R_2}{R_1+R_2} \tag{1-18}$$

4）电阻并联电路中，每个电阻中流过的电流与电阻值成反比，电阻越大，分到的电流越小。两电阻并联时，其分流关系为

$$I_1=\frac{R_2}{R_1+R_2}I \tag{1-19}$$

$$I_2=\frac{R_1}{R_1+R_2}I \tag{1-20}$$

因此，在直流电路中，可以通过电阻的并联来达到分流的目的。

【例 1-5】 有一组 220V 的电灯（共计 22 盏并联，每盏灯的功率为 60W）和一只 220V、1.1kW 的电炉并联于 220V 的线路中，如图 1-17 所示。求当开关 S 断开和闭合时的 I、I_1、I_2 以及整个电路的等效电阻 R'。

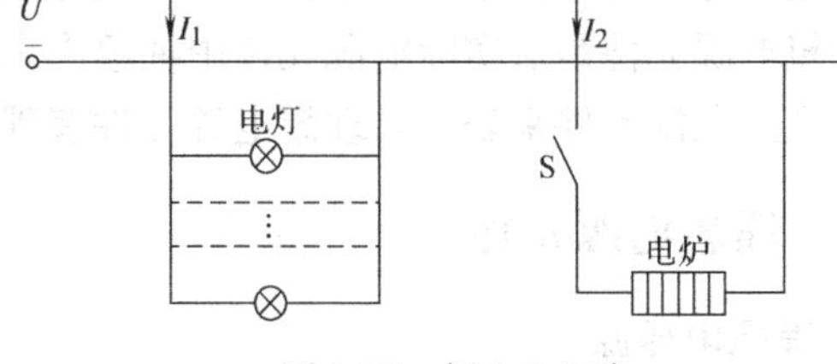

图 1-17　例 1-5 电路

解　当 S 断开时

$$I_2=0$$

$$I=I_1=\frac{P_1}{U}=\frac{22\times 60\text{W}}{220\text{V}}=6\text{A}$$

此时电路的等效电阻为

$$R=\frac{U}{I}=\frac{220\text{V}}{6\text{A}}=36.66\Omega$$

当S闭合后

$$I_2 = \frac{P_2}{U} = \frac{1100\text{W}}{220\text{V}} = 5\text{A}$$

$$I = I_1 + I_2 = 6\text{A} + 5\text{A} = 11\text{A}$$

此时整个电路的等效电阻为

$$R' = \frac{U}{I} = \frac{220\text{V}}{11\text{A}} = 20\Omega$$

【思考题1-2】

（1）当图1-18电路中的可变电阻器RP的阻值变小时，试说明电流表A和电压表V的读数将如何变化？（电流表内阻很小忽略不计；电压表内阻很大，其通过的电流忽略不计）。

（2）如图1-19所示，当开关S未闭合时，a和b两点间、c和d两点间有无电压？U_{ab}、U_{cd}各为多少？为什么？

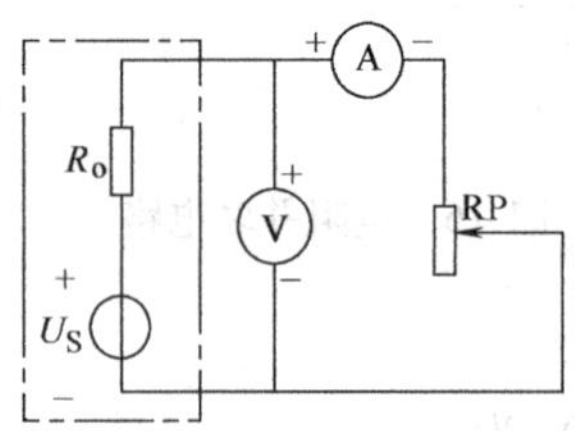

图1-18　思考题1-2（1）电路

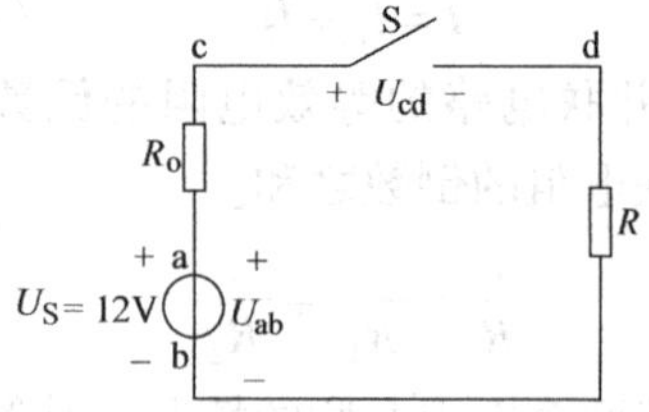

图1-19　思考题1-2（2）电路

（3）一个10V电压表，其内阻为20kΩ，今欲将电压表量程扩大为250V，需串联多大的附加电阻？

（4）一个满偏电流$I_g = 100\mu\text{A}$，内阻$R_g = 1600\Omega$的表头，若要改装成能测量1mA的电流表，需并联多大的分流电阻？

1.3　有源元件及其等效变换

有源元件是指向外电路供电的元件，从供出电能而言，有供出电压的电压源，如干电池、发电机等，有供出电流的电流源，如光电池。

理想电源元件是从实际电源元件中抽象出来的。当实际电源内部的功率损耗忽略时，可用一个理想电源元件来表示。理想电源元件有理想电压源和理想电流源。

1.3.1　理想电源元件

1. 理想电压源

理想电压源在电路中的图形符号如图1-20a所示。它的特点是：输出电压是一给定的时间函数$u_S(t)$，当$u_S(t)$不随时间变化时，为直流电压源，如图1-20b所示，其输出电压U及输出电流I之间的关系如图1-20c所示。

由直流电压源的伏安特性可知，其两端电压U与电流I有如下关系：

$$\begin{cases} U = U_S \\ I = \text{任意值（由}\ U_S\ \text{和与它相连的外电路决定）} \end{cases} \tag{1-21}$$

实际的电源，如干电池、蓄电池和直流稳压电源等，在其内部功率损耗可以忽略不计时，即电池内阻可以忽略不计时，可用理想电压源来代替。因其输出电压为恒定，故又称为恒压源。

2. 理想电流源

理想电流源在电路中的图形符号如图 1-21a 所示。它的输出电流是一给定的时间函数 $i_S(t)$。当 $i_S(t)$不随时间变化时，称为直流电流源，如图 1-21b 所示，其输出电压 U 及输出电流 I 之间的关系如图 1-21c 所示。

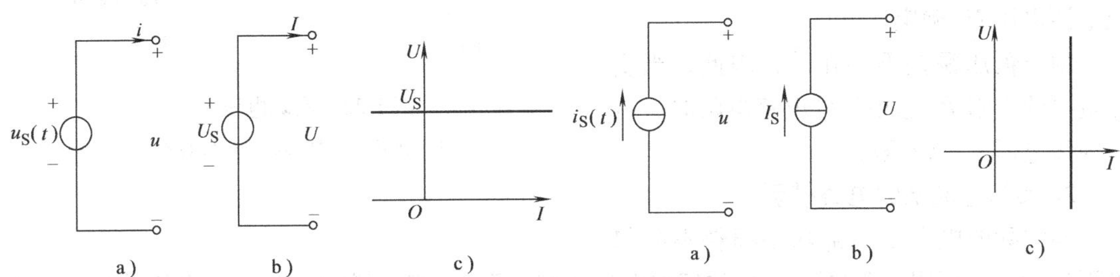

图 1-20 理想电压源

a）理想电压源的图形符号 b）直流电压源的图形符号 c）直流电压源的伏安特性

图 1-21 理想电流源

a）理想电流源的图形符号 b）直流电流源的图形符号 c）直流电流源的伏安特性

由伏安特性可知，其两端电压 U 与电流 I 有如下关系：

$$\begin{cases} I = I_S \\ U = \text{任意值（由 } I_S \text{ 和与它相连的外电路决定）} \end{cases} \tag{1-22}$$

实际的电流源，如光电池在一定的光线照射下能产生一定的电流，称为电激流 I_S。当其内部功率损耗可以忽略不计时，可用理想电流源 I_S 来代替。当电激流 I_S 为恒定电流时，称为恒流源。

1.3.2 实际电源的电路模型

1. 实际电压源的电路模型

一个实际的电压源在其内部功率损耗不能忽略不计时，可用一个理想电压源 U_S 和内阻 R_S 相串联的电路模型来代替，称为电压源，如图 1-22a 所示。该电压源的输出电压 U 和输出电流 I 的关系为

$$U = U_S - R_S I \tag{1-23}$$

式中 U——电压源的输出电压（V）；

U_S——电压源的理想电压（V）；

I——电压源的输出电流（A）；

R_S——电压源内阻（Ω）。

在使用电压源时，人们所关心的是当负载变化时，该电压源的伏安关系，即 $U=f(I)$，称为电压源的外特性。

式(1-23)就是电压源的外特性方程式。当式中 U_S 和 R_S 是常数，U 和 I 之间的关系是线性关系。当电源输出开路时，$I=0$，$U=U_{OC}=U_S$，U_{OC}称开路电压；当电源输出短路时，U

$=0$，$I=I_{SC}=U_S/R_S$，I_{SC}称为短路电流，该直线称为电压源的外特性，如图 1-22b 所示。

由电压源的外特性表明，当输出电流 I 增大时，电源的端电压 U 随之下降。如果 R_S 越小，则直线越平。在理想情况下，$R_S=0$，它的外特性是一条与电流轴平行的直线，表明输出电流变化时，电压源端电压不变，即 $U=U_S$。这种端电压不受输出电流影响的电源即为恒压源，它的输出电流由负载及电源电压 U_S 确定。

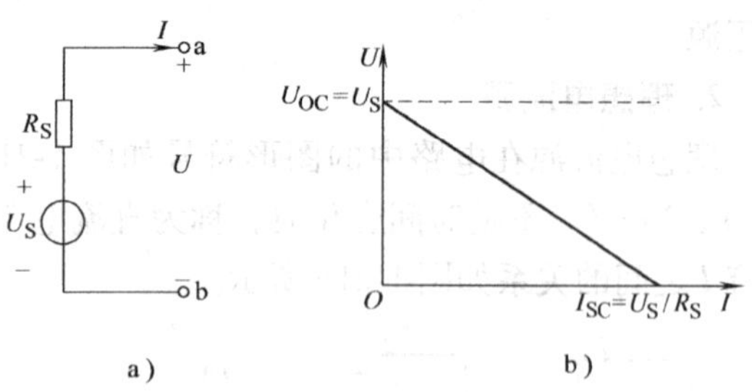

图 1-22 实际电压源

a）实际电压源模型 b）外特性

由于恒压源是不存在的，因此，当实际电源的内阻 R_S 远小于外电路电阻时，可认为该电压源为恒压源。

2. 实际电流源的电路模型

当实际的电源中内部功率损耗不能忽略不计时，也可用一个电流为 I_S 的理想电流源和内阻 R_S 相并联的电路模型来等效代替，称为电流源，如图 1-23a 所示。

由图 1-23a 可得该电源输出电流 I 与输出电压 U 的关系为

$$I=I_S-\frac{U}{R_S} \tag{1-24}$$

式中 I_S——理想电流源的输出电流（A）；

I——电流源的输出电流（A）；

U——电流源的输出电压（V）；

R_S——电流源内阻（Ω）。

式(1-24)是直流电流源的外特性方程式。式中当 I_S 和 R_S 是常数时，U 和 I 之间的关系是线性关系。当电源输出端开路时，$I=0$，$U=U_{OC}=I_SR_S$；当电源输出端短路时，$U=0$，$I=I_S$，如图 1-23b 所示。如果 R_S 越大，则外特性曲线越陡。在理想情况下，$R_S=\infty$，外特性曲线是一条与电压轴平行的直线，表明负载变化时，电流源的输出电流恒等于电源的短路电流 I_{SC}，即 $I=I_S=I_{SC}$。这种输出电流恒定，输出电流与端电压无关的电源即为恒流源。

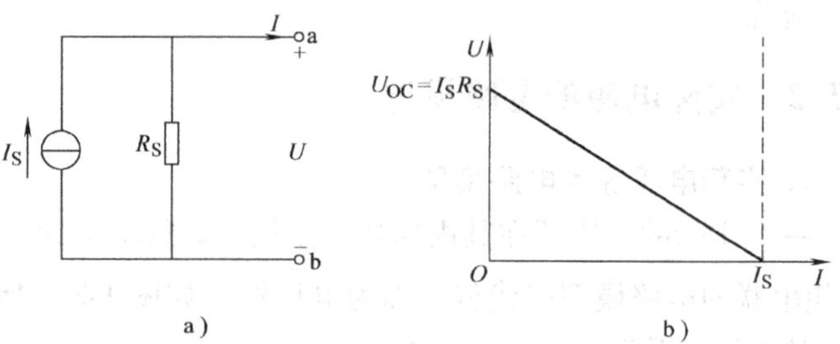

图 1-23 实际电流源

a）实际电流源模型 b）外特性

同样，恒流源是不存在的，但当电流源内阻 R_S 远大于外电路电阻时，输出电流基本恒定，可认为是恒流源。

1.3.3 实际电源的等效变换

从电压源和电流源的外特性可知，当二者的输出电压和输出电流相同时，电压源和电流源可以进行等效变换。

这里所说的等效变换是指电路的外部等效，即变换前后，端口处的伏安关系不变。即 a、b 间端口电压均为 U，端口处流出（或流入）的电流 I 相同。如图 1-24 所示。

由图 1-24a 得电压源输出的电压或电流为

$$U = U_S - IR_S \quad 或\ I = I_S - \frac{U}{R_S} \qquad (1\text{-}25)$$

由图 1-24b 得电流源输出电流或电压为

$$I = I_S - \frac{U}{R'_S} \quad 或\ U = I_S R'_S - IR'_S \qquad (1\text{-}26)$$

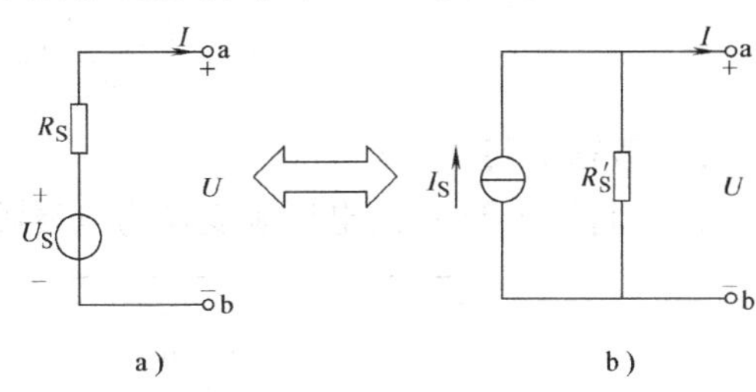

图 1-24　两种电源的等效变换
a）电压源模型　b）电流源模型

当该两电源输出电压和输出电流相同时。比较电压源和电流源的表达式，得两者变换关系为

$$I_S = \frac{U_S}{R_S} \quad 或\ U_S = I_S R_S \qquad (1\text{-}27)$$

电压源串联的电阻 R_S 与电流源并联的内阻 R'_S，可互相变换，即

$$R_S = R'_S \qquad (1\text{-}28)$$

在电源等效变换中需要注意：

1）如果 a 点是电压源的参考正极性，变换后电流源的电流参考方向应指向 a。

2）恒压源和恒流源是无法进行等效变换的，因为恒压源的输出电流由恒压源和负载大小决定；而恒流源的端电压由恒流源和负载大小决定，故两者不能等效。

【例 1-6】　图 1-25a 电路，已知 $U_{S1} = 18\text{V}$，$U_{S2} = 15\text{V}$，$R_{S1} = 12\Omega$，$R_{S2} = 10\Omega$，$R_L = 15\Omega$。试用电源等效变换的方法，求各电流值。

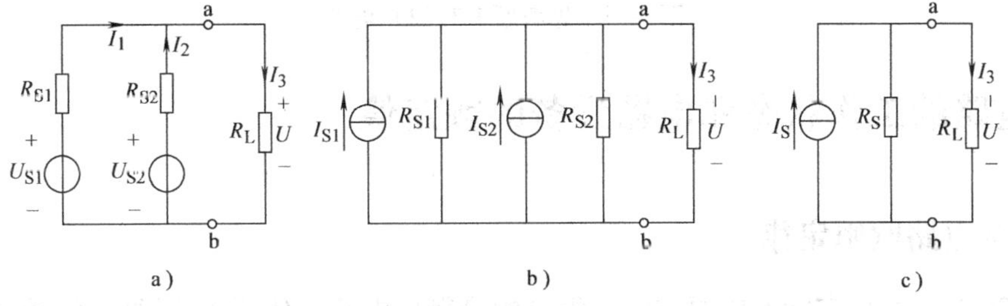

图 1-25　例 1-6 电路

解　首先把图 1-25a 中的两个电压源分别等效变换为电流源，如图 1-25b 所示。然后再把两个电流源合并，化为一个简单电源，如图 1-25c 所示。

$$R_S = \frac{R_{S1}R_{S2}}{R_{S1}+R_{S2}} = \frac{12\times10}{12+10}\Omega = 5.5\Omega$$

$$I_S = I_{S1} + I_{S2} = \frac{18}{12}\text{A} + \frac{15}{10}\text{A} = 3\text{A}$$

根据分流公式可得外电路中的电流

$$I_3 = \frac{R_S}{R_S+R_L}I_S = \frac{5.5}{5.5+15}\times 3\text{A} = 0.8\text{A}$$

由欧姆定律求得 $$U_{ab} = R_L I_3 = 15\Omega \times 0.8\text{A} = 12\text{V}$$

返回图 1-25a 计算 $$I_1 = \frac{U_{S1} - U_{ab}}{R_{S1}} = \frac{18 - 12}{12}\text{A} = 0.5\text{A}$$

$$I_2 = \frac{U_{S2} - U_{ab}}{R_{S2}} = \frac{15 - 12}{10}\text{A} = 0.3\text{A}$$

【思考题 1-3】

（1）将图 1-26 中的电压源变换为电流源，电流源变换成电压源。

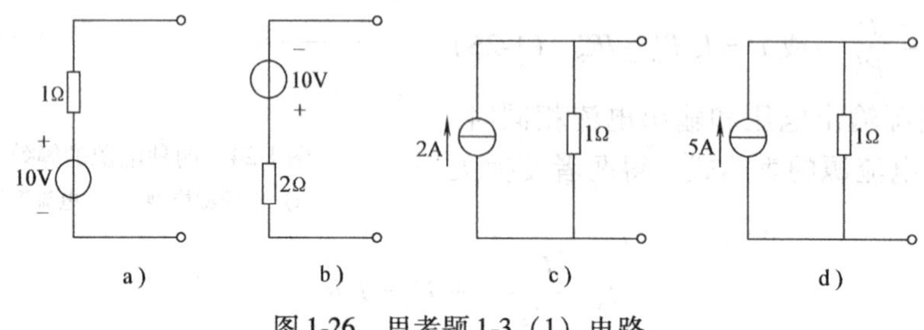

图 1-26　思考题 1-3（1）电路

（2）求图 1-27 中的电流 I 和电压 U。

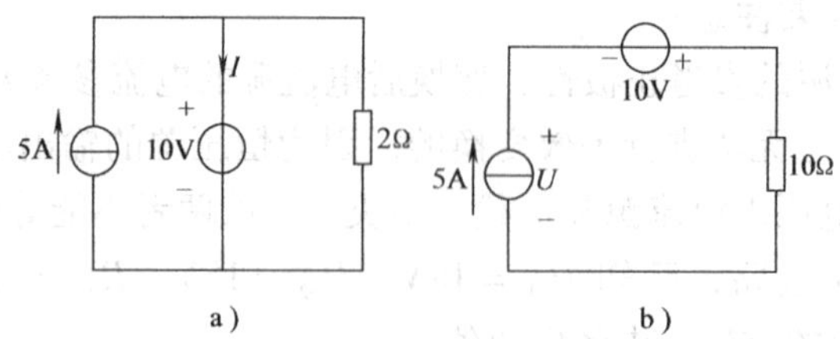

图 1-27　思考题 1-3（2）电路

1.4　电路的工作状态和电器设备的额定值

1.4.1　全电路欧姆定律

图 1-28 是一个由实际电压源与电阻组成的最简单电路，U_S 为恒压源，R_L 为负载电阻，R_S 为电源内电阻，则电路中电流大小 I 等于恒压源 U_S 与内外电路 R_S、R_L 等效电阻的比值，即

$$I = \frac{U_S}{R_L + R_S} \tag{1-29}$$

这就是全电路欧姆定律，其含义是：电路中流过的电流，其大小与恒压源成正比，而与电路的全部电阻值成反比。在一般情况下，电源的电动势和内电阻可认为是不变的，因此，外电路电阻的改变是影响电流大小的惟一因素。当 R_L 减小时，全电路的电阻减小，电流增大。

【例 1-7】 图 1-29 表示闭合电路中的一段电路，电压、电流的参考方向如图所示，若已知 $R_S = 7\Omega$，$U_{ac} = -8\text{V}$，$U_S = 6\text{V}$，求 U_{ab}、U_{bc}、I。

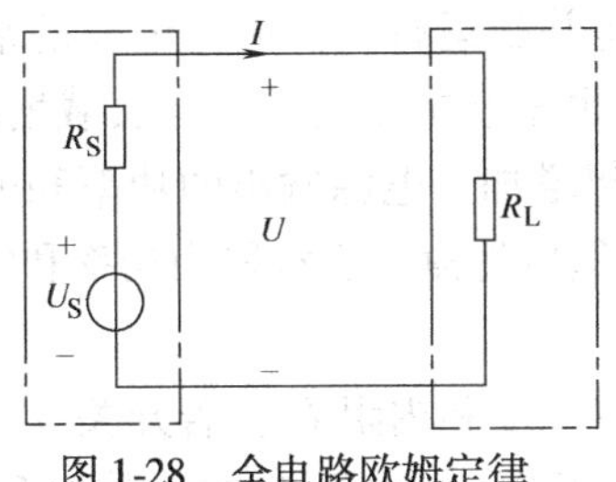

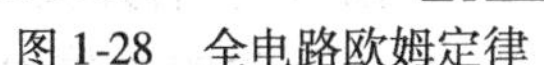
图 1-28　全电路欧姆定律

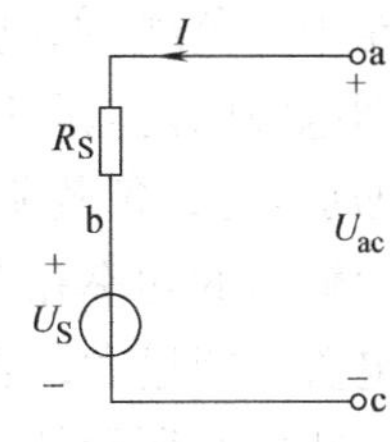

图 1-29　例 1-7 电路

解　设以 c 点为参考点，则

$$V_c = 0, V_a = -8V, V_b = +6V$$

于是

$$U_{ab} = V_a - V_b = (-8)V - (+6)V = -14V$$

$$U_{bc} = V_b - V_c = (+6)V - 0V = 6V$$

根据所设定的电流方向，得

$$I = \frac{U_{ab}}{R_S} = \frac{-14}{7}A = -2A$$

负号表示电流的实际方向与参考方向相反，即电流由 b 流向 a。

1.4.2　电路的工作状态

1. 负载工作状态

负载工作状态又称带载工作状态，如图 1-30 所示，把开关 S 闭合，电路便处于负载工作状态。

此时电路有下列特征：

1）电路中的电流为

$$I = \frac{U_S}{R_S + R_L} \tag{1-30}$$

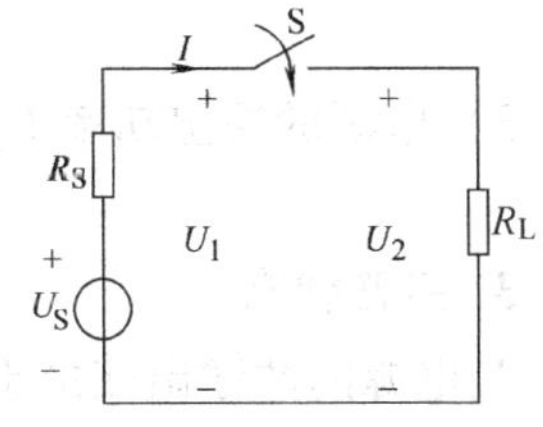

图 1-30　电路的负载状态

2）电源的端电压为

$$U_1 = U_S - R_S I \tag{1-31}$$

电源的端电压总是小于恒压源的端电压。这是由于 U_S 减去 $R_S I$ 后，才是电压源的输出电压 U_1。

此时，负载 R_L 两端的电压 U_2 等于电压源的端电压 U_1，即

$$U_2 = U_1$$

3）电压源的输出功率为

$$P_1 = U_1 I = (U_S - R_S I)I = U_S I - R_S I^2 \tag{1-32}$$

上式表明，恒压源发出的功率 $U_S I$ 减去内阻上的消耗 $R_S I^2$ 后，才是供给负载 R_L 的功率，显然，负载所吸取的功率为

$$P_2 = U_2 I = U_1 I = P_1 \tag{1-33}$$

由此可见，在一个电路中，电源产生的功率和负载取用功率以及内阻上所消耗的功率是平衡的。

在电力电路中，负载(如电灯、电动机等)通常都是并联运行的。因为电源的端电压是基本不变的，即电源的内电阻很小，则负载两端的电压也是基本不变的。当负载增加(如并联的负载数目增加)时，负载所取用的总电流和总功率都增加。电源输出的功率和电流都增加。可见，电源输出的功率和电流决定于负载的大小。但应注意，负载取用功率和电源的供出功率和负载电流不能过大，否则会造成事故。

【例1-8】 图1-30所示的电路可供测量电源的电动势 U_S 和内阻 R_S。若开关S打开，用直流电压表接到 U_1 两端，测得电压值为6V；若开关S闭合，该电压表的读数为5.8V。试求当负载电阻 $R_L=10\Omega$ 时，电源的电动势 U_S 和内阻 R_S。

解 设电压 U_2、U_1、电流 I 的参考方向，如图1-30所示。

当开关S断开时，因为 $I=0$，所以

$$U_1=U_S-R_SI=U_S=6V$$

当开关S闭合时,电路中的电流

$$I=\frac{U_2}{R_L}=\frac{5.8}{10}A=0.58A$$

$$R_S=\frac{U_S-U_2}{I}=\frac{6-5.8}{0.58}\Omega=0.345\Omega$$

2. 空载运行状态

空载运行状态又称断路或开路状态，它是电路的一个极端运行状态，当开关断开或连线断开时，电源和负载未构成闭合电路，就会发生这种状态，如图1-31所示。这时外电路所呈现的电阻对电压源来说是无穷大，此时

1）电路中的电流为零，即 $I=0$。

2）电源的端电压，即开路电压 U_{OC} 等于恒压源 U_S，即

$$U_{OC}=U_S-R_SI=U_S \tag{1-34}$$

3）电源的输出功率 P_1 和负载所吸收的功率 P_2 均为零，即

$$P_1=P_2=0 \tag{1-35}$$

3. 短路状态

当电源的两输出端由于某种原因(如电源线绝缘损坏，操作不慎等)相接触时，会造成电源被直接短路的情况，如图1-32所示，它是电路的另一个极端运行状态。

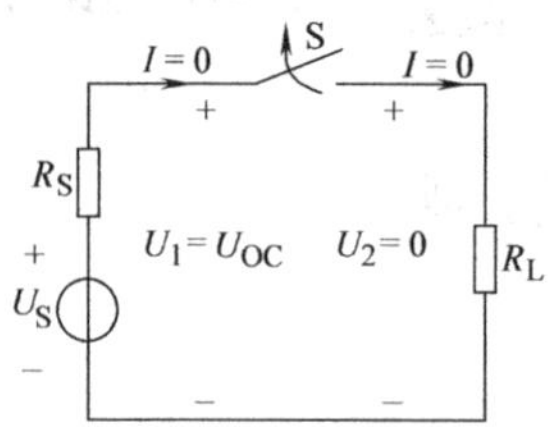

图1-31 电路的空载状态

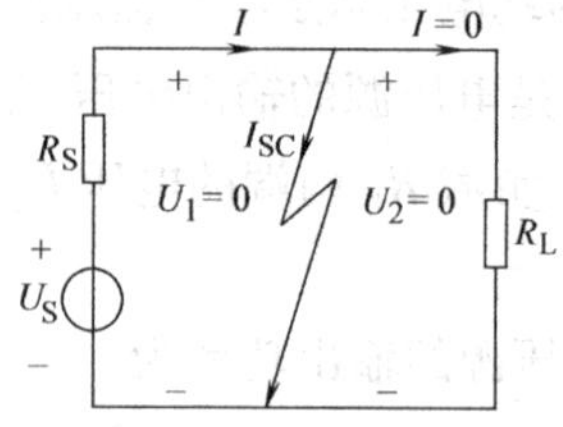

图1-32 短路状态

当外电路被短路时，外电路的电阻为零，电路具有如下特征：

1）电源中的电流为

$$I=I_{SC}=\frac{U_S}{R_S} \tag{1-36}$$

式中　I_{SC}——短路电流。

在一般供电系统中，因电压源的内电阻 R_S 很小，故短路电流 I_S 很大。

2）因 R_L 被短路，故 R_L 中 $I=0$。此时电压源端电压和负载的端电压均为零，即

$$U_1 = U_S - R_S I_S = 0$$

$$U_2 = 0$$

说明电压源的端电压全部降落在电压源的内阻 R_S 上，故电压源无输出电压。

3）电源的输出功率

$$P_1 = 0$$

负载吸收的功率

$$P_2 = 0$$

此时电源发出的功率全部消耗在内阻上，将导致电压源的温度急剧上升，有可能烧毁电源或由于电流过大造成供电设备损坏，甚至引起火灾。为了防止此现象的发生，可在电源输出端接入熔断器等短路保护电器。

1.4.3　电器设备的额定值

各种实际电气设备和元器件的电压、电流及功率等在一定的工作条件下正常运行时都有一个允许值，称额定值。电气设备在额定值工作时最经济合理，安全可靠，使用寿命长。当电流超过额定值过多时，由于发热使电气设备温度升高，绝缘材料将被烧坏；当所加的电压超过额定值过多时，绝缘材料将可能被击穿。反之，当电压和电流远低于额定值时，就不能充分利用设备的能力或不能正常工作。例如，一盏电灯的电压是220V，功率是40W，如电灯当电压过高或电流过大时，其灯丝将被烧毁；电压过低和电流过小时，其发光的亮度就暗。

电气设备或元件的额定值常标在铭牌上或写在说明书中，其额定数据有额定电压 U_N、额定电流 I_N 和额定功率 P_N。在直流电路中，三者关系为 $P_N = U_N I_N$。

但是有些电气设备或元件的额定值不一定等于实际使用值。例如，发电机发出的功率和电流完全决定于负载的大小；又如电动机的实际功率和电流决定于它轴上所带机械负载的大小。但它们在运行时不应超过额定值。

【例1-9】　某直流电源的额定功率 $P_N = 200W$，额定电压 $U_N = 50V$，内阻 $R_S = 0.5\Omega$，负载电阻 R_L 可以调节，如图1-33所示。试求：

（1）该电源在额定状态下的输出电流及额定负载电阻的阻值 R_L；

（2）空载状态下的电压 U_{OC}；

（3）短路状态下（即 R_L 的阻值为0时）的电流 I_{SC}。

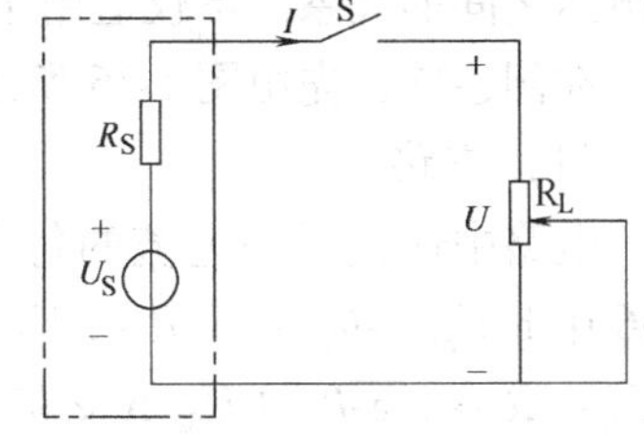

图1-33　例1-9电路

解　（1）额定输出电流

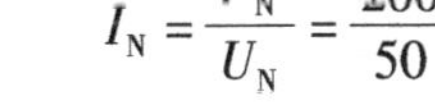

$$I_N = \frac{P_N}{U_N} = \frac{200}{50}A = 4A$$

额定负载电阻

$$R_L = \frac{U_N}{I_N} = \frac{50}{4}\Omega = 12.5\Omega$$

（2）空载电压 U_{OC}，可由全电路欧姆定律求得 U_S，即 U_{OC}

$$U_{OC} = U_S = (R_S + R_N)I_N = (0.5 + 12.5)\Omega \times 4A = 52V$$

（3）短路电流

$$I_{SC} = \frac{U_S}{R_S} = \frac{52}{0.5}A = 104A$$

可见，短路电流是额定电流的 26 倍，若无短路保护，将使电源发热而烧毁。

【思考题 1-4】

（1）当图 1-34 电路中的 RP 值由小变大时，试说明电流表 A 和电压表 V 的读数将如何变化。（电流表的电阻很小，可略去不计；电压表的电阻很大，其中通过的电流可略去不计）。

（2）如图 1-35 所示，当开关 S 未闭合时，a 和 b 两点间、c 和 d 两点间有无电压？其值为若干？为什么？

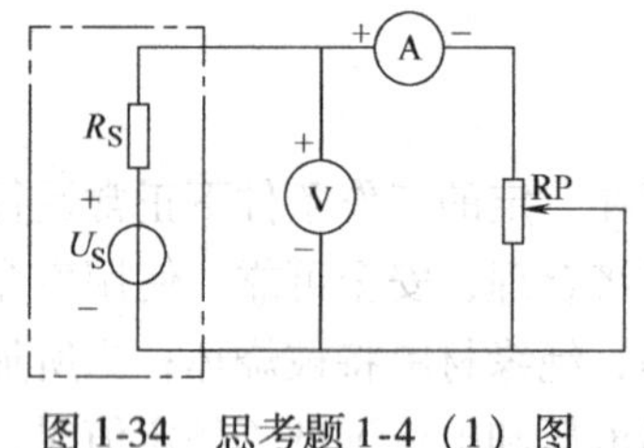

图 1-34　思考题 1-4（1）图

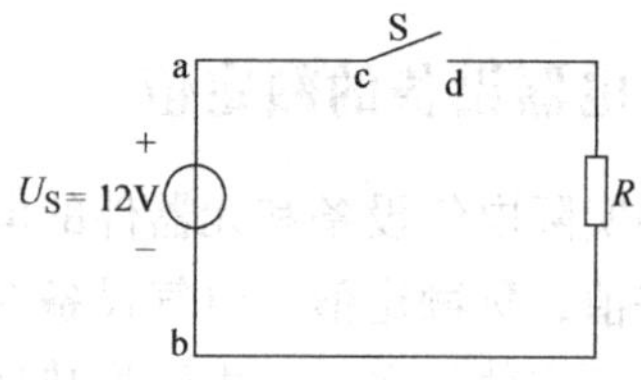

图 1-35　思考题 1-4（2）图

（3）额定值为 1W、10Ω 的电阻器，使用时其端电压和通过的电流不得超过多少？

（4）额定值分别为 110V、60W 和 110V、40W 的两个灯泡，能否将它们串联起来，接在 220V 的电源上？为什么？

1.5　基尔霍夫定律

基尔霍夫定律是电路的基本定律之一，基尔霍夫定律反映电路中各元件连接关系的电流和电压之间的关系。不仅适用于求解复杂电路，也适用于求解简单电路。

在阐述前，先由图 1-36 所示电路介绍几个电路名词的含义。

（1）支路

电路中通过同一电流的每个分支称为支路。如图 1-36 中 b-U_{S1}-c-R_1-a；a-R_2-d-U_{S2}-b；a-R_3-b，均为支路。b-U_{S1}-c-R_1-a；a-R_2-d-U_{S2}-b 支路中含有电源，称为有源支路；a-R_3-b 支路中不含有电源，称为无源支路。

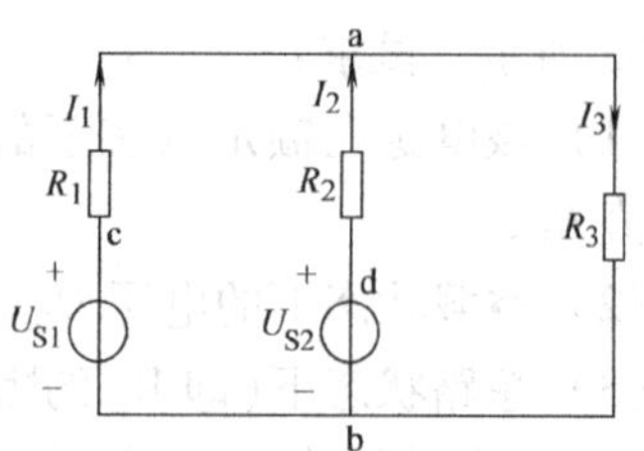

图 1-36　电路名词定义

（2）节点

三条及三条以上支路的连接点叫节点。图 1-36 中有两个节点，即 a 和 b 点。

（3）回路

电路中任一闭合路径叫回路。图 1-36 中的 abca、adba 和 adbca 均是回路。

（4）网孔

回路中无支路的电路叫网孔。图 1-36 中的 abca、adba 是网孔。

1.5.1 基尔霍夫电流定律

基尔霍夫电流定律简称 KCL，内容如下：

根据电流连续性原理，任一时刻，流入节点的电流之和等于流出节点的电流之和。

$$\sum I_{入} = \sum I_{出} \tag{1-37}$$

当流入节点的电流取“+”，流出该节点的电流取“-”时，则在任一时刻，流出节点的电流代数和恒等于零，即

$$\sum I = 0 \tag{1-38}$$

应用该定律时，必须首先假定各支路电流的参考方向。当假定流出节点的电流为正(或负)时，则流入该节点的电流就为负(或正)。

【例 1-10】 图 1-37 中，在给定的电流参考方向下，已知 $I_1=1\text{A}$，$I_2=-3\text{A}$，试求电流 I_3。

解 利用 KCL 先写出

$$-I_1 - I_2 + I_3 = 0$$

所以

$$I_3 = I_1 + I_2 = 1\text{A} + (-3)\text{A} = -2\text{A}$$

KCL 定律不仅应用于节点的电流，还可推广到电路中任一假设的封闭面(称广义节点)。如图 1-38 中闭合曲面 S，则

$$I_1 + I_2 + I_3 = 0$$

【例 1-11】 图 1-39 为某一晶体管电路中的电流参考方向，已知 $I_B=500\mu\text{A}$，$I_C=5\text{mA}$，试求电流 I_E。

解 利用 KCL 先写出

$$I_E - I_C - I_B = 0$$

所以

$$I_E = I_C + I_B = 5\text{mA} + 0.5\text{mA} = 5.5\text{mA}$$

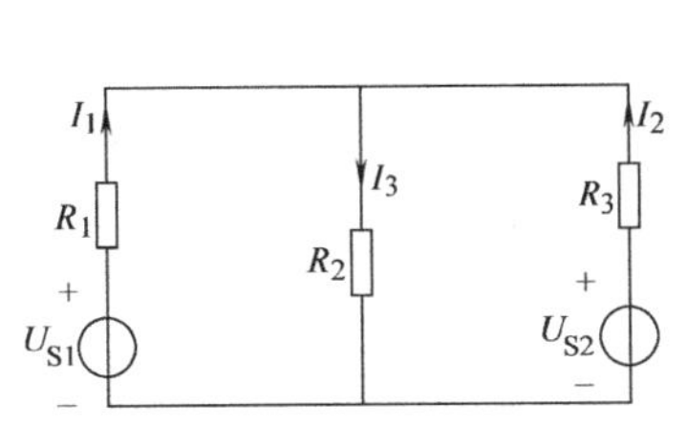

图 1-37 例 1-10 电路

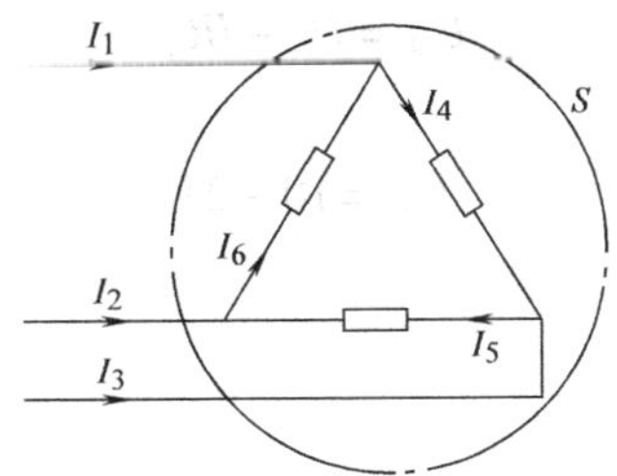

图 1-38 KCL 的广义节点

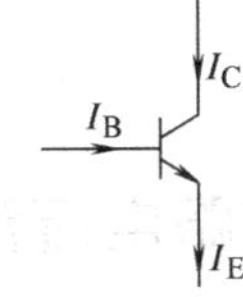

图 1-39 例 1-11 电路

1.5.2 基尔霍夫电压定律

基尔霍夫电压定律简称 KVL,内容如下：

根据电位的单值性原理,任一时刻,在电路中任一闭合回路内各段电压的代数和恒等于零,即

$$\sum U = 0 \tag{1-39}$$

该定律用于电路的某一回路时，必须先假定各电路元件的电压参考方向，对于电阻元件采用关联参考方向，电压源以电源“+”极指向“-”极为电压的参考方向。然后根据回路的绕行方向，凡是电压的参考方向与绕行方向一致时，在该电压前面取“+”号；凡电压的参考方向与绕行方向相反时，则取“-”号。

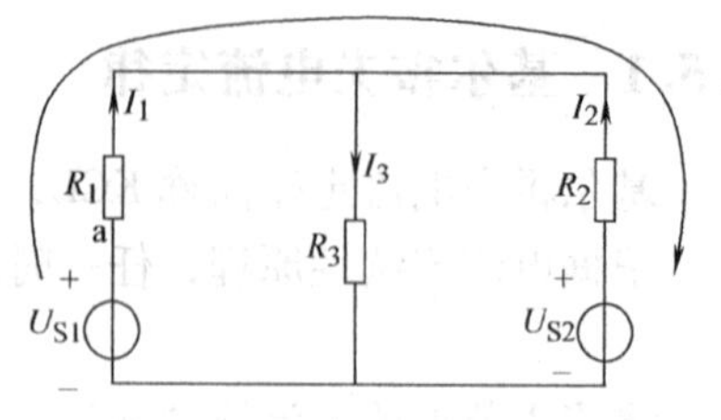

图 1-40　KVL 方程

如图 1-40 中沿 $R_1R_2U_{S2}U_{S1}$ 回路绕行，则按图所选定的电流参考方向和回路绕行的电压参考方向，从 a 点出发绕行一周，则

$$I_1R_1 - I_2R_2 + U_{S2} - U_{S1} = 0$$

或

$$U_{S1} - U_{S2} = R_1I_1 - R_2I_2$$

可写为

$$\sum U_S = \sum RI \tag{1-40}$$

式(1-40)是基尔霍夫电压定律的另一种表达形式，其意义是：沿任一回路绕行一周，回路中所有电源电位升的代数和等于所有电阻上的电位降的代数和。

KVL 定律不仅应用于闭合回路，还可以推广到任一不闭合的电路，但必须将电路断开处的电压列入方程。

【例 1-12】　图 1-41 中，已知 $U_S = 10\text{V}$，$R_S = 2\Omega$，则 U_{ab} 的电压为多少？

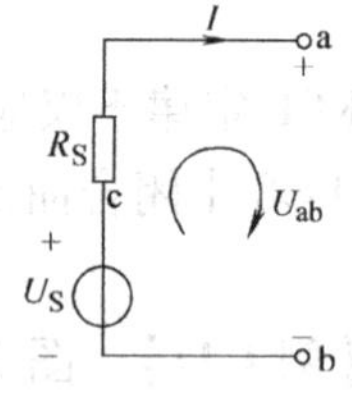

图 1-41　例 1-12 电路

解　在 a、b 两端标出 U_{ab} 的电压参考方向，再将断开的 U_{ab} 作为回路的一部分，然后再设定回路的绕行方向，如图 1-41 所示。

KVL 定律列出方程

$$U_{ab} + U_{bc} + U_{ca} = 0$$

由电路元件的伏安关系代入上式

$$U_{ab} - U_S + IR_S = 0$$

于是

$$U_{ab} = U_S - IR_S$$

代入已知数值

$$U_{ab} = 10 - 2I$$

1.6　支路电流法

为了探讨电路普遍适用的求解方法，往往要求在不改变电路结构的情况下，找出求解的步骤，使之有规律可循。支路电流法是以支路电流为待求量，利用基尔霍夫两定律列出电路的独立方程式，从而解出支路电流的方法。其具体步骤如下：

1）先标出各支路电流的参考方向。

2）根据 KCL 定律列出节点电流的独立方程。必须指出，一个具有 b 条支路、n 个节点的复杂电路，其节点电流的独立方程为 $n-1$ 个。

3）为解出 b 条支路的电流，还需 $b-n+1$ 个独立方程，它只能由 KVL 定律来列出独立方程。

4）选择回路绕行方向，确定回路的电压降落方向，由 KVL 定律列出独立方程。但必须注意：选择回路时每选择一次回路，必须要在原来使用过支路的基础上增加一条新支路，故常采用网孔来确定回路。

5）求解方程，得出各支路电流。

6）根据需要还可求出电路中各元件的电压及功率。

【例 1-13】 如图 1-42 所示，已知：$U_{S1}=42V$，$U_{S2}=63V$，$R_1=12\Omega$，$R_2=3\Omega$，$R_3=6\Omega$。求各支路电流。

解 标出各支路电流的参考方向。由于电路中有两个节点，故有一个 KCL 方程以节点 a 列出

$$I_1+I_2-I_3=0$$

标出回路的绕行方向如图所示，列出 KVL 电压方程

回路Ⅰ $\quad I_3R_3-U_{S1}+I_1R_1=0$

回路Ⅱ $\quad -I_2R_2+U_{S2}-I_3R_3=0$

把数据代入方程，解方程得

$$I_1=0A,\quad I_2=7A,\quad I_3=7A$$

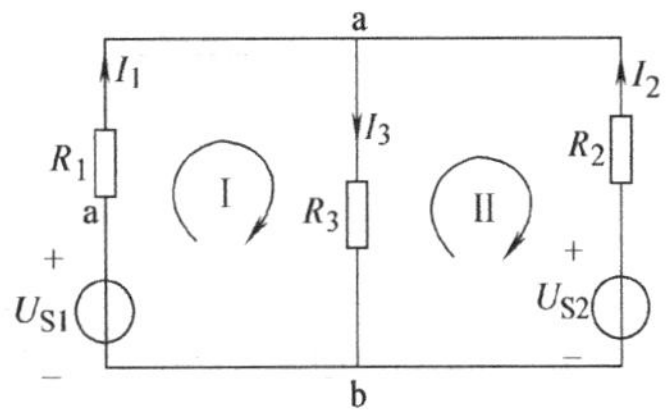

图 1-42 例 1-13 电路

【思考题 1-6】

(1) 叙述支路电流法的主要步骤。

(2) 有 b 条支路，n 个节点的电路，应用支路电流法可列出几个独立方程式？其中节点方程数为几个？回路方程数为几个？

1.7 叠加原理

叠加原理是分析线性电路的一个重要定理，具体内容如下：

当线性电路中有几个恒压源(或恒流源)共同作用时，各支路的电流(或电压)等于各个恒压源(或恒流源)单独作用时在该支路产生的电流(或电压)的代数和(叠加)。

叠加原理不仅应用于线性电路，而且具有普遍意义。在一个系统中，当原因和结果之间满足线性关系时，则这个系统中几个原因共同作用所产生的结果就等于每个原因单独作用时所产生结果的总和。所以凡是能用数学的一次方程来描述其相互关系的物理量都具有可叠加性。

下面以图 1-43 为例，对叠加原理作一简单的证明。

由图 1-43a 中 I 的给定方向可知，电路中的电流

$$I=\frac{U_{S1}-U_{S2}}{R_1+R_2}=\frac{U_{S1}}{R_1+R_2}+\left(-\frac{U_{S2}}{R_1+R_2}\right)=I'+(-I'') \qquad (1\text{-}41)$$

由式(1-41)可知，与 I' 相对应的电路，如图 1-43b 所示，与 I'' 相对应的电路如图 1-43c 所示。I' 及 I'' 分别为 U_{S1} 和 U_{S2} 单独作用时在电路中所产生的电流，而图 1-43a 中的电流 I 则等于 U_{S1} 和 U_{S2} 单独作用时所产生的电流的代数和，I' 取正号是因为 I' 的方向与 I 的方向一致，而 I'' 取负号是因为 I'' 的方向与 I 的方向相反。

电路中任意两点间的电压也等于每个恒压源单独作用时，在这两点间所产生的电压的代

数和。如图 1-43a 中 a、b 两点间的电压为

$$U_{ab} = U_{S1} - IR_1$$

它应等于 U'_{ab}、U''_{ab}的代数和。

由图 1-43b、c 可知

$$U'_{ab} = U_{S1} - I'R_1$$

$$U''_{ab} = I''R_1$$

$$U'_{ab} + U''_{ab} = (U_{S1} - I'R_1) + I''R_1 = U_{S1} - IR_1 = U_{ab}$$

上式中 U'_{ab}、U''_{ab}都取正号，是因为它们的方向和图 1-43a 中的 U_{ab}的方向一致。

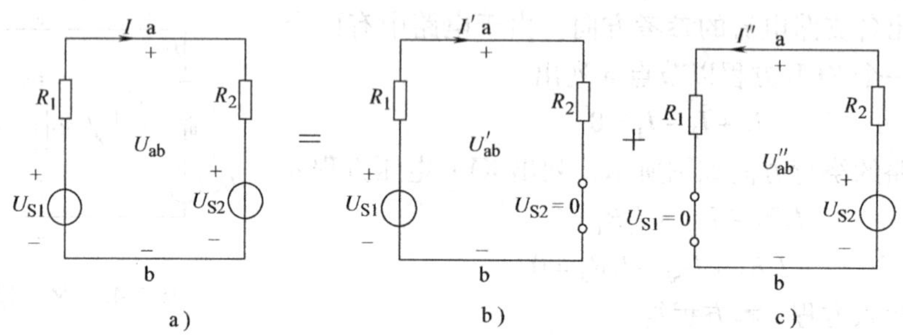

图 1-43 叠加原理

【例 1-14】 试用叠加原理计算图 1-42 电路中各电流。

解 将图 1-42 电路重画为如图 1-44a 所示电路。已知条件与图 1-42 电路相同，即 $U_{S1} = 42V$，$U_{S2} = 63V$，$R_1 = 12\Omega$，$R_2 = 3\Omega$，$R_3 = 6\Omega$。

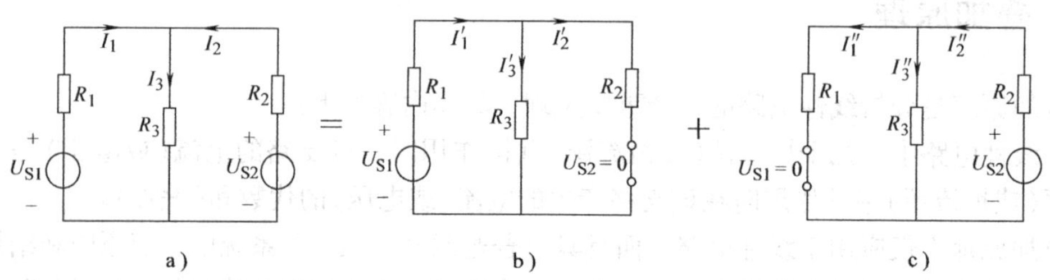

图 1-44 例 1-14 电路

应用叠加原理计算电路时，可把该电路看成是 U_{S1}和 U_{S2}两个电源单独作用时电路的叠加，如图 1-44b、c 所示。

由图 1-44b 可求得

$$I'_1 = \frac{U_{S1}}{R_1 + \frac{R_2R_3}{R_2 + R_3}} = \frac{42}{12 + \frac{3 \times 6}{3 + 6}}A = 3A$$

$$I'_2 = \frac{R_3}{R_2 + R_3}I'_1 = \frac{6}{3 + 6} \times 3A = 2A$$

$$I'_3 = \frac{R_2}{R_2 + R_3}I'_1 = \frac{3}{3 + 6} \times 3A = 1A$$

由图 1-44c 可求得

$$I_2'' = \frac{U_{S2}}{R_2 + \frac{R_1 R_3}{R_1 + R_3}} = \frac{63}{3 + \frac{12 \times 6}{12 + 6}} \text{A} = 9\text{A}$$

$$I_1'' = \frac{R_3}{R_1 + R_3} I_2'' = \frac{6}{12 + 6} \times 9\text{A} = 3\text{A}$$

$$I_3'' = \frac{R_1}{R_1 + R_3} I_2'' = \frac{12}{12 + 6} \times 9\text{A} = 6\text{A}$$

根据以上计算可求得

$$I_1 = I_1' - I_1'' = 3\text{A} - 3\text{A} = 0\text{A}$$

$$I_2 = I_2'' - I_2' = 9\text{A} - 2\text{A} = 7\text{A}$$

$$I_3 = I_3' + I_3'' = 1\text{A} + 6\text{A} = 7\text{A}$$

由计算可知，用叠加原理算得的结果与例 1-13 用支路电流法所算得的结果完全相同。

使用叠加原理时，应该注意下列几点：

1）只能用来计算线性电路的电流和电压，对非线性电路叠加原理不适用。

2）叠加时要注意电流和电压的参考方向，当单独作用时的电流和电压的参考方向与共同作用时的电流和电压的参考方向相同时，取“+”号；反之取“-”号。

3）叠加时，电路的连接及所有电阻不变。所有理想电压源不作用时，$U_S = 0$，即将理想电压源短路；理想电流源不作用时，$I_S = 0$，即将理想电流源断开。

4）由于功率和电能不是电压或电流的一次函数，所以不能用叠加原理来计算功率和电能。

【思考题 1-7】

（1）叠加原理是否适用于任何线性电路？

（2）简述叠加原理的内容及其应用方法。

1.8 戴维南定理

在电路分析计算中，有时只需要计算电路中某一支路的电流和电压，如果用前面介绍的一些方法，会有一些不必要的麻烦。为了简化计算，常使用戴维南定理解决问题。戴维南定理又叫等效电源定理、有源二端网络定理等。

二端网络：具有两个引出端钮（与外电路连接）的网络（电路）。根据它的内部是否含有电源又分为有源二端网络和无源二端网络。如图 1-45a 所示，电路中左边是有源二端网络，右边是无源二端网络。该图是一个已知电路结构的有源二端网络与无源二端网络的连接。一般情况如图 1-45b 所示。而一个最简单的有源二端网络是由 U_S 和 R_S 相串联组成的支路，一个最简单的无源二端网络由一个电阻 R 所组成，如图 1-45c 所示。

戴维南定理指出：任何一个线性有源二端电阻网络，对外电路来说，可用一个恒压源 U_S 与电阻 R_S 相串联的模型来替代。恒压源的电压 U_S 等于该有源二端网络的开路电压 U_{OC}，其串联电阻 R_S 等于该网络中所有 $U_S = 0$、$I_S = 0$ 时的等效电阻。

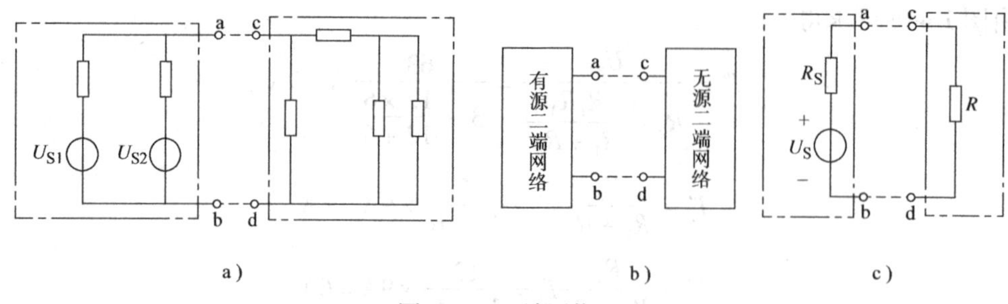

图 1-45　二端网络

【例 1-15】　试用戴维南定理求图 1-46a 中的电流 I。

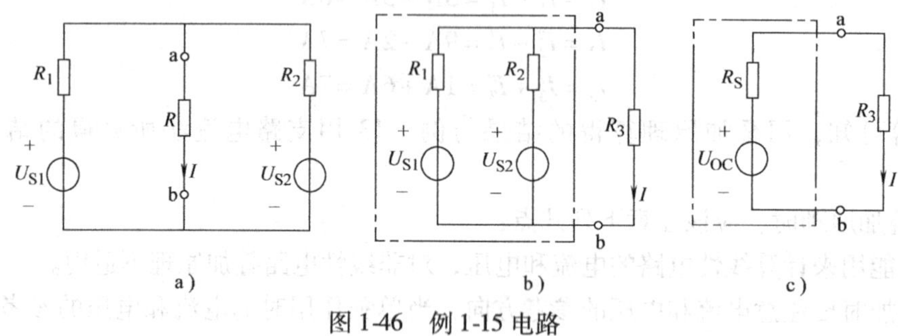

图 1-46　例 1-15 电路

解　先把图 1-46a 改画成图 1-46b，然后按照戴维南定理，可求得当 R_3 断开时有源两端网络的开路电压 U_{OC}，即图 1-47a 中的 U_{OC}，其值为

$$U_{OC}=\frac{U_{S1}-U_{S2}}{R_1+R_2}R_2+U_{S2}$$

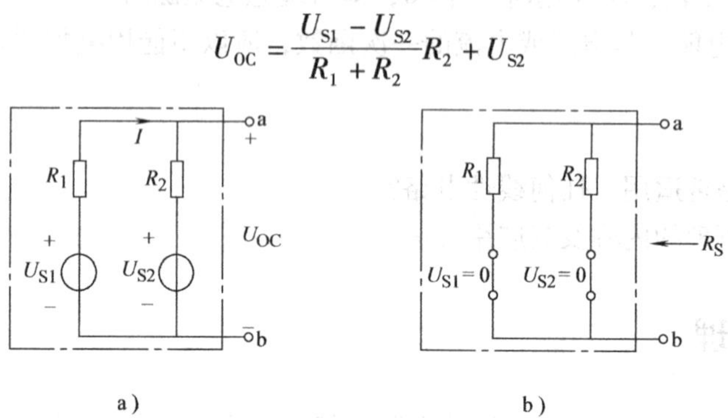

图 1-47　计算开路电压 U_{OC} 和电源内阻 R_S 的电路图

在 R_3 断开时，该网络中所有恒压源短路时的等效电路，如图 1-47b 所示，则电路的等效电阻为

$$R_S=\frac{R_1R_2}{R_1+R_2}$$

若已知 $U_{S1}=18\text{V}$，$U_{S2}=15\text{V}$，$R_1=12\Omega$，$R_2=10\Omega$，$R_3=15\Omega$，则

$$U_{OC}=U_S=\frac{U_{S1}-U_{S2}}{R_1+R_2}R_2+U_{S2}=\frac{18-15}{12+10}\times10\text{V}+15\text{V}=\frac{360}{22}\text{V}$$

$$R_S=\frac{R_1R_2}{R_1+R_2}=\frac{12\times10}{12+10}\Omega=\frac{120}{22}\Omega$$

将计算得到的开路电压 U_{OC} 和等效电阻 R_S 串联后代替图 1-46c 电路，再将断开的 R_3 接入代替后的电路，求得所需的电流 I

$$I=\frac{U_{OC}}{R_S+R_3}=\frac{\frac{360}{22}}{\frac{120}{22}+15}\text{A}=0.8\text{A}$$

从上可得，采用戴维南定理的具体步骤为：

1）把电路分成待求支路和该支路以外的有源两端网络两部分。

2）把待求支路断开，求出有源二端网络的开路电压 U_{OC}，即等效电路的电源 U_S。

3）求该有源二端网络变为无源二端网络后的等效电阻 R_S（把所有恒压源短路）。

4）画出有源二端网络的等效电路图，使有源二端网络电源的 $U_S=U_{OC}$、内阻为 R_S。

5）接上原来断开的支路，使电路为一简单的电路，然后用全电路欧姆定律求得该支路的电流或电压。

【思考题 1-8】

（1）试将图 1-48 用等效电压源来代替，并换成等效电流源。

（2）试将图 1-49 用等效电流源来代替，并换成等效电压源。

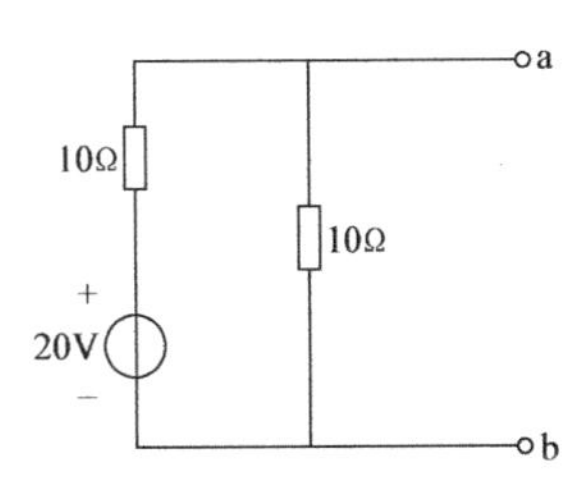

图 1-48　思考题 1-8（1）电路

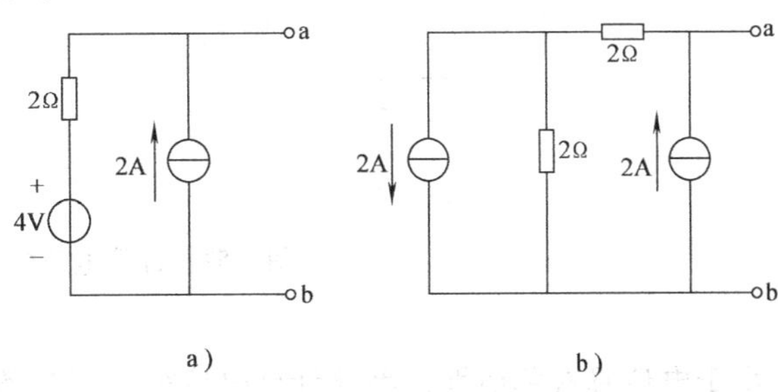

图 1-49　思考题 1-8（2）电路

1.9　电路中电位的计算

在计算复杂电路时，根据电路的结构形式，有时也以节点电位为未知量，通过对某些点电位的高低的分析和计算，直接来分析电路的工作状态。例如在图 1-50 中，要判断二极管中有无电流，就必须知道二极管两端点的电位，当阳极（a 点）的电位比阴极（b 点）的电位高于某一数值（导通电压通常为 0.3 ~ 0.7V）时，二极管才能导通，电路中有电流流过；反之，当 b 点电位高于 a 点时，二极管就截止，电路中就没有电流流过。因此，利用电路中某些点的电位来进行电位分析的方法是十分有用的。

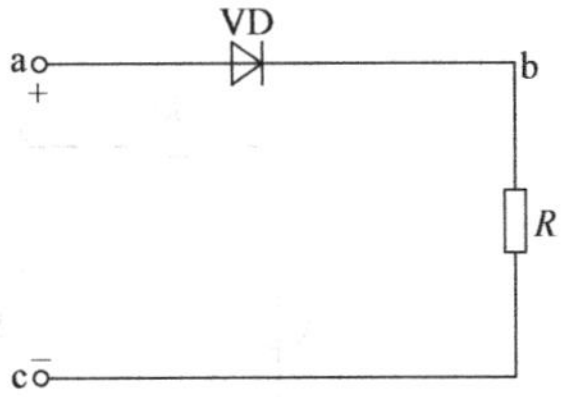

图 1-50　含有晶体二极管的电路

为了求得电路中各点的电位值，必须在电路中选择一个参考点。在电工技术上，为了工作安全，通常把电路的某一点与大地连接，称为接地，这时电路的接地点就是参考点。由于大地为零电位体，所以参考点的电位等于零。接地点在电路图上用符号“⊥”表示。

在电子电路中，通常以电信号和直流电源的公共点作为参考点，称接地点，其电位认为是零电位，它是分析线路中其余各点电位高低的比较标准。参考点在电路图上用符号“⊥”表示。参考点是可以任意选定的，但一经选定，各点电位的计算即以该点为准。因此，在电路中如果不指定参考点而谈论各点的电位是没有意义的。

电路中某一点的电位实际上指该点到参考点间的电压。

以图1-51a为例，我们计算电路中各点的电位。首先选定e点为参考点，即e点的电位为零，$V_e=0$，故

$$V_a=U_{ae}=U_{S1}$$
$$V_b=U_{be}=I_3R_3$$
$$V_c=U_{ce}=U_{cd}+U_{de}=I_2R_4-U_{S2}$$
$$V_d=U_{de}=-U_{S2}$$

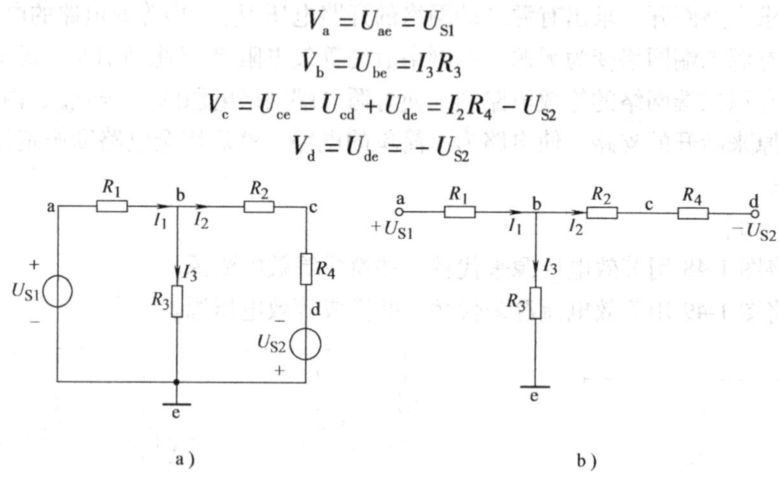

图1-51　计算电路中的电位

由于电位具有单值性，因此计算电位往往有多条路径，例如b点的电位不仅可沿R_3这条路径求得，而且也可以沿路径bae或bcde求得。所以，在求电路中某点电位时，尽量选最简单的路径。

在电子电路中一般都把电源、信号输入和输出的公共端接在一起作为参考点，因而电子电路中有一种习惯画法，即电源不再用图形符号表示，只需在电源非接地端处标出其电位的极性和数值。则图1-51a可改画为图1-51b，图中a点电位比参考点e的电位高U_{S1}，所以在a点标出$+U_{S1}$，d点电位比参考点e的电位低U_{S2}，所以在d点标出$-U_{S2}$。

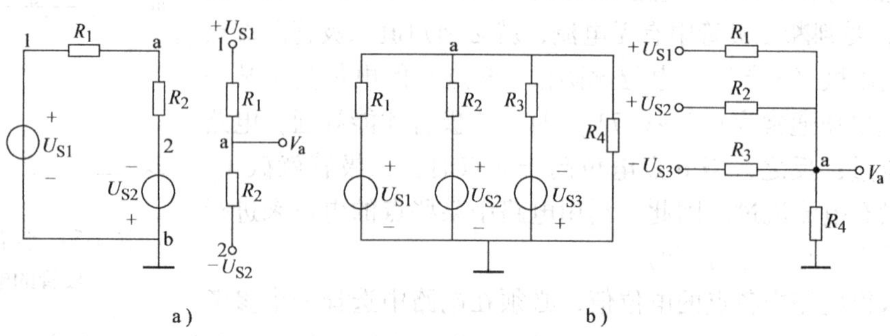

图1-52　电子电路的习惯画法

图 1-52 给出了另外两个例子。图 1-52a 中 1 点电位比参考点 b 的电位高 U_{S1}，所以 1 点标出 $+U_{S1}$；2 点电位比参考点 b 的电位低 U_{S2}，所以 2 点标出 $-U_{S2}$。图 1-52b 电路中的情况类似。

【例 1-16】 图 1-53a 中，已知 $+U_{S1}=+10\text{V}$，$-U_{S2}=-5\text{V}$，$R_1=100\Omega$，$R_2=1400\Omega$，求 V_a，V_b，V_c 及 U_{ab}。

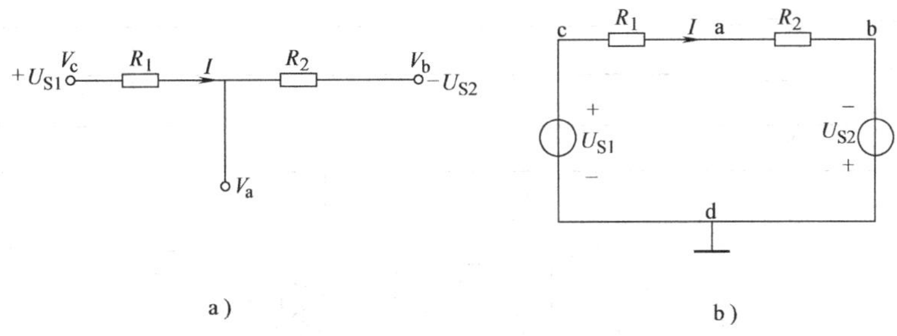

图 1-53 例 1-16 电路

解 图 1-53a 的电路可改画为一般电路，如图 1-53b 所示。其中 d 点为电源公共端，故 d 点是电位的参考点。选定电流参考方向如图所示。

$$V_c=U_{S1}=10\text{V}$$
$$V_b=-U_{S2}=-5\text{V}$$
$$U_{cb}=V_c-V_b=15\text{V}$$

电流
$$I=\frac{U_{cb}}{R_1+R_2}=\frac{15}{100+1400}\text{A}=0.01\text{A}=10\text{mA}$$
$$U_{ab}=IR_2=0.01\text{A}\times1400\Omega=14\text{V}$$
$$V_a=U_{ob}+V_b=14\text{V}+(-5)\text{V}=9\text{V}$$

【思考题 1-9】

（1）将图 1-54 所示电路改画成用一般画法电路图，并标出电位的参考点。

（2）将图 1-55 所示电路改画成习惯画法的电路图。

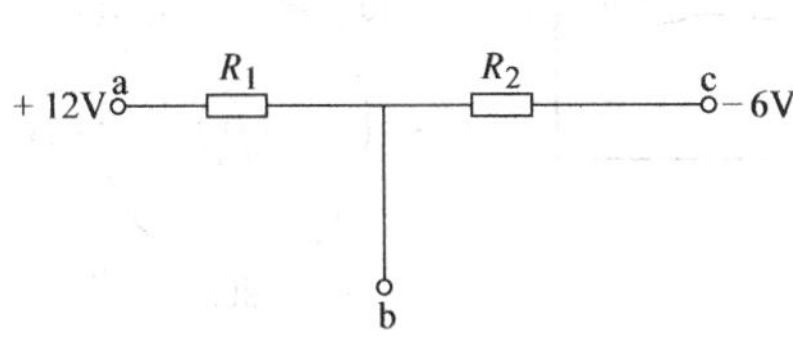

图 1-54 思考题 1-9（1）电路

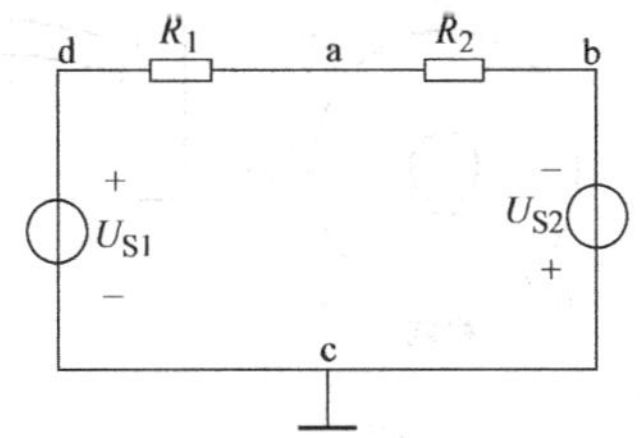

图 1-55 思考题 1-9（2）电路

1.10 实训 1 实训室电源设施的用途及常用仪器和仪表的使用

1. 实训目的

1）了解实训室电源设施及直流稳压电源等常用设备。

2）学习直流电压表、直流电流表、万用表等常用电工仪表的使用方法。

3）了解线性电阻的测量方法。

2. 电工实训室的电源设施及常用仪器和仪表

（1）实训室电源设施

电工实训室提供的电源一般采用50Hz、380V三相四线交流电，用三极开关控制，输出端接三相四眼插座，如图1-56所示，供三相负载使用。

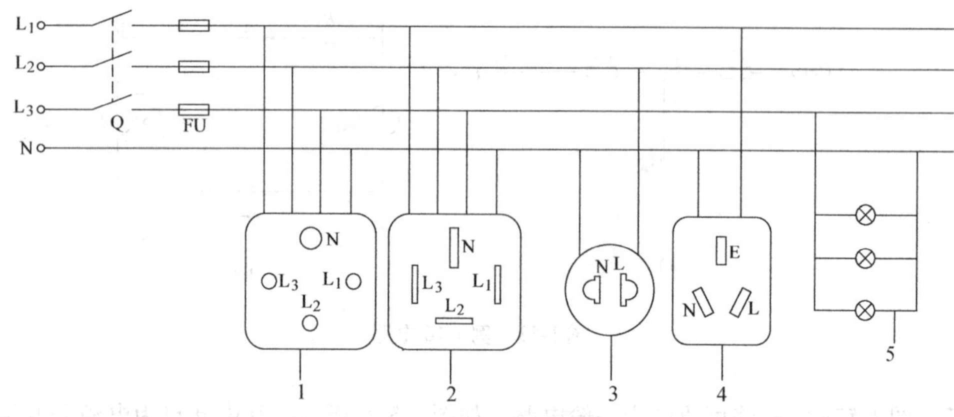

图1-56　三相电源供电设施

1、2—三相四眼插座　3、4—单相电源插座　5—照明及其他单相负载

单相交流电源电压为50Hz、220V，应采用单相二眼插座，或采用单相三眼插座，还供单相照明及其他负载使用，如图1-56所示。

由于电工实训室中所用的电源电压较高，为确保设备和人身安全，在地面上有绝缘橡胶垫。一旦出现负载短路或发生事故，电源中采用熔断器FU或人工、自动安全保护装置。

（2）晶体管直流稳压电源

晶体管直流稳压电源采用220V交流电作电源，经晶体管整流并稳压后，可输出可调的直流稳定电压，可近似地认为是理想电压源U_S，其面板如图1-57所示。

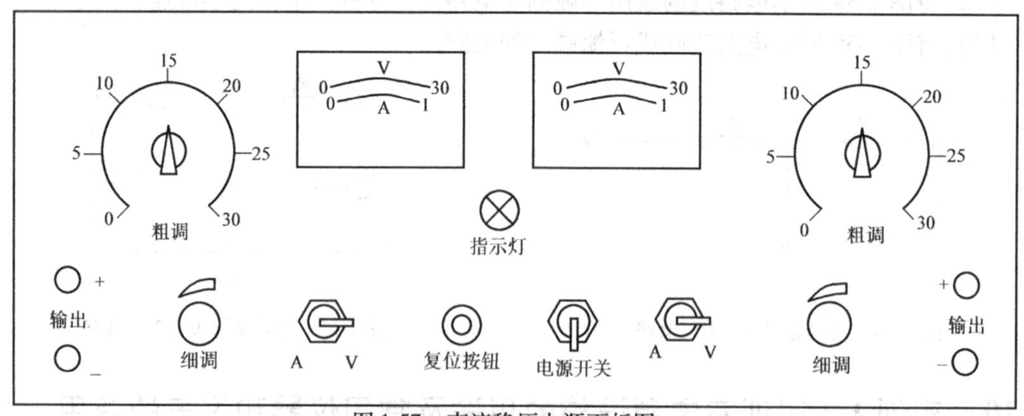

图1-57　直流稳压电源面板图

实训时根据需要调节电压时，先用“粗调”旋钮选择合适的电压段；再用“细调”旋钮进行微调。可观察面板上的电压表，把输出电压调到需要的数值。为确保输出电压的正确

性，常用电压表在晶体管直流稳压电源的输出端进行检测。实训用晶体管直流稳压电源有两路输出电压，它们是两个独立的电源，输出对地均悬空，故可将它们串联起来以获得更高的直流电压或获得正负电压。

当晶体管直流稳压电源过载或短路时，机内设置的保护电路动作会使输出电压下降为零。此时应切断电源，排除故障或减轻负载，然后按下“复位”按钮，即可继续使用。

（3）直流电压表、直流电流表

电压表的内阻极大，使用时应并联在待测电路的两端。

电流表的内阻极小，使用时应串联在待测电路的支路中。

使用各种仪表都要注意量程的选择，量程选得过大，测量误差将增大；选得过小，有可能损坏电表。如果实训前无法估计合适的量程，可选用电表的最高量程进行测试，然后根据测试结果调整到适当的量程进行测量。

直流电压表和直流电流表在使用时应注意极性，即仪表的“+”极接电路的高电位；“-”极接低电位，不能接反，否则将引起指针反偏，造成打弯或打断指针。

（4）MF—47 型万用表

万用表一般由用磁电式表头配上二极管、分流器、倍压器、干电池、转换开关等组成。图 1-58 所示为 MF—47 型万用表的电路。该万用表可用来测量交、直流电压，直流电流、电阻晶体管的电流放大系数和电感的电感量和电容器的电容量等各电量，它是一种常用的多功能仪表。

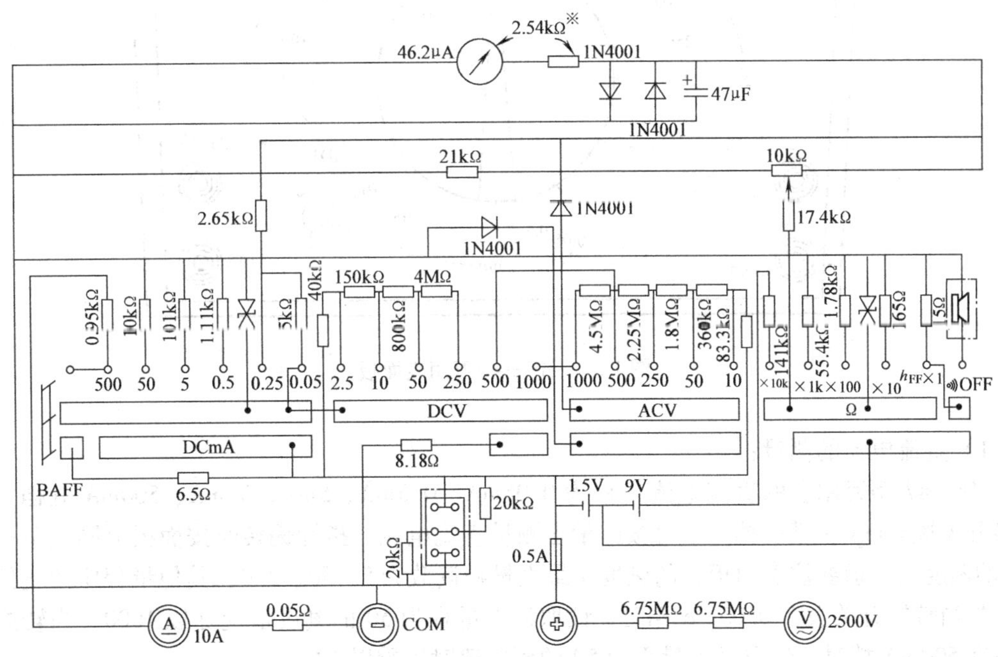

图 1-58 MF—47 万用表原理图

下面以 MF－47 型袖珍式万用表为例，说明万用表的使用方法。MF—47 型万用表的面板如图 1-59 所示。

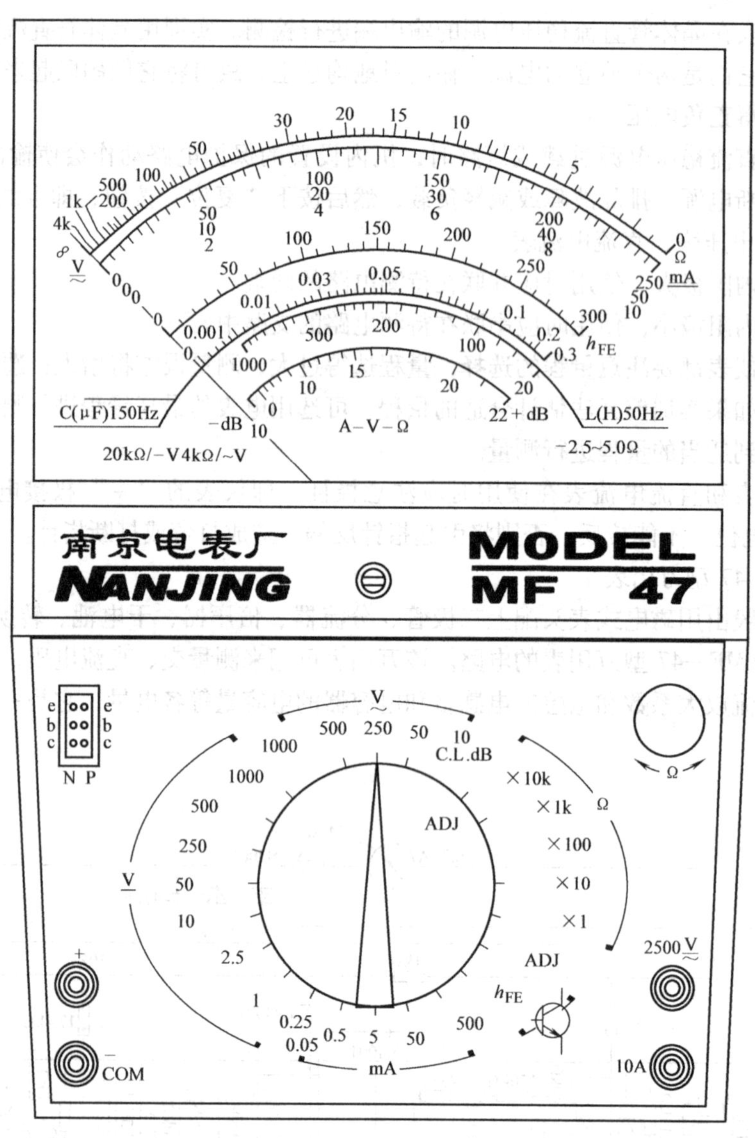

图 1-59　MF—47 万用表面板

1）直流电流的测量：

MF—47 型万用表的直流电流量程为 0. 05mA、0. 5mA、5mA、50mA、500mA 五档。将转换开关拨至mA 中某一档，就可按此量程测量直流电流。指针偏转时按面板上第二条标有mA 的刻度尺，但要注意面板上的刻度是最大量程读数为 5、50、250，其他量程应按比例读数，如当转换开关拨在 0. 05mA 档时，读取最大量程为 50 的刻度值应除以 1000，当转换开关拨在 500mA 档时，读取最大量程为 50 的刻度值时应乘以 10。

当被测电流超过 500mA、小于 10A 时，该万用表有 10A 的量程，此时必须将转换开关 S 拨至 500mA 档，将测量“ + ”的表棒，换插至 10A 插孔中，进行测量，按面板上第二条标有mA 的刻度尺读数，即为实际电流值。

在实际使用时，如果对被测电流的大小不了解，应先用最大档量程试测，以防止指针被打坏，然后再选用适当的量程，减小测量误差。接线方法与直流电流表一样，应把万用表串联在电路中，让电流从“+”端流进，“-”端流出。

使用万用表前必须把测量范围的选择开关旋到与被测电量相应的量程上，有些万用表（如500型万用表）由两个转换开关来共同实现。

2）直流电压的测量：

直流电压的量程有0.25V、1V、2.5V、10V、50V、250V、500V和1000V八档，仍按面板上第二条刻度读数，该刻度尺的右端除标有“V”，表示这条刻度尺为电流、电压共用。各档量程同样按比例读数。

当被测电压超过1000V、小于2500V时，该万用表有2500的量程，此时必须将转换开关S拨至1000V档，将测量“+”的表棒，换插至2500V插孔中，进行测量，按面板上第二条刻度尺的读数乘以10即为实际电压值。

测量直流电压时，应把万用表与被测电路并联，并注意“+”、“-”号不要接反。

测量电压时，万用表的内阻越高，从被测电路取用的电流越小，被测电路受到的影响也就越小。通常用万用表的灵敏度来表示这一特征。所谓万用表的灵敏度就是万用表的总内阻与电压量程之比。MF—47型万用表的灵敏度为20kΩ/V，如在直流10V档上万用表的总内阻为200kΩ，则200kΩ/10V=20kΩ/V。

3）交流电压的测量：

交流电压的量程有10V、50V、250V、500V和1000V五档，因磁电式仪表本身只能测量直流，但由于在万用表电路中增加了整流元件（见图1-48中的二极管VD），就可以把交流电压变为直流电压后再进行测量。面板第二条刻度尺的左端还标有“~”符号，表示该刻度尺为交、直流电压共用。其读数方法同直流电压的测量。

该万用表可测量频率为45~1000Hz的正弦交流电压，但不能测量非正弦的正弦交流电压。

4）电阻的测量：

电阻测量的档位有×1、×10、×100、×1k和×10k五档。将转换开关拨至测量电阻“Ω”的位置上，并把待测电阻R_X的两端分别与两支表棒相接触，这时表内电池U_S、调节电阻R、表头μA与待测电阻R_X组成回路，便有电流通过表头使指针偏转。显然，R_X越大，则电流越小，偏转角α也越小，当被测电阻为无限大时，电流为零，指针不动，指在∞刻度上；反之，R_X越小，则α越大，当$R_X=0$时，α最大，指针指在0刻度上。所以电阻的刻度方向与电流、电压的刻度方向相反，它标在面板的第一条标有“Ω”的刻度尺上。刻度尺上所标的数值为$R\times1\Omega$量程的欧姆数，当使用$R\times10\Omega$、$R\times100\Omega$、$R\times1\text{k}\Omega$、$R\times10\text{k}\Omega$等量程时，其阻值等于读数乘以该量程的倍数。例如，把转换开关拨在$R\times100\Omega$的位置上，则读数乘以100才等于被测电阻的电阻值，余类推。

在实际测量电阻时，需要先进行欧姆调零。调零时先将转换开关拨至所选的欧姆档，将两表棒短接，这时指针应向满刻度方向偏转并指在0刻度上，否则应转动零欧姆调节电位器进行校正，然后再将两表棒分开去测量待测电阻。每换一档量程，都必须重新调零。如果转动电位器不能使指针调到0刻度上，则说明表内的电池已用完，需要更换。MF—347型万用表内有1.5V和15V两节电池，$R\times1\Omega$至$R\times1\text{k}\Omega$各档共用2号1.5V普通干电池，$R\times10\text{k}\Omega$档则单独使用9V叠层电池。

为了提高测量电阻的准确度，应尽量使用刻度尺的中间段（在全刻度的20% ~80%范围内），为此要选择合适的量程。

在测量电路中的某一电阻时，应将电路中的电源除去，不允许在带电的电路上测量电阻，否则不但测量无效，还会损坏表头。如果被测量电阻在电路中有并联支路，则应将被测电阻的一端与电路分开后再测量。在测量高电阻（ >10kΩ）时，应注意不要用手同时接触两表棒的导电部分，以免形成人体的并联电路。

使用万用表时应注意转换开关的位置和量程，测量前应检查测试棒所插位置是否正确，一般红色测试棒接“+”插孔，黑色测试棒接“-”插孔。测量直流电压和电流时要注意正负极性，红色测试棒应接电路中的高电位端，黑色测试棒应接电路中的低电位端。测量结束时，应将转换开关旋到高电压档，以免下次使用不慎而损坏电表。此外，从图1-59可以看出，面板上的“+”端接在电池的负极，而“-”端是接电池正极的。因此在测量电阻时，电流是从“-”端流出，经被测电阻后再回到“+”端的。这一点在测量电子元器件时应特别注意。

5）其他物理量的测量：

①晶体管电流放大系数的测量。将万用表转换开关拨向 h_{EF}档，按晶体管的不同型号及引脚，分别插入晶体管的插座中，便可在万用表的第三条刻度尺上直接读出电流放大系数。但由于万用表电压、电流较低，只能测量小功率晶体管的电流放大系数 h_{EF}。

②电容、电感元件参数的测量。万用表转换开关拨向10V交流电压档，将被测元件一端与到万用表的“+”表棒连接，另一端与外接的10V交流电源一端相接，另一端与万用表的“-”表棒连接。然后在万用表第四条、第五条刻度尺上读出对应的参数。第四条刻度尺上直接读出电容器的电容量或电感器的电感量。所不同的是，测量电容量时的频率为150Hz，测量电感量的频率为50Hz。

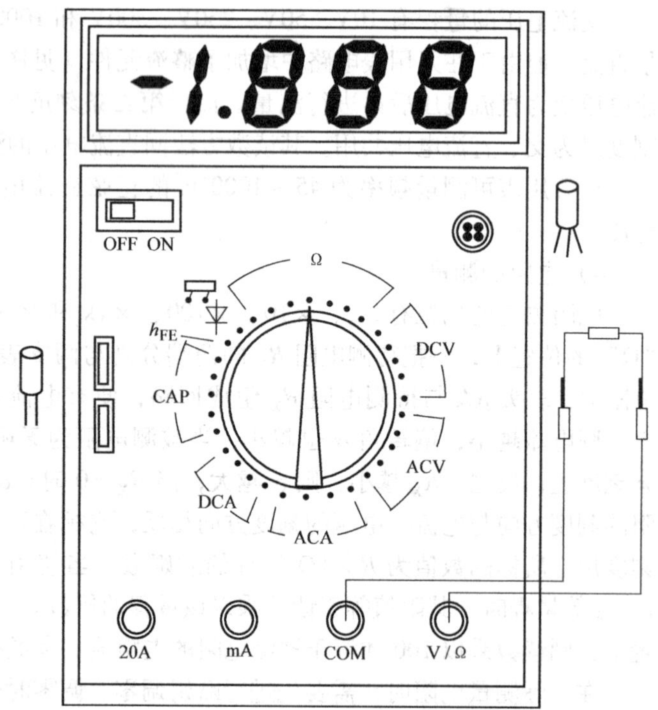

图1-60　DT890系列数字万用表的面板

（5）数字式万用表

数字式万用表是一种小型多功能的数字式仪表，整机电路以大规模集成电路双积分A/D转换器为核心，并配有全功能过载保护电路。它具有测量精度高、测量范围广、输入阻抗大、性能稳定、读数清晰、使用方便等优点，是万用表中的佼佼者。

DT890系列数字万用表的面板示意图如图1-60所示。

1）显示器：

显示器的最大指示值为 1999 $\left(3\frac{1}{2}\text{位}\right)$ 或 -1999。如果显示器只显示“1”，则表示过量程，功能开关应置更高量程（但是在测电阻时，如无输入，即表笔开路，显示器也显示“1”）。如果无显示，则表示机内电池的电压已不足，应即更换电池。

2）电源开关：

使用时将电源开关置“ON”，使用完毕置“OFF”。

3）功能开关：

测试之前，功能开关应置于与被测电量（电压、电流、电阻等）及其大小相应的量程档级。但是在测量时不能转动功能开关。

4）输入插座：

输入插座共四个，测交、直流电压及电阻时，将黑色表笔插入“COM”插座，红色表笔插入“V/Ω”插座；测交、直流电流时，将黑色表笔插入“COM”插座，当被测电流在200mA 及以下时，红表笔插入“mA”插座，测量最大值不超过 20A 的电流时，红表笔插入“20A”插座。

5）电容测试插座：

测量电容时，将电容器插入电容测试插座中，由于仪表本身已对电容档设置了保护，故在测试过程中不用考虑电容极性。但在测量大电容时，稳定读数需要一定时间。

6）晶体管测试插座：

显示器上只能读出 h_{FE} 的近似值，对判断晶体管起参考作用，不能做精密测试。

3. 实训设备与器材

1）直流稳压电源 1 台。

2）直流电流表(0～30mA)1 只。

3）500 型万用表 1 只。

4）碳膜电阻器 3 只。

5）连接导线 3 根。

6）实训电路板 1 块。

4. 实训内容

（1）用万用表测量交流电压

1）了解电工实训桌上的电源开关、插座等布置情况。认识本实训所用实训器材和仪表，看懂仪器、仪表面板上的符号，读数方法。

2）用万用表的交流电压档测量三相四眼插座中的输出电压，并记录在表 1-1 中。

表 1-1　实训 1 测量值（一）

测量工具	相电压/V			线电压/V		
	U_{L1N}	U_{L2N}	U_{L3N}	U_{L1L2}	U_{L2L3}	U_{L3L1}
万用表						

3）用万用表的交流电压档测量单相二眼插座、单相三眼插座中的输出电压，记录下来。

U_{LN} = ______________ V

（2）用万用表测量直流电压

1）将晶体管直流稳压电源的电源插头插入单相电源插座内，打开晶体管直流稳压电源的电源开关，调节粗调和细调旋钮，观察晶体管直流稳压电源面板上直流电压表的变化，最后将输出电压调至零。

2）将稳压电源输出电压分别调至 2V、4V、6V、8V，万用表的转换开关置于直流电压 10V 档，红表笔接至电源正极，黑表笔接至负极，测量上述各电压值，记入表 1-2 中。

3）将直流稳压电源输出电压分别调至 5V、10V、20V、25V，将万用表转换开关置于直流电压 50V 档，测量上述各电压值，记入表 1-3 中。

（3）用万用表测量直流电流

1）按图 1-61 接线，将万用表转换开关置于直流电流 100mA 档，万用表的红表笔接至电路中的 a 点，黑表笔接至 b 点，将万用表串联接入电路，10V 电源由直流稳压电源输出 10V 供给，R 取 100Ω，可变电阻器 RP 调至最大电阻值。

2）闭合开关 S，可变电阻器分别取 25Ω、50Ω、75Ω、100Ω，测量相应的直流电流值，记入表 1-2 中。测量中如需改变电流档的量限，要打开开关 S 后进行。

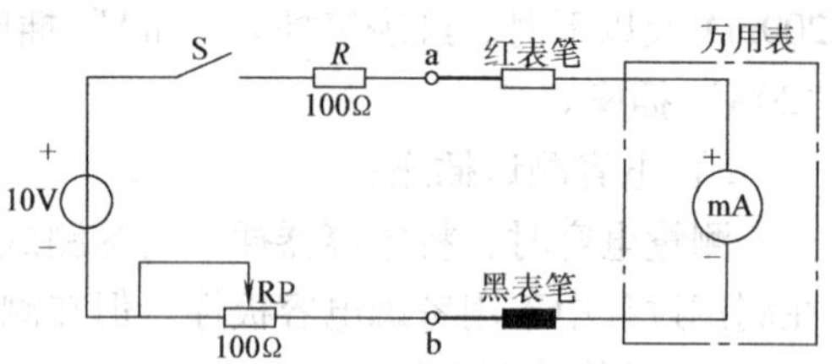

图 1-61　直流电流的测量

（4）用万用表测量电阻

将万用表转换开关分别置于 $R\times1\Omega$、$R\times10\Omega$、$R\times1k\Omega$、$R\times10k\Omega$ 电阻档，每档测量三个电阻值，将测量结果记入表 1-2 中。

表 1-2　实训 1 测量值（二）

<table>
<tr><th colspan="2">项　目</th><th colspan="24">测 量 记 录</th></tr>
<tr><td rowspan="2">直流电压</td><td>电源电压/V</td><td colspan="3"></td><td colspan="3"></td><td colspan="3"></td><td colspan="3"></td><td colspan="3"></td><td colspan="3"></td><td colspan="3"></td><td colspan="3"></td></tr>
<tr><td>测量电压值/V</td><td colspan="3"></td><td colspan="3"></td><td colspan="3"></td><td colspan="3"></td><td colspan="3"></td><td colspan="3"></td><td colspan="3"></td><td colspan="3"></td></tr>
<tr><td rowspan="2">直流电流</td><td>可变电阻器 RP/Ω</td><td colspan="6">25</td><td colspan="6">50</td><td colspan="6">75</td><td colspan="6">100</td></tr>
<tr><td>测量电流值/mA</td><td colspan="6"></td><td colspan="6"></td><td colspan="6"></td><td colspan="6"></td></tr>
<tr><td rowspan="2">电　阻</td><td>电阻档倍率</td><td colspan="6">$R\times1\Omega$</td><td colspan="6">$R\times10\Omega$</td><td colspan="6">$R\times1k\Omega$</td><td colspan="6">$R\times10k\Omega$</td></tr>
<tr><td>测量电阻值/Ω</td><td colspan="2"></td><td colspan="2"></td><td colspan="2"></td><td colspan="2"></td><td colspan="2"></td><td colspan="2"></td><td colspan="2"></td><td colspan="2"></td><td colspan="2"></td><td colspan="2"></td><td colspan="2"></td><td colspan="2"></td></tr>
</table>

5. 思考与分析

说明万用表测量电阻、交直流电压和直流电流表测量直流电流的方法并能指出万用表表面每条刻度线的用途和读数方法。

1.11　实训 2　电路中电位的测量

1. 实训目的

1）熟练掌握万用表的使用方法。

2）理解电路中电位测量的意义。

2. 实训原理

在实际应用中，测量电路中某点的电位是经常遇到的问题，尤其是在电子线路中，判断电位的高低，从而判断电子元件的工作状态。为此，电路中电位的测量，是必须熟练掌握的一种技能。

测量电路中的电位时，首先在电路中选定一参考点，将电压表跨接在被测点与该参考点之间，电压表的读数就是该点的电位值。当电压表的正极接被测点，负极接参考点，电压表正向偏转时，该点的电位为正值；若电压表反转，立即交换电压表两表笔的接触位置，读取读数，则该点的电位为负值。

电路中电位相等的点，称等电位点。将等电位点用导线连接时，电流为零，连接后不会影响电路中其他各点的电位及各支路的电压和电流。

3. 实训设备与器材

1）直流稳压电源1台。

2）万用表1只。

3）实训电路板1块。

4）连接导线4根。

5）1.5V干电池1节。

4. 实训内容与步骤

1）按图1-62接线，g和h点间暂不连接，直流稳压电源一组输出1.5V电压作U_{S1}，另一组输出8V电压作U_{S2}，RP为560Ω的可变电阻器，电阻$R_1=120Ω$，$R_2=510Ω$分别为碳膜电阻。

2）测量电流：闭合开关S，用万用表直流电流档测量回路电流值I，记入表1-3中。

3）选择a点为参考点，即电位$V_a=0$，用万用表直流电压档测量表1-3中所列各点电位和各段电压，并记入表1-3中（测量时注意电位和电压的正负）。

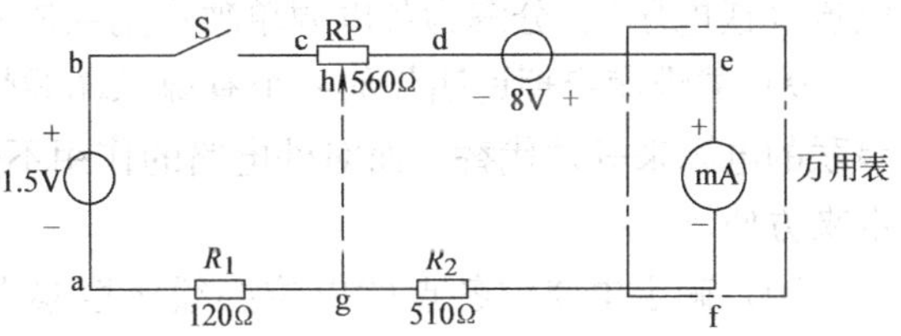

图1-62 电位测量的训练电路

4）选择b点为参考点，即$V_b=0$，重复上述测量，数据记入表1-3中。

5）测定等电位点。选择g点为参考点，把电压表接至g与h之间，调节可变电阻器RP的滑动触点f，使电压表指示为零值（或g与h间接入电流表，使电流为零值），g与h两点即为等电位点。再用导线连接g和h两点，分别测量表1-3中所列各点电位和各段电压值，并记入表1-3中。

表1-3 测量回路电流及电位

参考点	电流/mA	电位/V							
	I	V_a	V_b	V_c	V_d	V_e	V_f	V_g	V_h
a点为参考点									
b点为参考点									
g点为参考点，且$V_g=V_h$，g与h相连									

1.12 小结

1）由理想电路元器件所组成的电路，就是实际电路的电路模型，我们简称为电路。任何一个完整的电路都必须有电源（或信号源）、负载和中间环节三个基本组成部分。电路有空载、短路、负载三种状态，使用电路元器件必须注意其额定值。在额定状态下工作最为经济，应防止发生短路故障。

2）在分析电路时，必须首先标出电流、电压的参考方向，在未标出参考方向的情况下，其正负是无意义的。

3）欧姆定律是电路的基本定律。它表示电阻元件中电流和电压之间的关系。

4）电阻的串、并联连接是电路的最常用的连接方式。串联连接具有分压作用；并联连接具有分流作用。

5）一个实际的电源可用电压源和电流源两种电路模型来表示，它们之间可以等效变换。

6）基尔霍夫定律（KL）是电路中的基本定律，其节点电流定律(KCL) $\sum I=0$，可以推广应用于任一假想的闭合面；其回路电压定律(KVL) $\sum U=0$，可以推广应用于任一假想回路。

7）支路电流法是求解电路的最基本方法。它以支路电流为待求未知量，应用基尔霍夫定律列出电路方程。当电路中有 n 个节点，b 条支路时，可根据 $n-1$ 个节点列出 KCL 电流独立方程，然后再根据 $b-(n-1)$ 个回路列出 KVL 电压独立方程，即可求解各支路的电流。

8）叠加原理反映了线性电路的基本属性。它可将多个电源共同作用在某支路所产生的电流（或电压），分解为各电源单独作用在该支路所产生的电流（或电压）代数和。

9）戴维南定理说明任何一个有源二端线性电阻网络，可以用一个恒压源 U_S 和内阻 R_S 串联的电源来等效代替，而对外电路的作用不变。对于只需求解某一个支路电流时，往往会带来方便。

10）确定电路中各点的电位必须选取参考点。某点的电位就是该点到参考点的电压。在一个系统中只能选取一个参考点。

11）电路中各点的电位与电位参考点和选择有关，而电路中任意两点间的电位差（电压）与电位参考点和选择无关。

1.13 习题

1. 如图 1-63 所示，已知 $U_1=-4\text{V}$，$U_2=+6\text{V}$，求 U_{ab}。

2. 如图 1-64 所示，已知 $I_1=-2\text{A}$，$I_3=3\text{A}$，求 I_2。

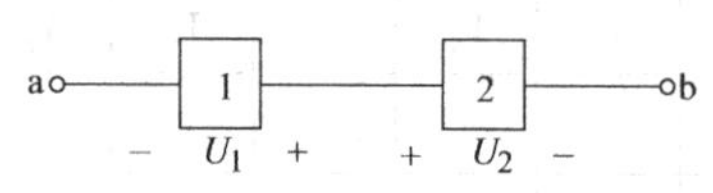

图 1-63　习题 1 电路

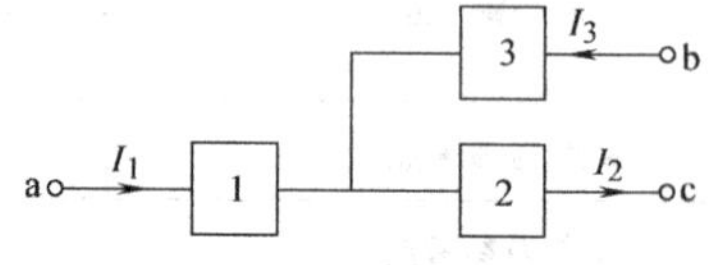

图 1-64　习题 2 电路

3. 设图 1-65 中的 $U_1=10V$，电压表的读数为 1V，电流表的读数为 1A，求：

（1）U_2、U_3；

（2）各元件供出的功率或吸收的功率。

4. 如图 1-66 所示，若已知元件 3 发出功率为 20W，求元件 1 和 2 的吸收功率。

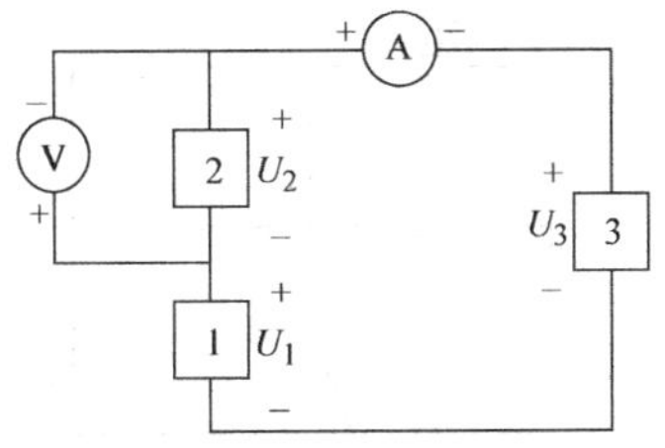

图 1-65　习题 3 电路

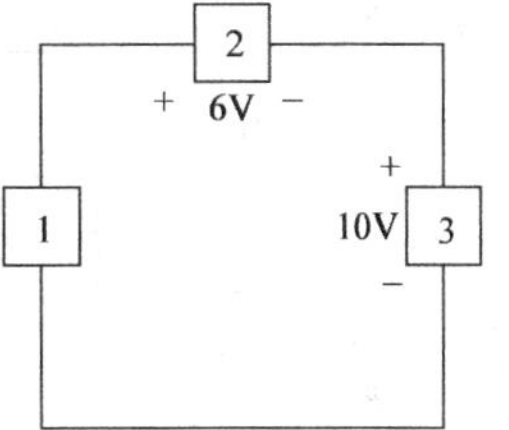

图 1-66　习题 4 电路

5. 如图 1-67 所示，已知 $U_1=1V$，$U_2=-3V$，$U_4=-4V$，$U_5=7V$，$I_1=2A$，$I_2=1A$，$I_3=1A$。求：

（1）电压 U_{bd}；

（2）元件 1、3、4、6 的吸收或供出功率。

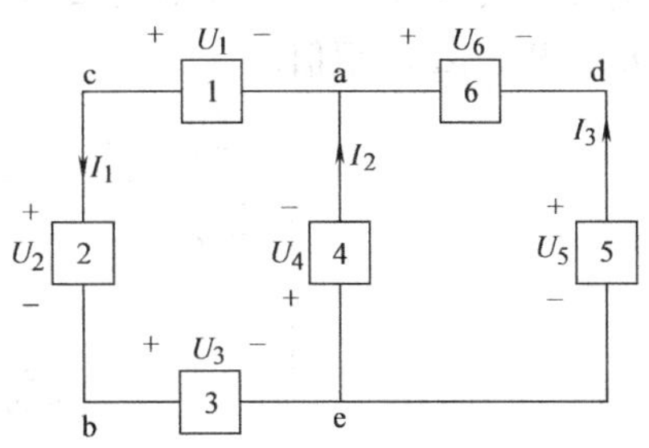

图 1-67　习题 5 电路

6. 图 1-68 中，已知 $U_S=12V$，$R_S=1\Omega$，$R_1=4\Omega$，$R_2=5\Omega$，试分别求出图 1-68a、b、c 所示三种电路中的 I，U，U_1 和 U_2。

7. 在图 1-69 中，一直流电源的电动势为 U_S，它的内电阻 $R_S=0.1\Omega$；负载是一组电灯和一只电炉 R_L。设负载的端电压为 200V，电阻炉取用的功率为 600W，电灯组共有 14 盏电灯并联，每盏电灯的电阻为 400Ω，连接导线的电阻 R_1 为 0.2Ω。求：

（1）电源的端电压 U；

（2）电源的 U_S。

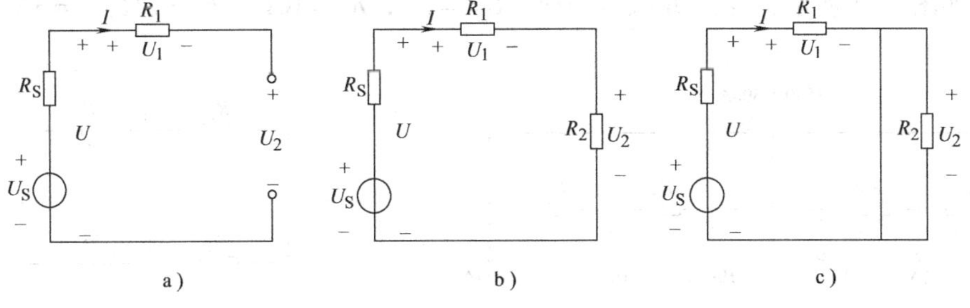

图 1-68　习题 6 电路

8. 在图 1-69 电路中，如电灯组中有一盏电灯发生短路。求：

（1）电源中通过的电流 I；

（2）电炉中通过的电流 I_L；

（3）电源的端电压，并问此时电灯亮否？

9. 在如图 1-70 电路中，试求：

（1）电路中的电流 I；

（2）$I=0$ 时的电阻 R；

（3）$R=\infty$ 时的电流 I。

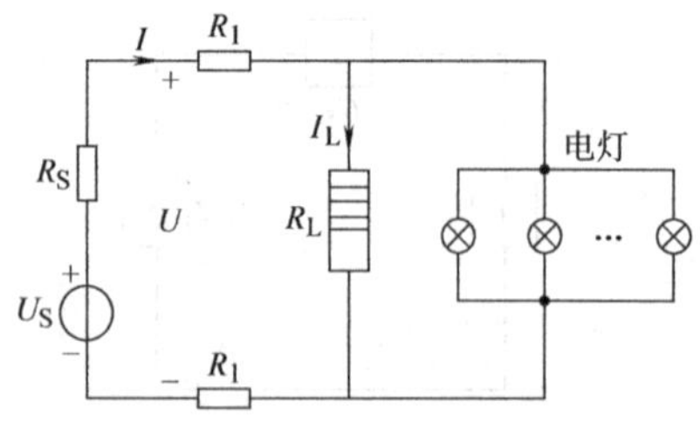

图 1-69　习题 7 电路

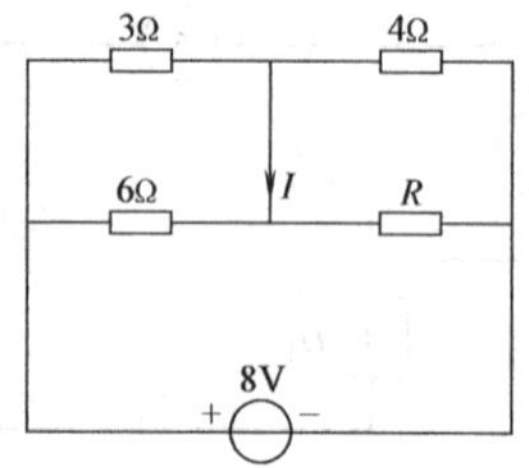

图 1-70　习题 9 电路

10. 一万用表采用满刻度电流 50μA、内阻 R_g 为 3kΩ 的表头，现要求测量直流电压分别为 2.5V、10V、50V、100V、250V、500V 六档，如图 1-71 所示，求串联电阻 R_1、R_2、R_3、R_4、R_5、R_6 的阻值。

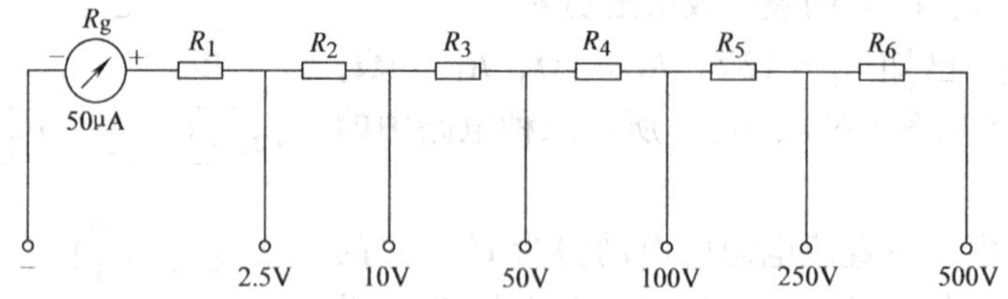

图 1-71　习题 10 电路

11. 利用一只内阻 $R_g=3500\Omega$、50μA 的表头，如要求测量直流电流为 100μA、1mA、10mA、100mA、1A 五档，如图 1-72 所示，求电阻 R_1、R_2、R_3、R_4、R_5 的阻值。

12. 如图 1-73 所示，若已知 $U_{S1}=10V$，$U_{S2}=5V$，$R_1=10\Omega$，$R_2=5\Omega$，$I=3A$，计算 I_1 和 I_2。

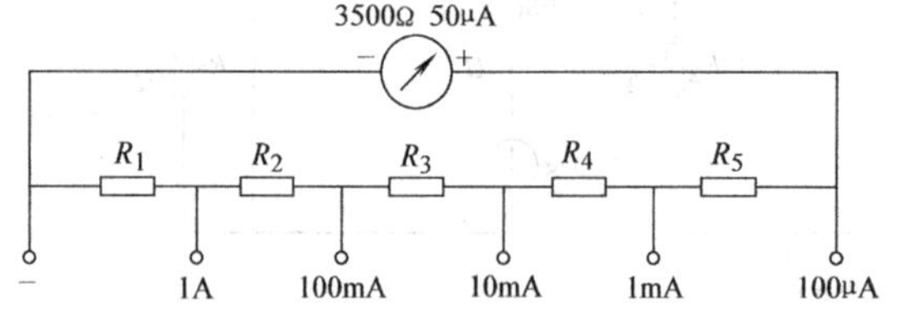

图 1-72　习题 11 电路

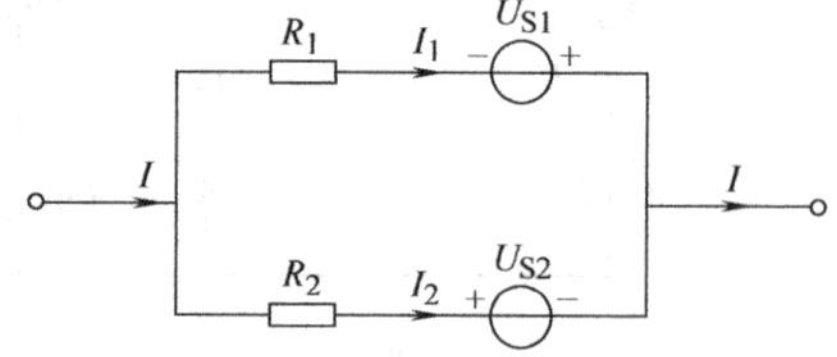

图 1-73　习题 12 电路

13. 如图 1-74 所示，当 $R_1=90\Omega$，$R_2=6\Omega$ 和 $R_1=70\Omega$，$R_2=4\Omega$ 时，电流表中的读数相等，试求未知电阻 R_x 的阻值。

14. 如图 1-75 所示，略去电源内阻不计，若 $U_S=30V$，$R_1=1\Omega$，$R_2=3\Omega$，$R_3=3\Omega$，当 $U_{ab}=0V$ 时，求：

（1）I_1，I_2 的值；

（2）电路的等效电阻 R；

（3）未知电阻 R_4 的阻值；

（4）R_5 的阻值及其所消耗的功率。

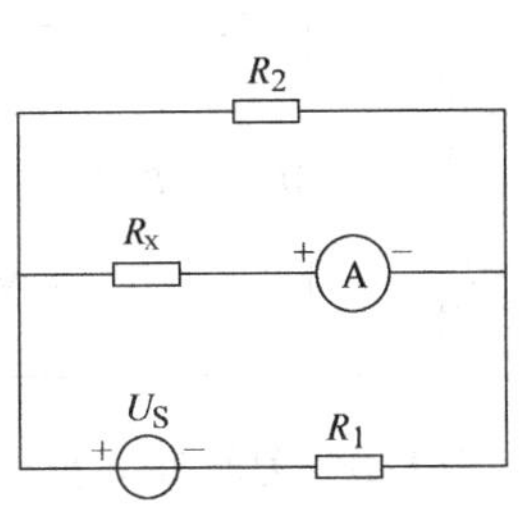

图 1-74　习题 13 电路

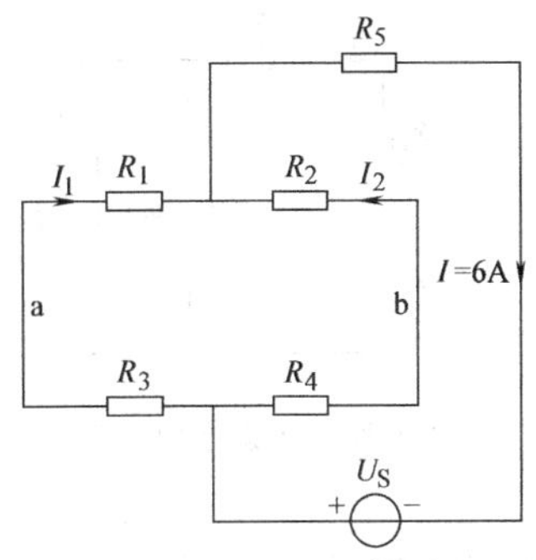

图 1-75　习题 14 电路

15. 如图 1-76 所示，根据 KCL 列出节点方程，并指出有几个是独立的；根据 KVL 列出所有的回路方程。

16. 电路如图 1-77 所示，已知 $U_{S1}=1.5V$，$U_{S2}=1.5V$，$U_{S3}=6V$，$R_1=3\Omega$，$R_2=3\Omega$，$R_3=6\Omega$，$R_4=3\Omega$，求电路中各支路的电流值及实际方向。

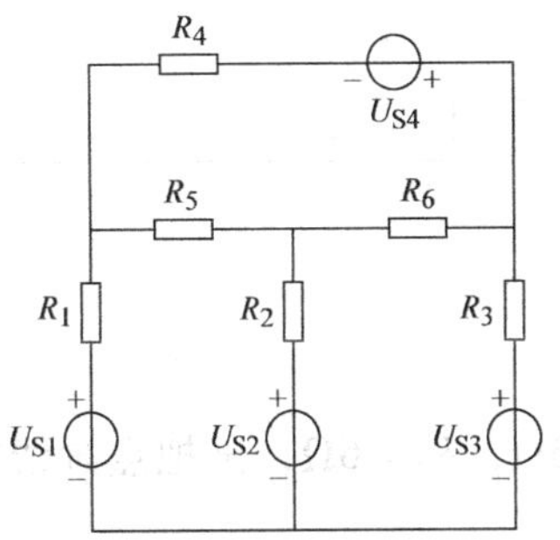

图 1-76　习题 15 电路

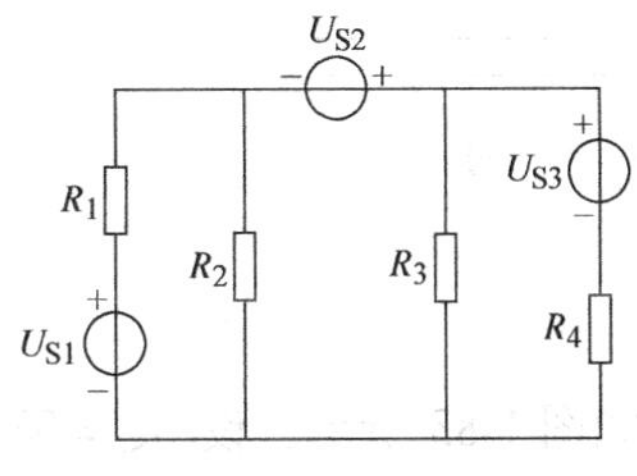

图 1-77　习题 16 电路

17. 电路如图 1-78 所示，已知 $U_{S1}=U_{S2}=220V$，$R_{O1}=0.5\Omega$，$R_{O2}=0.8\Omega$，$R=20\Omega$，求各电流值。

18. 电路如图 1-79 所示，已知 $R_1=4\Omega$，$I_{S1}=3A$，$R_2=6\Omega$，$U_S=6V$，$R_3=2\Omega$，$I_{S2}=10A$，求 ab 端开路电压 U_{ab}。

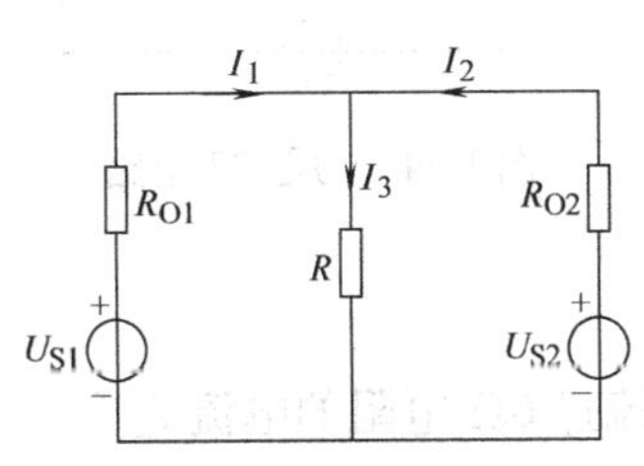

图 1-78　习题 17 电路

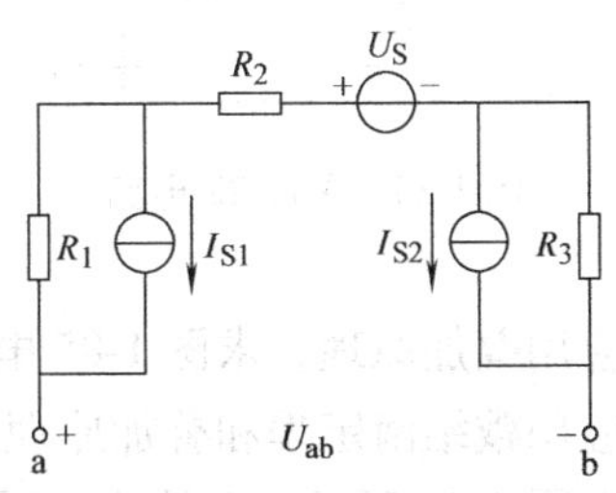

图 1-79　习题 18 电路

19. 利用电源等效变换，求如图 1-80 电路中流过电阻 R_3 的电流值 I。

20. 利用电源等效变换，求如图 1-81 所示电路中电阻 R 两端的电压值 U。

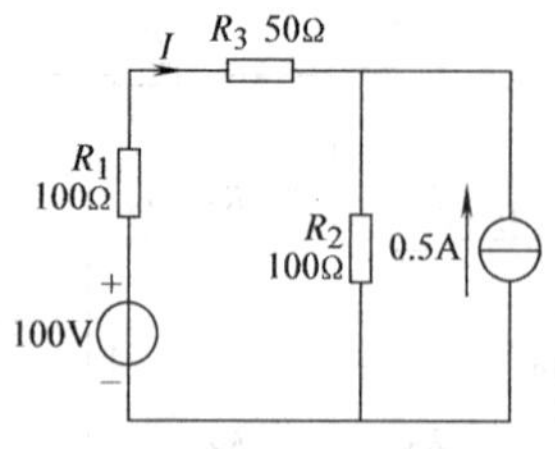

图 1-80　习题 19 电路

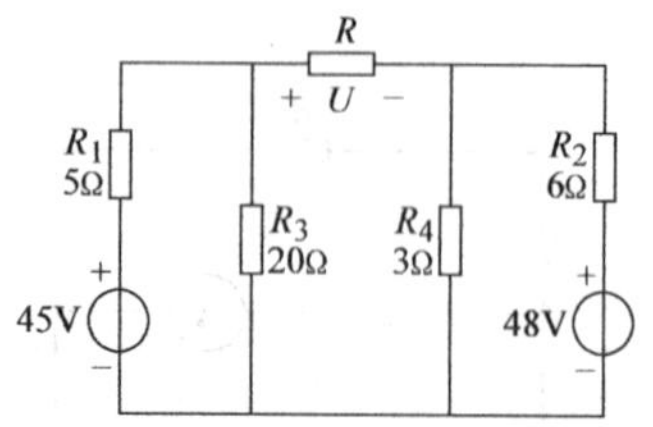

图 1-81　习题 20 电路

21. 如图 1-82 所示，试把图 a、b 变换为一个等效的电压源，把图 c 变换为一个等效的电流源。

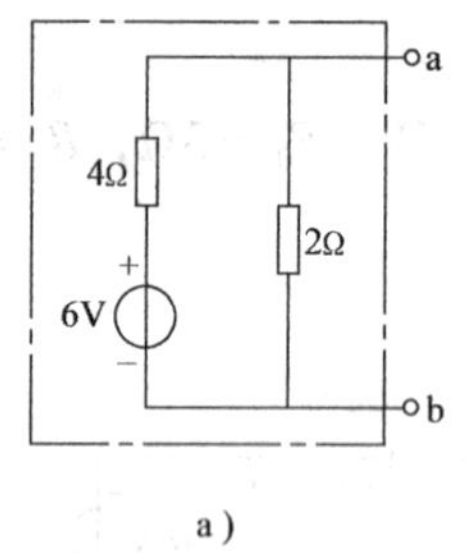

a)

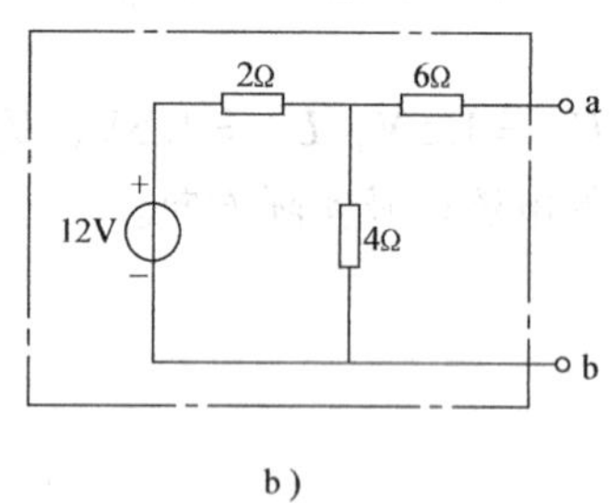

b)

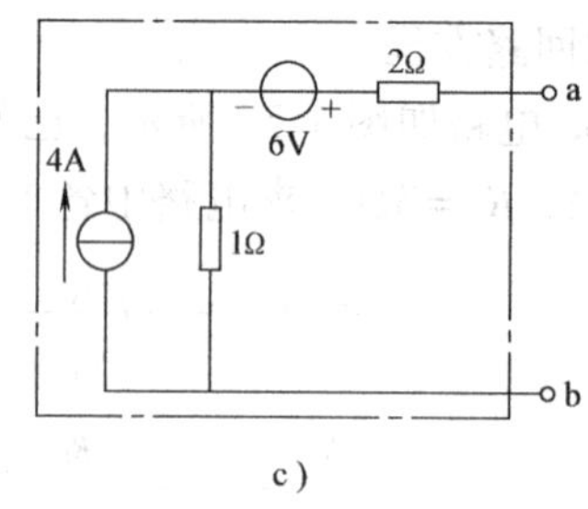

c)

图 1-82　习题 21 电路

22. 如图 1-83 所示，设 $U_{S1}=9V$，$U_{S2}=12V$，$R_1=3\Omega$，$R_2=6\Omega$，试把点画线框内的有源网络等效成一个电压源。

23. 如图 1-84 所示，已知 $R_1=9\Omega$，$R_2=4\Omega$，$R_3=6\Omega$，$R_4=2\Omega$，$U_S=10V$，试用戴维南定理计算 R_2 中的电流 I。

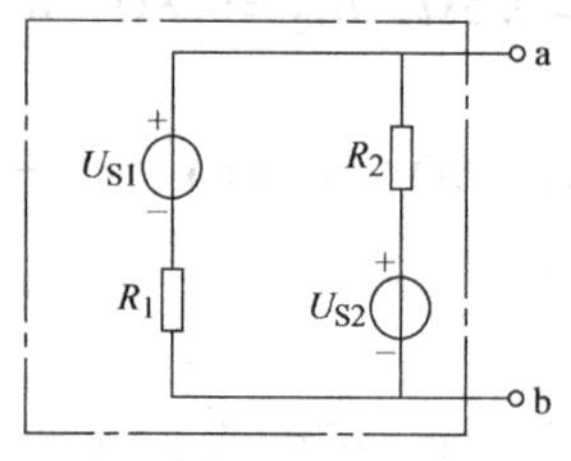

图 1-83　习题 22 电路

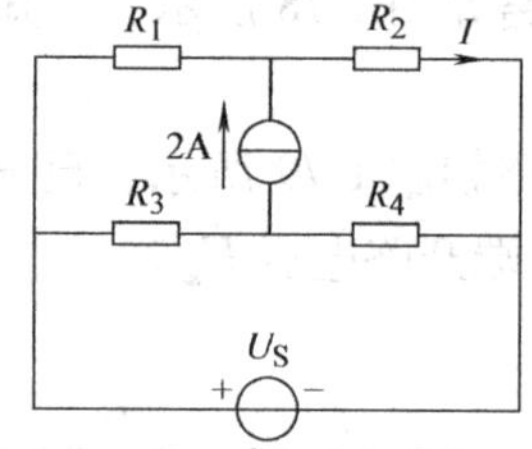

图 1-84　习题 23 电路

24. 应用叠加原理，求图 1-85 电路中的 U_{ab}。

25. 应用戴维南定理和叠加原理，求图 1-86 电路中流过 6Ω 电阻的电流 I。

26. 在图 1-87 所示的电路中，试计算 a 点的电位 V_a。

27. 电路如图 1-88 所示，当 S 断开和合上时，试分别计算 a 点和 b 点的电位值。

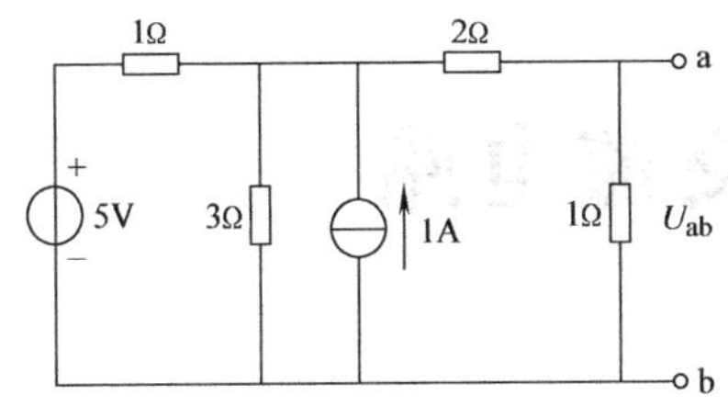

图 1-85　习题 24 电路

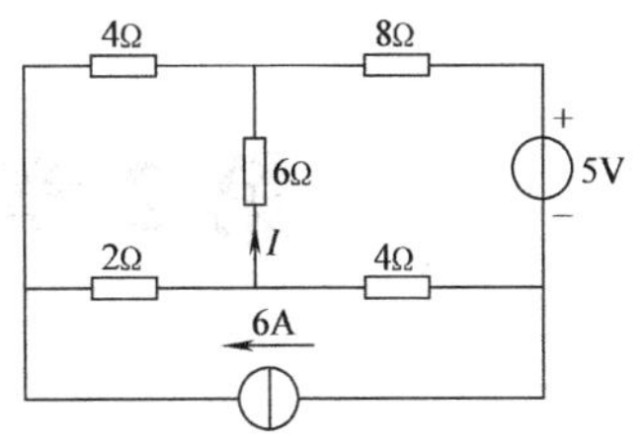

图 1-86　习题 25 电路

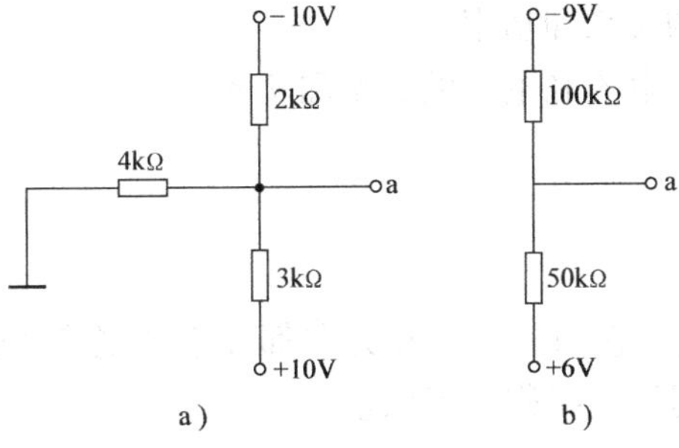

图 1-87　习题 26 电路

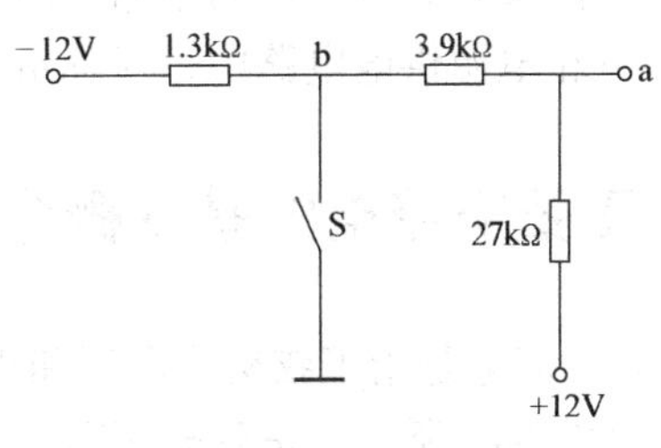

图 1-88　习题 27 电路

28. 电路如图 1-89 所示，若 $R_1 = R_2 = R_3 = 5\Omega$，$R_4 = 2.5\Omega$，$U_{S1} = U_{S2} = U_{S3} = 12V$，求 a 点的电位。

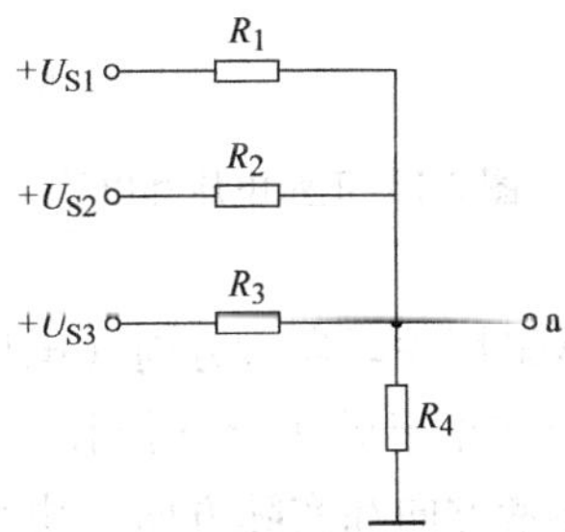

图 1-89　习题 28 电路

第 2 章　正弦交流电路

本章要点

- 正弦交流电的基本概念及其表示方法
- 不同参数和不同结构电路中的电压与电流的关系和功率
- 三相电源供电电路中，对称负载不同连接时电流和电压的关系和功率

2.1　正弦交流电的基本概念

正弦交流电是指正弦交流电压和正弦交流电流，它们的大小和方向都按正弦规律变化，其波形如图 2-1a 所示。正弦电压和正弦电流等物理量，统称为正弦量。

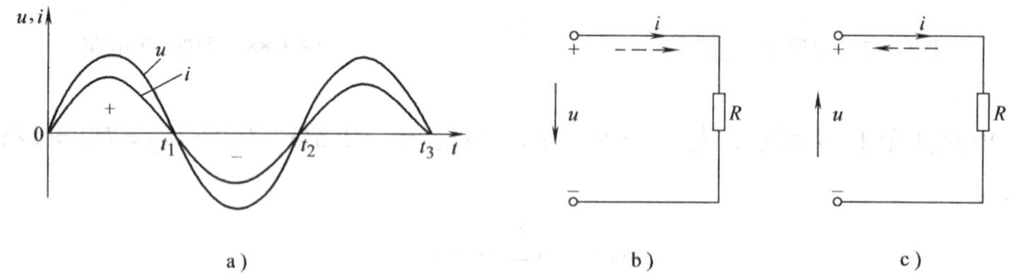

图 2-1　正弦电压和电流

正弦电压和正弦电流的方向常采用关联参考方向（电压用极性“+”、“−”；电流用实线箭头），如图 2-1b、c，则在正弦波正半周 $0 \sim t_1$ 时间内，正弦电压 u 和正弦电流 i 的值为正，说明正弦电压和正弦电流的参考方向和实际方向（电压用实线箭头、电流用虚线箭头）相同，如图 2-1b 所示；在正弦波负半周 $t_1 \sim t_2$ 时间内，正弦电压 u 和正弦电流 i 的值为负，则实际方向和参考方向相反，如图 2-1c 所示。

2.1.1　瞬时值、幅值、有效值

1. 瞬时值 u、i

正弦量随时间变化时某时刻的值称瞬时值，其表达式为

$$\begin{cases} u = U_{\mathrm{m}}\sin(\omega t + \psi_{\mathrm{u}}) \\ i = I_{\mathrm{m}}\sin(\omega t + \psi_{\mathrm{i}}) \end{cases} \tag{2-1}$$

式中　u、i——正弦量的瞬时值；

U_{m}、I_{m}——正弦量的幅值；

ω——正弦量的角频率；

ψ_{u}、ψ_{i}——正弦量的初相位。

幅值、角频率和初相位分别表示正弦量变化的大小、快慢和起始值及变化趋向，称为正弦量的三要素。

2. 幅值 U_m、I_m

幅值又称为峰值或最大值，它是瞬时值中最大的值。瞬时值是随时间变化的，而幅值是与时间无关的定值，幅值反映了正弦量变化的大小。用 U_m、I_m 分别表示正弦电压和正弦电流的幅值，且幅值只取正值。

3. 有效值 U、I

正弦量大小往往不用它们的幅值表示，而用有效值来表示。

正弦交流电的有效值是用热效应相同的直流电的数值来定义的，即在阻值相同的两个电阻元件中，分别通入直流电流 I 和交流电流 i。如果在相同的时间里，这两个电流所产生的热量相同，则交流电流 i 的大小就可用直流电流 I 的大小来表示，把直流电流 I 称为交流电流 i 的有效值。交流电压的有效值与交流电流有效值的意义相同，它们的有效值分别用大写字母 U 和 I 表示。

实验结果和数学分析都表明，正弦交流电的最大值和有效值之间存在如下的数量关系：

$$I_m = \sqrt{2}I = 1.414I$$

或

$$I = \frac{I_m}{\sqrt{2}} = 0.707I_m \tag{2-2}$$

同理

$$U_m = \sqrt{2}U \qquad U = \frac{U_m}{\sqrt{2}}$$

由于幅值是与时间、角频率和初相位无关的定值，所以有效值也是与时间、角频率、初相位无关的定值。日常生活所说的交流电压 380V、220V，是指正弦电压的有效值，测量仪表测量得到的交流电压和电流值、电气设备铭牌上的交流电压值和电流值均指有效值。

2.1.2 周期、频率、角频率

1. 周期 T

正弦量变化一次所用的时间称为周期 T，其单位为秒（s）。

2. 频率 f

每秒钟正弦量变化的周期数称为频率 f，其单位为赫[兹]（Hz），则

$$T = \frac{1}{f} \tag{2-3}$$

我国工业生产中，交流电采用 50Hz 的标准频率，通常称“工频”。在其他领域内，使用着各种不同频率的交流电。

3. 角频率 ω

正弦量相位角的变化速度，即单位时间内变化的弧度数。由于正弦量变化一周期时，变化了 2π 弧度，则

$$\omega = \frac{2\pi}{T} = 2\pi f \tag{2-4}$$

角频率 ω 的单位为弧度每秒（rad/s）。

2.1.3 相位、初相位、相位差

1. 相位 $\omega t+\psi$

正弦量的解析表达式中随时间而变化的角度（$\omega t+\psi$），称为相位角，简称相位。

2. 初相位 ψ

当 $t=0$ 时的相位 ψ 称为正弦量的初相位，简称初相。它反映了正弦量计时起点初始值的大小和变化趋向。

3. 相位差 φ

在正弦电路中，电压 u 和电流 i 的频率是相同的，但初相位不一定相同，式（2-1）正弦量的波形如图 2-2 所示。把两个同频率正弦量的相位角之差或初相位之差称为相位差，用 φ 表示，如电压与电流的相位差为

$$\varphi=(\omega t+\psi_u)-(\omega t+\psi_i)=\psi_u-\psi_i \tag{2-5}$$

由式（2-5）可见，两个同频率正弦量的相位差等于该两个同频率正弦量初相位之差，与频率无关。

由图 2-2 可见，在 $\psi_u \neq \psi_i$ 时，u 和 i 的变化步调不一致，即二者不是同时到达正的幅值（或负的幅值），图中 $\psi_u>\psi_i$，即 $\varphi>0°$时，电压 u 比电流 i 先到达正的幅值（或负的幅值），称电压 u 比 i 超前 φ 角，或电流 i 比电压 u 滞后 φ 角；反之，当 $\psi_u<\psi_i$，即 $\varphi<0°$时，电流 i 比电压 u 先到达正的幅值（或负的幅值），称电流 i 比电压 u 超前 φ 角，或电压 u 比电流 i 滞后 φ 角。

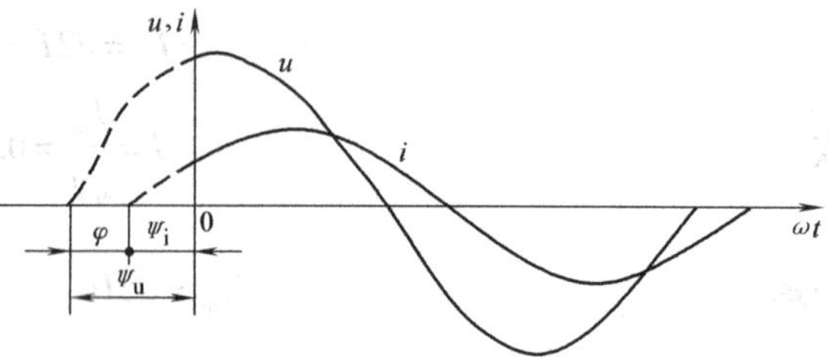

图 2-2　u 和 i 相位不等的正弦量波形图

在特殊情况下，当电压 u 和电流 i 的初相位相同时，即相位差 $\varphi=0°$，称同相位，简称同相，如图 2-3a 所示；当电压 u 和电流 i 的初相位相反时，即相位差 $\varphi=180°$，称反相位，简称反相，如图 2-3b 所示；当电压 u 和电流 i 的初相位差 90°相反时，即相位差 $\varphi=90°$，称为正交，如图 2-3c 所示。

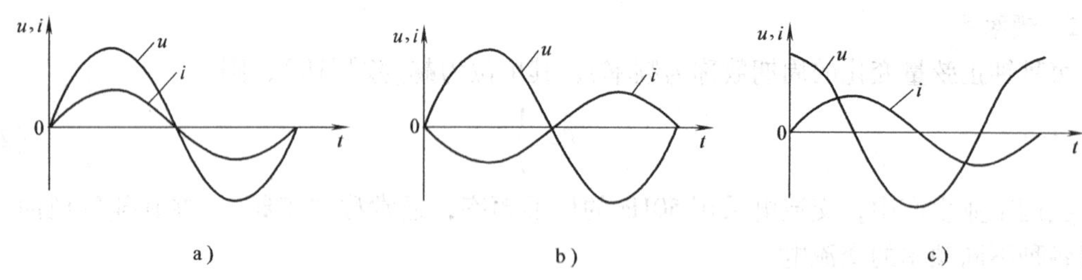

图 2-3　正弦量的同相、反相和正交

【**例 2-1**】　已知正弦电压 $u=100\sin(100\pi t-30°)$V，

（1）试指出它的幅值、相位和初相位；

（2）角频率、频率和周期各为多少？

（3）当 $t=0$ 和 $t=0.01$s 时，电压的瞬时值各为多少？

解 （1）幅值为 $U_m = 100\text{V}$

相位为 $100\pi t - 30°$

初相为 $\psi_u = -30°$

（2）角频率为 $\omega = 100\pi\text{rad/s} = 314\text{rad/s}$

频率为 $f = \dfrac{\omega}{2\pi} = \dfrac{100\pi}{2\pi} = 50\text{Hz}$

周期为 $T = \dfrac{1}{f} = \dfrac{1}{50} = 20\text{ms}$

（3）$t=0$ 时

$$u = 100\sin(100\pi \times 0 - 30°)\text{V} = 100\sin(-30°)\text{V} = -50\text{V}$$

$t = 0.01\text{s}$ 时

$$u = 100\sin(100\pi \times 0.01 - 30°)\text{V} = 100\sin(\pi - 30°)\text{V} = 100\sin 150°\text{V} = 50\text{V}$$

【例 2-2】 已知电压 $u = 311\sin(314\pi t + 90°)\text{V}$，求它的幅值、有效值和频率。

解 幅值为 $U_m = 311\text{V}$

有效值为 $U = \dfrac{U_m}{\sqrt{2}} = \dfrac{311}{\sqrt{2}}\text{V} \approx 220\text{V}$

频率为 $f = \dfrac{314}{2\pi}\text{Hz} = 50\text{Hz}$

【思考题 2-1】

（1）从正弦交流电的瞬时表达式中，能获得交流电的三要素吗？

（2）交流电的有效值的意义是什么？

（3）若 i_1 超前 i_2，则 i_1 的幅值一定比 i_2 的幅值大，对吗？

2.2 正弦量的相量图表示法

一个正弦量可以用解析式 $u = U_m\sin\omega t$ 表示，也可以用随时间变化的波形图表示，如图 2-2 所示。但用这两种表示法进行正弦量的运算时，非常繁琐或不准确。下面介绍另一种正弦量的表示法即相量图法。

可以论证，正弦函数可用随时间变化的旋转有向线段 OA 来表示，如图 2-4 所示。一个随时间变化的旋转有向线段 OA 在 y 轴上的投影，正好为一正弦函数（波形）$y = A\sin(\omega t + \psi)$，因此可用有向线段表示正弦量。

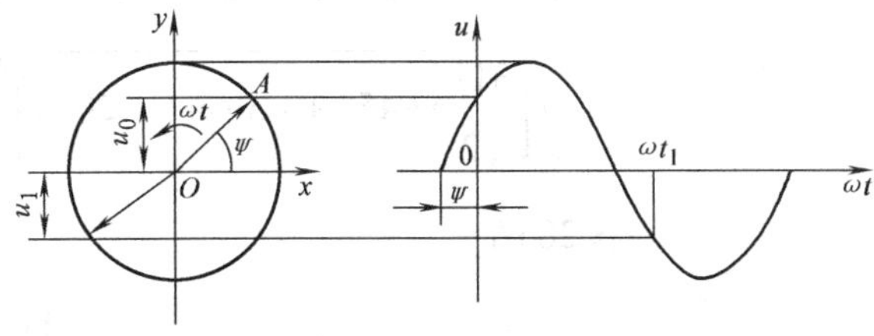

图 2-4 用旋转的有向线段表示正弦量

由于在一个正弦交流电路中，各电流和电压多为同一频率的正弦量，因此用有向线段，可来表示正弦量的最大值和初相，故称正弦量的相量。在正弦量的大写字母上打“·”表示，如正弦电流和正弦电压的幅值相量用 $\dot{I}_m$、$\dot{U}_m$ 表示，有效值相量用 $\dot{I}$、$\dot{U}$ 表示。

对于同频率的几个正弦量，可以把它们的相量画在同一个坐标中，这样的图形称为相量图。图 2-5 所示是两个正弦量 u 和 i 的相量图。从图中可以看出电压相量 $\dot{U}$ 比电流相量 $\dot{I}$ 超前 φ 角，也就是说，正弦电压 u 比正弦电流 i 超前 φ 角。

【例 2-3】 试画出表示以下几个正弦量的相量图。

$$u = 100\sqrt{2}\sin(314t + 60°)\,\text{V};$$

$$i_1 = 20\sqrt{2}\sin(314t + 120°)\,\text{A};$$

$$i_2 = 25\sqrt{2}\sin(314t - 60°)\,\text{A}。$$

解 三个正弦量的相量如图 2-6 所示。

【例 2-4】 已知 $i_1 = 311\sin(\omega t + 45°)\,\text{A}$，$i_2 = 110\sqrt{2}\sin(\omega t - 20°)\,\text{A}$。求 $i = i_1 + i_2$ 的大小。

解 画出 i_1、i_2 的相量图，如图 2-7 所示。

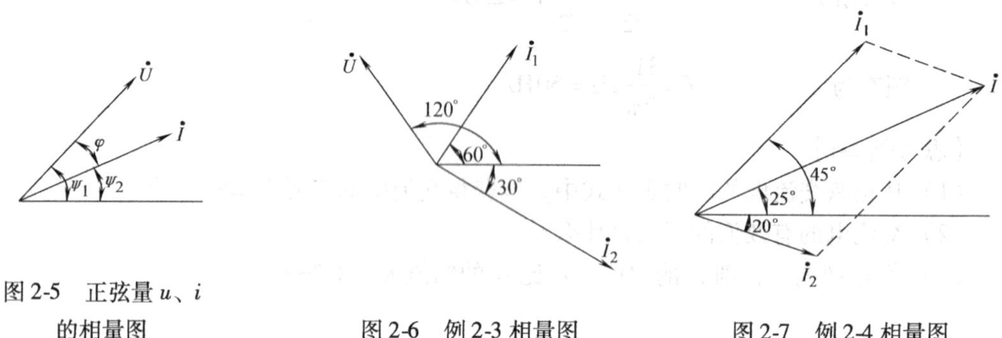

图 2-5 正弦量 u、i 的相量图

图 2-6 例 2-3 相量图

图 2-7 例 2-4 相量图

按平行四边形法则求出两相量的合成相量。常采用正交分解法求解，其公式为

$$\begin{aligned} I &= \sqrt{(\Sigma\text{水平分量})^2 + (\Sigma\text{垂直分量})^2} \\ &= \sqrt{(I_1\cos\psi_1 + I_2\cos\psi_2)^2 + (I_1\sin\psi_1 + I_2\sin\psi_2)^2} \\ &= \sqrt{\left[\frac{311}{\sqrt{2}}\cos45° + 110\cos(-20°)\right]^2 + \left[\frac{311}{\sqrt{2}}\sin45° + 110\sin(-20°)\right]^2}\,\text{A} \\ &= 285\text{A} \end{aligned}$$

$$\varphi = \arctan\frac{\Sigma\text{垂直分量}}{\Sigma\text{水平分量}} = \arctan\frac{\frac{311}{\sqrt{2}}\sin45° + 110\sin(-20°)}{\frac{311}{\sqrt{2}}\cos45° + 110\cos(-20°)} = 25°$$

则 $i = 285\sqrt{2}\sin(\omega t + 25°)\,\text{A}$

【思考题 2-2】

（1）正弦交流电可以用相量表示，则从相量式或相量图上可以获得正弦交流电的三要素，对吗？

（2）两个相量式相同的交流电一定是同频率的交流电吗？

2.3 单一参数正弦交流电路

在直流电路中，负载元件一般都是电阻元件，但在交流电路中，负载元件除了有像白炽灯、电烙铁、电炉等电阻元件外，还有电感元件和电容元件等。这些电路元件由相应的参数 R、L、C 来表示。为了便于分析，常将实际元件理想化（或称模型化），即在一定条件下突出其主要的电磁性质，忽略其次要因素。电阻元件具有消耗电能性质（电阻性），其他电磁性质均可忽略；同样，电感元件具有储存磁场能量的性质（电感性），电容元件具有储存电场能量的性质（电容性），忽略其电磁性质。可见，电阻元件是耗能元件，而电感和电容元件都是储能元件。

2.3.1 电阻元件的交流电路

1. 电压和电流关系

在图 2-8a 所示的电阻电路中，假定电压 u 和电流 i 的参考方向为关联方向，则根据欧姆定律有

$$u = iR \tag{2-6}$$

即电阻元件上的电压和电流成线性关系。

设通过 R 上的电流为

$$i = I_m\sin(\omega t + \psi_i) = \sqrt{2}I\sin(\omega t + \psi_i)$$

则

$$u = iR = I_mR\sin(\omega t + \psi_i) = \sqrt{2}IR\sin(\omega t + \psi_i)$$

或

$$u = U_m\sin(\omega t + \psi_i) = \sqrt{2}U\sin(\omega t + \psi_u) \tag{2-7}$$

可见有

$$U_m = RI_m \text{ 或 } U = IR \tag{2-8}$$

$$\psi_i = \psi_u$$

其波形、相量如图 2-8b、c 所示。

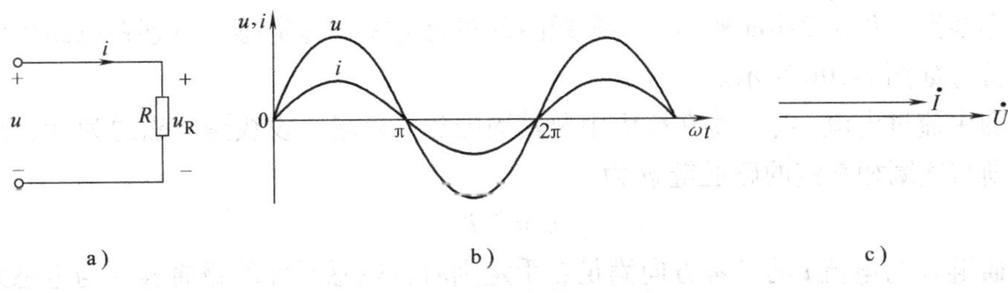

图 2-8 电阻元件交流电路

由式（2-7）、式（2-8）可得出以下重要结论：

1）在交流电路中，电阻两端的电压和电流是同频率的正弦量，且相位相同。

2）电压的幅值（有效值）与电流幅值（有效值）之间的关系，符合欧姆定律。

2. 功率关系

知道了电压和电流的关系后，便可得出功率关系。在任意瞬间，电压瞬时值 u 和电流瞬时值 i 的乘积称为瞬时功率，用小写字母 p 表示，即

$$p = ui = U_m I_m \sin^2 \omega t = UI\ (1 - \cos 2\omega t) \tag{2-9}$$

上式表明，p 是由两部分组成的，第一部分是常数 UI，第二部分是 $UI\cos 2\omega t$。它的波形如图 2-9 所示。

在实用中，通常用 p 在一个周期内的平均值来衡量交流功率的大小，这个平均值叫平均功率或有功功率，用 P 表示，由式（2-8）可求得

$$P = UI = I^2 R = \frac{U^2}{R} \tag{2-10}$$

可见，当正弦电压和电流用有效值表示时，电阻元件消耗的有功功率表达式与直流电路具有相同的形式。

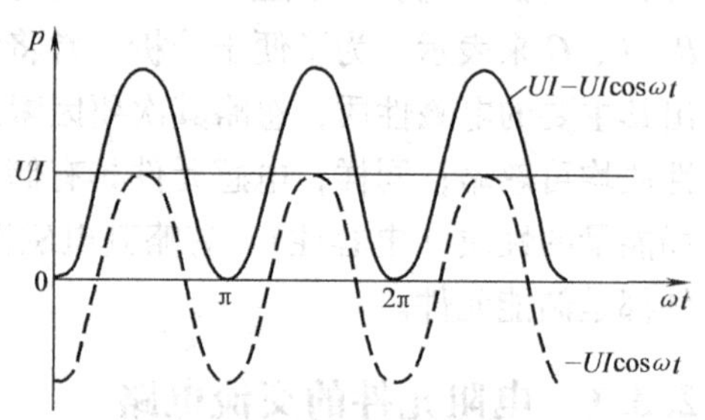

图 2-9　电阻交流电路功率波形图

通常用式（2-10）计算电阻元件消耗的电能，它的单位为千瓦·时(kW·h)。

$$W = Pt \tag{2-11}$$

【例 2-5】 某白炽灯的额定电压为 220V，功率为 100W。

（1）试求它正常工作时的电阻 R；

（2）如果它每天使用 3h，试计算一个月（按 30 天计）消耗的电能。

解　（1）由式（2-10）得出 R 为

$$R = \frac{U^2}{P} = \frac{220^2}{100}\Omega = 484\Omega$$

（2）一个月消耗的电能为

$$W = Pt = 100 \times 10^{-3} \times 3 \times 30\text{kW}\cdot\text{h} = 9\text{kW}\cdot\text{h}$$

即一个月耗电 9kW·h。

2.3.2　电感元件的交流电路

1. 电感元件

在工程上常用导线绕制成线圈，如在电磁铁或变压器的铁心上绕制的线圈或电子电路中常用的空心线圈，如图 2-10a 所示。实际线圈理想化的模型即电感。电感在电路中的图形符号和文字符号如图 2-10b 所示。

当线圈中流过电流 i 时，将在线圈中及其周围建立磁场，设线圈中磁通为 Φ，线圈的匝数为 N，则与线圈相交链的磁通链 ψ 为

$$\psi = N\Phi \tag{2-12}$$

当磁通链 ψ 与电流 i 的参考方向满足右手定则时，电感元件的磁通链 ψ 与电感元件的电流 i 存在以下关系

$$\psi = Li \tag{2-13}$$

式中 L——电感元件的参数，称为电感元件的电感量，简称电感。L 是一个正实常数。国际单位制中，磁通的单位是韦［伯］（Wb），当电流单位是安［培］（A）时，L 的单位是亨［利］（H）。

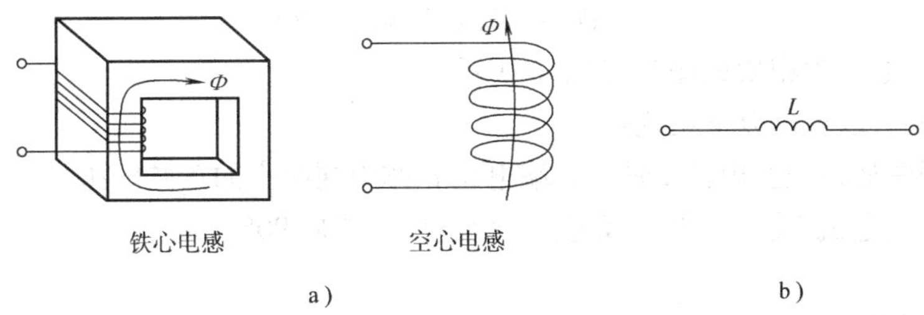

图 2-10　电感

a）电感的种类　b）电感的图形符号和文字符号

则当线圈电压 u 与电流 i 为关联参考方向时，如图 2-11 所示。

由楞次定律得

$$u = \frac{\mathrm{d}\psi}{\mathrm{d}t} \tag{2-14}$$

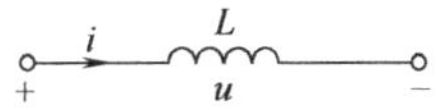

图 2-11　电感元件中电压、电流的关联参考方向

将 $\psi = Li$ 代入式（2-14），则得到电感元件的电压、电流关系式为

$$u = L\frac{\mathrm{d}i}{\mathrm{d}t} \tag{2-15}$$

可见电感两端的电压 u 与电流变化率$\frac{\mathrm{d}i}{\mathrm{d}t}$成正比，电压、电流瞬时值不符合欧姆定律。当电感中流过直流时，$\frac{\mathrm{d}i}{\mathrm{d}t} = 0$，则电感的两端电压 u 为零，相当于短路；当电流变化时，则电感两端就产生电压；电流变化越快，电压越高。由于电压是有限值，故电感中的电流不能跃变。

由理论分析可知，电感元件在任一时刻 t 储存的磁场能量 W_L 为

$$W_L = \frac{1}{2}Li^2 \tag{2-16}$$

即电感元件中的磁场能量只与某一时刻的电流值有关，而与电感元件两端的电压无关。说明电感元件不将已吸收的能量消耗掉，而以磁场能量的形式储存在电感中，所以电感是一种储能元件。同时，电感元件也不会释放出多于它储存的磁场能量，所以它又是一种无源元件。

2. 交流电压和交流电流关系

在生产和生活中所接触到的变压器线圈、电机线圈、继电器线圈、荧光灯镇流器线圈等都属于电感元件。

如图 2-12a 所示，电感元件的电压与电流为关联参考方向时，设通过电感线圈中的电流为

$$i = I_m\sin(\omega t + \psi_i) \tag{2-17}$$

代入式（2-15）得

$$u = I_m \omega L \sin(\omega t + \psi_i + 90°) \tag{2-18}$$

因
$$u = U_m \sin(\omega t + \psi_u)$$

则有
$$U_m = I_m \omega L \text{ 或 } U = I\omega L、I = \frac{U}{\omega L} \tag{2-19}$$

$$\psi_u = \psi_i + 90° \text{或} \psi_i = \psi_u - 90° \tag{2-20}$$

电流与电压的波形图和相量如图 2-12b、c 所示。

从以上分析可以得出以下结论：

1）当线圈中通过正弦电流 i 时，其端电压 u 亦为同频率的正弦电压。

2）电压 u 比电流 i 超前 90°，或电流 i 比电压 u 滞后 90°。

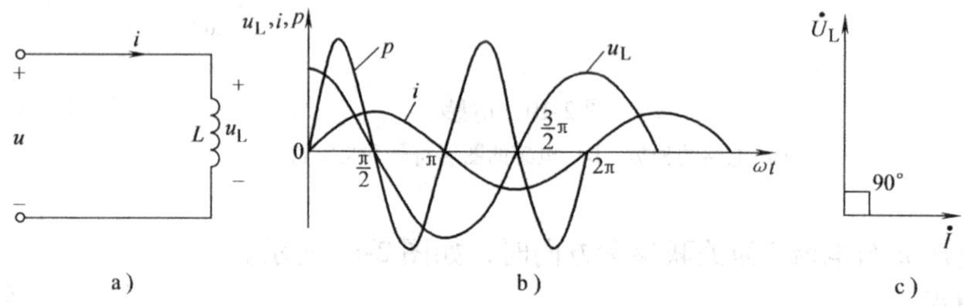

图 2-12　电感元件交流电路

3）电压幅值（有效值）与电流幅值（有效值）和感抗符合欧姆定律关系。由于 ωL 的单位是欧［姆］。当电压 U 一定时，ω 愈大，则电流愈小。可见，ωL 具有对电流起阻碍作用的物理性质，称为电感元件的电抗，简称感抗，用 X_L 表示，即

$$X_L = \omega L = 2\pi f L \tag{2-21}$$

值得注意的是，感抗不等于电压与电流的瞬时值之比，即 $X_L \neq u/i$。

3. 功率关系

电感元件的瞬时功率 p 为

$$p = ui = I_m \sin\omega t U_m \sin(\omega t + 90°) = UI \sin 2\omega t \tag{2-22}$$

可见瞬时功率 p 随时间按正弦规律变化，其幅值为 UI，角频率为电流（或电压）角频率的两倍。当 $p>0$ 时，电感元件从外界（电源）吸收电能，并转换为磁场能储存于线圈中；当 $p<0$ 时，电感元件将储存的磁场能转换成电能向外界释放能量，如图 2-12b 所示。

可见，在交流电路中，电感元件在电路中只起能量转换的作用，它本身并不消耗能量。这点不难用数学证明，其平均功率 $P=0$，即有功功率 $P=0$。

由此可知，电感元件在交流电路中无能量消耗，但外电路或电源与电感元件间存在能量的交换。用无功功率 Q 来衡量能量交换的最大规模，即无功功率 Q 等于瞬时功率 p 的幅值

$$Q = UI = I^2 X_L = \frac{U^2}{X_L} \tag{2-23}$$

无功功率的量纲虽与有功功率相同，但为了区别，其单位不用 W，而是用乏［尔］(var)。

【**例 2-6**】　把一个 100mH 的电感元件接到 $U=220\text{V}$、$f=50\text{Hz}$ 的电源上，求：

（1）线圈的感抗 X_L。

(2) 通过线圈中的电流 I，无功功率 Q。

(3) 若把电源频率改为 $f=500\text{Hz}$，其他条件不变，问 X_L、I 和 Q 又为多少？

解 $f=50\text{Hz}$

(1) 线圈的感抗 $X_L=\omega L=2\pi fL=2\pi\times50\times0.1\Omega=31.4\Omega$

(2) 电流有效值 $I=\dfrac{U}{X_L}=\dfrac{220}{31.4}\text{A}=7\text{A}$

无功功率 $Q=UI=220\times7\text{var}=1540\text{var}$

(3) 当 $f=500\text{Hz}$ 时

$$X_L=\omega L=2\pi fL=2\pi\times500\times0.1\Omega=314\Omega$$

$$I=\frac{U}{X_L}=\frac{220}{314}\text{A}=0.7\text{A}$$

$$Q=UI=220\times0.7\text{var}=154\text{var}$$

可见，在电压有效值一定时，频率越高，电流就愈小，即阻碍电流的作用越大。在电子技术中常利用电感线圈对高频电流阻碍能力强这一特性制成滤波器。

2.3.3 电容元件的交流电路

1. 电容元件

在两块金属板间以介质（如云母、陶瓷、绝缘纸、电解质等）间隔就构成了电容器，如图 2-13a 所示。电容器在电路中的图形符号和文字符号如图 2-13b 所示。

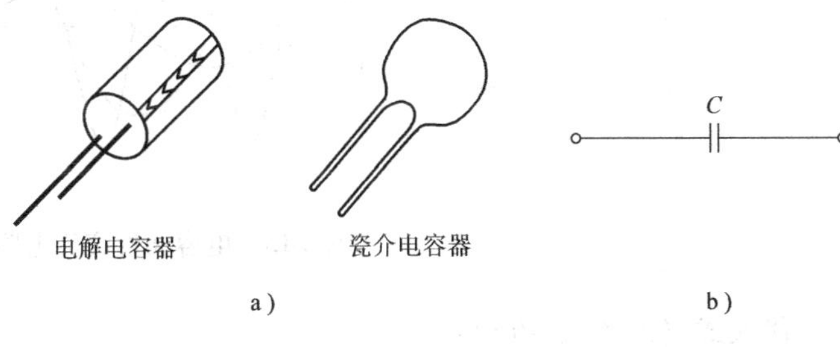

图 2-13 电容

a) 电容器的种类 b) 电容的图形符号和文字符号

电容具有储存电能的作用。在电容两极板上施加电压 u，电压正负极板上储存的电荷分别为 $+q$ 和 $-q$，如图 2-14 所示，则有

$$C=\frac{q}{u} \tag{2-24}$$

式中 C——电容元件的参数，称为电容量，简称电容，是一个正实常数，单位是法［拉］(F)；

q——电容两极板上的电荷，单位是库［仑］(C)；

u——电容两电极间电压，单位是伏［特］(V)。

因为实际电容器的电容量均很小，所以电容 C 的单位常用微法（μF）和皮法（pF）。

在电压、电流关联参考方向时，电容两端加上交流电，当电压 u 增加时，极板上的电荷 q 增加，电容充电；电压 u 减小时，极板上的电荷 q 减少，电容放电。根据电流的定义

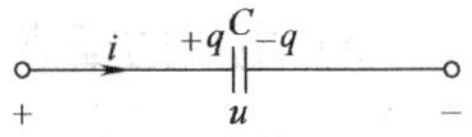

图 2-14 电容元件的电压与电荷关系

$$i=\frac{dq}{dt}=C\frac{du}{dt} \tag{2-25}$$

可见，电容中流过的电流 i 与其端电压变化率$\frac{\mathrm{d}u}{\mathrm{d}t}$成正比，只有电容元件两端电压变化时，电路中才会有电流。当电容两端加上直流电压时，因电压不变，则$\frac{\mathrm{d}u}{\mathrm{d}t}=0$，导线中电流为零，相当于开路；当电压变化时，导线中就有电流；电压变化越快，电流就越大。由于电路中电流为有限值，故电容的端电压不能跃变。

由理论分析可知，电容元件在任何时刻 t 储存的电场能量 W_C 为

$$W_C = \frac{1}{2}Cu^2 \tag{2-26}$$

可见，电场能量只与某一时刻的电压值有关，而与电容元件电路中的电流无关。当电容放电时，电容将释放它所吸收的全部能量，并不消耗能量，所以电容是一种储能元件。同时，电容元件也不会释放出多于它已吸收或储存的能量，所以它又是一种无源元件。

2. 电容元件电压和电流关系

图 2-15a 是电容元件在关联参考方向时的电路，设电容元件两端的电压为

$$u = U_m \sin(\omega t + \psi_u)$$

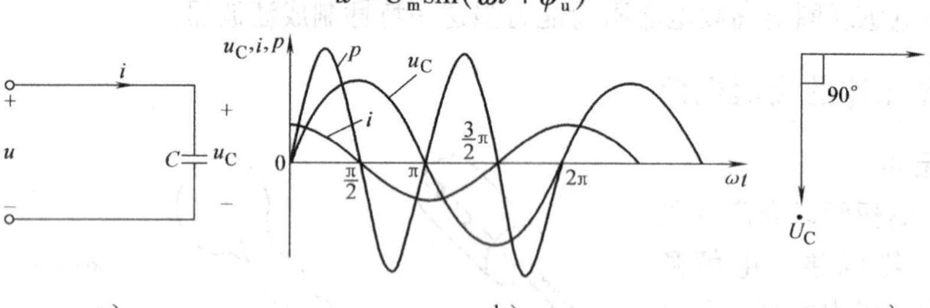

图 2-15 电容元件交流电路

代入式（2-26），推出：

$$i = U_m \omega C \sin(\omega t + \psi_u + 90°) \tag{2-27}$$

或

$$i = I_m \sin(\omega t + \psi_i)$$

则有

$$I_m = U_m \omega C \text{ 或 } I = U\omega C、U = I\frac{1}{\omega C} \tag{2-28}$$

$$\psi_i = \psi_u + 90° \text{或} \psi_u = \psi_i - 90° \tag{2-29}$$

电容元件电流和电压的波形、相量如图 2-15b、c 所示。

由上分析可以得到以下结论：

1）电容元件两端加上正弦电压时，其电流也为同频率的正弦电流。

2）电压 u 比电流 i 滞后 90°，或电流 i 比电压 u 超前 90°。

3）电压的幅值（有效值）与电流的幅值（有效值）和容抗符合欧姆定律。式（2-28）中$\frac{1}{\omega C}$的单位为欧［姆］，也具有对交流电流起阻碍作用的物理性质，称为电容元件的电抗，简称容抗，用 X_C 表示，即

$$X_C = \frac{1}{\omega C} = \frac{1}{2\pi f C} \tag{2-30}$$

容抗 X_C 是频率的函数，频率愈高，容抗 X_C 越小，阻碍电流的能力越小。在 $f=0$ 时，$X_C \to \infty$，所以在直流电路中，电容器相当于开路，故电容还具有“通交隔直”的作用。

3. 功率关系

电容元件电路的瞬时功率 p 为

$$p = ui = U_m \sin\omega t \cdot I_m \sin(\omega t + 90°) = UI\sin 2\omega t \tag{2-31}$$

可见，瞬时功率 p 和电感元件的相同，即在 $p>0$ 时电源给电容器充电，电容器吸收电能并转换成电场能；当 $p<0$ 时，电容器向外释放能量而处于放电状态，将电场能归还电源。和电感元件类似，电容元件的有功功率 $P=0$，即电容器在交流电路中也只能起能量交换作用，本身不消耗电能。

同样，用 Q 表示电容元件的无功功率

$$Q = UI = I^2 XC = \frac{U^2}{X_C} \tag{2-32}$$

无功功率单位也是 var。

【例 2-7】 已知加在 $C=50\mu F$ 上的电压为 $u_C = 100\sqrt{2}\sin 200t V$，求电流有效值 I 和无功功率 Q。

解 电容的容抗为 $$X_C = \frac{1}{\omega C} = \frac{1}{200 \times 50 \times 10^{-6}}\Omega = 100\Omega$$

则电流有效值为 $$I = \frac{U}{X_C} = \frac{100V}{100\Omega} = 1A$$

无功功率为 $$Q = UI = 100V \times 1A = 100var$$

【思考题 2-3】

（1）R、L、C 三种电路元件的电压、电流瞬时值均符合欧姆定律，对吗？

（2）为什么说电感元件在直流电路中可以认为是短路，而电容元件在直流电路中可认为是开路？

2.4 *RLC* 串联电路

实际中的交流电路往往是由电阻、电感和电容组合而成的。图 2-16a 是由电阻、电感和电容元件组成的串联电路，简称 *RLC* 串联电路。由电路可知，流过三个元件的电流是相同的，故以电流作为参考正弦量。

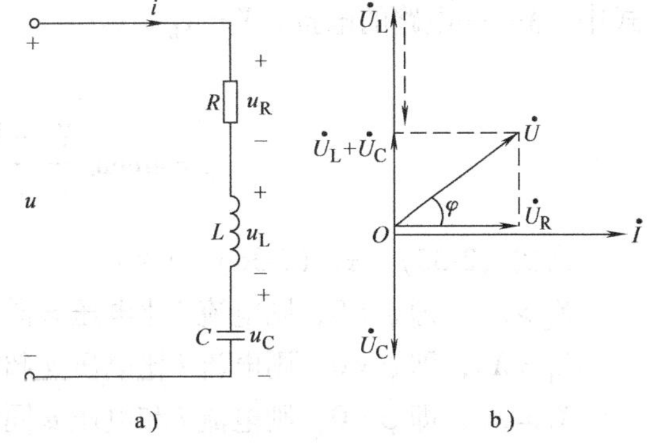

图 2-16 *RLC* 串联交流电路

2.4.1 *RLC* 串联电路的电压、电流和阻抗

1. 电压和电流的关系

设电流 i 为

$$i = I_m \sin\omega t$$

由上一节的结论可知

$U_R = IR$，且 u_R 和 i 同相；

$U_L = IX_L$，且 u_L 超前 i 90°；

$U_C = IX_C$，且 u_C 滞后 i 90°。

根据基尔霍夫电压定律可得

$$u = u_R + u_L + u_C$$

由于各电压与电流为同频率，故画出相量图，如图 2-16b 所示。用正交分解法求得总电压 U 的大小。

$$U = \sqrt{U_R^2 + (U_L - U_C)^2} = \sqrt{U_R^2 + U_X^2} \tag{2-33}$$

式中　U_X——电抗电压，$U_X = U_L - U_C$。

电压 u 与电流 i 之间的相位差 φ 为

$$\varphi = \arctan \frac{U_L - U_C}{U_R} = \arctan \frac{U_X}{U_R} \tag{2-34}$$

则电压的瞬时值为

$$u = U_m \sin(\omega t + \varphi) = \sqrt{2} U \sin(\omega t + \varphi)$$

可见，*RLC* 串联电路中，各元件的电压关系为一个直角三角形，称为电压三角形。

值得注意的是，串联电路中电路总电压有效值不等于各元件电压有效值的代数和。

$$U \neq U_R + U_L + U_C$$

2. 阻抗

由式（2-33）与各元件电压与电流有效值的关系得

$$U = \sqrt{U_R^2 + (U_L - U_C)^2} = I\sqrt{R^2 + (X_L - X_C)^2}$$

可见，$\sqrt{R^2 + (X_L - X_C)^2}$ 的单位也是欧［姆］，具有阻碍电流的作用，称为电路的阻抗，用 $|Z|$ 表示，即

$$|Z| = \sqrt{R^2 + (X_L - X_C)^2} = \sqrt{R^2 + X^2}$$

$$= \sqrt{R^2 + \left(\omega L - \frac{1}{\omega C}\right)^2} \tag{2-35}$$

式中　X——电路的电抗，$X = X_L - X_C$。

$$\varphi = \arctan \frac{X_L - X_C}{R} = \arctan \frac{\omega L - \frac{1}{\omega C}}{R} \tag{2-36}$$

由式（2-35）、式（2-36）可见：

$X_L > X_C$，即 $\varphi > 0$，则电流 i 比电压 u 滞后 φ 角，称电路呈电感性；

$X_L < X_C$，即 $\varphi < 0$，则电流 i 比电压 u 超前 φ 角，称电路呈电容性；

$X_L = X_C$，即 $\varphi = 0$，则电流 i 和电压 u 同相，则电路呈电阻性，也称串联谐振。

由上分析可见，*RLC* 串联电路的阻抗也可组成一个与电压三角形相似的直角三角形，称为阻抗三角形。

2.4.2 *RLC* 串联电路的功率

1. 瞬时功率

RLC 串联电路的瞬时功率 p 为

$$p = ui = U_m\sin(\omega t + \varphi) I_m \sin\omega t = UI\cos\varphi - UI\cos(2\omega t + \varphi) \tag{2-37}$$

2. 有功功率

由于电阻元件上要消耗电能，相应的平均功率（有功功率）P 为

$$P = U_R I = UI\cos\varphi \tag{2-38}$$

3. 无功功率

电感元件与电容元件要与电源之间进行能量互换，用无功功率 Q 来衡量其能量互换的规模，无功功率 Q 为

$$Q = U_L I - U_C I = (U_L - U_C) I = U_X I = UI\sin\varphi \tag{2-39}$$

4. 视在功率

由上可知,一个交流电源输出的功率不仅和电源端电压 U 及其输出电流 I 的乘积有关,还和电路(负载)的参数有关。电路的参数不同,则电压和电流的相位差 φ 就不同,在 U 和 I 不变的情况下,P 和 Q 都发生了变化。

在交流电路中,把电压与电流有效值的乘积 S 称为视在功率,即

$$S = UI = I^2 |Z| \tag{2-40}$$

它的单位是伏安（V · A）或千伏安（kV · A）。视在功率 S 则表示电源向负载提供的能量。

由式（2-38）~式（2-40）可见，*RLC* 串联电路中各功率的关系为一个与电压三角形相似的直角三角形，称为功率三角形。

5. 电路的功率因数

有功功率、无功功率和视在功率有一定的关系，即

$$S = \sqrt{P^2 + Q^2} \tag{2-41}$$

由式（2-38）可得

$$\cos\varphi = \frac{P}{UI} = \frac{P}{S} \tag{2-42}$$

说明 $\cos\varphi$ 等于有功功率与视在功率的比值，它表示电路从电源中取用能量的多少，故把 $\cos\varphi$ 称为电路的功率因数。

总之，在 *RLC* 串联电路中，存在三个相似三角形，即电压三角形、阻抗三角形和功率三角形，如图 2-17 所示。

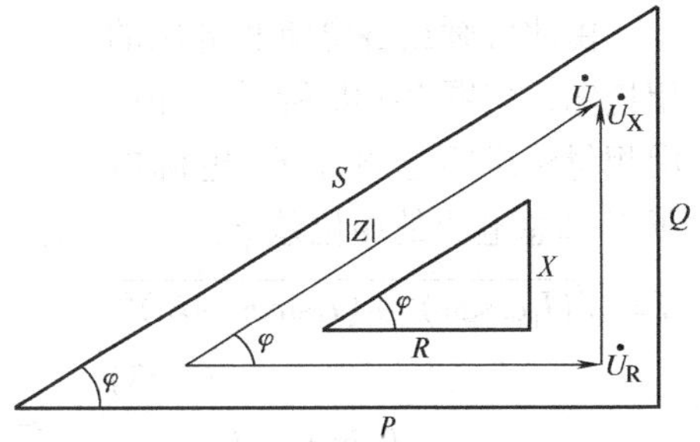

图 2-17 *RLC* 串联电路的电压、阻抗、功率三角形

【例 2-8】 在如图 2-16 所示 *RLC* 串联电路中，设电源电压 u 的频率为 50Hz，电流 $I = 10\text{A}$，$U_R = 80\text{V}$，$U_L = 180\text{V}$，$U_C = 120\text{V}$。求：

（1）电源电压 U。

（2）电源电压与电流的相位差 φ，u。

（3）计算电路中的有功功率 P、无功功率 Q、视在功率 S 及功率因数 $\cos\varphi$。

解 （1）电源电压 U 为

$$U=\sqrt{U_R^2+(U_L-U_C)^2}=\sqrt{80^2+(180-120)^2}\text{V}=100\text{V}$$

（2）电源电压与电流的相位差

$$\varphi=\arctan\frac{U_L-U_C}{U_R}=\arctan\frac{180-120}{80}\approx 36.9°$$

$$u=100\sqrt{2}\sin(314t+36.9°)\text{V}$$

（3）有功功率 $P=U_R I=80\text{V}10\text{A}=800\text{W}$

无功功率 $Q=(U_L-U_C)I=(180\text{V}-120\text{V})\times 10\text{A}=600\text{var}$

视在功率 $S=\sqrt{P^2+Q^2}=\sqrt{800^2+600^2}\text{V}\cdot\text{A}=1000\text{V}\cdot\text{A}=1\text{kV}\cdot\text{A}$

功率因数 $\cos\varphi=\dfrac{P}{S}=\dfrac{800}{1000}=0.8$

2.5 *RL* 串联与 *C* 并联电路

交流电路中的荧光灯、电动机等电器中都有电感，这种电感线圈中还存在电阻，故可等效成电阻和电感相串联的电路模型。由于电感的存在，电感和电源之间存在能量交换，使得其线路损耗增大。为了减小线路损耗，常在感性负载两端并联适当大小的电容，使电容和电感就近交换能量，从而减小线路损耗。

2.5.1 电压与电流的关系

RL 与 *C* 并联电路如图 2-18a 所示，从图中可以看出，并联电路的电压相同，所以可以以电压为参考正弦量。设 $u=U_m\sin\omega t$，则

$$I_C=\frac{U}{X_C}\text{（电容支路中电流 } i_C \text{ 比电压 } u \text{ 超前 } 90°\text{）}$$

$$I_1=\frac{U}{\sqrt{R^2+X_L^2}}$$

$$\varphi_1=\arctan\frac{X_L}{R}\text{（电感性负载支路中电流 } i_1 \text{ 比电压 } u \text{ 滞后 } \varphi_1\text{）}$$

由此可画出各电流和电压的相量图，如图 2-18b 所示，并可用相量法求得总电流 I，电源电压 U 和总电流的相位差 φ：

$$I=\sqrt{(I_1\cos\varphi_1)^2+(I_1\sin\varphi_1-I_C)^2} \tag{2-43}$$

$$\varphi=\arctan\frac{I_1\sin\varphi_1-I_C}{I_1\cos\varphi_1} \tag{2-44}$$

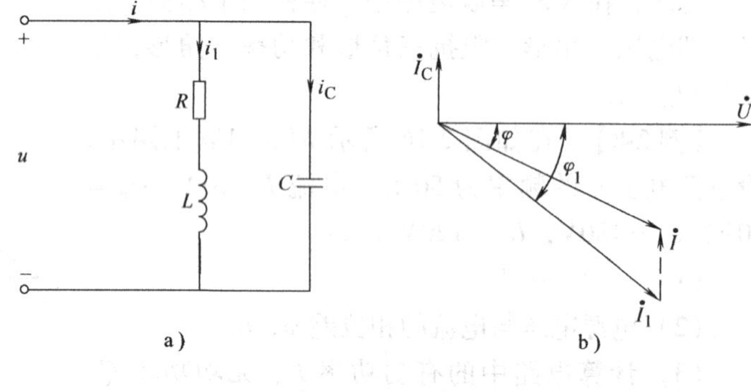

图 2-18 *RL* 与 *C* 并联交流电路

由式(2-43)、式(2-44)可见：

当 $I_1\sin\varphi_1 > I_C$，即 $\varphi > 0$，则电流 i 比电压 u 滞后 φ 角，称该电路呈感性；

当 $I_1\sin\varphi_1 < I_C$，即 $\varphi < 0$，则电流 i 比电压 u 超前 φ 角，称该电路呈容性；

当 $I_1\sin\varphi_1 = I_C$，即 $\varphi = 0$，则电流 i 和电压 u 同相，则电路呈电阻性，称并联谐振。

2.5.2 电路的功率

在整个电路中，只有电阻消耗有功功率，所以有

$$P = U_R I_1 = UI\cos\varphi = UI_1\cos\varphi_1 \tag{2-45}$$

电路中总无功功率 Q 等于各支路中无功功率的代数和。电感与电容在进行能量交换的过程中，一个放出能量时，另一个吸收能量，二者无功功率符号相反。通常电感无功功率为正，电容的无功功率为负，则有

$$Q = UI\sin\varphi = UI_1\sin\varphi_1 - UI_C = U(I_1\sin\varphi_1 - I_C) = Q_L - Q_C \tag{2-46}$$

视在功率 S 为

$$S = UI = \sqrt{P^2 + Q^2} \tag{2-47}$$

2.5.3 提高功率因数

由于 $P = UI\cos\varphi$，当电源电压 U、负载功率 P 不变时，提高功率因数 $\cos\varphi$，就可减小电流 I，即减小线路和发电机绕组的功率损耗，而荧光灯、电动机等电器均为感性负载，为提高电路的功率因数，常在负载两端并联电容 C 来提高功率因数，对感性负载进行补偿。

由前面分析可知，在 RL 电路中，并联电容器 C 前后的有功功率不变，即

因
$$I_C = I_1\sin\varphi_1 - I\sin\varphi$$

而
$$P = UI\cos\varphi = UI_1\cos\varphi_1$$

故
$$I_C = \frac{P}{U\cos\varphi_1}\sin\varphi_1 - \frac{P}{U\cos\varphi}\sin\varphi = \frac{P}{U}\ (\tan\varphi_1 - \tan\varphi)$$

又因
$$I_C = U\omega C$$

则并联电容的大小为

$$C = \frac{P}{\omega U^2}\ (\tan\varphi_1 - \tan\varphi) \tag{2-48}$$

式中 P——负载的有功功率（W）；

U——负载的端电压（V）；

ω——电源角频率（rad/s）；

φ_1——并联 C 时电路的阻抗角；

φ——并联 C 后整个电路的阻抗角。

或
$$Q_C = \omega C U^2 = P(\tan\varphi_1 - \tan\varphi) \tag{2-49}$$

式（2-49）说明，并联电容后，补偿了电路无功功率的大小。

必须指出，感性负载并联电容后，由于电容器不消耗有功功率，则整个电路的有功功率 P 不变，对感性负载的工作情况无任何影响。

提高功率因数的另一个意义还在于能充分发挥电源的潜能。例如容量（用视在功率表示）为1000kV·A 的变压器，如果 $\cos\varphi = 1$，能提供有功功率为1000kW 的负载使用，而在

$\cos\varphi = 0.7$ 时，只能提供给 700kW 的负载使用。

【例 2-9】 有一电感性负载的额定电压为 220V、额定功率为 10kW，功率因数 $\cos\varphi = 0.6$，接在 220V、50Hz 电源上。如果将功率因数提高到 $\cos\varphi = 0.95$，试计算与负载并联电容 C 的大小和补偿的无功功率 Q_C。

解 因为 $\cos\varphi = 0.6$，即 $\varphi_1 = 53°$

$\cos\varphi = 0.95$，即 $\varphi = 18°$

由式（2-48）可得

$$C = \frac{P}{\omega U^2}(\tan\varphi_1 - \tan\varphi) = \frac{10 \times 10^3}{2\pi \times 50 \times 220^2}(\tan 53° - \tan 18°)\mu F = 658\mu F$$

由式(2-49)得

$$Q_C = P(\tan\varphi_1 - \tan\varphi) = 10 \times 10^3(\tan 53° - \tan 18°)\text{var} = 10\text{kvar}$$

【思考题 2-5】

（1）什么是电路的功率因数？功率因数的提高有什么意义？如何提高功率因数？

（2）为了提高功率因数 $\cos\varphi$，则并联的电容越大越好，是不是？

2.6 三相电源的联结

前面讨论的交流电路中，电源和负载之间是用两根线联结起来的，称为单相交流电。目前我国广泛采用三相交流电源，它把三个幅值相同、频率相同、相位互差 120°的正弦交流电压，按一定的方式联结起来向负载供电。

三相交流电是由三相交流发电机产生的，三相发电机中有三个相同的绕组，三个绕组的始端分别用 U、V、W 表示，末端分别用 X、Y、Z 表示，UX、VY 和 WZ 三个绕组分别称为 U 相、V 相和 W 相绕组，三相绕组在空间位置上彼此相差 120°。这种幅值（有效值）相等，频率相同，相位彼此互差 120°的三相电压叫对称电压，电压的参考方向是从绕组的始端指向绕组的末端。习惯上用 U-V-W 表示三相电压的相序，所谓相序是指对称三相电压到达正或负的幅值的先后顺序。若以 U 相为参考正弦量，则三相电压分别为

$$\begin{cases} u_U = U_m \sin\omega t \\ u_V = U_m \sin(\omega t - 120°) \\ u_W = U_m \sin(\omega t - 240°) = U_m \sin(\omega t + 120°) \end{cases} \tag{2-50}$$

它们的相量图和正弦波形，如图 2-19a、b 所示。

发电机三相绕组的接法通常是将 X、Y、Z 三个末端连在一起，成为三相绕组的公共点，称为中性点，这种联结称为绕组的星形联结，如图 2-20 所示。从中性点引出的输电线叫做中线（或称零线），用 N 表示。若中线接地，则中线也可称为地线；从绕组始端 U、V、W 引出的导线叫做相线或端线，分别用 L_1、

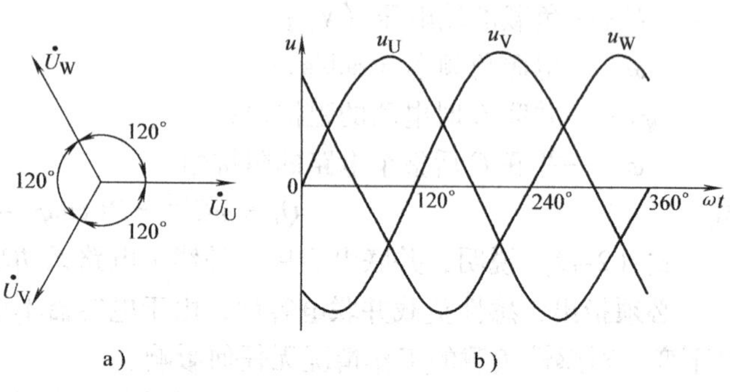

图 2-19 三相对称电源电压

L_2、L_3 表示。把这种引出中线的供电方式称为三相四线制供电，不引出中线的供电方式称为三相三线制供电。

由图 2-20 可见，三相四线制供电可输送一种端线与中线之间的电压，称为相电压，其有效值分别用 U_U、U_V、U_W 表示；另一种是端线与端线之间的电压，称为线电压，其有效值分别用 U_{UV}、U_{VW}、U_{WU}表示。当三个相电压对称时，有效值用 U_p 表示；当三个线电压对称时，有效值用 U_l 表示。

通常规定各相电源电压的参考方向从绕组始端指向末端（中性点），即 u_U、u_V、u_W，如图 2-20 所示。各线电压的参考方向按相序规定，如 u_{UV}，它的方向即自 U 端指向 V 端，它们之间的关系分别为

$$\begin{cases} u_{UV} = u_U - u_V \\ u_{VW} = u_V - u_W \\ u_{WU} = u_W - u_U \end{cases} \tag{2-51}$$

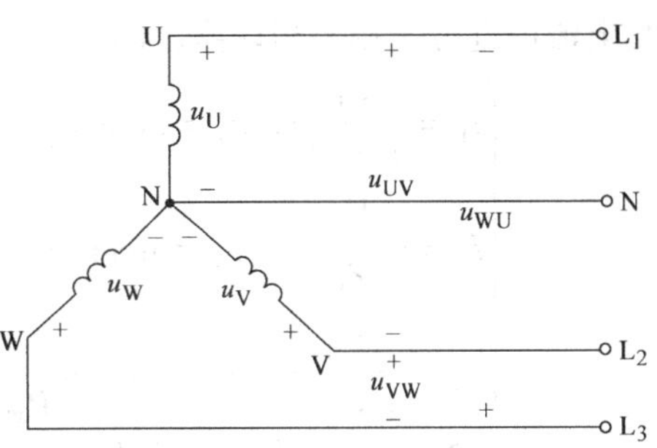

图 2-20　发电机三相绕组的星形联结

由于 u_U、u_V 和 u_W 是同频率的正弦量，所以 u_{UV}、u_{VW}和 u_{WU}也是同频率的正弦量，应用相量图法可求出 $\dot{U}_{UV}$、$\dot{U}_{VW}$、$\dot{U}_{WU}$ 的相量，如图 2-21 所示。由图可见，各线电压大小相等，相位互差 120°，为一三相对称电压，只是各线电压相位比对应的相电压超前 30°。于是，线电压有效值 U_l 和相电压有效值 U_p 的关系为

$$\frac{1}{2}U_l = U_p\cos30°$$

即

$$U_l = \sqrt{3}U_p \tag{2-52}$$

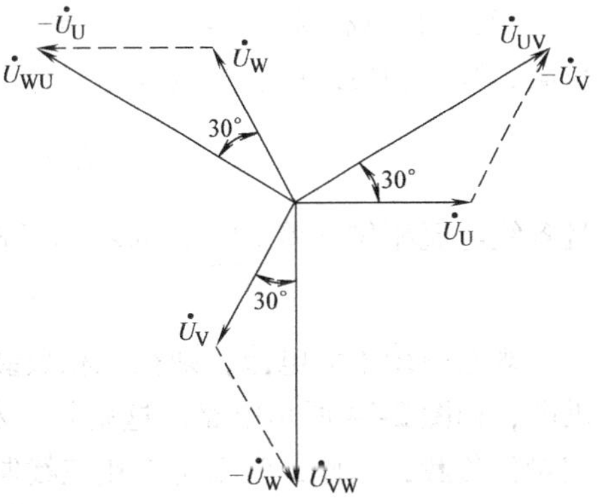

图 2-21　三相对称电压的相量图

日常生活中用的 220V、380V（$380 = 220\sqrt{3}$）电压就是指电源三相四线制供电时的相电压和线电压。若不特别声明，一般所说的三相电源电压，均指三相对称线电压。

【思考题 2-6】

什么叫三相交流电的相序？什么叫正序？什么叫负序？如何改变三相电源的相序？

2.7　三相负载的联结

三相交流电路中的负载是由三个部分组成，每一部分称为一相负载，即共有三相负载。三相负载的联结方法有两种，即星形联结和三角形联结。

2.7.1　三相负载的星形联结

图 2-22 所示为负载星形联结的三相四线制电路，每相负载的阻抗分别为 $|Z_U|$、$|Z_V|$ 和 $|Z_W|$，电压、电流的参考方向如图 2-22 所示。

把负载中流过的电流称相电流，则各相电流的有效值用 I_U、I_V、I_W 表示，当各相电流

对称时，其有效值用 I_p 表示；流过端线的电流称线电流，则各线电流的有效值用 I_{l1}、I_{l2}、I_{l3}表示，当各线电流对称时，用 I_l 表示；流过中线的电流叫中线电流，其有效值用 I_N 表示。

由图 2-22 所示电路可见，各相电流和线电流有效值的关系为 $I_U = i_{l1}$、$I_V = i_{l2}$、$I_W = i_{l3}$，且同相位。

由于三相负载的电压以对称三相相电压供电，故以三相对称相电压为参考电压，于是各相电流可进行一相一相计算，即

$$\begin{cases} I_U = \dfrac{U_U}{|Z_U|}, \ \varphi_U = \arctan \dfrac{X_U}{R_U} \\ I_V = \dfrac{U_V}{|Z_V|}, \ \varphi_V = \arctan \dfrac{X_V}{R_V} \\ I_W = \dfrac{U_U}{|Z_U|}, \ \varphi_W = \arctan \dfrac{X_W}{R_W} \end{cases} \tag{2-53}$$

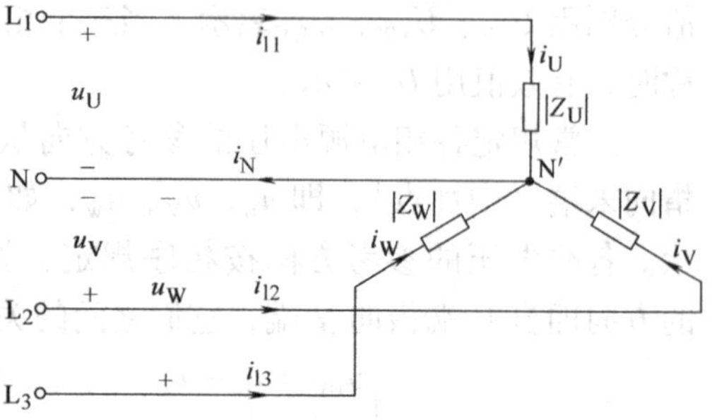

图 2-22　负载星形联结的三相四线制供电电路

由图 2-22 可得，中线电流为

$$\dot{I}_N = \dot{I}_U + \dot{I}_V + \dot{I}_W \tag{2-54}$$

当三相负载 $|Z_U| = |Z_V| = |Z_W| = |Z_p|$ 和 $\varphi_U = \varphi_V = \varphi_W = \varphi_p$ 时，称为三相对称负载，则三相负载的线电流也是对称的，其相量图如图 2-23 所示。各线电流的有效值为

$$I_l = I_{l1} = I_{l2} = I_{l3} = I_p = \frac{U_p}{|Z_p|} \tag{2-55}$$

且各线电流相位互差 120°，为对称三相电流。这时，中线电流等于零，即

$$\dot{I}_N = \dot{I}_{l1} + \dot{I}_{l2} + \dot{I}_{l3} = 0$$

既然中线中无电流，则在三相负载对称时可省掉中线，此时只有对称三相线电压向负载供电，如图 2-24 所示电路，这就是三相三线供电。在生产上使用的三相异步电动机都是三相对称负载，因此，常采用三相三线制供电。

三相对称负载星形联结的三相三线供电电路中，各相电流是通过三相负载和端线彼此形成回路的，各负载的工作电压不变。因此在计算时，只需计算一相的相电流，即线电流，再根据三相对称原则得到其他二相的相电流，即线电流。

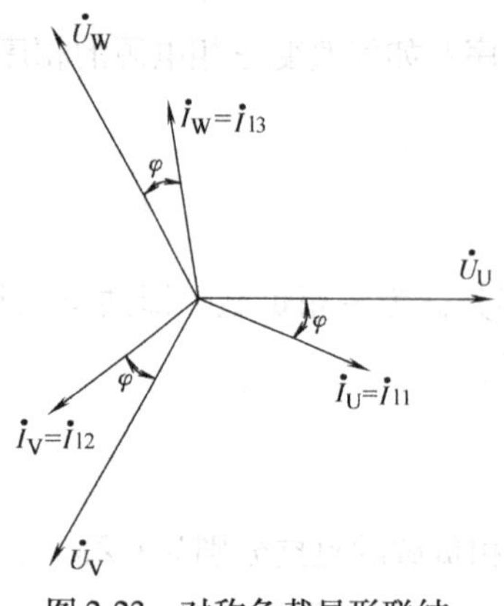

图 2-23　对称负载星形联结时的电压和电流相量图

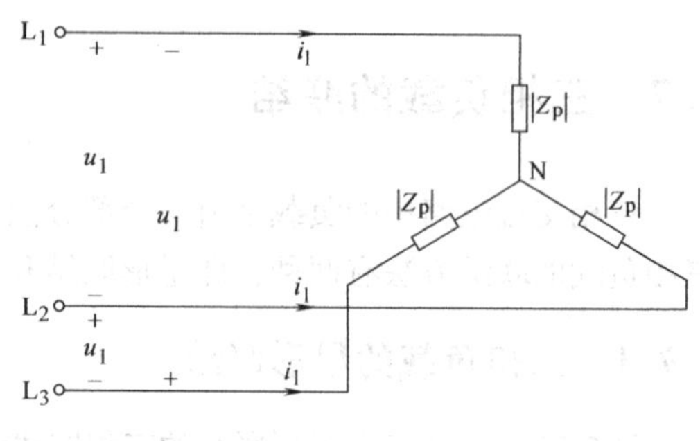

图 2-24　对称负载星形联结的三相三线制供电电路

【例 2-10】 有一星形联结的三相对称感性负载，每相负载电阻 $R=3\Omega$，感抗 $X_L=4\Omega$，电源线电压为 380V，求各相负载电流的有效值和瞬时值。

解 首先求出相电压

$$U_p=\frac{U_l}{\sqrt{3}}=\frac{380}{\sqrt{3}}V=220V$$

每相阻抗

$$|Z|=\sqrt{R^2+X_L^2}=\sqrt{3^2+4^2}\Omega=5\Omega$$

每相电流有效值

$$I_p=\frac{U_p}{|Z|}=\frac{220}{5}A=44A$$

各相电压超前相应的相电流的相位差为

$$\varphi=\arctan\frac{X_L}{R}=\arctan\frac{4}{3}=53.1°$$

设相电压 $u_U=220\sqrt{2}\sin\omega t V$，则 i_U 为

$$i_U=44\sqrt{2}\sin(\omega t-53.1°)\ A$$

由对称关系可推出 i_V、i_W 的相电流

$$i_V=44\sqrt{2}\sin(\omega t-53.1°-120°)A=44\sqrt{2}\sin(\omega t-173.1°)A$$

$$i_W=44\sqrt{2}\sin(\omega t-53.1°+120°)A=44\sqrt{2}\sin(\omega t+66.9°)A$$

当三相负载不对称时，则各相负载电流只能单独计算，同时 $\dot{I}_N\neq0$，即中线中存在电流。一旦中线断开，将使每相负载不能获得对称的电源相电压，使某相负载电压超过负载额定电压，另一相负载电压则低于额定电压，造成三相负载均不能正常工作。因此，为了保证负载上能获得三相对称电压，严禁将中线断开，更不允许在中线（指干线）中接入熔断器或开关。

【例 2-11】 三相照明电路如图 2-25 所示，已知 U 相为负载电阻 $R_U=44\Omega$，V 相为负载电阻 $R_V=66\Omega$，W 相为负载电阻 $R_W=22\Omega$，电源线电压为 380V。求：

（1）各相负载电流。

（2）当 U 相和中线断开时，则 V、W 两相中的电流及各电压。

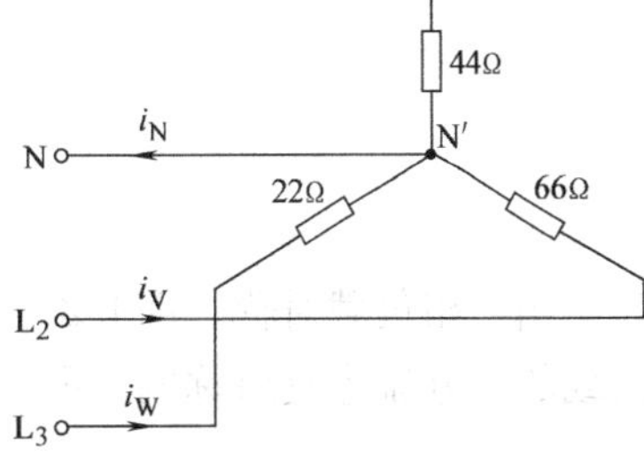

图 2-25 例 2-11 电路

解 （1）因中线未断开，故各相电压对称，故电源的相电压为

$$U_p=\frac{U_l}{\sqrt{3}}=\frac{380}{\sqrt{3}}V=220V$$

$$I_U=\frac{U_p}{R_U}=\frac{220}{44}A=5A \qquad 相位与 U_U 同相$$

$$I_V=\frac{U_p}{R_V}=\frac{220}{66}A=3.3A \qquad 相位与 U_V 同相$$

$$I_W = \frac{U_p}{R_W} = \frac{220}{22}A = 10A \qquad \text{相位与 } U_W \text{ 同相}$$

因负载不对称，各相电流不相等，造成 $I_N \neq 0$，故必须有中线。

（2）因 U 相和中线断开，则负载 R_V 和 R_W 串联后加上电源 L_2 与 L_3 之间，电源电压为线电压 $U_{VW} = 380V$，故

$$I_V = I_W = \frac{U_l}{R_V + R_W} = \frac{380}{66 + 22}A = 4.3A$$

$$U_V = I_V R_V = 4.3A \times 66\Omega = 285V$$

$$U_W = I_V R_W = 4.3A \times 22\Omega = 95V$$

可见，V 相负载电压超过 220V 额定电压，W 相负载电压远低于 220V 额定电压，造成负载均不能正常工作。故工作中不能断开中线。

2.7.2 三相负载的三角形联结

把三相负载联结成三角形和三相电源的端线直接相接，就构成了三相负载的三角形联结，因三相负载电压均为三相对称线电压，故以三相对称线电压为参考电压，如图 2-26 所示。由图可见，三相负载相电压的有效值和三相电源线电压的有效值相等并对称，则

$$U_{UV} = U_{VW} = U_{WU} = U_l = U_p \tag{2-56}$$

各相负载的相电流有效值和各相负载的电压与相电流的相位差为

$$\begin{cases} I_{UV} = \dfrac{U_l}{|Z_{UV}|}, \quad \varphi_{UV} = \arctan\dfrac{X_{UV}}{R_{UV}} \\ I_{VW} = \dfrac{U_l}{|Z_{VW}|}, \quad \varphi_{VW} = \arctan\dfrac{X_{VW}}{R_{VW}} \\ I_{WU} = \dfrac{U_l}{|Z_{WU}|}, \quad \varphi_{WU} = \arctan\dfrac{X_{WU}}{R_{WU}} \end{cases} \tag{2-57}$$

由图 2-26 可见，各线电流可用基尔霍夫电流定律得出，为

$$\begin{cases} i_{l1} = i_{UV} - i_{WU} \\ i_{l2} = i_{VW} - i_{UV} \\ i_{l3} = i_{WU} - u_{VW} \end{cases} \tag{2-58}$$

当三相负载对称，即 $|Z_{UV}| = |Z_{VW}| = |Z_{WU}| = |Z_p|$ 和 $\varphi_{UV} = \varphi_{VW} = \varphi_{WU} = \varphi_p$，则负载的相电流也是对称的，即

$$I_{UV} = I_{VW} = I_{WU} = I_p = \frac{U_p}{|Z_p|} \tag{2-59}$$

各相电流相位互差 120°。

图 2-27 为对称负载三角形联结时的电压与电流的相量图。由图可见，线电流也为对称电流，在相位上线电流比相应相电流滞后 30°，线电流和相电流的有效值关系为

$$\frac{1}{2}I_1 = I_p\cos30° = \frac{\sqrt{3}}{2}I_p$$

即 $$I_1 = \sqrt{3}I_p \tag{2-60}$$

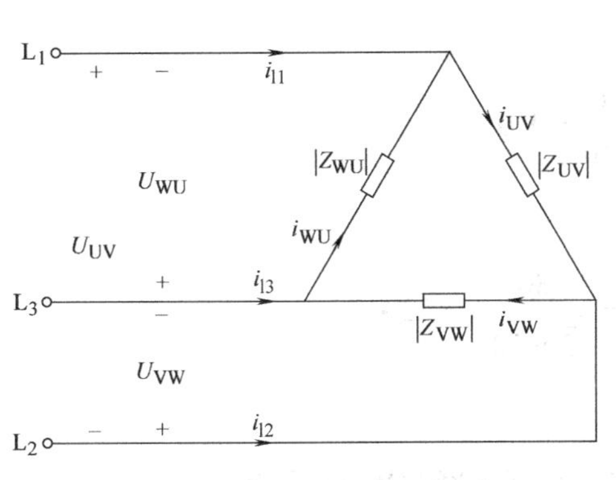

图 2-26　三相负载的三角形联结电路

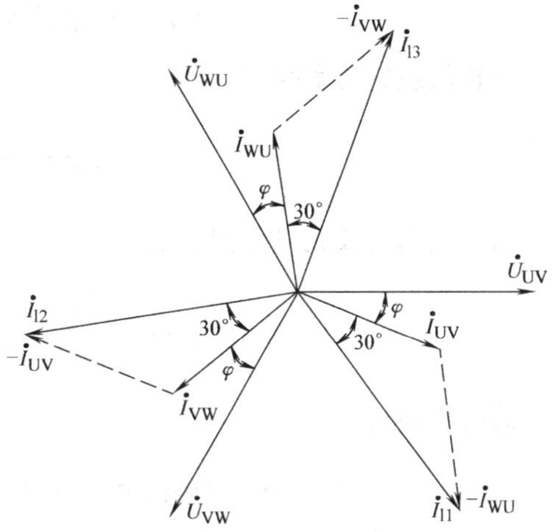

图 2-27　对称负载三角形联结时电压和电流的相量图

综上所述，三相负载可以接成星形，也可接成三角形。采用哪种接法，应按照负载额定电压等于电源电压的原则来确定。对于 380/220V 的三相四线制低压供电系统，可分成以下几种情况来考虑：

1）当使用额定电压为 220V 的单相负载时，应把它接在电源的端线与中线之间。

2）当使用额定电压为 380V 的单相负载时，应把它接在电源的端线与端线之间。

3）如果三相对称负载的额定电压为 220V，要想把它们接入线电压为 380V 的电源上，则应接成星形联结。

4）如果三相对称负载的额定电压为 380V，则应将它们接成三角形联结。

2.7.3　三相功率

对一个三相电路而言，不论负载怎样联结，三相总功率就是各相功率的总和。那么对于对称负载而言，总功率应为单相功率的三倍，即有功功率为

$$P = 3P = 3P_p = 3U_pI_p\cos\varphi_p \tag{2-61}$$

当对称负载作星形联结时，有 $U_l = \sqrt{3}U_p$ 和 $I_l = I_p$；当作三角形联结时，有 $U_l = U_p$ 和 $I_l = \sqrt{3}I_p$。可见，两种情况的 $U_pI_p = U_lI_l/\sqrt{3}$，代入式（2-61），则得出有功功率为

$$P = 3U_pI_p\cos\varphi_p = \sqrt{3}U_lI_l\cos\varphi_p \tag{2-62}$$

式（2-62）中的 φ_p 为相电压和相电流的相位差。

同理，可得出无功功率和视在功率：

$$Q = 3U_pI_p\sin\varphi_p = \sqrt{3}U_lI_l\sin\varphi_p \tag{2-63}$$

$$S = 3U_pI_p = \sqrt{3}U_lI_l \tag{2-64}$$

【例 2-12】 已知一三相对称负载，每相负载的电阻 $R=6\Omega$，感抗 $X_{L}=8\Omega$，三相电源的线电压为 380V，试分别计算负载作星形联结和三角形联结时，总的三相有功功率 P。

解 每相负载的阻抗

$$|Z|=\sqrt{R^2+X_L^2}=\sqrt{6^2+8^2}\Omega=10\Omega$$

每相负载的功率因数

$$\cos\varphi=\frac{R}{|Z|}=\frac{6}{10}=0.6$$

（1）负载作星形联结时，有

$$I_p=I_l=\frac{U_p}{|Z|}=\frac{U_l}{\sqrt{3}|Z|}=\frac{380}{\sqrt{3}\times 10}\text{A}=22\text{A}$$

总的三相功率为

$$P=\sqrt{3}U_lI_l\cos\varphi_p=\sqrt{3}\times 380\text{V}\times 22\text{A}\times 0.6=8644\text{W}=8.7\text{kW}$$

（2）负载作三角形联结时

相电压

$$U_p=U_l=380\text{V}$$

相电流

$$I_p=\frac{U_p}{|Z|}=\frac{380}{10}\text{A}=38\text{A}$$

线电流

$$I_l=\sqrt{3}I_p=\sqrt{3}\times 38\text{A}=66\text{A}$$

总的有功功率

$$P=\sqrt{3}U_lI_l\cos\varphi_p=\sqrt{3}\times 380\text{V}\times 66\text{A}\times 0.6=25992\text{W}\approx 26\text{kW}$$

可见，在相同的线电压下，负载作三角形联结时所消耗的有功功率是星形联结时的三倍。这是由于三角形联结时线电流是星形联结时的线电流的三倍。无功功率和视在功率也有相同的结论。这说明负载的功率和负载的联结方式有关，因此，要使负载正常工作，必须采用正确的联结方式。

【思考题 2-7】

（1）三相负载的阻抗数值都相等，是否就是对称三相负载？

（2）负载作三角形联结时，线电流一定是相电流的 $\sqrt{3}$ 倍吗？

2.8 实训 3 荧光灯电路的装接

荧光灯大量地应用于家庭及公共场所的照明，具有发光效率高、寿命长等优点。

1. 实训目的

1）了解荧光灯电路的工作原理。

2）加深理解感性负载电路中的电压、电流关系。

3）学会荧光灯电路的装接。

4）验证荧光灯电路并联电容后可提高功率因数的方法。

2. 电路原理

（1）荧光灯的组成

荧光灯电路如图2-28所示，由荧光灯管、镇流器和辉光启动器等组成。

灯管是一根管内壁涂有荧光粉，管内充有氩气和少量水银，两端各装有一根灯丝的玻璃管。

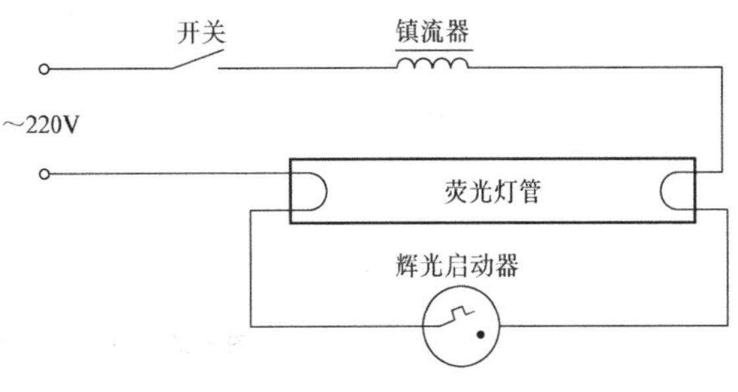

图2-28　荧光灯电路

镇流器是一个铁心线圈。它有两个作用，一是在荧光灯正常工作时与灯管相串联产生一定的电压降，用来限制、稳定灯管中的电流，故称为镇流器；二是帮助荧光灯启动。

辉光启动器是一个充有氖气的玻璃泡，内有一对金属触片，其中一个是静触片，一个是用双金属片做成的U形动触片，在电路中使荧光灯自动点亮，起自动开关作用。

（2）荧光灯的工作过程

电源接通后，电源电压通过镇流器和灯管两端的灯丝加在辉光启动器的两个触片上，两触片之间的气隙被击穿，发生辉光放电，使动触片受热膨胀与静触片接触构成通路，于是电流通过镇流器和灯管两端的灯丝，使灯丝加热并发射电子。此时由于辉光启动器中的双金属触片因短路停止辉光放电，双金属触片也因温度降低而分断，断开瞬间，镇流器产生相当高的自感电动势，它和电源电压串联后加到灯管两端，使荧光灯管内的水银蒸气电离产生弧光放电，发出紫外线射到灯管内壁，激发荧光粉发光，荧光灯点亮。灯管点亮后，电路中的电源在镇流器上产生较大的电压降，灯管两端电压锐减，从而使得与荧光灯并联的辉光启动器因承受电压过低而不再启辉。

（3）荧光灯电路的安装

1）首先按接线图组装好荧光灯，即把镇流器和起辉光启动器插座接到灯管座上。

2）用验电笔识别相线，断电后将开关及熔丝接在相线上。

3）把装接好的荧光灯一头接到中线上，另一头接到开关上。

4）装上荧光灯管和辉光启动器，合上开关，就可点亮荧光灯。

3. 实训器材和仪器

1）荧光灯实验板1块。

2）0~6μF的电容器箱1个。

3）0~0.5(0~1)A交流电流表1只。

4）万用表1只。

5）单相功率表1只。

6）电流插头1套。

7）开关1个。

8）接线若干。

4. 实训内容

1）首先，按图 2-29 所示电路（图中辉光启动器没画）连接功率表及电流插头。

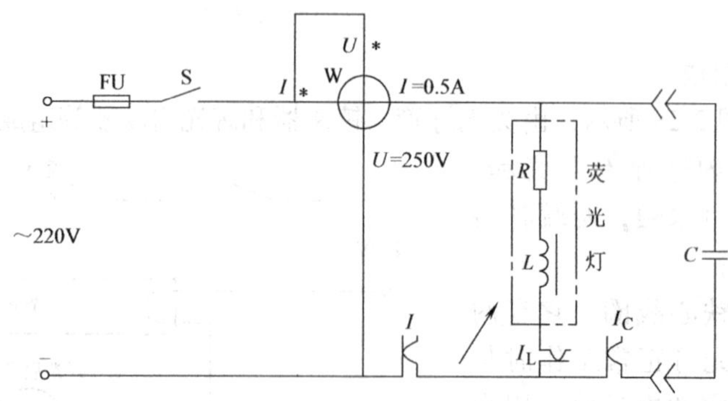

图 2-29　荧光灯实训电路图

2）接通电源，合上开关 S，在荧光灯正常点亮后，测量各个量的大小，并填入表 2-1 中，再计算出 $\cos\varphi$ 的大小。

表 2-1　实训 3 测量值（一）

测量值					计算值
U/V	U_R/V	U_L/V	I/mA	P/W	$\cos\varphi$

3）合上开关，将电容从 1μF 开始，不断并入电容，每次增加 1μF，增加一次测量一次，将测量值填入表 2-2 中，再分别计算 $\cos\varphi$。

表 2-2　实训 3 测量值（二）

电容值	测量值				计算值
C/μF	I/mA	I_R/mA	I_C/mA	P/W	$\cos\varphi$
1					
2					
3					
4					
5					
6					

5. 注意事项

1）实训中必须注意安全，切不可与导线的裸露部分接触，以免发生人身事故。

2）单相功率表的电流线圈绝对不可与电源相并联，有“*”的端钮应在功率表上连接好后再接到电源的相线上。

3）测量电流时，必须在荧光灯点燃后接入，严禁接入电流表后将开关不断地断开和闭合，以免损坏电流表。

4）电容器从电路中拆除后必须先用导线短路放电，以免电容器的残留电压伤人。

6. 分析与思考

1）根据实验结果，分析功率因数 $\cos\varphi$ 随电容量变化而变化的过程。

2）提高了功率因数 $\cos\varphi$ 后，是否同时减小了电路的有功功率 P?

3）说明提高功率因数 $\cos\varphi$ 的意义。

2.9 小结

1）正弦交流电是随时间按正弦规律变化的电压和电流。正弦量的三要素为幅值、角频率（周期、频率）和初相位。

2）交流电的有效值是在一个周期内，用具有相同热效应的直流电的大小来描述的。一般电气设备的额定电压、额定电流的数值和电工仪表测量的电压、电流均指交流电的有效值，有效值等于最大值除以$\sqrt{2}$。

3）表示正弦量的复数叫相量。把相同频率的正弦量画在同一坐标上，即为相量图。利用相量图法可以分析简单的交流电路。

4）单一参数正弦交流电路的关系见表 2-3。

表 2-3　单一参数正弦交流电路的关系

电　路	电压与电流关系					功　率	
	瞬时值	幅值	有效值	相位差	相量图	有功功率 P	无功功率 Q
u, i, R, u_R	$u=Ri$	$U_m=RI_m$	$U=IR$	u 与 i 同相	$\dot{I}$ $\dot{U}$	$UI=U^2/R$ $=I^2R$	0
u, i, L, u_L	$u_L=L\dfrac{di}{dt}$	$U_m=X_LI_m$ $X_L=\omega L$	$U=X_LI$	u 比 i 超前 90°	$\dot{U}$ 90° $\dot{I}$	0	$UI=U^2/X_L$ $=I^2X_L$
u, i, C, u_C	$i=C\dfrac{du_C}{dt}$	$U_m=X_CI_m$ $X_C=1/\omega C$	$U=X_LI$	u 比 i 滞后 90°	$\dot{I}$ 90° $\dot{U}$	0	$UI=U^2/X_C$ $=I^2X_C$

5）分析串联电路时，以电流为参考量，求各电压值，但对电压的加减必须采用相量图法。其电压与电流的关系为

$$U=\sqrt{U_R^2+(U_L-U_C)^2}=\sqrt{(IR)^2+(IX_L-IX_C)^2}$$
$$=I\sqrt{R^2+(X_L-X_C)^2}=I|Z|$$
$$|Z|=\sqrt{R^2+(X_L-X_C)^2}$$

电压 u 与电流 i 之间的相位差 φ 为

$$\varphi=\arctan\frac{U_L-U_C}{U_R}=\arctan\frac{X_L-X_C}{R}=\arctan\frac{X_L-X_C}{R}$$
$$=\arccos\frac{R}{|Z|}=\arccos\frac{U_R}{U}=\arccos\frac{P}{S}$$

6）对并联电路的分析时，以电压为参考量，求各电流值，但对电流的加减必须采用相量图法。

7）功率因数 $\cos\varphi$ 是电力系统的重要指标。对电感性负载并联适当电容可提高电路的功率因数，提高电路的功率因数可提高电源设备的利用率和减少输电线路的损耗。

8）三相交流电源的三相电压是对称的，即幅值相等、频率相同、相位互差120°。在三相四线制供电系统中，能向负载提供线电压和相电压两种对称电压。线电压是相电压的$\sqrt{3}$倍。在三相三线制供电系统中，仅向负载提供对称线电压。

9）三相对称负载接成星形联结时，在采用三相四线制供电时，以电源对称相电压为参考量，计算相电流（即线电流）和中线电流，常应用于不对称负载；在采用三相三线制供电时，则应以对称线电压为参考，故常应用于对称负载。

10）三相对称负载接成星形联结时，有 $U_l=\sqrt{3}U_p$ 和 $I_l=I_p$；当对称负载联结成三角形联结时，有 $U_l=U_p$ 和 $I_l=\sqrt{3}I_p$。计算各线电流、相电流时可算一相，按对称原则推其余二相。

11）三相不对称负载作星形联结时，必须采用三相四线制供电。中线上不允许接入开关和熔断器。每相电路的电流应单独计算。

12）三相对称负载不论负载如何联结，其 P、Q、S 均为

$$P=\sqrt{3}U_lI_l\cos\varphi_p$$

$$Q=\sqrt{3}U_lI_l\sin\varphi_p$$

$$S=\sqrt{3}U_lI_l$$

式中　φ_p——相电压和相电流的相位差。

2.10　习题

1. 正弦量的三要素是什么？

2. 已知 $i=10\sin(100\pi t-30°)$A，试求其有效值、频率和初相位。

3. 已知三个电流的瞬时值分别为：

$$i_1=5\sin(\omega t+30°)\text{A}$$

$$i_2=10\sin(\omega t+60°)\text{A}$$

$$i_3=3\sin\omega t\text{A}$$

画出这三个电流的相量图，并以 i_1 为参考电流，指出它们之间的相位关系。

4. 用相量图法计算 $i=3\sqrt{2}\sin100t+4\sqrt{2}\sin(100t+90°)$A。

5. 在纯电阻电路中，下列各式哪些是正确的？

A. $i=\dfrac{U}{R}$　B. $I=\dfrac{U}{R}$　C. $U=\sqrt{2}IR\sin\omega t$　D. $I_m=\dfrac{U_m}{R}$　E. $R=\dfrac{u}{i}$

6. 在纯电感交流电路中，下列各式哪些是正确的？

A. $i=\dfrac{U}{\omega L}$　B. $X_L=\dfrac{u}{i}$　C. $I=\dfrac{U}{X_L}$　D. $u=i\omega L$　E. $U_m=I_mX_L$

7. 在纯电容交流电路中，下列各式哪些是正确的？

A. $i=\dfrac{u}{X_C}$　　B. $u=i\omega C$　　C. $u=\dfrac{i}{\omega C}$　　D. $U=IX_C$　　E. $I=U\omega C$

8. 以下各瞬时值表达式：

A. $u_1=U_{m1}\sin(\omega t+\varphi_1)$V　　B. $u_2=U_{m2}\sin(\omega t+\varphi_2)$V

C. $u_3=U_{m3}\sin(3\omega t+\varphi_3)$V　　D. $i_1=I_{m1}\sin(\omega t+\varphi_1)$A

E. $i_2=I_{m2}\sin(\omega t+\varphi_2)$A　　F. $i_3=I_{m3}\sin(\omega t+\varphi_3)$A

上述瞬时值表达式中，哪些可以画在同一相量图上？哪些不可以画在同一相量图上？为什么？

9. 一个电炉分别通以10A的直流电流和最大值为10A的正弦工频交流电流，在相同的时间内，该电炉通以直流电流和通以正弦工频交流电流发出的热量之比为多少？

10. 一个80mH的电感线圈接在$U=220$V、$f=50$Hz的电源上，求：

（1）感抗X_L。

（2）流过电感L的电流I。

（3）以电流为参考相量，画出相量图。

11. 将一个$C=10\mu$F的电容器接到$u=141\sin314t$V的正弦交流电压上使用。求X_C及通过该电容的电流I并以电压为参考相量，画出相量图。

12. 图2-30所示的正弦交流电路中，A、B、C为三个相同的白炽灯。若保持电源电压有效值不变，而频率升高，那么各白炽灯的亮度将如何变化？试说明理由。

13. 试求图2-31所示各交流电路中未知交流电压表的读数。

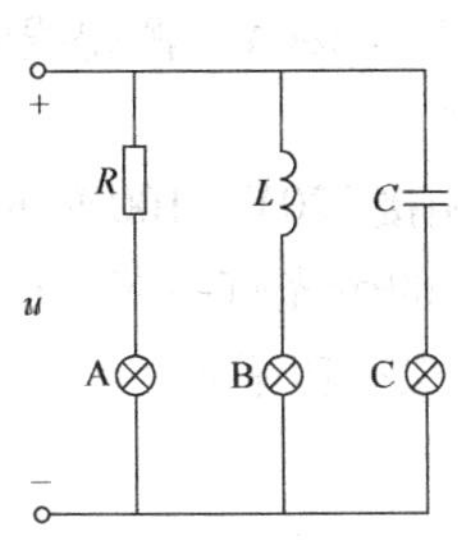

图2-30　习题12电路

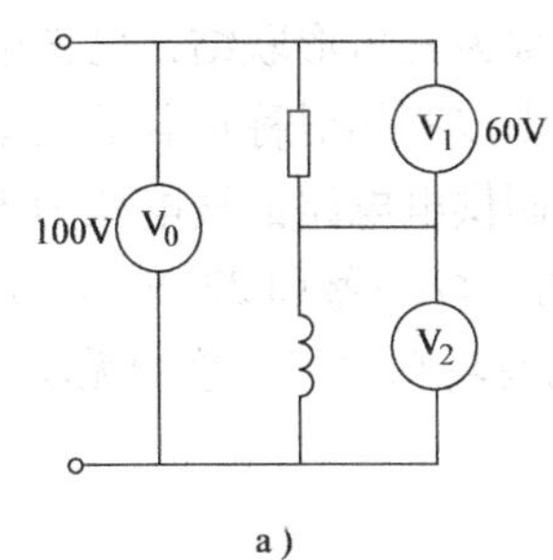

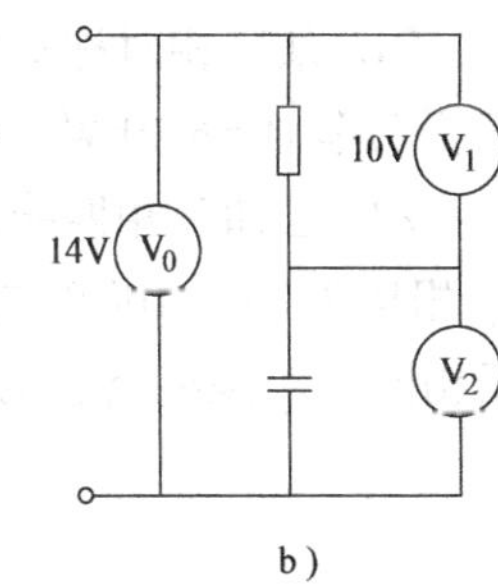

图2-31　习题13电路

14. 某一电感线圈由10V直流电源供电时，测得电流为2.5A，由50V、50Hz的交流电源供电时，测得电流为10A。试求该线圈的参数R、L。

15. 图2-32为RC移相电路。已知$R=20\Omega$，$C=200\mu$F，$u_1=20\sin314t$V。试用相量法求u_2以及u_2与u_1的相位差，并说明哪个电压超前。

16. 图2-33为RC移相电路。已知$C=0.046\mu$F，电源频率$f=800$Hz。若要使输出电压u_2比输入电压u_1超前30°，应配多大电阻R（采用阻抗三角形分析）。

17. 试求图2-34所示各交流电路中未知电流表的读数。

18. 图2-35为RC串并联电路。已知$R_1=R_2=2\Omega$，$C_1=C_2=0.25$F，$u_2=2\sqrt{2}\sin2t$V。求u_1，作出各电压、电流的相量图，并说明u_2和u_1的相位和有效值关系。

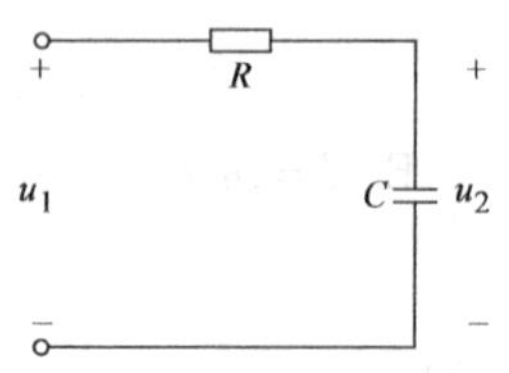

图 2-32　习题 15 电路

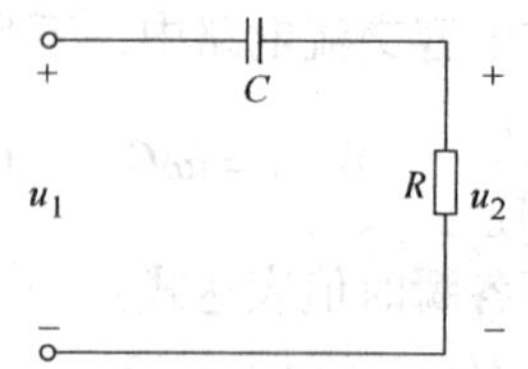

图 2-33　习题 16 电路

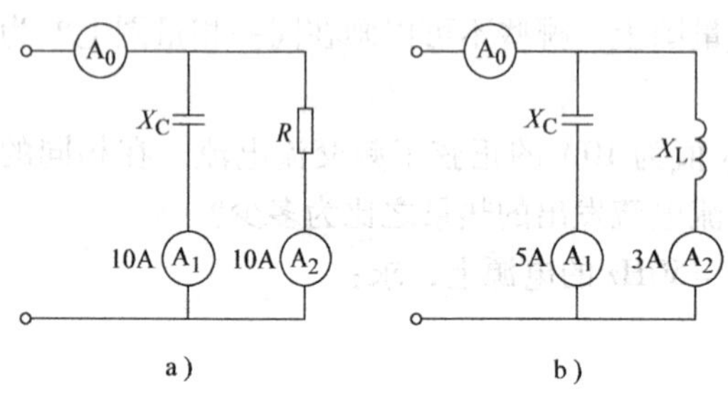

图 2-34　习题 17 电路

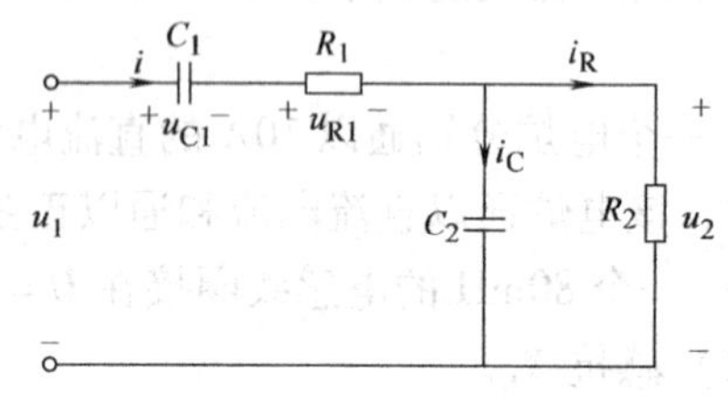

图 2-35　习题 18 电路

19. 有一 60W 的荧光灯，接在 50Hz、220V 的交流电源上，通过的电流是 0. 55A，求它的功率因数？如在荧光灯两端并接一个 5μF 的电容器，则功率因数变为多少？

20. 有一三相对称负载，每相的电阻 $R=8\Omega$，感抗 $X_L=6\Omega$。如果负载作星形联结，接到 $U_l=380V$ 的三相电源上，求负载的相电流、线电流及有功功率，并作出相量图。

21. 某三相对称负载为三角形联结，已知电源的线电压 $U_l=380V$，测得线电流 $I_l=15A$，三相功率 $P=8.5kW$，则该三相对称负载的功率因数为多少？

22. 已知三相四线制供电电路的线电压为 380V，现 L_1 相接 220V、100W 的白炽灯两盏；L_2 相接 220V、100W 白炽灯一盏和 220V、40W、$\cos\varphi=0.5$ 的荧光灯一盏；L_3 相负载和 L_2 相相同。求该电路总的有功功率 P、总的无功功率 Q 和总的视在功率 S。

第 3 章　电磁电器和电磁设备

本章要点

- 变压器的工作原理和应用
- 电磁铁的工作原理、种类和选用
- 三相异步电动机的工作原理、铭牌和选用
- 单相异步电动机的工作原理和应用

3.1　磁路

3.1.1　磁场的基本物理量

1. 磁感应强度 $\boldsymbol{B}$

磁感应强度 $\boldsymbol{B}$ 是表示空间某点磁场方向和强弱的物理量。其大小等于垂直于磁场方向、单位长度内流过单位电流的直导体在该点所受的力。

如果磁场内各点的 $\boldsymbol{B}$ 大小相等，方向相同，则称该磁场为均匀磁场。

2. 磁通 Φ

在磁场中，磁感应强度 $\boldsymbol{B}$ 与垂直于磁场方向的面积 S 的乘积称为通过该面积的磁通 Φ，即

$$\Phi = \boldsymbol{B}S \text{ 或 } \boldsymbol{B} = \frac{\Phi}{S} \tag{3-1}$$

在国际单位制中，$\boldsymbol{B}$ 的单位是特［斯拉］(T)，Φ 的单位是韦［伯］(Wb)。

3. 磁导率 μ

磁导率 μ 是用来表示物质磁导性能的物理量。不同的物质有不同的 μ，真空中的磁导率为 μ_o，由实验测得为一常数，其值为

$$\mu_o = 4\pi \times 10^{-7} \text{H/m} \tag{3-2}$$

而其他材料的磁导率 μ 与真空中的磁导率 μ_o 的比值，称为该物质的相对磁导率 μ_r，即

$$\mu_r = \frac{\mu}{\mu_o} \tag{3-3}$$

自然界的所有物质按磁导率的大小，大体上可分成磁性材料和非磁性材料两大类。其中非磁性材料，如铜、铝、银等，其 $\mu \approx \mu_o$，$\mu_r \approx 1$。铁磁性材料，如铁、钴、镍及其合金等，其 $\mu_r >> 1$，可达几百至几万，且不是常数，并随磁感应强度和温度的变化而变化。

4. 磁场强度 $\boldsymbol{H}$

磁场中因各种物质的磁导率不同，即磁场相同而导磁物质不同，则磁感应强度不同。这就给计算磁感应强度带来了麻烦，为此引入另一个磁场强度 $\boldsymbol{H}$ 的物理量，它与物质的磁导

率无关，与载流导体的形状、电流大小等有关。

磁场中某点磁场强度的大小等于该点磁感应强度除以该点的磁导率，磁场强度的方向与该点磁感应强度方向相同，即

$$\boldsymbol{H}=\frac{B}{\mu} \tag{3-4}$$

在国际单位制中，磁场强度的单位是 A/m（安/米）。

3.1.2 磁性材料的磁性能

1. 高磁导性

磁性材料在外磁场作用下具有被磁化的特性，因而磁导率很高。在磁性材料内部可分成许多小区域，称为磁畴。在无外磁场作用时，各个磁畴间的磁性相互抵消，对外不显示磁性，在外磁场作用下，磁畴就逐渐转到与外磁场相同的方向上。这样，便产生了一个与外磁场方向相同且比外磁场强的磁场，称磁化磁场，使磁性材料内的磁感应强度大大增加。

磁性材料的高磁导性能被广泛应用于电机、变压器及各种电工仪表中。

2. 磁饱和性

磁性材料磁化所产生的磁场不会随外磁场的增强而无限增强。当外磁场增大到一定值时，全部磁畴的磁场方向都转到与外磁场方向一致，这时磁性材料内的磁感应强度将达到饱和值，这一点充分反映在磁化曲线（***B-H*** 曲线）上。如图 3-1 中 b 点到 c 点的范围。

各种磁性材料的磁化曲线可通过实验得出。

3. 磁滞性和剩磁性

所谓磁滞，就是当外磁场 $\boldsymbol{H}$ 值在正负变化（如线圈中通以交变电流的情况）的反复磁化过程中，磁性材料中磁感应强度 $\boldsymbol{B}$ 的变化总是落后于外磁场的变化。磁性材料反复磁化后，可得到如图 3-2 所示的磁滞回线。

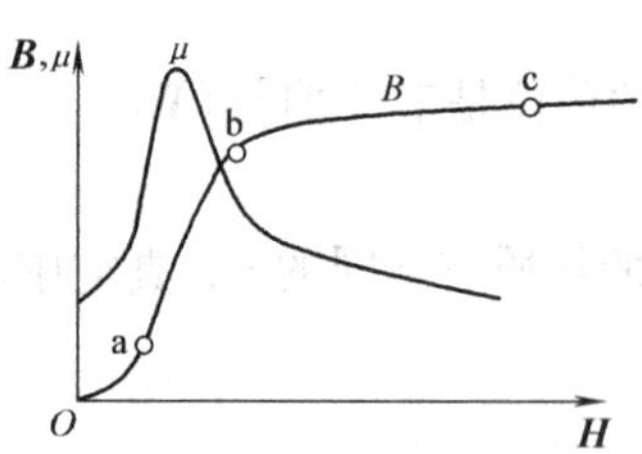

图 3-1 磁性材料的 ***B-H*** 曲线

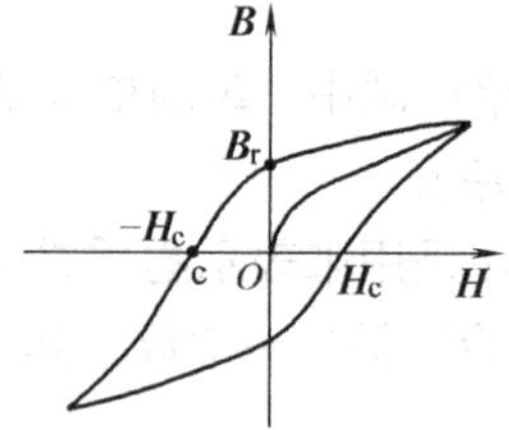

图 3-2 磁滞回线

由磁滞回线可得，当外磁场 $\boldsymbol{H}=0$ 时，铁磁物质有剩磁 $\boldsymbol{B}_r$ 存在，要设法去除剩磁时，应加反方向的外磁场，即通入反向去磁电流，在 $\boldsymbol{B}=0$ 时，所需的 $\boldsymbol{H}_c$ 值，称为矫顽磁力，如图 3-2 中 c 点所示。

磁性材料按磁滞回线形状的不同，可分成三类：第一类是软磁材料，如纯铁、铸铁、硅钢、坡莫合金、软磁铁氧体等，这类材料的磁滞回线狭窄，剩磁和矫顽磁力均较小，常用来做成电机、变压器的铁心等；第二类是硬磁材料，如碳钢、钨钢、钴钢及铁镍合金等。这类材料的磁滞回线较宽，剩磁和矫顽磁力都较大，适宜做永久磁铁；第三类是矩磁材料，如镁

锰铁氧体、1J51 型铁镍合金等。它的磁滞回线接近矩形，在计算机和控制系统中，可用作记忆元件、开关元件和逻辑元件。

3.1.3 磁路的概念

磁通 Φ 集中经过某一特定路径的闭合路径称为磁路，在工程上，常将磁性材料做成各种形状的铁心，使磁通形成所需的闭合路径。图 3-3 所示就是几种电器设备中的磁路。

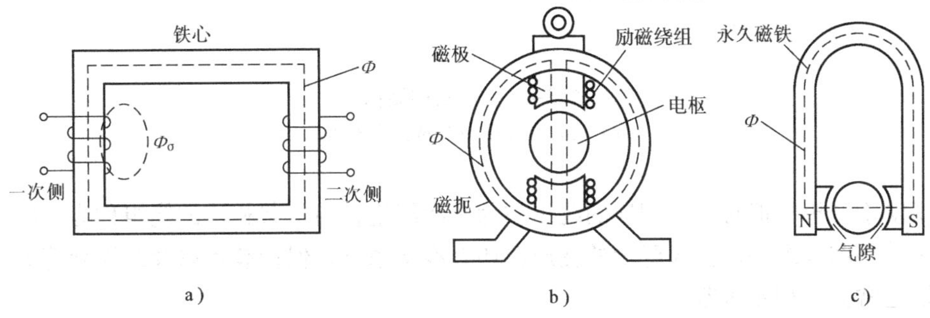

图 3-3 不同的磁路

由于磁性材料 $\mu_r >> 1$，所以磁通绝大部分沿铁心而闭合，称主磁通 Φ，如图 3-3 所示。还有极少部分磁通经空气或非磁性材料而闭合，称漏磁通 Φ_σ，如图 3-3a 所示，因 Φ_σ 很少，常略去不计。

和电路类似，磁路也分为无分支磁路和有分支磁路。图 3-3a、c 是无分支磁路，图 3-3b 是有分支磁路。

磁路中磁通通常由线圈通入电流产生，该电流称励磁电流，励磁电流 I 愈大，所产生的磁通 Φ 愈大；线圈匝数 N 愈多，所产生的磁通 Φ 也愈大。因此把励磁电流 I 和线圈匝数 N 的乘积称为磁动势，用 IN 表示，单位为 A。

【思考题 3-1】

（1）磁场的基本物理量有哪些？

（2）磁性材料的磁导率为何不是常数？

（3）磁性材料按其磁滞回线的形状不同，可分为几类？各有什么用途？

（4）什么叫磁路？试画出万用表表头中的磁路。

3.2 变压器的原理和应用

变压器是利用电磁感应原理传输电能或电信号的电器，具有变换交流电压、交流电流和阻抗的作用。

变压器由铁心和绕在铁心上的多个绕组组成。铁心常采用软磁材料构成闭合的磁路，以增强磁通、减小变压器体积和铁心损耗。铁心形式有心式和壳式两种，如图 3-4a、b 所示，单相小功率变压器一般采用心式铁心，大功率三相变压器则采用壳式铁心；绕组采用高强度绝缘铜线或铝线绕成，它是变压器的电路部分，并要求铁心、各绕组之间相互绝缘。

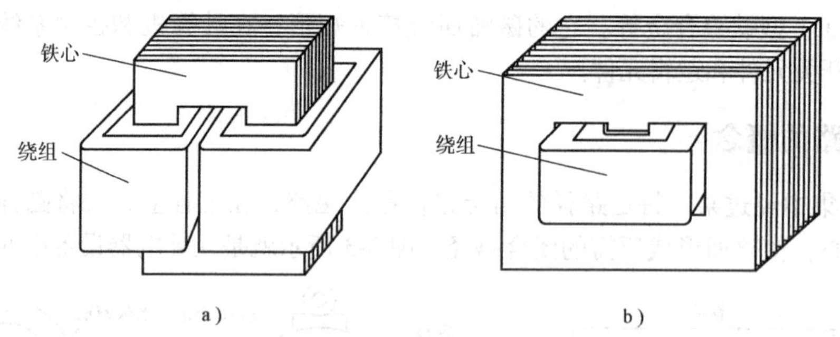

图 3-4　变压器的结构

a）心式变压器　b）壳式变压器

为了便于分析，把与电源相连的绕组称为一次绕组，与负载相连的绕组称为二次绕组。

除了铁心和绕组外，较大容量的变压器还有冷却系统、保护装置以及绝缘套管等。大容量变压器通常为三相变压器。

3.2.1　变压器空载运行和电压变换

变压器的一次绕组接上交流电压，二次绕组开路的工作状态称变压器空载运行，如图 3-5 所示。各物理量的方向按习惯参考方向选取，图中 u_1 为外加电源交流电压，i_{10}为一次绕组内通过的电流，称励磁电流，i_2 为二次绕组的电流，u_{20}为二次绕组电压，N_1 和 N_2 分别为一次、二次绕组边的匝数。

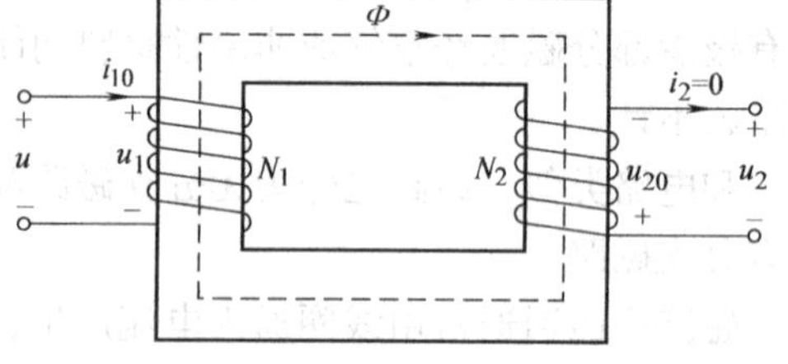

图 3-5　变压器空载运行

由于二次侧开路，则 $i_2=0$，变压器相当于一个交流铁心绕组电路。但当励磁电流 i_{10} 愈大，N_1 愈多，则主磁通 Φ 也愈大。而该 Φ 经铁心闭合，既穿过一次绕组，又穿过二次绕组，在变压器一、二次侧分别产生感应电压 u_1、u_{20}，在忽略磁路的漏磁通和绕组电阻的情况下，由电磁感应定律可知

$$u=N\frac{\mathrm{d}\Phi}{\mathrm{d}t} \tag{3-5}$$

设 $\phi=\Phi_{\mathrm{m}}\sin\omega t$，则

$$u=N\frac{\mathrm{d}\phi}{\mathrm{d}t}=\omega N\Phi_{\mathrm{m}}\cos\omega t=2\pi fN\Phi_{\mathrm{m}}\sin(\omega t+90°)=U_{\mathrm{m}}\sin(\omega t+90°) \tag{3-6}$$

一次侧电压的有效值为

$$U_1=U=4.44fN_1\Phi_{\mathrm{m}} \tag{3-7}$$

同样，在 ϕ 的作用下，二次绕组产生的感应电压有效值为

$$U_{20}=4.44fN_2\Phi_{\mathrm{m}} \tag{3-8}$$

由式（3-7）和式（3-8）可得

$$\frac{U_1}{U_{20}}=\frac{4.44fN_1\Phi_{\mathrm{m}}}{4.44fN_2\Phi_{\mathrm{m}}}=\frac{N_1}{N_2}=K_{\mathrm{u}} \tag{3-9}$$

由式（3-9）可知，变压器空载运行时，一、二次电压的比值等于一、二次侧匝数的比，比值 K_u 称为变压器的变压比。当一、二次绕组匝数不同时，变压器就可以把某一数值的交流电压变换为同频率的另一数值的交流电压，这就是变压器的电压变换作用。当变压器的 $N_1>N_2$，即 $K_u>1$ 时，称为降压变压器；反之，当 $N_1<N_2$，即 $K_u<1$ 时，称为升压变压器。

3.2.2 变压器带载运行和电流变换

变压器的一次绕组接上电源，二次绕组接负载｜Z｜的工作状态称带载运行状态，如图 3-6 所示。

二次绕组接上负载｜Z｜后，经过一、二次侧交链形成的磁耦合，产生电压 u_{20}，在二次侧就有电流 i_2 流过，输出电能，而 i_2 流过｜Z｜同时还流过二次绕组 N_2，也将产生磁通，使主磁通变化。而由式(3-7)可知，因当电源电压有效值 U_1 和电源频率 f 一定时，Φ_m 近似于常数。为维持主磁通 ϕ 基本不变，励磁电流 i_{10}将变为 i_1。因此，由一次侧 i_1N_1、二次侧 i_2N_2 共同产生的主磁通，应该与空载时一次侧 $i_{10}N_1$ 产生的主磁通相等，即

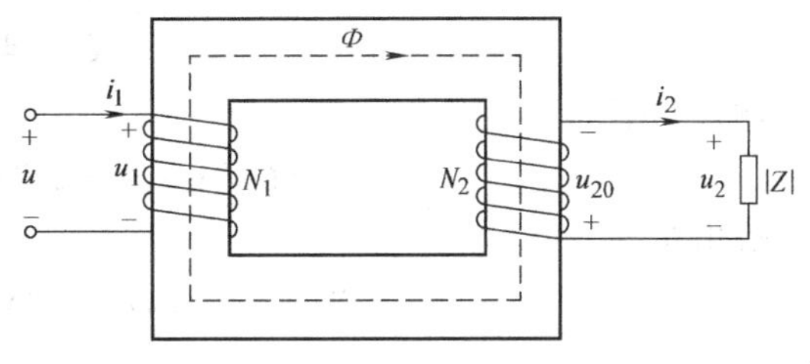

图 3-6　变压器负载运行

$$i_1N_1+i_2N_2=i_{10}N_1 \tag{3-10}$$

变压器空载电流 i_{10}是励磁用的，由于铁心质量高，空载电流是很小的，只占一次额定电流 I_N 的 3% ~10%。因此 $i_{10}N_1$ 与 i_1N_1 相比，$i_{10}N_1$ 常可忽略。于是，式（3-10）可写成

$$i_1N_1\approx -i_2N_2 \tag{3-11}$$

由式（3-11）可知，一、二次电流有效值关系为

$$\frac{I_1}{I_2}=\frac{N_2}{N_1}=\frac{1}{K_u} \tag{3-12}$$

式（3-12）表明，变压器一、二次电流有效值之比与它们的匝数成反比。

由于二次绕组的内阻抗很小，二次绕组带载时的电压与空载时的电压基本相等，即

$$U_2\approx U_{20} \tag{3-13}$$

根据式（3-9）、式（3-12）、式（3-13）可得

$$\frac{U_1}{U_{20}}\approx\frac{U_1}{U_2}=\frac{I_2}{I_1} \tag{3-14}$$

或

$$U_1I_1=U_2I_2 \tag{3-15}$$

式（3-14）表明，变压器一、二次绕组中电压高的一边电流小，而电压低的一边电流大。而式（3-15）则表明，变压器可以把一次侧的能量通过磁通的联系传输到二次侧去，实现了能量的传输。

【例 3-1】 已知变压器 $N_1=800$ 匝，$N_2=200$ 匝，$U_1=220\text{V}$，$I_2=8\text{A}$，负载为纯电阻，求变压器的二次电压 U_2、一次电流 I_1 和输入功率 P_1、输出功率 P_2。（忽略变压器的漏磁和损耗）

解 电压比

$$K_u = \frac{N_1}{N_2} = \frac{800}{200} = 4$$

二次电压

$$U_2 = \frac{U_1}{K_u} = \frac{220}{4}\text{V} = 55\text{V}$$

一次电流

$$I_1 = \frac{I_2}{K_u} = \frac{8}{4}\text{A} = 2\text{A}$$

输入功率

$$P_1 = U_1 I_1 \cos\varphi_1 = 220\text{V} \times 2\text{A} \times 1 = 440\text{W}$$

输出功率

$$P_2 = U_2 I_2 \cos\varphi_2 = 55\text{V} \times 8\text{A} \times 1 = 440\text{W}$$

3.2.3 变压器的阻抗变换

变压器除了变换电压和电流外，还可进行阻抗变换，以实现阻抗“匹配”，如图 3-7a 所示，负载阻抗 $|Z|$ 接在变压器二次侧，对电源来说点画线框内部分可用阻抗 $|Z'|$ 来等效，如图 3-7b 所示，则

$$|Z'| = \frac{U_1}{I_1} = \frac{\frac{N_1}{N_2}U_2}{\frac{N_2}{N_1}I_2} = \left(\frac{N_1}{N_2}\right)^2 \frac{U_2}{I_2} = \left(\frac{N_1}{N_2}\right)^2 |Z|$$

即

$$|Z'| = K_u^2 |Z| \tag{3-16}$$

式中 $|Z'|$——又称为折算阻抗。

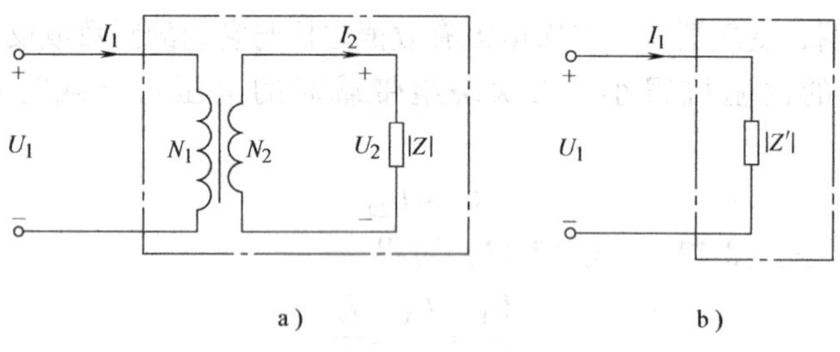

图 3-7 变压器的阻抗变换

可见只要改变匝数比，就可把负载阻抗变换为比较合适的数值，且负载性质不变。这种变换通常称为阻抗变换。

【例 3-2】 有一信号源的电压为 1.5V，内阻抗为 300Ω，负载阻抗为 75Ω。欲使负载获得最大功率，必须在信号源和负载之间接一阻抗匹配变压器，使变压器的输入阻抗等于信号源的内阻抗，如图 3-8 所示。问变压器的电压比，一次和二次电流各为多少？

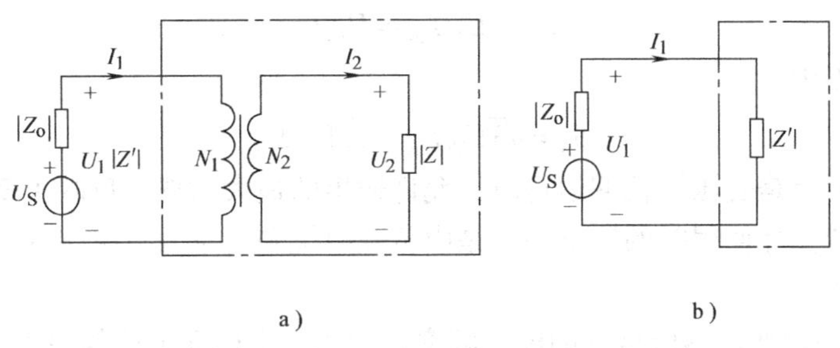

图 3-8　例 3-2 电路

解　折算阻抗

$$|Z'| = K_u^2 |Z_o| = 300\Omega$$

电压比

$$K_u = \frac{N_1}{N_2} = \sqrt{\frac{|Z'|}{|Z|}} = \sqrt{\frac{300}{75}} = 2$$

一次电流

$$I_1 = \frac{U_S}{|Z_o| + |Z'|} = \frac{1.5\text{V}}{(300+300)\Omega} = 2.5\text{mA}$$

二次电流

$$I_2 = K_u I_1 = 2 \times 2.5\text{mA} = 5\text{mA}$$

3.2.4　变压器的额定值、外特性和效率

1. 变压器的额定值

变压器正常运行的状态和条件称为变压器的额定工况，表征变压器额定工况下的电压、电流和功率称为变压器的额定值，它标在变压器的铭牌上。

变压器的主要额定值有：

（1）额定电压 U_{1N} 和 U_{2N}

一次额定电压 U_{1N} 是指根据绝缘材料和允许发热所规定的应加在变压器一次绕组上的正常工作电压有效值；二次额定电压 U_{2N} 是指当变压器一次侧上加额定电压时其二次输出电压的有效值。

三相变压器 U_{1N} 和 U_{2N} 均指线电压。

（2）额定电流 I_{1N} 和 I_{2N}

变压器一、二次额定电流 I_{1N} 和 I_{2N} 是指根据绝缘材料所允许的温度而规定的变压器一、二次绕组中允许长期通过的最大电流有效值。

三相变压器中，I_{1N} 和 I_{2N} 均指线电流。

（3）额定容量 S_N

额定容量 S_N 是指变压器二次额定电压和额定电流的乘积，即二次额定视在功率，单位为伏安（V·A）或千伏安（kV·A）。

在单相变压器中

$$S_N = U_{2N}I_{2N} \approx U_{1N}I_{1N} \tag{3-17}$$

在三相变压器中

$$S_N = \sqrt{3}U_{2N}I_{2N} \approx \sqrt{3}U_{1N}I_{1N} \tag{3-18}$$

额定容量实际上是变压器长期运行时，允许输出的最大功率，反映了变压器传送电功率的能力，但变压器实际使用时的输出功率是由负载阻抗和功率因数决定的。

（4） 额定频率 f_N

额定频率 f_N 是指变压器应接入的电源频率。我国规定标准工业频率为 50Hz。

使用变压器时一般不能超过其额定值，除此之外，还必须注意：

1） 工作温度不能过高。

2） 一次绕组和二次绕组必须分清。

3） 防止变压器绕组短路，以免烧毁变压器等。

2. 变压器的外特性和效率

（1） 变压器的外特性

当变压器接入负载后，随着负载电流 i_2 的增加，二次绕组的阻抗压降也增加，使二次输出电压 u_2 随着负载电流的变化而变化。另一方面，当一次电流 i_1 随 i_2 增加而增加时，一次侧的阻抗压降也增加。由于电源电压 u_1 不变，则变压器一、二次绕组的感应电压 u_1 和 u_{20} 都将有所下降，当然也会影响二次输出电压 u_2，使其下降。变压器的外特性就是描述输出电压 u_2 随负载电流 i_2 变化的关系，即 $u_2 = f(i_2)$。两者之间的对应关系如图 3-9 所示。

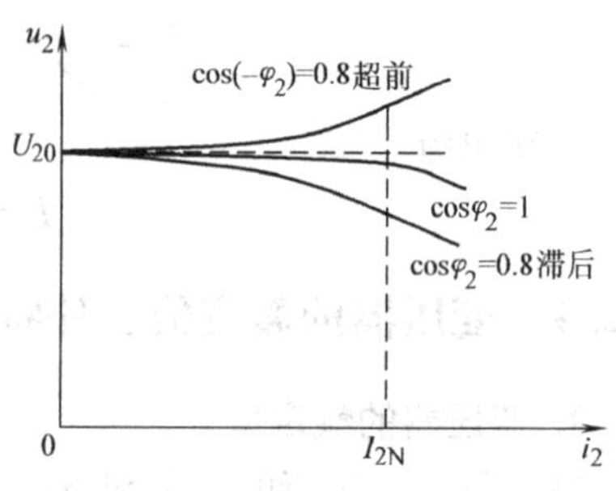

图 3-9 变压器的外特性

由图 3-9 可见，当 $|Z|$ 为纯电阻时功率因数 $\cos\varphi_2 = 1$，u_2 随 i_2 的增加稍有下降；若 $\cos\varphi_2 = 0.8$ 为电感性负载时，u_2 随 i_2 的增加下降的程度加大；当 $\cos(-\varphi_2) = 0.8$ 为电容性负载时，u_2 随 i_2 的增加反而有所增加。由此可见，负载的功率因数对变压器外特性的影响很大。

（2） 变压器的效率

变压器输出功率与对应的输入功率的比值称变压器的效率，即

$$\eta = \frac{P_2}{P_1} \times 100\% \tag{3-19}$$

小型变压器效率通常在 80% 以上，电力变压器的效率一般在 95% 以上。

当负载的功率因数 $\cos\varphi$ 为一定值，变压器输出功率为零时，效率也为零；随着输出功率的增加，效率也上升，直至最大值，然后又降低。这是由于变压器的铁损基本不变，而铜损则与负载电流的二次方成正比，当负载电流增大到一定程度后，铜损急剧增大，使效率很快下降。实验证明，当变压器的铜损与铁损相等时，变压器的效率达到最大。

3.2.5 特殊变压器

1. 自耦变压器

图 3-10 所示是一种自耦变压器或称单相调压器，其结构特点为二次绕组是一次绕组的

一部分。因此，一次绕组和二次绕组之间不仅有磁的联系，而且还有电的联系。

自耦变压器的工作原理与普通的双绕组变压器相同，一次和二次电压之比和电流之比为

$$\frac{U_1}{U_2}=\frac{N_1}{N_2}=K_u \tag{3-20}$$

$$\frac{I_1}{I_2}=\frac{N_2}{N_1}=\frac{1}{K_u} \tag{3-21}$$

实验室中常用的调压器就是一种利用滑动触头改变二次绕组匝数的自耦变压器，其外形如图3-11所示。

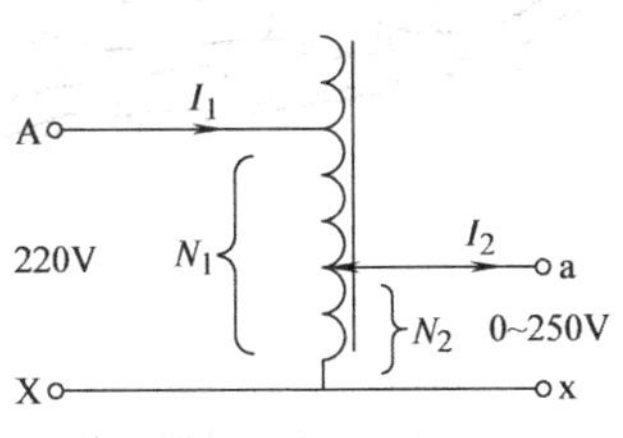

图3-10　自耦变压器

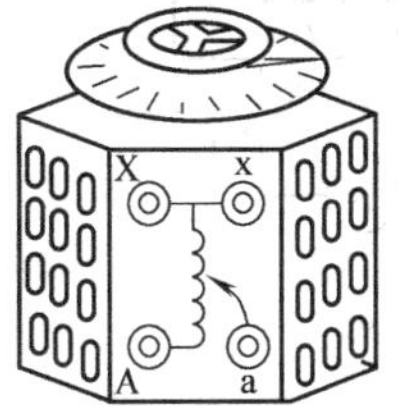

图3-11　调压器外形

自耦变压器的一、二次绕组采用是同一个绕组，故节约铜线，经济，且可以使输出电压在较大的范围内任意调节，常用在电源电压较稳定的场合。自耦变压器不允许作为安全变压器使用。

由于自耦变压器的一、二次绕组之间有电的直接联系，所以应注意：

1）当一次绕组发生短路或二次绕组断线等故障时，高压将直接窜入低压侧造成设备或人身事故。

2）一、二次绕组切不可接错，否则会造成电源被短路或烧坏自耦变压器。

3）一次侧A、X端子与交流电源的相线与中线严禁接错。一旦接错则即使二次电压很低，如人触及二次侧的任一端均有触电的危险。

2. 仪用互感器

用于测量用的变压器称为仪用互感器，简称互感器。采用互感器的目的是扩大测量仪表的量程，使测量仪表与大电流或高压电路隔离。

互感器按用途可分为电流互感器（CT）和电压互感器（PT）两种。

（1）电流互感器

电流互感器是一种将大电流变换为小电流的变压器，其工作原理与变压器的满载运行相同，其接线图和电路符号，如图3-12a、b所示。

电流互感器的一次绕组用粗导线绕成，匝数很少，与被测线路串联。二次绕组导线细，匝数多，二次额定电流通常设计成5A或1A，它与低阻抗的测量仪表相连接。

由于 $I_1/I_2=1/K_u$，即 $I_2=K_uI_1$，则测量仪表读得的电流 I_2 为被测线路电流 I_1 的 K_u 倍。

电流表的阻抗很小，故电流互感器相当于一个短路运行的变压器，在使用时，二次侧严禁开路，以防止二次侧的高压对人身造成伤害及烧毁电流互感器；绝不允许在二次电路中接入熔断器；且为防止高压串入二次侧，在二次侧一端必须接地。

常用的便携式电流互感器有钳形电流表（俗称卡表），如图 3-13 所示。它是电流互感器的一种，由一个与电流表组成闭合回路的二次侧和铁心构成，其铁心可以开合。测量时，先张开铁心，将待测电流的导线卡入闭合铁心，则卡入导线便成为电流互感器的一次侧，经电流变换后，就可直接在电流表中读出扩大 K_u 倍的电流。

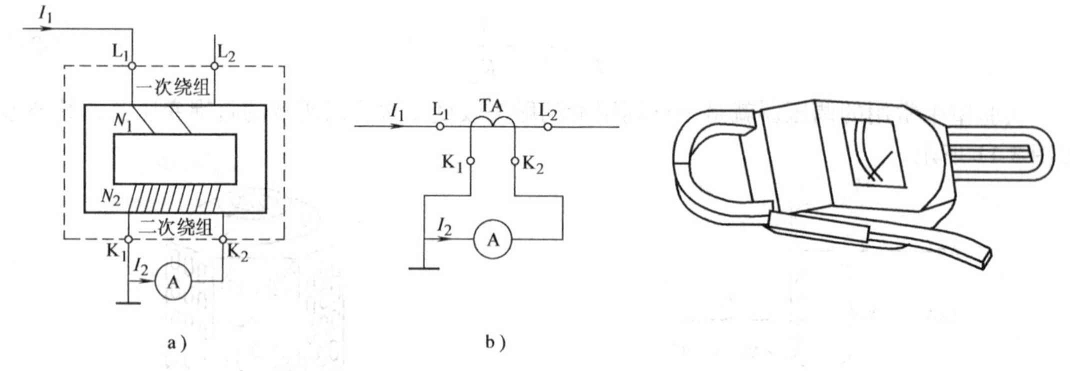

图 3-12　电流互感器的接线图及其符号　　图 3-13　钳形电流表

（2）电压互感器

电压互感器是一种降压变压器，其工作原理与普通变压器空载运行相似，其接线和电路符号如图 3-14a、b 所示。

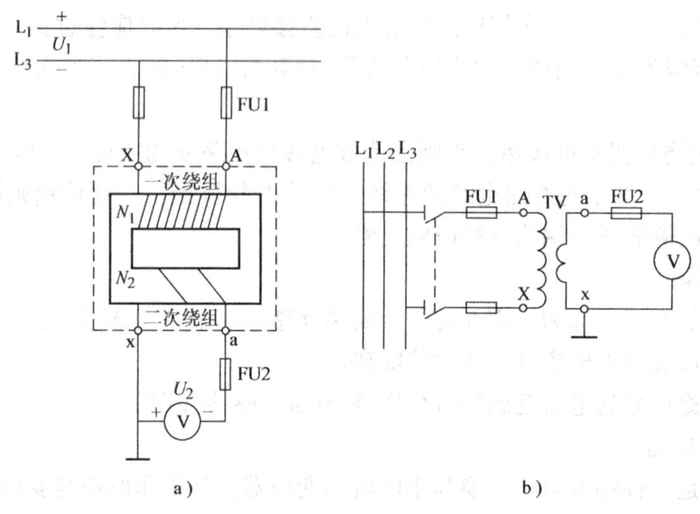

图 3-14　电压互感器的接线图及其符号

电压互感器的一次绕组匝数较多，并与被测高压线路并联，二次绕组匝数较少，并连接在高阻抗的测量仪表上。通常二次额定电压规定为 100V。

由于电压互感器在二次侧接入高阻抗负载，故它相当于一个空载运行的变压器，在使用时，一、二次侧绝不允许短路；在一、二次电路中必须接有熔断器；为防止高压串入二次侧，在二次侧一端必须接地。

【思考题 3-2】

（1）若电源电压与频率都保持不变，试问变压器铁心中的 Φ_m 是空载时大，还是有负载时大？

（2）变压器能否变换直流电压？若把一台电压为 220/110V 的变压器接入 220V 的直流电源，将发生什么后果？为什么？

（3）一台电压为 220/110V 的变压器，$N_1=2000$ 匝，$N_2=1000$ 匝。能否将其匝数减为 400 匝和 200 匝以节省铜线？为什么？

（4）调压器在使用时应注意哪些问题？

（5）简述钳形电流表的工作原理。

3.3 电磁铁及其电磁电器

3.3.1 电磁铁

电磁铁是利用通电的铁心线圈吸引衔铁的一种电器。衔铁的动作可使其他机械装置发生联动。当电源断开时，电磁铁的吸力随着消失，衔铁或其他零件在弹簧作用下被释放。电磁铁是构成电磁开关、电磁阀门和继电器、接触器的基本部件，因此用途十分广泛。

电磁铁由励磁绕组 1、铁心 2 及衔铁 3 三部分组成。其结构通常有图 3-15 所示的几种。

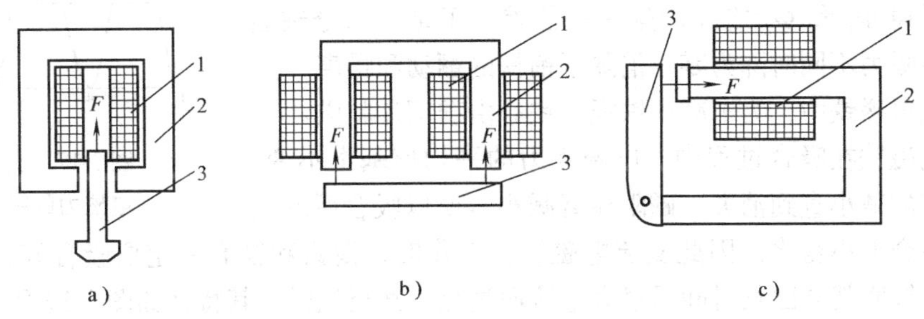

图 3-15 电磁铁的几种形式

1—绕组 2—铁心 3—衔铁

电磁铁励磁绕组通电后，铁心吸引衔铁的力，称为电磁吸力。根据能量转换原理可推出电磁吸力的公式为

$$F=\frac{10^7}{8\pi}B_0^2S_0 \tag{3-22}$$

式中 B_0——空气隙中的磁感应强度，可近似认为与铁心中的磁感应强度相等；

S_0——空气隙的有效面积；

F——电磁吸力，单位是牛［顿］（N）。

电磁铁按励磁电流的种类不同，可分为直流电磁铁和交流电磁铁。

1. 直流电磁铁

直流电磁铁的励磁电流是恒定不变的，其大小只取决于线圈上所加的直流电压和线圈电阻 R 的大小，所以磁动势 IN 也是恒定的。随着衔铁的吸合，空气隙变小，磁路对磁通的阻碍作用（即磁阻）减小，磁感应强度增大，因此吸合后的电磁力要比吸合前大得多。其特性如图 3-16 所示。

由于直流电磁铁中的电流是恒定的，铁心中无交变磁通产生，能量损耗较小，故其铁心常用整块软钢做成。

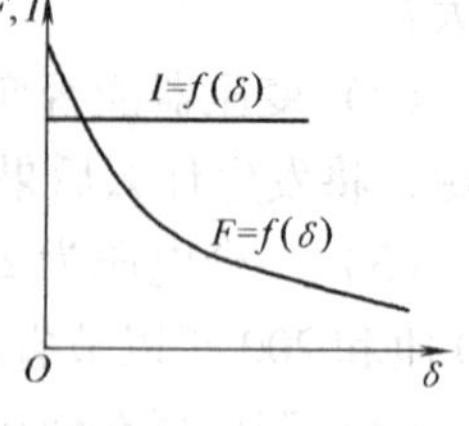

图 3-16 直流电磁铁的特性

2. 交流电磁铁

交流电磁铁通入的励磁电流是交变的，故磁场也是交变的。

设 $$b = B_m \sin\omega t$$

则吸力为

$$f = \frac{10^7}{8\pi} B_m^2 S_0 \sin^2\omega t = \frac{1}{2}F_m - \frac{1}{2}F_m \cos 2\omega t \tag{3-23}$$

式中 F_m——电磁吸力的最大值。

在计算时，只考虑吸力的平均值，即

$$F = \frac{1}{T}\int_0^T f \mathrm{d}t = \frac{1}{2}F_m = \frac{10^7}{16\pi} B_m^2 S_0 \tag{3-24}$$

由式（3-24）可知，吸力在零与最大值 F_m 之间脉动，如图 3-17 所示，使衔铁以两倍电源频率在颤动，引起很大噪声。为了消除噪声，在磁极的部分端面上套上一个分磁环，也称短路环，如图 3-18 所示。这样，在分磁环中便会产生感应电流，以阻碍磁通的变化，使磁极两部分中的磁通 Φ_1 和 Φ_2 之间产生一相位差，于是两部分磁通之和和电磁吸力不同时降为零，消除了衔铁的颤动和噪声。

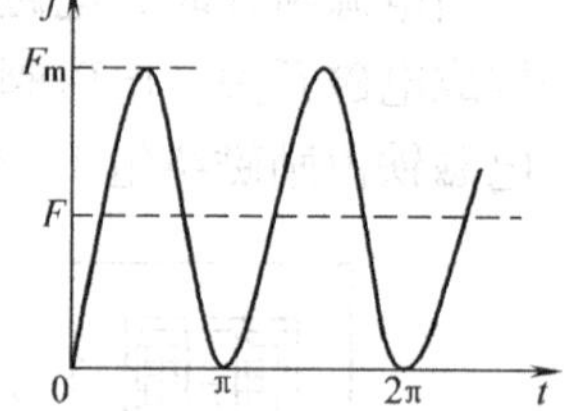

图 3-17 交流电磁力的吸力

在交流电磁铁中，为了减小铁损，铁心由硅钢片制成。

交流电磁铁在吸合过程中，电磁吸力的平均值基本不变，随着空气隙的减小直到消失，磁阻显著减小，所以吸合后的励磁电流比吸合前小得多。因此交流电磁铁在工作时，衔铁和铁心一定要吸合好，如有空气隙，则励磁线圈就会因长时间通过大电流而过热，甚至烧毁。其特性如图 3-19 所示。

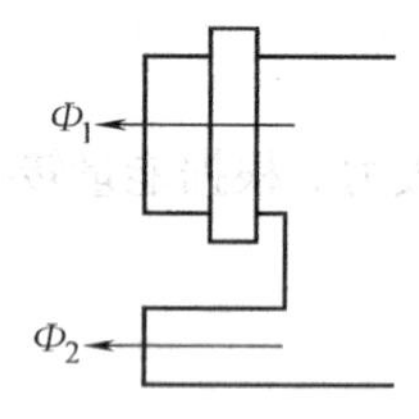

图 3-18 分磁（短路）环

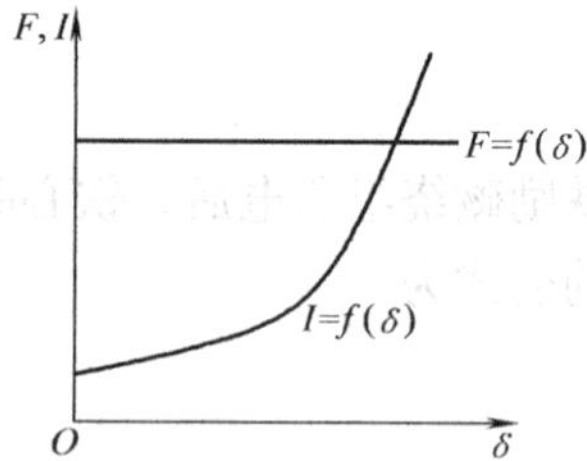

图 3-19 交流电磁铁的特性

3.3.2 交流接触器

交流接触器是利用电磁吸力而工作的电器，常用于接通和断开电动机（或其他用电设备）的主电路。它主要由电磁铁和触头两部分组成，其结构和图形符号如图 3-20a、b 所示。

电磁铁用以产生电磁力，使衔铁动作。触头系统由静触头和动触片组成，当衔铁动作时，带动动触片一起运动，断开或闭合被控制的电路。

当电磁铁的吸引线圈加上额定电压时，静铁心与衔铁之间产生电磁力，使衔铁吸合，同时带动动触片一起运动，使一部分触头接通，另一部分触头断开；当吸引线圈断电或电压低于吸引线圈额定电压较多时，电磁力小于复位弹簧的反作用力，使衔铁释放，带动动触片复位。可见，利用接触器吸引线圈的通电或断电，可以控制接触器触头的闭合或断开，从而控制电路的通断。

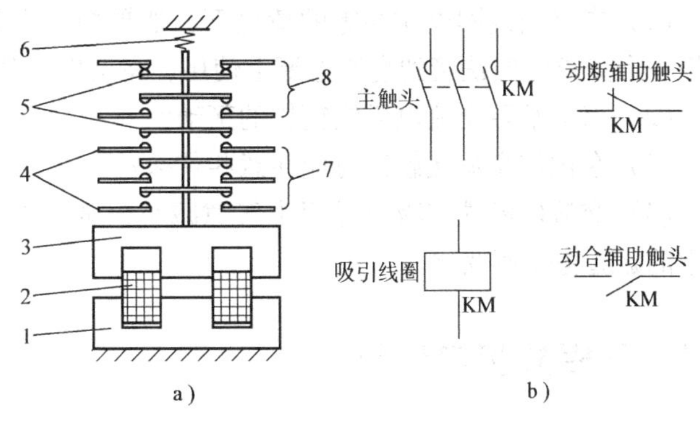

图 3-20　交流接触器结构及其图形符号

1—静铁心　2—吸引线圈　3—衔铁　4—静触头　5—动触片　6—复位弹簧　7—主触点　8—辅助触头

交流接触器的触头按功能不同，分为主触头和辅助触头两种。主触头的接触面较大，允许通过的电流较大，通常有三对动合触头，串联在电动机的主电路中，用以通断主电路。但由于主触头通过的电流较大，经常有电弧产生，为此有些接触器还设有灭弧罩，以减小电弧。辅助触头的接触面较小，通过的电流较小，一般为5A以下，通常有四对触头（两对动合触头、两对动断触头)，常接在控制电路中，用来通断交流接触器的吸引线圈和其他小电流的电器。

交流接触器的触头分为动合触头和动断触头两种。动合触头是当交流接触器吸引线圈加上额定电压时，使接触器的触头由原来断开状态变为闭合状态的触头，线圈断电时，触头在复位弹簧的作用下，使触头恢复为断开状态，即“一动即合”。而动断触头为吸引线圈通电后，该触头由原来闭合状态变为断开状态，线圈断电时，该触头又回到闭合状态，即“一动即断”。

交流接触器的额定电压是指吸引线圈的额定电压，常有380V、220V、127V等。接触器的额定电流是指主触头的额定电流，常有5A、10A、20A、40A、75A、120A等。在选用时，应注意它的额定电流（应大于或等于电动机的额定电流)、线圈电压及触头数量等。

3.3.3　电磁阀

电磁阀是指安装在气体或液体管路中的阀门，它的开闭受电磁力控制。电磁阀大量应用在液压机械、空调系统、组合机床、自动机床及自动生产线中，是工业自动化的一种重要元件。其结构示意图如图3-21所示。

电磁阀的工作原理可简述如下：

当吸引线圈不通电时，衔铁由于受弹簧作用，而与铁心脱离，阀门处于关闭状态，如图3-21a

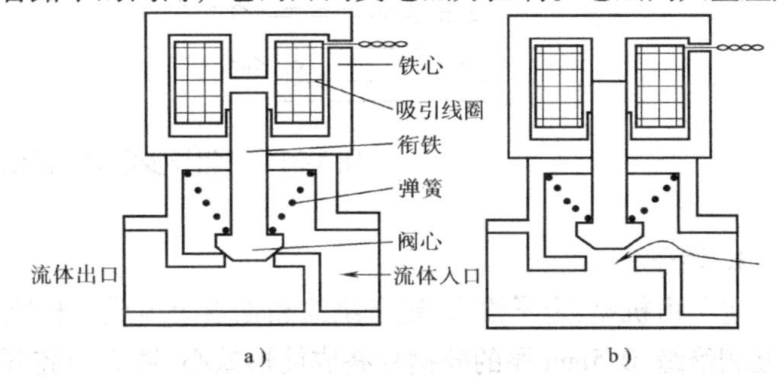

图 3-21　电磁阀的结构

所示；当线圈通电时，衔铁克服弹簧的弹力而与铁心吸合，阀门处于打开状态，如图 3-21b 所示。从而控制了液体或气体的流动，推动液压或气缸运动。

【思考题 3-3】

（1）在吸引线圈电压相等的情况下，如果把一个直流电磁铁接到交流电源上使用，或者把一个交流电磁铁接到直流电源上使用，将会发生什么后果？

（2）怎样消除交流电磁铁衔铁的颤动？

（3）在选用交流接触器时应注意些什么？

（4）交流电磁铁在吸合过程中气隙减小，试问磁路磁阻、线圈电感、线圈电流以及铁心中的磁通将作何变化？

3.4 三相异步电动机

利用电磁感应原理实现电能与机械能互相转换的电气设备称为电机。将电能转换为机械能的电机称为电动机，将机械能转换为电能的电机称为发电机。

按用电性质的不同，电动机可分为交流电动机和直流电动机。交流电动机又分为异步电动机和同步电动机。工农业生产中应用最为广泛的是三相异步电动机，而电冰箱、电扇、洗衣机等家用电器常使用单相异步电动机。

异步电动机与其他电动机相比，具有结构简单、运行可靠、维护方便、效率较高、价格低廉等优点。但异步电动机调速性能较差，功率因数较低。随着电力电子技术的发展，变频调速已广泛应用于工业控制，使异步电动机的应用得到了进一步完善和发展。

3.4.1 三相异步电动机的结构

三相异步电动机由两个基本部分组成，一个是固定不动的定子，另一个是旋转的转子。它的构造如图 3-22 所示。

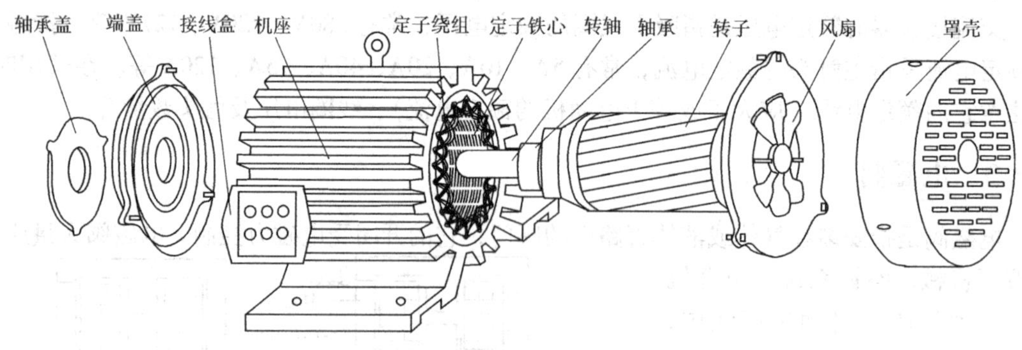

图 3-22　三相异步电动机的结构

1. 定子

定子由机座、定子铁心、定子绕组和端盖等组成。机座通常用铸铁或铸钢制成，机座内装有互相绝缘、0.5mm 厚的硅钢片叠成筒形铁心，铁心内腔开有许多均匀分布的槽，槽内嵌放着三个彼此独立的绕组 U_1U_2、V_1V_2、W_1W_2 构成对称的三相绕组。三相绕组共有 6 个接线端，分

别用 U_1、V_1、W_1 表示三个绕组的首端，用 U_2、V_2、W_2 表示对应的末端。根据电动机的额定电压和电源电压，将三相定子绕组连接成星形（图 3-23a）或三角形（图 3-23b）。

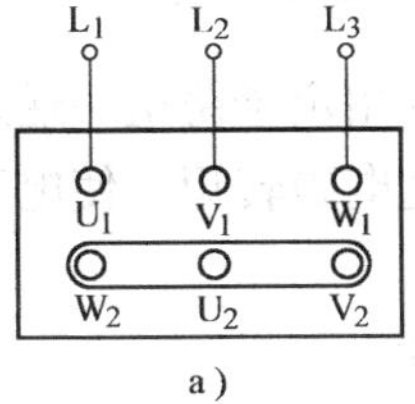

a）

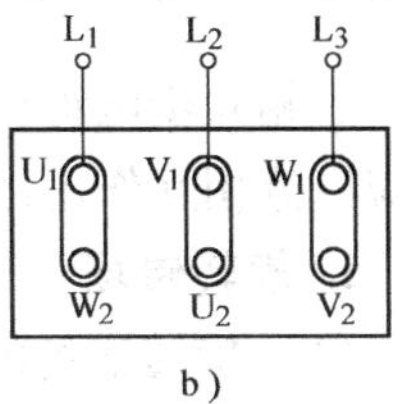

b）

图 3-23　三相定子绕组的接法

a）定子绕组星形联结　b）定子绕组三角形联结

2. 转子

转子由转子铁心、转子绕组、转轴、风扇等组成。转子铁心是由硅钢片叠成的圆柱体，压装在转轴上。转子铁心与定子铁心之间有微小的空气隙，它们共同组成电动机的磁路。转子铁心的硅钢片表面冲有槽，槽内安放转子绕组。根据转子绕组结构的不同，三相异步电动机有笼型和绕线型两种。

笼型的转子绕组像一个圆柱形的笼子，如图 3-24 所示。在转子铁心槽中放置着若干铜条（或铸铝），两端用端环短接。目前中小型（额定功率在 100kW 以下）的笼型异步电动机大都将转子绕组端环及冷却用的叶片用铝铸成一体。由于笼型转子结构简单，因此应用也最广泛。

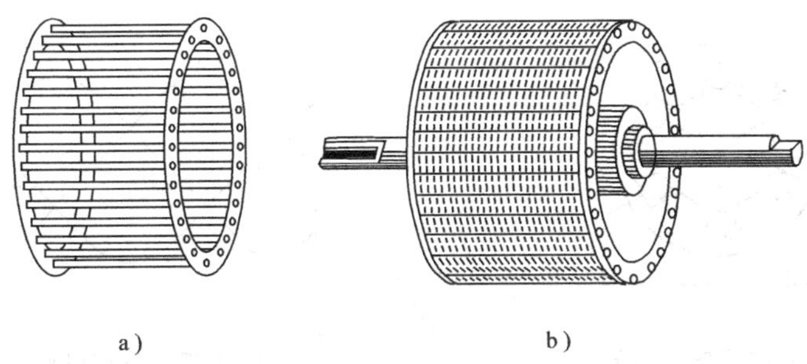
a）　b）

图 3-24　笼型转子

a）转子绕组　b）转子外形

绕线型转子的绕组与定子绕组相似，在转子铁心槽内嵌放着对称的三相绕组，按星形联结。图 3-25 是绕线型转子的电路结构。转子绕组的三相末端连接在一起，三个首端与安装在转轴上三个彼此绝缘的铜质滑环相连接（环与转轴相互绝缘），并通过电刷与外电路的可变电阻相连接，用于起动和调速。

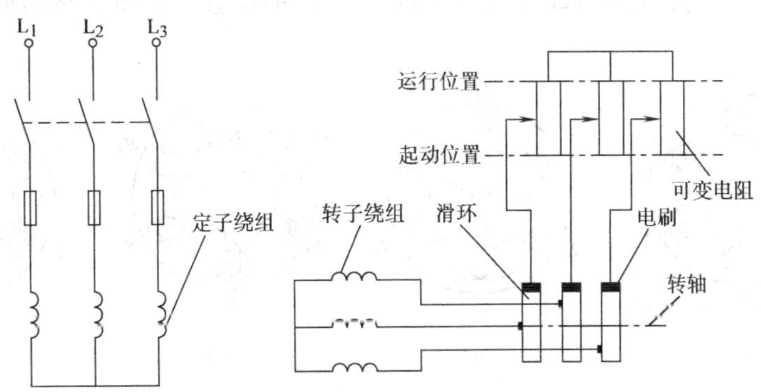

图 3-25　绕线型异步电动机接线

3.4.2 三相异步电动机的工作原理

三相异步电动机是利用定子绕组中通入三相对称电流所产生的旋转磁场与转子绕组内的感应电流相互作用，产生电磁转矩，使电动机运转的。

1. 旋转磁场

（1）旋转磁场的产生

为了便于分析，把实际的定子绕组简化为在空间彼此相隔 120°的三个相同的 U_1U_2、V_1V_2、W_1W_2 三相绕组并作星形联结，如图 3-26 所示。

图 3-26 同时标出了电流的参考方向。接上三相交流电源后，在定子绕组中便有三相对称电流：

$$i_U = I_m \sin\omega t$$

$$i_V = I_m \sin(\omega t - 120°)$$

$$i_W = I_m \sin(\omega t + 120°)$$

其波形如图 3-27 所示。

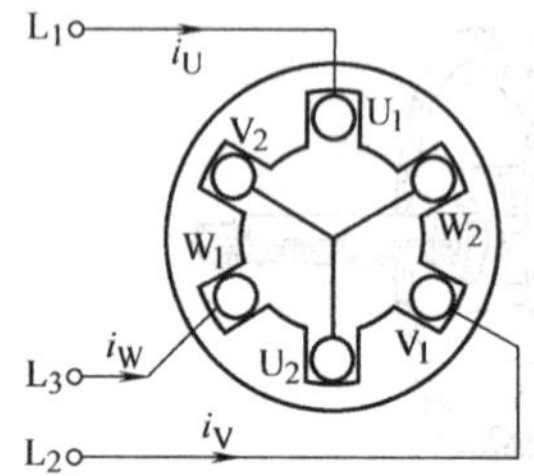

图 3-26 三相定子绕组的布置

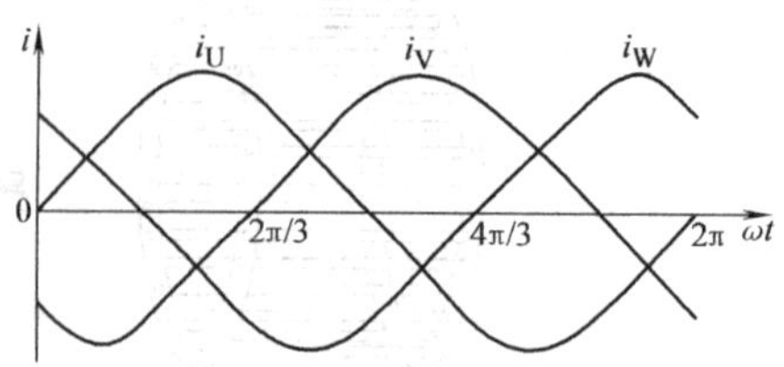

图 3-27 三相对称电流的波形

由波形图可知，在 $\omega t = 0°$的时刻，$i_U = 0$；i_V 为负，说明电流的实际方向与参考方向相反，即从末端 V_2 流入，从首端 V_1 流出；i_W 为正，说明电流的实际方向与参考方向一致，即从首端 W_1 流入，从末端 W_2 流出。将每相电流产生的磁场相加，便可得出三相电流共同产生的合成磁场，其方向由右手螺旋定则判断可知为自上而下，如图 3-28a 所示。

用同样的方法可得 $\omega t = 2\pi/3$ 时，合成磁场在空间沿顺针方向转过 120°，如图 3-28b 所示；$\omega t = 4\pi/3$ 时，合成磁场在空间沿顺时针方向又转过 120°，如图 3-28c 所示；$\omega t = 2\pi$ 时，合成磁场沿顺时针方向又转过 120°，回复到 $\omega t = 0°$时的位置，如图 3-28d 所示。

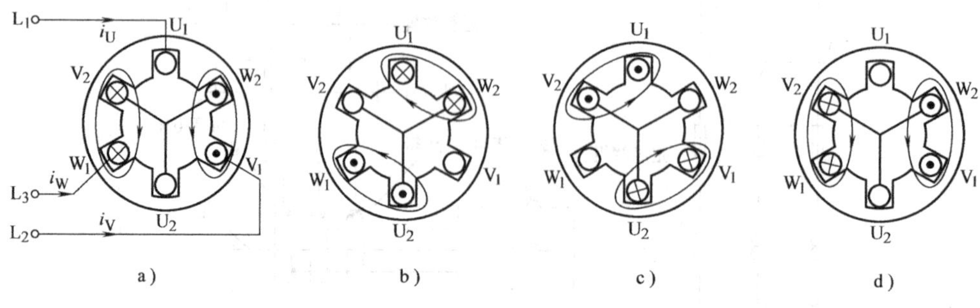

图 3-28 三相电流产生的旋转磁场

由此可见，在空间对称分布的三个定子绕组中通入对称三相电流时，它们共同产生的合成磁场随时间在空间不断地旋转着，形成旋转磁场。

（2）旋转磁场的速度

上述电动机，定子绕组每相只有一个线圈，分别放置在定子铁心的6个槽内，就产生了一对N、S磁极（$p=1$）的旋转磁场。此时，交流电流每变化一周期，磁场在空间也正好旋转一周。设电源频率为f_1，则旋转磁场的转速为$n_0=60f_1$（r/min）。若把三相定子的每相绕组改由两个线圈串联，各线圈的首端（或末端）之间在空间彼此相隔60°，如图3-29所示，然后通入三相对称电流，就可以产生两对N、S磁极（$p=2$）的旋转磁场，读者可自行分析，旋转磁场的转速比$p=1$的情况时转速慢了一半，即

$$n_0=\frac{60f_1}{2}$$

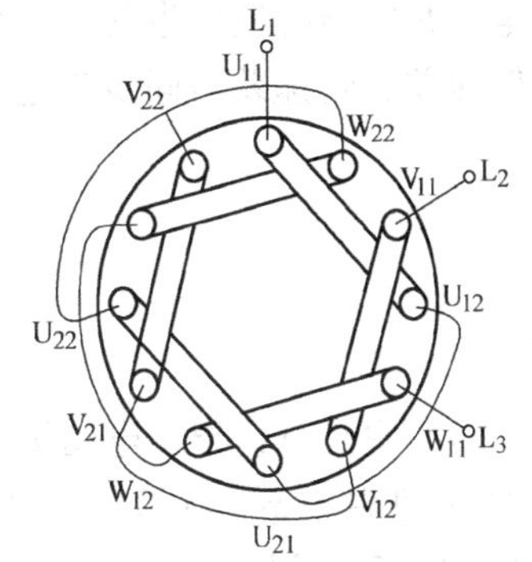

图3-29　产生两对磁极电动机定子绕组的布置

由此可以推知，对于p对磁极的旋转磁场，其转速为

$$n_0=\frac{60f_1}{p} \tag{3-25}$$

旋转磁场的转速又称同步转速，它取决于定子电流的频率和旋转磁场的磁极对数，而磁极对数又取决于三相绕组的布置和连接。

当$f_1=50\text{Hz}$时，同步转速n_0与磁极对数p的关系见表3-1。

表3-1　50Hz时同步转速与磁极对数的关系　　（单位：r/min）

p	1	2	3	4	5
n_0	3000	1500	1000	750	500

（3）旋转磁场的转向

由图3-28a可以看出，三相绕组中的合成磁场的旋转方向是由三相绕组中电流变化的顺序（电流到达最大值，称相序）决定的。若在三相绕组U、V、W中通入三相正相序电流（$i_U \to i_V \to i_W$）时，旋转磁场按顺时针方向旋转，若通入逆相序电流（$i_U \to i_W \to i_V$）时，旋转磁场按逆时针方向旋转。实际应用中，常把电动机与电源相连的三相电源线调换任意两根后，即可改变电动机的旋转磁场。

2. 三相异步电动机的转动原理

当对称三相定子绕组中通入对称三相电流时，某瞬间定子电流产生的磁场如图3-30所示，它以同步转速n_0按顺时针方向旋转，与静止的转子之间有着相对运动，相当于磁场静止，转子以转速n_0沿逆时针方向切割磁力线而产生感应电压，其方向用右手定则确定。由于转子绕组电路通过短路环自行闭合，在感应电压作用下，转子导体中便产生转子电流。而有电流的转子导体处在旋转磁场中，将产生电磁力，方向由左手定则确定，此电磁力对转轴形成电磁转矩T，转子在T的作用下转动起来，其方向与旋转磁场的转

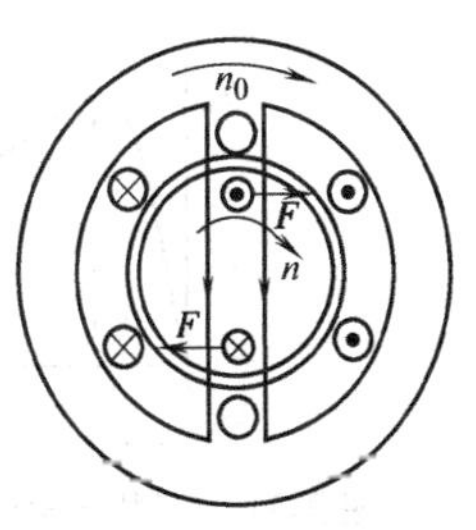

图3-30　异步电动机转动原理

向一致，转速为 n。这就是转子转动的工作原理。

异步电动机转子的转速 n 不可能达到同步转速 n_0。如果 $n=n_0$，则转子与旋转磁场之间无相对运动，转子导体将不再切割磁力线，各绕组感应电压、感应电流和电磁转矩均为零，转子便不可能继续以 n_0 的转速转动。所以 $n<n_0$，这就是“异步”电动机的含义。因为转子电流是电磁感应产生的，又称感应电动机。电动机的同步转速 n_0 与转子的转速 n 之差称为转速差，转速差与同步转速 n_0 的比值称为转差率，用 s 表示，即

$$s=\frac{n_0-n}{n_0} \tag{3-26}$$

即

$$n=(1-s)\frac{60f_1}{p} \tag{3-27}$$

转差率是分析异步电动机运行的一个重要参数。当电动机起动时，$n=0$，$s=1$；当 $n=n_0$ 时（理想空载运行），$s=0$；在额定状态下稳定运行时，n 接近 n_0，s 很小，一般在 0.02～0.08 之间。

3.4.3 三相异步电动机的电磁转矩和机械特性

异步电动机的电磁转矩 T 是由转子电流 I_2 与旋转磁场相互作用而产生的。根据理论分析，电磁转矩 T 可用下式确定，即

$$T=k_T\Phi I_2\cos\varphi_2 \tag{3-28}$$

式中 k_T——与电动机结构有关的常数；

Φ——旋转磁场的每极磁通；

I_2——转子电流的有效值；

$\cos\varphi_2$——转子电路的功率因数（感性）。

从理论分析还知，转子电流 I_2 与转差率 s 有关，故电磁转矩 T 与 s 也有关，其关系曲线如图 3-31 所示，即 $T=f(s)$ 曲线，通常称为异步电动机的转矩特性。

由转矩特性可以看到，当 $s=0$，$n=n_o$ 时，$T=0$，这是理想空载运行；随着 s 的增大，T 也开始增大，但到达最大值 T_m 以后，随着 s 的增大，T 反而减小，最大转矩 T_m 称临界转矩，对应于 T_m 的 s_m 称为临界转差率。

在实际应用中，需要了解在电源电压一定时，转速 n 与电磁转矩 T 的关系，即 $n=f(T)$ 曲线，称异步电动机的机械特性曲线，如图 3-32 所示。

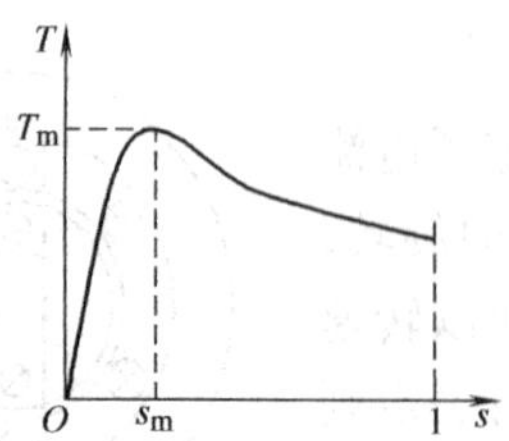

图 3-31 三相异步电动机的转矩特性

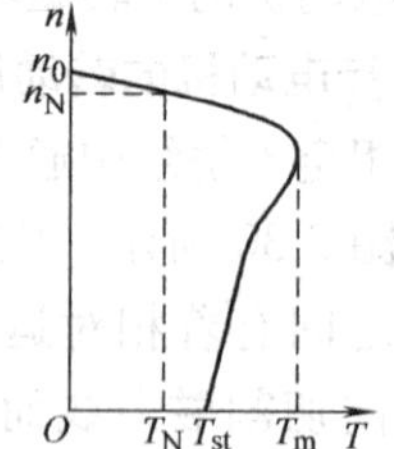

图 3-32 三相异步电动机的机械特性

在机械特性曲线上值得注意的是两个区和三个转矩值。

以最大转矩 T_m 为界，分为两个区，上部为稳定区，下部为不稳定区。当电动机工作在稳定区内某一点时，电磁转矩与负载阻转矩相平衡而保持匀速转动。如负载阻转矩变化，电磁转矩将自动适应随之变化达到新的平衡而稳定运行。当电动机工作在不稳定区时，则电磁转矩将不能自动适应负载阻转矩的变化，电动机不能稳定运行。

三个转矩是额定转矩 T_N、最大转矩 T_m 和起动转矩 T_{st}。

1. 额定转矩 T_N

电动机在额定电压下，带动额定负载，以额定转速运行，输出额定功率时的转矩称为额定转矩 T_N，由理论分析可得

$$T_N = 9550 \frac{P_N}{n_N} \tag{3-29}$$

式中 P_N——异步电动机的额定功率（kW）；

n_N——异步电动机的额定转速（r/min）；

T_N——异步电动机的额定转矩（N·m）。

2. 最大转矩 T_m

在机械特性曲线上，转矩的最大值称最大转矩，它是稳定区与不稳定区的分界点。

电动机正常运行时，最大负载转矩一旦超过最大转矩时转速将迅速下降为零，发生“闷车”现象，此时电动机定子绕组电流升高到电动机额定电流的 4～7 倍，使电动机定子绕组过热，甚至烧坏，故一旦发生“闷车”，应立即切断电源，并卸去过重的负载。因此常将 T_N 选得比 T_m 低，使电动机能有短时过载运行的能力。通常，用最大转矩 T_m 与额定转矩 T_N 的比值 λ 来表示过载系数，即

$$\lambda = \frac{T_m}{T_N} \tag{3-30}$$

一般三相异步电动机的过载系数为 1.8～2.2。

3. 起动转矩 T_{st}

电动机在接通电源被起动的最初瞬间，$n=0$，$s=1$ 时的转矩称为起动转矩，用 T_{st}表示。起动时，要求 T_{st}大于负载转矩 T_L，此时电动机的工作点就会沿着 $n=f(T)$ 曲线底部上升，电磁转矩增大，转速 n 越来越高，很快越过最大转矩 T_m，然后随着 n 的增高，T 又逐渐减小，直到 $T=T_L$ 时，电动机以某一转速稳定运行。可见，只要 $T_{st}>T_L$，电动机一经起动，便迅速进入稳定区运行。

当 $T_{st}<T_L$ 时，则电动机无法起动，造成堵转现象，电动机的电流达到最大，造成电动机过热。为此应立即切断电源，减轻负载转矩或排除故障后再重新起动。

异步电动机的起动能力常用起动转矩与额定转矩的比值 T_{st}/T_N 来表示。一般笼型电动机的起动能力在 1.0～2.2。

3.4.4 三相异步电动机的铭牌

三相异步电动机的机座上都有一块铭牌，上面标有电动机的型号、规格和有关技术数据，要正确使用电动机，就必须看懂铭牌。现以 Y160M—4 型电动机的铭牌为例（见图 3-33），来说明铭牌上各个数据的含义。

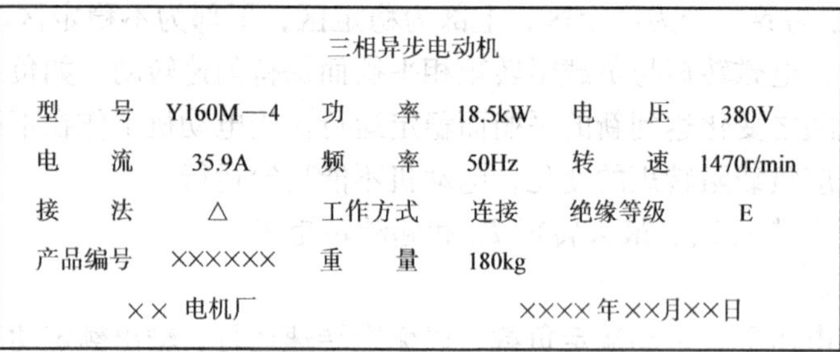

三相异步电动机

型号	Y160M—4	功率	18.5kW	电压	380V
电流	35.9A	频率	50Hz	转速	1470r/min
接法	△	工作方式	连接	绝缘等级	E
产品编号	××××××	重量	180kg		

×× 电机厂　　××××年××月××日

图 3-33　Y160M—4 型电动机铭牌

1. 型号

型号是电动机类型、规格的代号。国产异步电动机的型号由汉语拼音字母以及国际通用符号和阿拉伯数字组成，如 Y160M—4 中

Y：三相笼型异步电动机。

160：机座中心高 160mm。

M：机座长度代号（S—短机座，M—中机座，L—长机座）。

4：磁极数（磁极对数 $p=2$）。

2. 接法

接法是指电动机在额定电压下，三相定子绕组的接法。Y 系列三相异步电动机额定功率在 3kW 及以下的为Y联结，4kW 以上的为△联结。

铭牌上标有△/Y两种联结时，应同时标有相应的两种额定电压和两种额定电流。

3. 额定频率

额定频率是指电动机定子绕组所加交流电源的频率，我国工业用交流电标准频率为 50Hz。

4. 额定电压

电压是指电动机在额定运行时加到定子绕组上的线电压有效值，即额定电压。Y 系列三相异步电动机的额定电压统一为 380V。

电动机如标有两种电压值，如 220/380V，表示当三相电源线电压为 220V 时，电动机应联结成三角形；当三相电源线电压为 380V 时，电动机应联结成星形。

5. 额定电流

电流是指电动机在额定运行时，定子绕组线电流的有效值，即额定电流。标有两种电压的电动机应相应标出两种额定电流。如 10.6/6.2A，表示当定子绕组作三角形联结时，其额定电流为 10.6A，而作星形联结时，其额定电流为 6.2A。

6. 额定功率和效率

功率是指在额定电压、额定频率、额定负载运行时，电动机轴上输出的机械功率值，即额定功率，也称额定容量。

效率是指输出的额定机械功率与输入电功率之比。

7. 额定转速

在额定频率、额定电压和额定输出功率时，电动机每分钟的转数，即额定转速。

8. 温升和绝缘等级

运行时电动机温度高出环境温度的容许值叫容许温升。环境温度为40℃，温升为65℃的电动机最高允许温度为105℃。

绝缘等级是指电动机定子绕组所用绝缘材料允许的最高温度等级，有A、E、B、F、H五级。目前，一般电动机采用较多的是E级和B级。

容许温升的高低与电动机所采用的绝缘材料的绝缘等级有关。常用绝缘材料的绝缘等级和最高容许温度见表3-2。

表3-2 绝缘等级及其最高容许温度 （单位:℃）

级　别	A	E	B	F	H
最高容许温度	105	120	130	155	180

9. 功率因数

功率因数即 $\cos\varphi$，就是定子相电压与相电流相位差的余弦。

三相异步电动机中，由于存在较大的空气隙，故功率因数较低，在额定运行时约为0.7～0.9，而在轻载和空载时更低，空载时只有0.2～0.3。

10. 工作方式

异步电动机的工作方式有三种：

（1）连续工作方式

可按铭牌上规定的额定功率下长期连续使用，且温升不会超过容许值，可用代号 S_1 表示。

（2）短时工作方式

每次只允许在规定时间以内按额定功率运行，如果运行时间超过规定时间，会使电动机过热而损坏，可用代号 S_2 表示。

（3）断续工作方式

电动机以间歇方式运行。如吊车和起重机械的拖动多为此种方式，用代号 S_3 表示。

3.4.5 三相异步电动机的起动、调速和制动

1. 三相异步电动机的起动

电动机接通电源后，转速由零上升到稳定值的过程为起动过程。

起动开始时，$n=0$，$s=1$，旋转磁场和静止转子间的相对转速最大，因此转子中的电流很大，定子从电源吸取的电流也必然很大，这时的定子电流称为起动电流。对中小型笼型异步电动机，起动电流可达额定电流的4～7倍，但起动过程很短，仅几分之一秒到几秒。如果频繁起动，则电动机会发热甚至烧毁，同时过大的起动电流在输电线路上造成的电压降较大，影响同一电网上其他用电设备的正常运行。例如，使其他电动机因电压降落，电磁转矩变小，转速下降，甚至导致停转。为此常采用一些适当的起动方法把起动电流限制在一定数值内，但要有足够大的起动转矩，以保证顺利起动。异步电动机的起动方法通常有以下几种：

（1）直接起动

将额定电压直接加在定子绕组上使电动机起动的方法称直接起动，又叫全压起动。如

图 3-34 所示，这种方法设备简单，操作方便，起动迅速，但起动电流较大，只要电网的容量允许，应尽量采用直接起动。

电动机能否直接起动，电力管理部门有一定的规定。如果用户由独立的变压器供电，对频繁起动的电动机，其容量不超过变压器容量的 20% 时，允许直接起动；对于不经常起动的电动机，其容量不超过变压器容量的 30% 时，可以直接起动。如果用户没有独立的变压器供电，电动机在直接起动时电压降不应超过 5%。

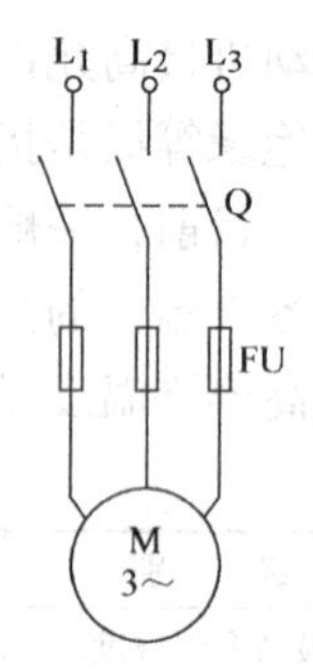

图 3-34 直接起动

（2）降压起动

如果电动机容量较大或起动频繁，为了限制起动电流，通常采用降压起动。降压起动是在起动时降低加在定子绕组上的电压，待电动机转速升高到接近额定值时，再使电源恢复到额定值，转入正常运行的方法。

降压起动时定子绕组电压降低，减小了起动电流，但起动转矩也减小，所以这种方法只能在轻载或空载下起动，起动完毕后再加上机械负载。

常用的降压起动方法有两种：

1）Y-△换接起动。这种方法是在起动时把定子绕组接成星形，待转速上升到接近额定值时，再换接成三角形进入正常运行，电路如图 3-35 所示。起动时将转换开关 Q_2 投向“Y起动”位置，使定子绕组接成星形，起动完毕，再将 Q_2 投向“△运行”位置，把定子绕组换接成三角形。

这种起动可使起动电流降为直接起动时的 1/3，起动转矩也减小为直接起动的 1/3。适合于电动机正常运行时定子绕组为△联结的空载或轻载起动。目前，功率在 4kW 以上的Y系列异步电动机均设计为△联结。

2）自耦降压起动。这种方法是利用三相自耦变压器来降低起动时加在定子绕组上的电压，如图 3-36 所示。起动前，先将 Q_2 投向“起动”位置，电网电压经自耦变压器降压后送到电动机定子绕组上，起动完毕后，将 Q_2 接至“工作”位置，自耦变压器被脱离三相电源，额定电压加在定子绕组上正常运行。自耦变压器常备有三个抽头，其输出电压分别为电源电压的 80%、60% 和 40%，可以根据对起动转矩的不同要求选用不同的输出电压。自耦降压起动的优点是起动电压可根据需要选择，但设备笨重，成本较高，适用于功率较大的电动机和不能用Y-△换接起动的电动机。

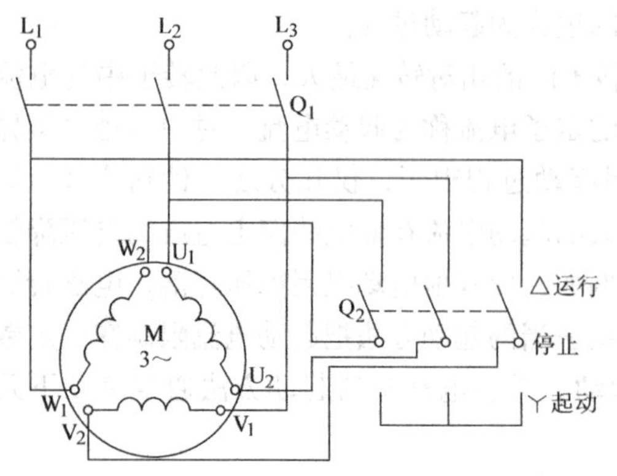

图 3-35 Y-△换接起动接线图

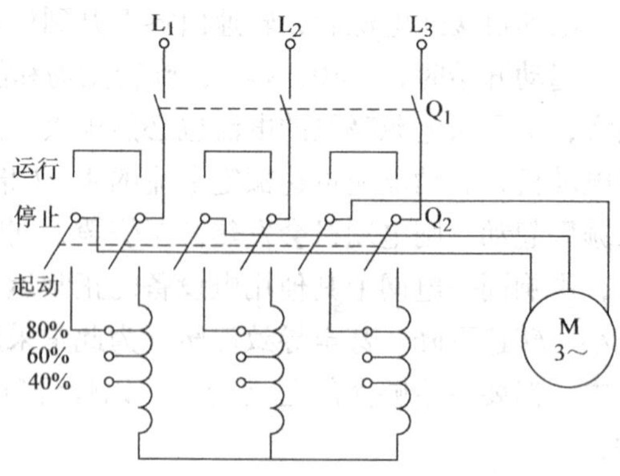

图 3-36 自耦变压器降压起动接线图

2. 三相异步电动机的调速

调速是指在负载不变的情况下，人为地改变电动机的转速，以满足各种生产机械的需求。调速的方法很多，可以采用机械调速，也可以采用电气调速。采用电气调速可大大简化机械变速机构，并能获得较好的调速效果。

由式（3-27）可知，异步电动机的转速可以通过改变频率f_1、磁极对数p和转差率s三种方法来实现。

（1）变极调速

改变定子绕组的接法，可以改变磁极对数，从而得到不同的转速，由于磁极对数p只能成倍变化，所以这种方法不能实现无级调速。目前已生产的变极调速电动机有双速、三速、四速等多速电动机。变极调速虽不能平滑无级调速，但比较经济、简单。在机床中常用减速齿轮箱来扩大调速范围。

（2）变频调速

异步电动机的转速和电源的频率f_1成正比，随着电力电子技术的迅速发展，很容易实现大范围平滑地改变电源频率f_1，从而得到平滑的无级调速。这种调速方法，是交流电动机调速的发展方向。

我国电网供电频率是固定的50Hz，要改变电源频率f_1来调速，就需要一套变频装置。目前变频装置有两种：

1）交-直-交变频装置（简称VVVF变频器）。这种变频装置先用晶闸管整流装置将交流电转换成直流电，再用逆变器将直流电变换成频率可调、电压值可调的交流电供给交流电动机，如图3-37所示。目前，随着大功率晶体管（GTR、IGBT）和微机控制技术的引入，使VVVF变频器的变频范围、调速精度、保护功能、可靠性与性能大大提高，但这种变频装置较复杂，故该方法不是变频调速的主流。

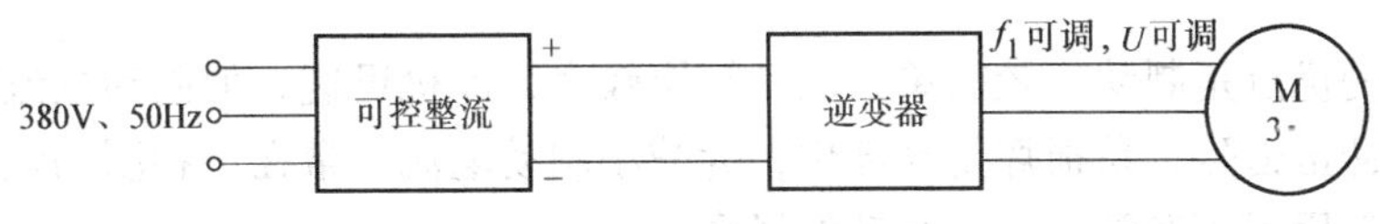

图3-37 逆变器变频调速

2）交-交变频装置。利用两套极性相反的晶闸管整流电路向三相异步电动机每组绕组供电，交替地以低于电源频率切换正、反两组整流电路的工作状态，使电动机绕组得到相应频率的交变电压。

（3）变转差率调速

变转差率调速只适用于绕线型电动机。在绕线型电动机转子电路中接入一个调速电阻，改变电阻的大小，就能实现调速。这种调速方法的优点是设备简单、调速平滑，但能量消耗大，常用于起重设备与恒转矩负载中。

3. 三相异步电动机的制动

当电动机断电后，由于电动机及生产机械的惯性，要经过一段时间才能停转。为了提高生产效率及确保人身和设备的安全，必须采取有效的制动措施使电动机能迅速停车或反转。

制动的方法有机械制动和电气制动两类。

机械制动通常利用电磁抱闸来实现。电动机起动时，电磁抱闸线圈同时通电，电磁铁吸合，使抱闸打开；电动机断电时，抱闸线圈同时断电，电磁铁释放，在弹簧作用下，抱闸把电动机转子紧紧抱住，实现制动。起重机常用这种方法制动。

电气制动就是要求电动机产生的转矩与转子的转动方向相反，即有一个制动转矩，使电动机迅速停止转动。常用的电气制动方法有以下两种：

（1）反接制动

反接制动电路如图 3-38 所示。开关 Q 由运行位置转换到制动位置，在电动机脱离电源后，把电动机与电源连接的三根导线中的任意两根对调一下，使旋转磁场反转，而转子因惯性仍沿原方向转动，因而产生的电磁转矩与电动机转动方向相反，电动机迅速减速，当转速接近于零时，利用控制电器将三相电源切断，以免电动机反转。

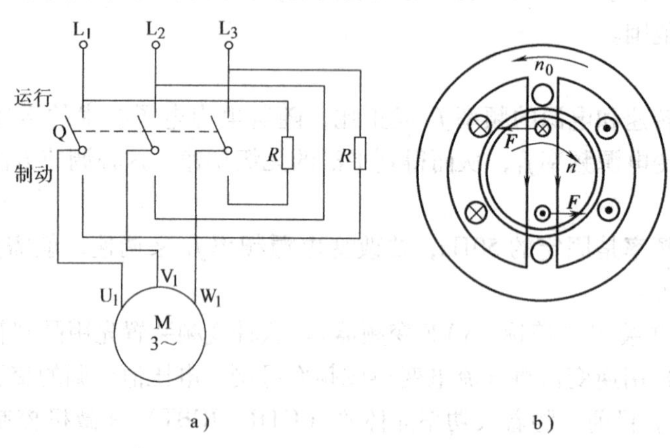

图 3-38　反接制动

反接制动的优点是制动比较简单，制动转矩较大，停机迅速，但制动电流较大，消耗能量较大，机械冲击强烈，易损坏传动部件，为减小制动电流，常在三相制动电路中串入电阻或电抗器。一般用于不经常起动和制动的场合。

（2）能耗制动

能耗制动如图 3-39 所示，开关 Q 由运行位置切换到到制动位置后，切断三相电源，同

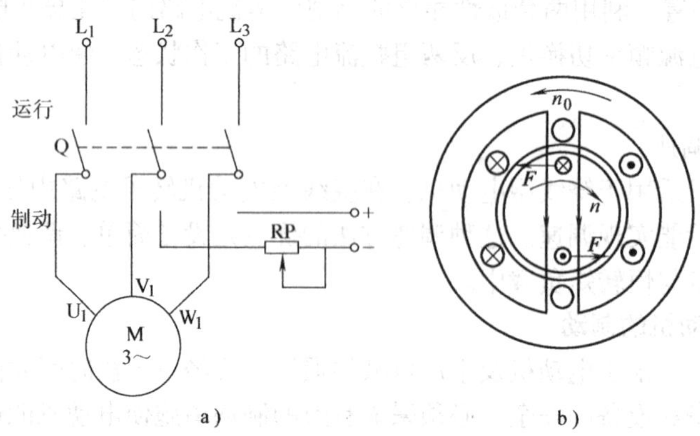

图 3-39　能耗制动

时给定子绕组 V、W 通入直流电，在定子与转子之间形成一个固定磁场，由于转子的惯性，仍按原方向转动切割固定磁场，产生一个与转子旋转方向相反的制动转矩，使电动机迅速停转。停转后，转子与磁场相对静止，制动转矩随之消失。

这种方法是把转子的动能转换为电能，在转子电路中以热能形式迅速消耗掉的制动方法，故称为能耗制动。其优点是制动能量消耗小，制动平稳，虽要直流电源，但随着电子技术的迅速发展，很容易从交流电获得直流电。一般用于制动要求准确、平稳的场合。

3.4.6 三相异步电动机的选择

三相异步电动机应用最为广泛，选择是否合理，对运行的安全性和经济、技术指标的实现都有很大影响。在选择电动机时，应根据实际需要，考虑经济、安全等因素，必须合理选择其功率、类型、电压和转速等。

1. 功率的选择

电动机功率（即容量）的选择，由生产机械所需的功率决定。功率选得过大，会造成“大马拉小车”，虽然能保证正常运行，但不经济；功率选得过小，不能保证电动机和生产机械正常工作，长期过载运行，将使电动机烧坏并造成严重设备事故。

对连续运行的电动机，先要算出生产机械的功率，使电动机的额定功率等于或稍大于生产机械功率即可。

对短时运行的电动机，电动机的额定功率可根据生产机械额定功率的 $1/\lambda$ 来选择，λ 为电动机的过载系数。

2. 类型的选择

选择电动机的类型可根据电源类型、机械特性、调速与起动特性、维护及价格等方面来考虑。

1）通常生产现场所用的都是三相交流电源，如果无特殊要求，一般都采用交流电动机。

2）笼型电动机的结构简单、价格低廉、维护方便；但调速困难，功率因数低，起动性能较差。在要求机械特性较硬而无特殊调速要求的场合尽可能选用笼型电动机。

3）在要求起动性能好和小范围内平滑调速时，可选用绕线型电动机。

4）要求转速恒定或功率因数较高时，宜选用同步电动机。

3. 电压的选择

电压的选择要根据电动机类型、功率及使用地点的电源电压来决定。大容量的电动机（大于 100kW）在允许条件下一般选用如 3kV 或 6kV 高压电动机，小容量的 Y 系列笼型电动机只有 380V 一个等级。

4. 转速的选择

电动机的额定转速取决于生产机械的要求和传动机构的变速比。额定功率一定时，转速越高，则体积越小，价格越低，但需要变速比大的传动减速机构。因此，必须综合考虑电动机和机械传动等方面的因素。

异步电动机通常采用 4 个极的，即同步转速 $n_0 = 1500\text{r/min}$ 的。

5. 结构形式的选择

生产机械的种类繁多，它们的工作环境也不同。如果在潮湿或含有酸性气体的环境中工作，则绕组的绝缘很快受到侵蚀。在灰尘很多的环境中工作，则容易脏污，导致散热条件恶化。因此必须生产各种结构型式的电动机，以保证在不同工作环境中能安全可靠地运行。

按照上述要求，常制成下列几种结构形式：

（1）开启式

在结构上无特殊防护装置，通风良好，适用于干燥无灰尘的场所。

（2）防护式

在机壳或端盖下面有通风罩，以防止铁屑等杂物掉入，或将外壳做成挡板状，防止在一定角度内有雨水滴入。

（3）封闭式

封闭式电动机的外壳严密封闭，靠电动机自身风扇冷却或外部风扇冷却，并在外壳带有散热片。在灰尘多、潮湿或含有酸性气体的场所，采用这种电动机。

（4）防爆式

整个电动机严密封闭，用于有爆炸性气体的场所。

此外，也要根据安装要求，采用不同的安装结构型式。电动机的安装形式有机座带底脚，端盖无凸缘（见图3-40a）；机座不带底脚，端盖有凸缘（见图3-40b）；机座带底脚，端盖有凸缘（见图3-40c）。

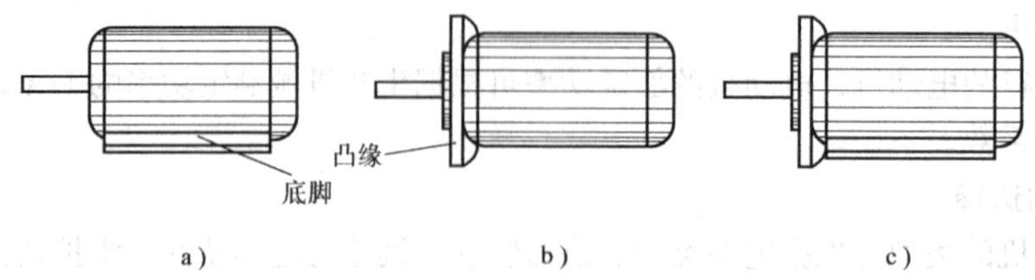

图3-40　电动机的三种基本安装形式

【思考题3-4】

（1）简述三相异步电动机的结构。

（2）旋转磁场是如何产生的？

（3）说明电动机型号Y112M—4的意义。

（4）某10kW的三相笼型异步电动机的额定电压为220/380V，电源电压为380V，它能否用Y/△起动法起动？为什么？

（5）说明某三相异步电动机的铭牌意思：2.8kW、△/Y、220/380V、10.9/6.3A、1370r/min、50Hz、$\cos\varphi=0.84$。

（6）三相异步电动机断了一根电源线后，为什么不能起动？而在运行时断了一根，为什么仍能继续转动？转动情况如何？

3.5　单相异步电动机介绍

单相异步电动机的定子绕组由单相电源供电，定子上有一个或两个绕组，转子多半为笼型。

单相异步电动机的工作原理与三相异步电动机相似，由定子绕组通入交流电产生旋转磁场，切割转子导体产生感应电压和电流，而产生电磁转矩使转子转动。

单相异步电动机具有结构简单，成本低廉，噪声小等优点，因此广泛用于工业、农业、医疗和家用电器等领域，最常见的如风扇、洗衣机、电冰箱、空调等设备所用的电动机。与同容量的三相异步电动机相比，单相异步电动机的体积较大，运行性能较差。

3.5.1 单相异步电动机的工作原理

当单相正弦交流电通入定子单相绕组时，就在绕组轴线方向上产生一个交变的脉动磁场，在空间保持固定的位置，空气隙中各点的磁感应强度 B 在时间上随交变电流按正弦规律变化，而在某一瞬间，空气隙中的磁感应强度又按正弦规律分布，如图3-41 所示。可见，单相异步电动机中的磁场是一个静止的脉动磁场，不同于三相异步电动机中的旋转磁场。

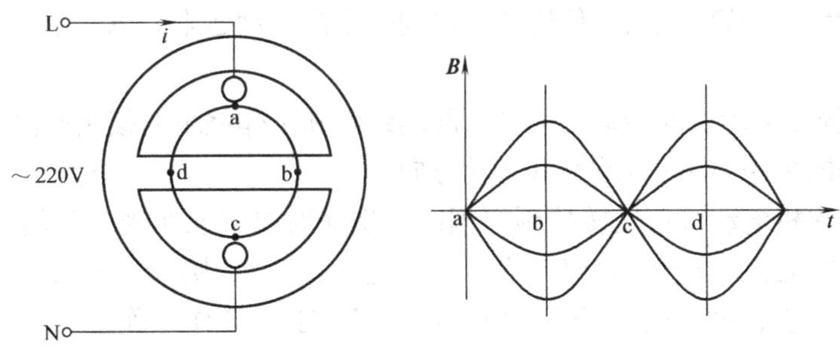

图 3-41　不同瞬间空气隙中磁感应强度的分布

为了便于分析，这个静止的脉动磁场可以被分解为幅值相等，以同一同步转速 n_0 相等，旋转方向相反的两个旋转磁场，如图 3-42 所示。它们分别在转子中感应出大小相等、方向相反的电压和电流，并产生大小相等、方向相反的电磁转矩 T_1、T_2，合成转矩 T 为零，即单相异步电动机没有起动转矩，它不能自行起动，如图 3-43 中 1.0 处。如果在外力作用下，使转子转动，使两个旋转磁场中，转子转动的方向一个与旋转磁场方向相同，产生的电磁转矩 T_1 与转子转向相同且较大；转子转动的方向与另一个旋转磁场方向相反，产生的电磁转矩 T_2 与转子转向相反且较小，合成转矩 $T = T_1 - T_2$ 不等于零，使单相异步电动机沿着外力方向加速转动，直到与负载转矩相平衡，稳定在某一转速。其转矩特性如图 3-43 所示。因此，单相电动机必须解决自行产生起动转矩，即在单相异步电动机内部要建立一个旋转磁场。

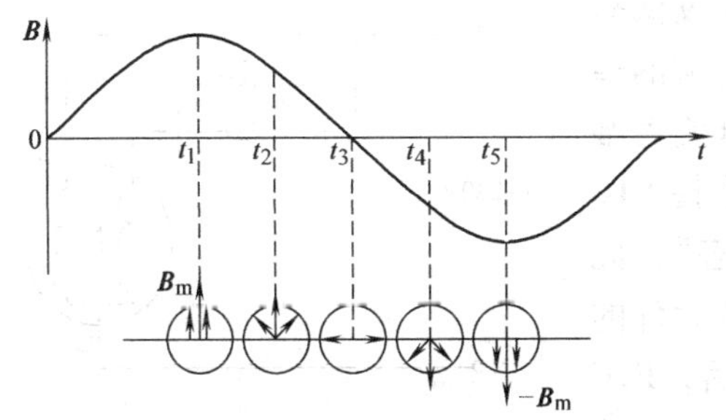

图 3-42　单相异步电动机脉动磁场的分解

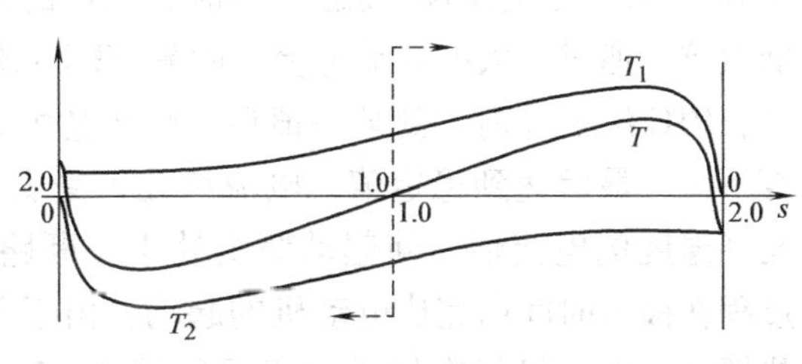

图 3-43　单相异步电动机的转矩特性

3.5.2 分相式单相异步电动机

单相异步电动机根据起动方法的不同，可分为分相式和罩极式等类型。

当在多相绕组中通入多相电流时，就能产生一个旋转磁场。例如，在两个空间相隔 90°的绕组，分别通入两个同频率具有一定相位差的正弦交流电，就能产生旋转磁场。分相式单相异步电动机有电容分相式和电阻分相式两种。

1. 电容分相式单相异步电动机

这种电动机的定子有两个绕组，一个是主绕组 MC（也称工作绕组）；另一个是副绕组 SC（也称起动绕组），两绕组在空间相隔 90°，起动绕组 SC 与电容器 *C* 串联后与主绕组 MC 并联后接于单相交流电源上，如图 3-44 所示。只要电容器选择适当，就可使起动绕组的电流相位超前于工作绕组电流的相位接近 90°，这两个交流电分别通入两个在空间互差 90°的绕组后，就能产生一个旋转磁场，使转子顺着同一方向转动起来。电容起动式异步电动机常用于家用电扇中。

电容起动式异步电动机的转动方向是由起动绕组和工作绕组的接法所决定的。只要换接任意一相绕组的电源接线端即可改变其转动方向。

图 3-45 为洗衣机电动机正反转控制原理图。洗涤时要求能实现正反转，且两个转向性能要一致，故两个绕组完全相同可以互换。当 S 置“1”时，则 MC 作工作绕组，电容 *C* 与 SC 串联，作起动绕组，电动机为正转；当 S 置“2”时，SC 作工作绕组，电容 *C* 与 MC 串联，作起动绕组，电动机反转。

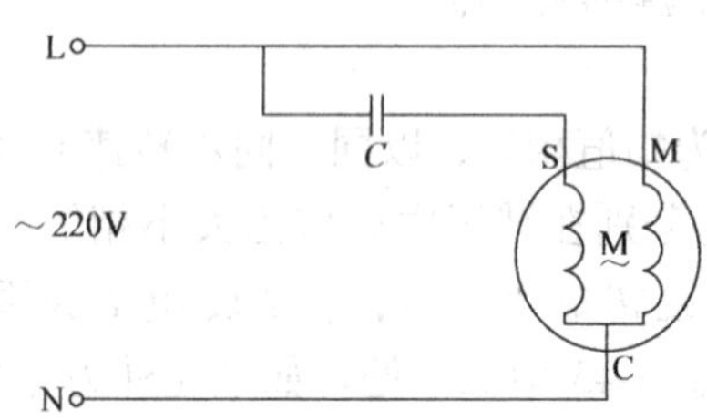

图 3-44 电容分相式异步电动机原理图

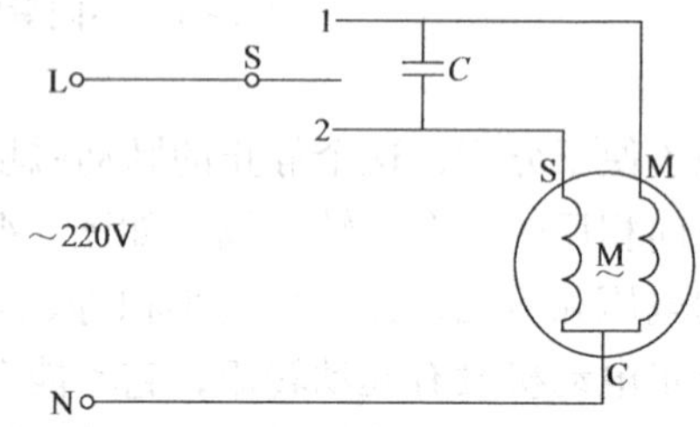

图 3-45 洗衣机洗涤电动机正反转控制

2. 电阻分相式单相异步电动机

电阻分相式单相异步电动机的原理如图 3-46 所示。

在单相空调、电冰箱中，采用正温度系数的热敏电阻 PTC 元件来起动。PTC 与起动绕组 SC 串联，当电动机接通电源时，PTC 的温度较低呈低阻抗，通过很大的起动电流，随着 PTC 元件电流的通过，PTC 温度升高，到某一值后，阻抗急增，电流大幅度下降，最后达到稳定值，电流约几十毫安，维持 PTC 元件温度的电流值，使起动绕组处于“断路状态”，此过程在极短时间内完成电动机的起动。由于 PTC 元件的热惯性，电动机每次停机后必须间隔 3 ~ 5min 后，PTC 才能恢复到接近室温呈低阻抗，因此可防止电动机连续

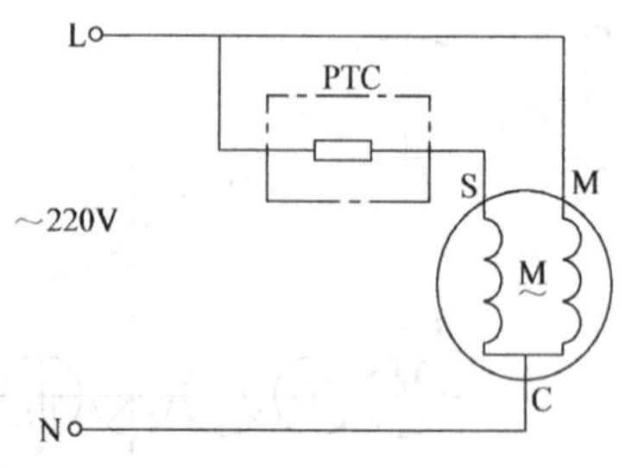

图 3-46 电阻分相式异步电动机

起动而损坏电动机。

3.5.3 罩极式异步电动机

罩极式异步电动机的结构如图3-47所示。在定子上有凸出的磁极，主绕组（定子绕组）套装在磁极上，在极磁面上开一凹槽，将短路铜环嵌入极面小的部分，短路铜环相当于一个副绕组，短路铜环内的磁极称为被罩部分，其余则称为未罩部分。

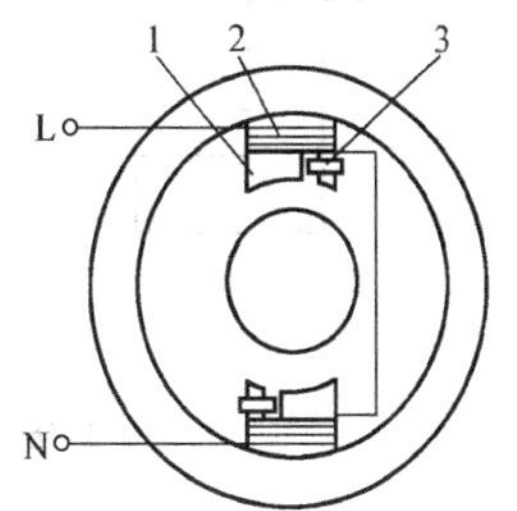

图3-47 罩极式异步电动机
1—磁极 2—主绕组 3—副绕组

当定子绕组通入交流电时，产生的交变磁通在极面上被分为未罩部分和被罩部分两部分。由于短路铜环产生的感应电流阻碍交变磁通的作用，使被罩部分磁通的相位滞后于未罩部分磁通的相位一个电角度，即磁通在空间被分成相位不同的两部分，产生一个移动磁场，在移动磁场的作用下，转子便转动起来，旋转方向为由磁极的未罩部分向被罩部分转动。

罩极式单相异步电动机的起动转矩小，效率、功率因数和过载能力等较差，但制造简单，维修方便，故常用于小功率的电风扇和电唱机中。

【思考题3-5】

（1）单相异步电动机若无起动绕组或罩极的短路环，能否自行起动？为什么？

（2）电容分相式单相电动机如何改变转向？

（3）罩极式单相电动机的转向能否改变？为什么？

（4）单相电动机分相起动可采用什么方法？是否一定要形成旋转磁场才能工作？

3.6 实训4 单相变压器同名端的判断和性能测量

1. 实训目的

1）掌握单相变压器的同名端的判断方法。

2）会判断单相变压器的性能好坏。

2. 实训原理

在使用变压器或其他具有磁耦合的互感绕组，如互感器、电动机时，必须注意绕组的正确连接。譬如，一台变压器的一次侧有相同的两个绕组，如图3-48a中的1—2和3—4两个绕组。当接到220V交流电源时，两绕组应串联，如图3-48b所示；当接到110V交流电源时，两绕组应并联，如图3-48c所示。串联时如果连接错误，将端钮2和端钮4两端相连，将端钮1和端钮3接到220V交流电源，如图3-49所示，则两个绕组产生的感应电压就会相互抵消，两绕组中将流过很大的电流，把变压器烧毁。

为了正确连接，常在每个绕组的一个端钮上标以记号“·”，并将标有“·”号的所有端钮称为同名端（同极性端）；把标有“·”记号的端钮与无“·”记号的端钮称为异名端，如图3-48a中，端钮1和端钮3是同名端，当然端钮2和端钮4为同名端；反之端钮1和端钮4、端钮2和端钮3为异名端。这是由于当电流从两个绕组的同名端流入（或流出）时，产生的磁通方向相同，两绕组产生感应电压的极性也相同。

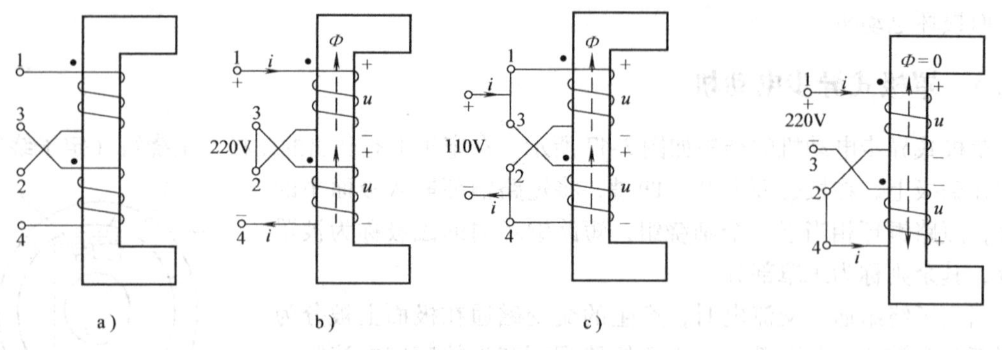

图 3-48　变压器一次侧的正确连接　　图 3-49　绕组接反

对于已经制成的变压器或电动机，由于经过浸漆或其他工艺处理，从外观已无法辨认两绕组的具体绕向，也就无法确定同名端，只能用实验方法来测定同名端了。常用方法有：

（1）交流测定法

用交流法测定绕组同名端的电路如图 3-50 所示。将 1—2 中的任一个端钮（如 2）和 3—4 中的任一个端钮（如 4）用导线连接在一起，在其中一个绕组（如 1—2）的两端加一个比额定电压低的交流电压。然后用交流电压表分别测量图 3-50 所示的交流电压值 U_1、U_2、U_3。当 $U_3=U_1-U_2$ 时，则端钮 1 和端钮 3 是同名端；当 $U_3=U_1+U_2$ 时，则端钮 1 和端钮 4 是同名端。

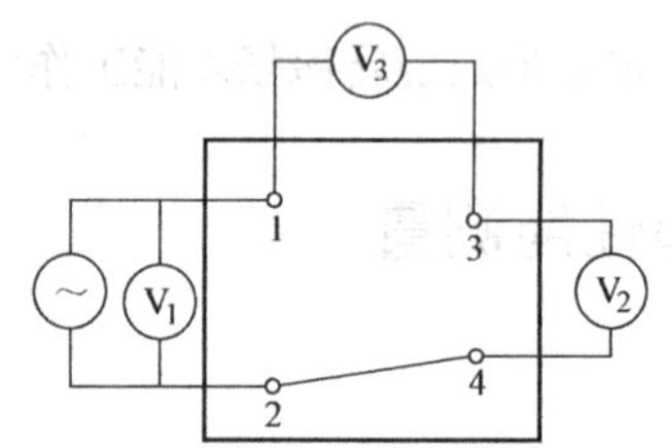

图 3-50　用交流法测定变压器绕组的同名端

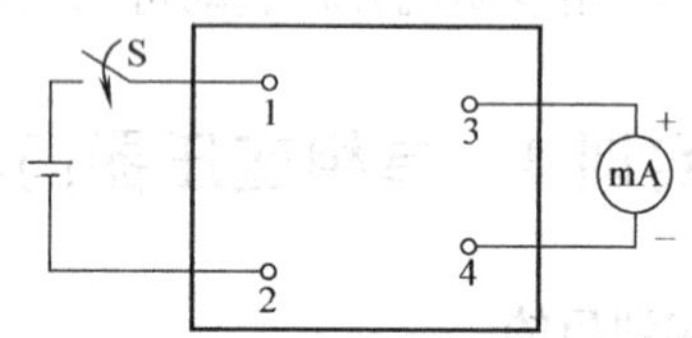

图 3-51　用直流法测定变压器绕组的同名端

（2）直流测定法

直流法测定绕组同名端的电路如图 3-51 所示。将 1—2 和 3—4 两个绕组中任一个绕组两端接入直流电流表（可用万用表代替），另一个绕组的一端钮接干电池的负极，另一端钮经开关接干电池的正极。当开关由断开到接通的瞬间，如直流电流表的指针正向偏转时，则直流电流表正端相接的端钮 3 和与干电池正极相接的端钮 1 是同名端；如指针反向偏转，则直流电流表正端相接的端钮 3 和与干电池负极相接的端钮 2 是同名端。

3. 实训设备与器材

1）220V/0～250V、1kV · A 单相自耦调压器 1 台。

2）220V/12V C 型单相变压器 1 台。

3）万用表 1 只。

4）1.5V 干电池 1 节。

5）钮子开关 1 个。

6）连接导线若干。

4. 实训内容和步骤

1）C 型单相变压器外形示意图如图 3-52 所示。

2）确定变压器 1 ~ 8 个端子进行编号。

3）用万用表测量变压器各端子的电阻值，确定变压器的各绕组，记录于表 3-3 中。

4）根据测量得到的电阻值确定绕组的额定电压。电阻值大的绕组额定电压高，电阻值小的绕组额定电压低，电阻值相同的额定电压相等。

5）将电阻值大的两个绕组按图 3-50 所示接线，将其中一个绕组两端接到单相交流调压器的输出电压端，并将单相调压器的刻度指示调到零值。

6）将单相调压器输入端接到 220V 交流电源上，用万用表交流电压档监视单相调压器输出电压，将单相调压器调节刻度指示由零值逐步增加，使交流电压 $U = 30\text{V}$，然后按图 3-50 所示测量各电压，并记录于表 3-4 中。

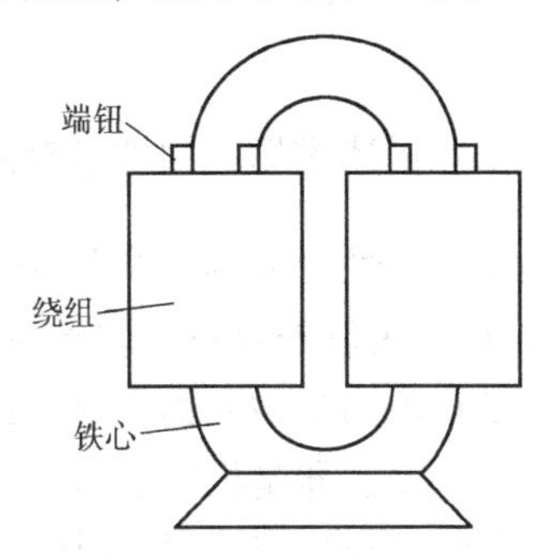

图 3-52　C 型变压器示意图

表 3-3　变压器绕组的确定

绕组编号	1	2	3	4
绕组端子				
绕组电阻				

表 3-4　交流法确定变压器绕组的同名端

绕组两端钮编号	交流电压表连接端子	交流电压表电压值	绕组同名端

7）将电阻值小的两个绕组按图 3-51 所示接线。

8）将开关 S 由断开位置合上，在合上瞬时观察万用表的指针偏转方向，如果正偏，则连接干电池正极的端钮与接万用表正表棒的端钮为同名端；如果反偏，则接干电池负极的端钮与接万用表负表棒的端钮为同名端。将测量结果记录于表 3-5 中。

表 3-5　直流法确定变压器绕组的同名端

绕组两端子编号	干电池连接端子		电流表连接端子		开关动作	电流表偏转方向	端子同名端
	+	−	+	−			

5. 思考与分析

1）为什么交流法用于绕组电阻大的场合，而直流法用于电阻小的场合？

2）在用直流法测定绕组同名端时，如果将万用表的两表棒接反时，又如何确定绕组的同名端?

3）在用直流法测定绕组同名端时，如果开关由合上转换到断开的瞬间，又如何确定绕组的同名端?

4）在用直流法测定绕组同名端时，如果开关在合上或断开时，电流表是否有指针偏转，为什么?

3.7 小结

1）描述磁场的物理量有磁感应强度 $\boldsymbol{B}$、磁通 Φ、磁导率 μ 及磁场强度 $\boldsymbol{H}$，$\boldsymbol{H}=\frac{\boldsymbol{B}}{\mu}$。

2）磁性材料具有高导磁、磁饱和及磁滞性能，根据磁滞回线中剩磁和矫顽磁力的不同，可分为软磁材料、硬磁材料和矩磁材料。

3）磁路是磁通集中通过的闭合路径，分有分支磁路和无分支磁路。

4）变压器是根据电磁感应原理而制成的一种静止电器。主要由铁心和绕在其上的一、二次绕组构成。变压器按其一、二次绕组的匝数比，可以变换电压、变换电流和变换阻抗，常用公式为

$$\frac{U_1}{U_2}=\frac{N_1}{N_2}=K_u$$

$$\frac{I_1}{I_2}=\frac{N_2}{N_1}=\frac{1}{K_u}$$

$$|Z'|=K_u^2|Z|$$

5）变压器的额定值主要有额定电压、额定电流、额定容量和额定频率等。

6）由于自耦变压器的一、二次绕组间有电的直接联系，使用时应注意：

① 一、二次绕组不可接反；

② 相线与中线不能接反；

③ 调压时必须从零位开始。

7）严禁电流互感器的二次侧开路运行和电压互感器的二次侧短路运行。

8）直流电磁铁的铁心由整块软铁制成，吸合过程中电流不变，磁通增大，吸力也增大。交流电磁铁的铁心由硅钢片叠成，并装有短路环以减小噪声和振动，吸合过程中磁通和吸力基本不变，电流减小。

9）交流接触器在选用时，必须使吸引线圈的额定电压符合电源电压，其主触头的额定电流必须大于负载额定电流。电磁阀在选用时，吸引线圈的电流种类和额定电压必须符合电源的电流种类和电源电压。

10）电动机由定子、转子部件组成，三相异步电动机的定子铁心槽中嵌放着对称三相绕组，绕组根据电源电压的不同，有星形和三角形两种联结方法；转子有笼型和绕线型两种结构。笼型结构简单、使用维护方便，应用很广。

11）三相异步电动机的转动原理是：三相定子绕组中通入三相交流电流产生旋转磁场，与转子导体相互切割，在转子绕组中产生感应电压和电流，使转子受到电磁力的作用产生电

磁转矩，驱动转子跟着旋转磁场转动。

12）旋转磁场的转速 n_o 又称同步转速，$n_o = \frac{60f_1}{p}$(r/min)。转子转速 $n < n_o$，转差率 $s = (n_o - n)/n_o$。它是异步电动机的一个重要参数。转子的转向由旋转磁场的转向决定，而旋转磁场的转向由三相定子电流的相序决定。

13）异步电动机的转矩公式为 $T = kT\Phi mI_2\cos\varphi_2$，由此可得出电动机的转矩特性 $T = f(s)$ 和机械特性 $n = f(T)$。

异步电动机的机械特性曲线分为稳定区和不稳定区，电动机正常运行在稳定区。最大转矩表示电动机所能提供的极限值，而起动转矩反映了电动机的起动能力，额定转矩表示在额定电压 U_N 下，电动机输出功率为额定值 P_N，轴上输出的转矩。额定转矩由 $T_N = 9550P_N/n_N$ 求出。

14）异步电动机铭牌上的数据都是额定值。是正确使用和选用电动机的依据。

15）三相异步电动机的起动方式有直接起动和降压起动。三相笼型异步电动机的调速有变频调速和变极调速。变频调速是无级调速，是调速的发展趋势。电动机的电气制动方法有能耗制动和反接制动。

16）选用电动机类型时，若无特殊要求，应尽量选用三相笼型异步电动机；额定转速从电动机本身考虑越高越经济，但还要考虑生产机械的转速和传动机械的因素，额定功率应根据生产机械所需的功率决定，不宜过大或过小；额定电压应根据电动机使用的电源种类和电源电压来决定；结构型式由工作环境和安装场所选择。

17）单相异步电动机的结构和原理与三相异步电动机相似，只是定子绕组产生旋转磁场的方法不同。单相异步电动机有电容分相式和罩极式两种。

3.8 习题

1. 已知某单相变压器的一次电压为 3000V，二次电压为 220V，负载是一台 220V、25kW 的电炉，试求一次、二次电流。

2. 把电阻 $R = 8\Omega$ 的扬声器接于输出变压器的二次侧两端，设变压器的电压比为 5。

（1）试求扬声器折合到一次侧的等效电阻；

（2）如果变压器的一次侧接上 $U_S = 10V$、内阻 $R_i = 250\Omega$ 的信号源，求输出到扬声器的功率；

（3）若不经过变压器，直接把扬声器接到 $U_S = 10V$、内阻 $R_i = 250\Omega$ 的信号源上，求输送到扬声器上的功率。

3. 有一额定容量 $S_N = 2kV \cdot A$ 的单相变压器，一次额定电压 $U_{1N} = 380V$，匝数 $N_1 = 1140$ 匝，二次匝数 $N_2 = 108$ 匝，求：

（1）该变压器二次额定电压 U_{2N} 及一、二次的额定电流 I_{1N}、I_{2N}；

（2）若在二次侧接入一个电阻负载，消耗功率为 800W，求一、二次的电流 I_1、I_2。

4. 某机修车间的单相行灯变压器，一次额定电压为 220V，额定电流为 4.55A，二次额定电压为 36V，则二次侧可接 36V、60W 的白炽灯多少盏?

5. 有一台四极三相异步电动机，电源频率为 50Hz，带负载运行时的转差率为 0.03，求同步转速和电动机转速。

6. 两台三相异步电动机的电源频率为50Hz，额定转速分别为1430r/min和2900r/min。试问，它们是几极电动机？额定转差率分别是多少？

7. 一台异步电动机的额定转速为1470r/min，额定功率为30kW，T_{st}/T_N 和 T_m/T_N 分别为2.0和2.2，试大致画出它的机械特性。

8. 一台三相异步电动机，其电源频率为50Hz，额定转速为1430r/min，额定功率为3kW，最大转矩为40.07N·m，求电动机的过载能力λ。

9. 某三相异步电动机的铭牌是：2.8kW、△/Y、220/380V、10.9/6.3A、1370r/min、50Hz、$\cos\varphi_N = 0.84$。试计算：

（1）额定效率；

（2）额定转矩；

（3）额定转差率；

（4）电动机的极数。

10. 试证明：利用自耦变压器60%电压抽头降压起动时，起动电流（电源线电流）仅为直接起动时的36%。

11. 一台三相异步电动机的额定功率为4kW，额定电压为220/380V，△/Y联结，额定转速为1450r/min，额定功率因数为0.85，额定效率为0.86。求：

（1）额定运行时的输入功率；

（2）定子绕组为Y联结和△联结的额定电流；

（3）额定转矩。

第 4 章　继电器-接触器控制电路

本章要点

- 常用控制和保护用低压电器的结构、动作原理和应用
- 三相异步电动机的起停与正反转继电器-接触器控制电路
- 实现行程、时间控制的继电器-接触器控制电路
- 利用继电器-接触器实现联锁的控制电路

4.1　常用低压电器

低压电器是指在 1200V 及以下的交流电路或 1500V 及以下直流电路中工作的电器，主要用作接通或断开电路。低压电器的种类繁多，按动作性质分为手动电器和自动电器两类。手动电器有刀开关、组合开关和按钮等；自动电器则按照指令、信号或某个物理量的变化而自动动作的电路，有继电器、接触器、行程开关和熔断器等。

4.1.1　开关

1. 刀开关

刀开关是一种结构最简单、应用最广泛的手动电器。主要由手柄、动刀片、静夹座、熔丝等组成，HK 系列二极刀胶盖瓷座开关的结构如图 4-1a 所示，三极刀开关的图形符号如图 4-1b 所示，文字符号用 Q 表示。

二极刀开关广泛用于照明电路，三极刀开关则可用于 5.5kW 以下异步电动机不频繁起动停止的控制电路中。

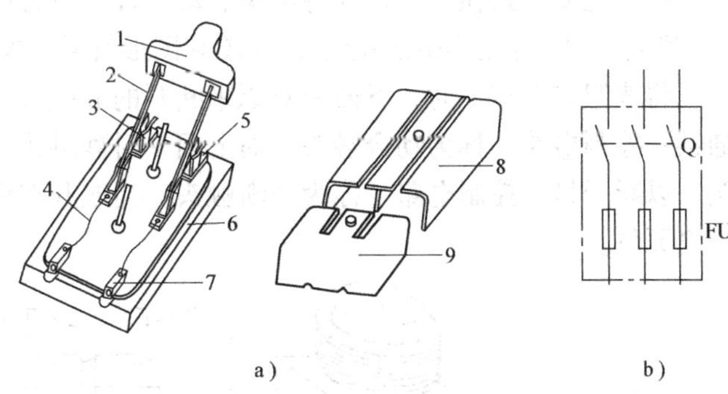

图 4-1　HK 系列胶盖瓷座开关
a）二极刀开关　b）三极刀开关符号
1—瓷质手柄　2—动夹座　3—静夹座　4—熔丝　5—进线端子
6—瓷底座　7—出线端子　8—上胶盖　9—下胶盖

刀开关安装时，在接通状态下手柄必须向上，以防手柄因自重落下误合闸。接线时，电源应接在进线端子，负载则接在出线端子，如果接反，则在开关断开时，因熔丝带电，更换过程中容易造成人身安全事故。选用时，刀开关的额定电压应高于电源额定电压，额定电流应大于负载电流。

由于刀开关具有结构简单、价格低廉、安装使用维修方便等优点，在一般场合下得到广泛使用。

2. 组合开关

组合开关（又称转换开关）是用来引入电源的手动电器。它的种类很多，图 4-2a 所示是一种三极组合开关与三相电动机连接的示意图。该组合开关有彼此相差一定角度的三对触头，在转动轴转动时，带动三个动触片转动，使三对触头同时接通或断开，其图形符号如图 4-2b 所示，文字符号用 Q 表示。

组合开关有单极、双极、三极和四极多种，额定持续电流有 10A、25A、60A 和 100A 等多种，适用于交流 380V 以下、直流 200V 以下的电器设备。

组合开关在机床电气控制电路中，可用来直接起动和停止小容量笼型电动机或使电动机正反转、控制局部照明电路。

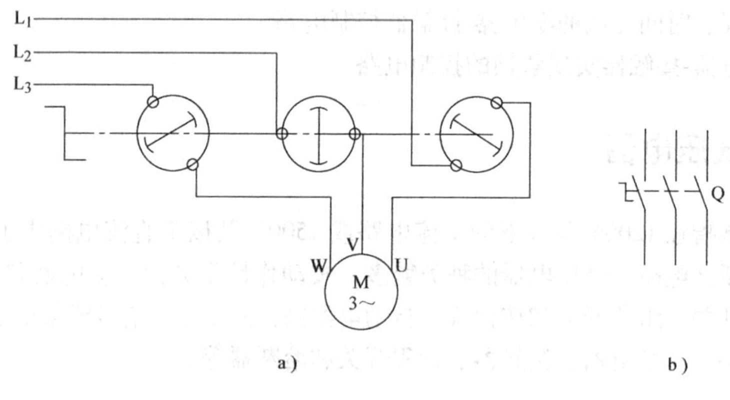

图 4-2　组合开关

4.1.2　按钮

按钮是用来短时间接通或断开小电流的控制电路的手动电器。由于小电流的控制电路可控制较大电流的电动机或其他电气设备的运行。故按钮也称为主令电器。

按钮主要由按钮帽、动断静触头、动触片、复位弹簧和动合静触头等组成。图 4-3a、b、c 分别是一种单联按钮的外形、剖面图和图形符号，文字符号用 SB 表示。

将按钮帽 1 按下时，下面一对原来断开的静触头 5（常开触头）被动触片 3 接通，以接通某一控制电路，称为动合触头；而上面一对静触头 2（常闭触头）则被断开，称为动断触头，以断开另一控制电路，称为动断触头。当放开按钮帽时，在复位弹簧 4 的作用下使触头恢复原位。

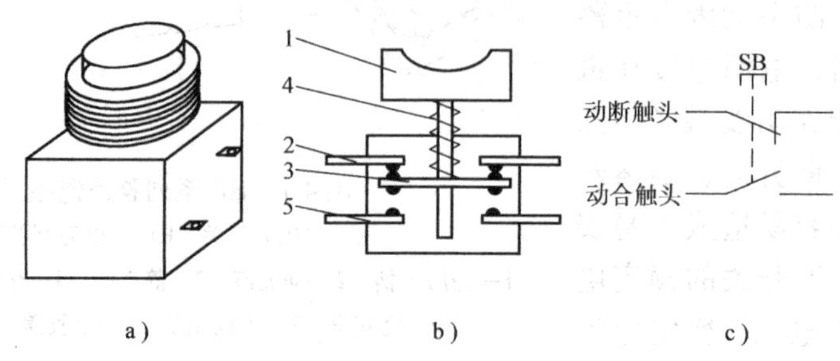

图 4-3　按钮

1—按钮帽　2—动断静触头　3—动触片　4—复位弹簧　5—动合静触头

按钮的种类很多。常见的按钮有单联按钮、双联按钮和三联按钮。它们的额定电流都为5A。

4.1.3 热继电器

热继电器是利用电流的热效应原理对电动机进行过载保护的自动电器，其结构原理和图形符号如图4-4所示，文字符号用FR表示。

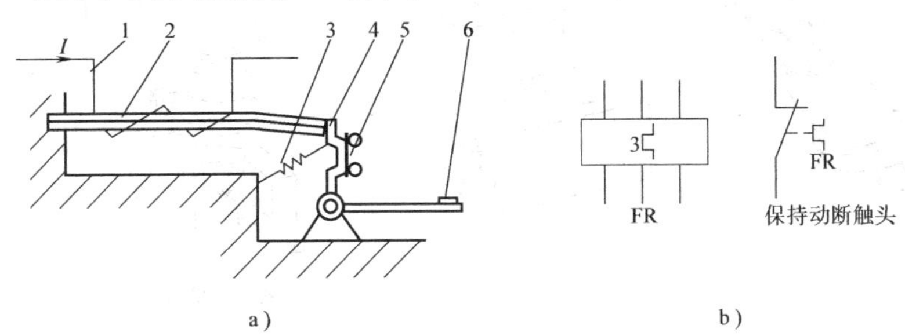

图4-4 热继电器

1—热元件 2—双金属片 3—弹簧 4—扣板 5—动断触头 6—复位按钮

热继电器由热元件和触头系统两部分组成。热元件由一段电阻不大的电阻丝绕在双金属片上后串接在电动机的主电路中；双金属片是热继电器的感测元件，由两种具有不同膨胀系数的金属片辗压而成；触头系统由弹簧、扣板和动断触头等组成，动断触头串接在电动机的控制电路中。当电动机正常工作时，热元件产生的热量虽然能使双金属片弯曲，但不足以使热继电器动作。当电动机过载时，热元件流过大于正常的工作电流，温度增高，使双金属片更加向上弯曲，经过一段时间后，扣板在弹簧的拉力作用下将动断触头断开，切断电动机控制电路，使电动机停转，达到过载保护的目的。

当发生短路事故时，要求电路立即断开，由于热继电器中热元件的热惯性，不能立即动作的，故热继电器不能作短路保护。在电动机起动或短时过载时，热惯性使热继电器不动作，避免了电动机的不必要停车。热继电器在动作后，应查明故障原因并排除故障，待双金属片冷却后，用手按下复位按钮，使动断触头复位。

热继电器的主要技术数据是整定电流，它指热元件长期发热而不引起热继电器动作的最大电流值，通常选择与电动机的额定电流相等或在$0.95 \sim 1.05I_N$的范围。

目前，常用的热继电器有JR0，JR10及JR16等系列。JR10-10型热继电器的整定电流从0.25～10A，热元件有17个规格。JR0-40型热继电器的整定电流从0.6～40A，有九种规格。因此应根据整定电流选用热继电器的规格。

4.1.4 熔断器

熔断器是最简便、最有效的短路保护电器，也可起严重过载保护作用。熔断器中的熔片或熔丝用导电性能好的易熔合金制成，如铅锡合金等；或用截面积甚小的良导体制成，如铜、银等。线路在正常工作时，熔断器中的熔丝或熔片不应熔断。一旦发生短路或严重过载时，熔断器中的熔丝或熔片应立即熔断，起短路保护作用。

常用的三种熔断器的结构图和图形符号，如图4-5所示，文字符号用FU表示。熔丝的额定电流有 4～600A 等多种。在照明和电热电路中，选用熔断器的额定电流应等于或略大于电器设备的额定电流。在电动机电路中，为了防止电动机起动时熔丝熔断，熔断器熔丝的额定电流一般为电动机额定电流的 2～3 倍。

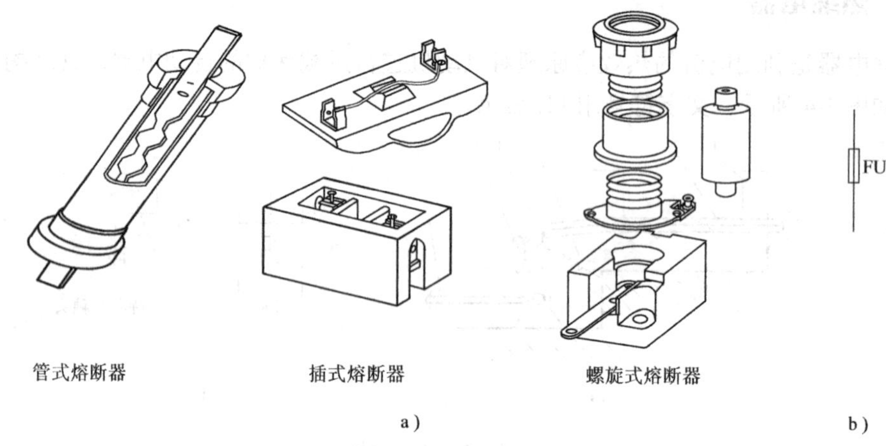

图 4-5　熔断器
a）熔断器种类　b）熔断器的图形符号和文字符

4.1.5　低压断路器

低压断路器也叫自动空气开关，分为框架式 DW 系列和塑壳式 DZ 系列两大类。主要在电路正常工作条件下作为线路的不频繁接通和分断用，并在电路发生短路、过载和失电压或欠压时能自动分断电路。具有操作安全，分断能力较高，兼有多种保护功能，动作值可调等优点，而且当电路中一旦发生故障时触头自动分离，故障排除一般不需要更换部件，因此应用极为广泛。图 4-6a、b 所示是低压断路器的结构示意图及图形符号，文字符号用 QF 表示。

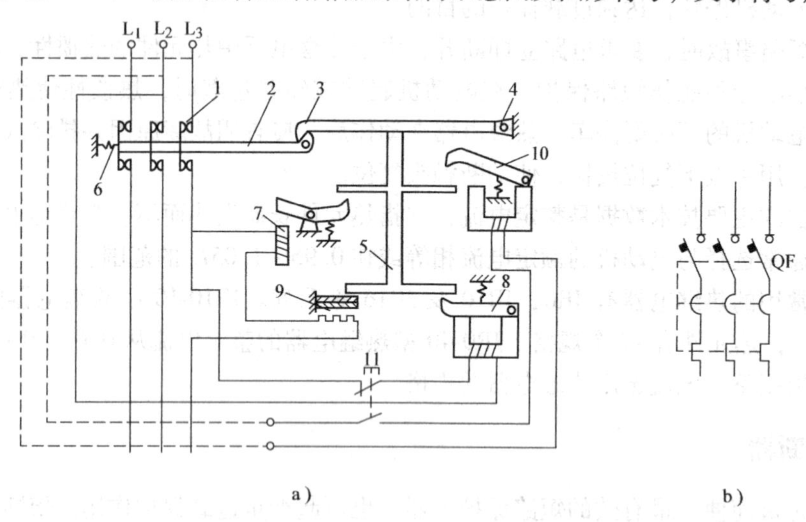

图 4-6　低压断路器
1—主触头　2—传动杆　3—锁扣　4—轴　5—连杆　6—复位弹簧　7—电磁脱扣器
8—欠电压（失电压）脱扣器　9—热脱扣器　10—分励脱扣器　11—分励按钮

低压断路器的工作原理为：低压断路器的三对主触头串联在被保护的三相主电路中，由于锁扣钩住复位弹簧，使主触头保持闭合状态。当线路正常工作时，电磁脱扣器中线圈所产生的吸力不能使衔铁吸合。当线路发生短路和产生较大过电流时，电磁脱扣器中线圈所产生吸力增大，将衔铁吸合，并撞击连杆，把锁扣顶上去，在复位弹簧的作用下切断主触头，实现了短路保护。当线路发生过载时热脱扣器动作，使主触头切断，实现了过载保护。当线路上电压过低或失去电压时，欠电压（失电压）脱扣器的线圈吸力不足，将衔铁释放，在弹簧作用下，撞击连杆，把锁扣顶上去，切断主触头，实现了分励脱扣。

常用的低压断路器有 DZ、DW、C45 型等系列。低压断路器主触头的额定电流应等于或大于线路的最大工作电流，过电流脱扣器的整定电流应等于线路的额定电流。

4.2 笼型三相异步电动机的点动、起停控制电路

4.2.1 笼型三相异步电动机的点动控制电路

机床设备在调整刀架、试车时常需要电动机做短时的断续工作，即按一下按钮，电动机就转动一下，松开按钮、电动机停止转动。实现这种动作的控制称为点动控制。

图 4-7a 所示是电动机点动运转的控制线路，图中用了电源开关 Q、熔断器 FU、按钮 SB 和接触器 KM 四种电器。

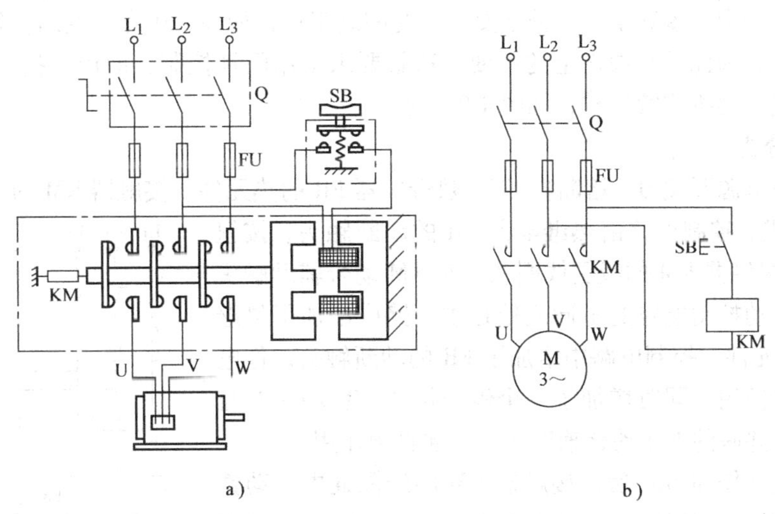

图 4-7　点动控制电路

1. 电路分析

图 4-7a 所示电路分为主电路和控制电路两部分。主电路是三相电源经电源开关 Q、熔断器 FU、接触器 KM 的三对主触头到电动机 M，主电路中流过的电流是电动机的工作电流，电流较大。控制电路由按钮 SB 和接触器 KM 的吸引线圈串联组成，电流较小。

2. 控制原理

起动控制：

合上电源开关 Q→按下 SB→KM 吸引线圈通电→KM 主触头闭合→M 通电运转

停止控制：

松开 SB→KM 吸引线圈断电→KM 主触头断开→M 断电停转

在图 4-7a 中，每个电路都是按照其实际位置画出的，属于同一电器的各个部件都集中在一起，这样的图称为控制线路的结构图。这种画法比较直观、容易识别电器，便于安装和检修。但当线路复杂和使用电器较多时，结构图极为麻烦且不容易识别电路，不便于识图、设计电路和分析研究，为此常用电工图符号画出主电路和控制电路，这种电路图称为控制线路的原理图，如图 4-7b 所示。

3. 控制电路的原理图

在控制电路的原理图中，各种电器都用统一的图形符号、文字符号来代表。为了便于识别，原理图中同一电器的各个部件在不同位置时，用同一个文字符号来表示，并规定将主电路画在左侧、控制电路画在右侧。

电路中电器在不同的工作阶段，触头时合时断，而在原理图中只能表示出一种情况。因此，规定所有电器的触头均表示在没有通电或没有发生机械动作时的位置。如接触器中动铁心未被吸合时的触头位置；按钮是按钮帽未按下时的触头位置。在此情况下，当触头断开时，则称为动合触头；触头闭合时，称动断触头。

4.2.2 笼型三相异步电动机的起停控制电路

在实际生产中，多数生产机械都要求长时间地工作，如果采用点动控制，就要一直用手按住按钮不放，因此带来操作上的不便。这就要求采用闭锁控制，即用一把“锁”将起动按钮锁住而使电动机连续运转，如图 4-8 所示。

1. 电路分析

主电路由电源开关 Q、熔断器 FU、热继电器 FR 的热元件、接触器 KM 的三对主触头和电动机 M 组成。控制电路由热继电器 FR 的动断触头、按钮 SB_1 和 SB_2、接触器 KM 的吸引线圈和一对 KM 动合辅助触头组成。它与点动控制电路的不同之处是主电路中增加了热继电器 FR 的热元件，控制电路中增加了 FR 的动断触头，作电动机的过载保护用，同时增加了一个停止按钮 SB_1 和一对与起动按钮 SB_2 并联的 KM 动合辅助触头，起自锁作用。

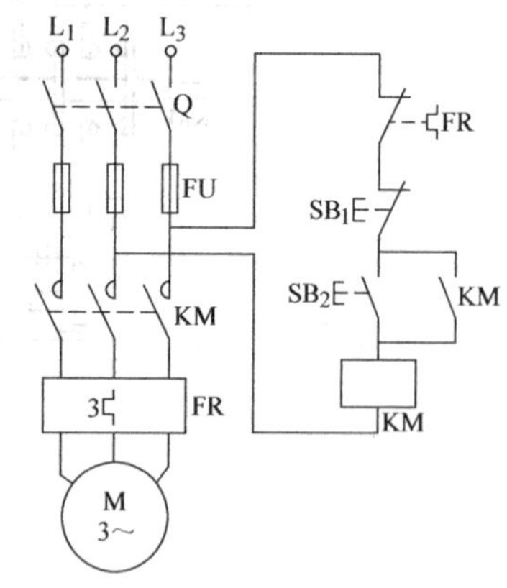

图 4-8　自锁控制原理图

当按下起动按钮 SB_2 后，接触器 KM 的线圈通电，动铁心带动三对主触头同时闭合，使电动机 M 通电运转。由 KM 动合辅助触头与主触头同时闭合，使 KM 的吸引线圈由接通的 SB_2 和 KM 动合辅助触头并联后继续通电，此时即使松开按钮 SB_2 复位，而 KM 动合辅助触头仍处于闭合状态，电动机 M 仍转动。这种靠接触器自身动合辅助触头使其吸引线圈保持通电的作用称为自锁，其动合辅助触头称为自锁触头。

2. 控制原理

起动控制：

合上 Q → 按下 SB_2 → KM 线圈通电 → KM 主触头闭合 → M 转动
　　　　　　　　　　　　　　　└→ KM 自锁触头闭合 ──↑

停止控制：

按下停止按钮 SB1 → KM 线圈断电 → KM 主触头断开 → M 停转
　　　　　　　　　　　　　　　└→ KM 自锁触头断开 ──↑

3. 电动机的保护环节

该控制电路还具有短路保护、过载保护和零电压保护等功能。

起短路保护的电器是熔断器 FU。一旦发生短路事故，熔丝立即熔断，电动机立即停车。

起过载保护的电器是热继电器 FR。当过载时，它的热元件 FR 发热，使 RF 的动断触头断开，使 KM 吸引线圈断电，主触头断开，M 停转。

起零电压（或失电压）保护的电器是接触器 KM。零电压（或失电压）保护就是当电源暂时断电或电压严重下降时，KM 的动铁心释放，由自锁作用切断 KM 吸引线圈，使 KM 主触头及自锁触头均复位，电动机自动从电源切除。当电源电压恢复正常时，如不按下起动按钮 SB_2，则电动机不能自行起动。

4. 起停与点动控制电路

在实际生产中，机床既需要长期连续工作，又需要短时对工件和刀具之间进行调整，这就要求控制线路既能连续控制，又能点动控制。这种控制的主电路与图 4-8 中的主电路相同，控制电路如图 4-9 所示。

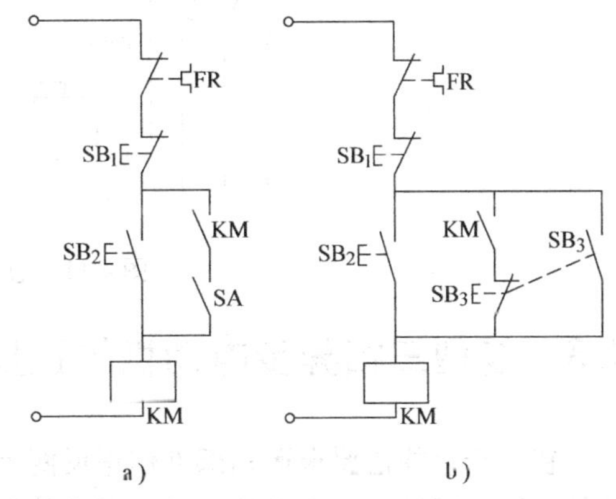

图 4-9　起停与点动控制线路

图 4-9a 中，当需要自锁连续工作时，只要将手动开关 SA 闭合即可实现。当需要点动控制时，则断开 SA，切断自锁电路后，即变成点动控制电路。

图 4-9b 中，当需要自锁连续工作时，SB_2 作起动按钮，SB_1 作停止按钮；当需要点动控制时，只需用 SB_3 作点动按钮即可。其原理如下：因 SB_3 具有“先动断触头断开、后动合触头闭合”的功能。故按下 SB_3 时，SB_3 动合触头先断开，切断自锁电路，然后使 SB_3 动合触头闭合，电动机开始点动运转，一旦松开点动按钮 SB_3，其动合触头首先断开而使 KM 线圈断电，主触头断开，电动机停止转动，同时接触器 KM 的自锁触头复位断开，最后因 SB_3 的动断触头才复位闭合而保持线圈 KM 断电。

【思考题 4-2】

（1）为什么热继电器不能作短路保护？为什么在三相主电路中有时只用两个（当然用三个也可以）热元件就可对三相异步电动机实现过载保护？

（2）什么是零电压保护？用刀开关直接起动和停止电动机时，有无零电压保护？

（3）试画出能在两处用起动和停止按钮控制同一台电动机的控制电路。

（4）图 4-10 中给出三个点动控制电路，试判断能否正常工作？

（5）图 4-11 中的几个接触器自锁控制电路能正常工作吗？如果不能，请画图改正。

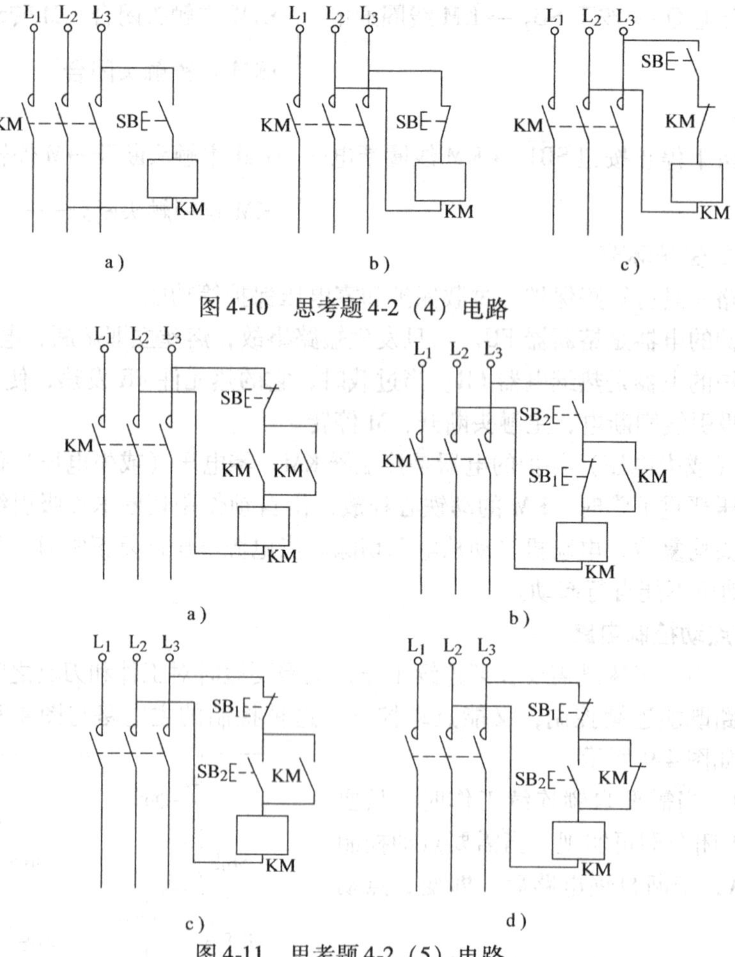

图 4-10　思考题 4-2（4）电路

图 4-11　思考题 4-2（5）电路

4.3　笼型三相异步电动机的正反转控制电路

在生产上往往要求运动部件作正反两个方向运动。例如，机床工作台的前进与后退，主轴的正转与反转，起重机的提升与下降等就要求电动机能正反转。而要实现上述要求，必须用两个交流接触器来控制同一台电动机，如图 4-12 所示。当正转接触器 KM_1 工作时，三相电源 L_1、L_2、L_3 按 U、V、W 相序接入电动机，电动机正转；当反转接触器 KM_2 工作时，三相电源 L_1、L_2、L_3 按 W、V、U 相序接入电动机，使流入电动机的电流相序改变，从而改变了电动机的转向。

但当两个接触器同时工作时，两根电源线 L_1、L_3 将通过两接触器的主触头短接，造成电源短路，因此绝不允许这种现象的发生。这种在同一时间里只允许一个接触器工作的控制称为互锁或联锁。下面分析两种有联锁保护的控制线路。

4.3.1　接触器联锁的正反转控制电路

1. 电路结构

主电路与图 4-12 相同，图 4-13 所示的控制电路中，正转接触器 KM_1 的一对动断辅助触头串接在反转接触器 KM_2 的吸引线圈电路中，而反转接触器 KM_2 的一对动断辅助触头串接在正转接触器 KM_1 的吸引线圈电路中。这两对动断触头称为联锁触头。当按下正转起动按钮 SB_2 时，KM_1 吸引线圈通电，主触头 KM_1 闭合，电动机正转。同时联锁触头断开了 KM_2 的吸引线圈电路。此时，即使误按 SB_3，KM_2 吸引线圈电路也无法接通，避免了两个接触器同时通电。

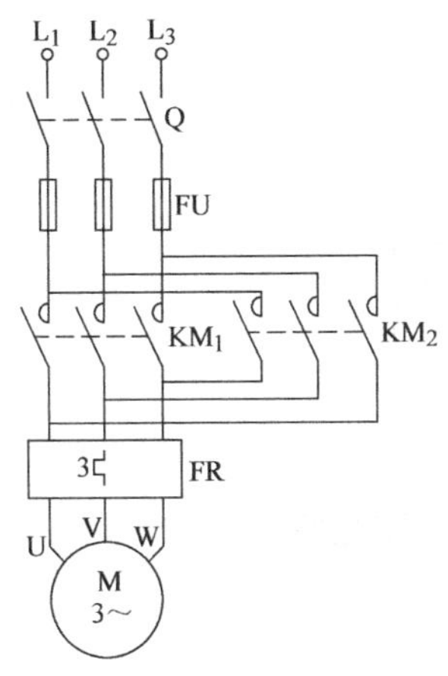

图 4-12　用两个接触器实现电动机的正反转

图 4-13　接触器联锁控制正反转电路

2. 控制原理

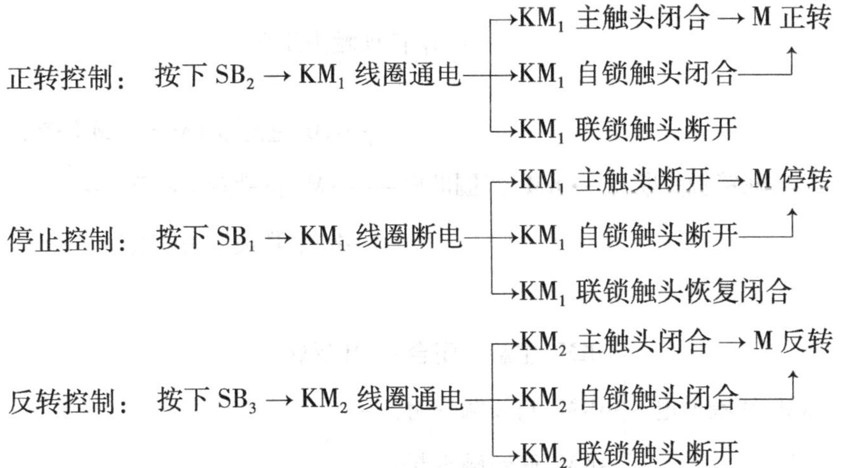

这种控制电路的缺点是在正转（或反转）过程中要求反转（或正转），必须先按停止按钮 SB_1，使联锁触头 KM_1（或 KM_2）闭合后，才能按反转起动按钮 SB_3（或按正转起动按钮 SB_2）使电动机反转（或正转）。当要求电动机正反转频繁时，会带来操作上的不便，为此改进为复式按钮和接触器联锁的控制电路。

4.3.2　复式按钮和接触器联锁的正反转控制电路

1. 电路结构

复式按钮和接触器联锁正反转控制电路，是利用复式按钮触头“先断开、后合上”的特点对图 4-13 进行了改进，如图 4-14 所示。图中在 KM_1 吸引线圈电路中串入 SB_3 的另一对动断触头；在 KM_2 吸引线圈电路中串入 SB_2 的另一对动断触头。

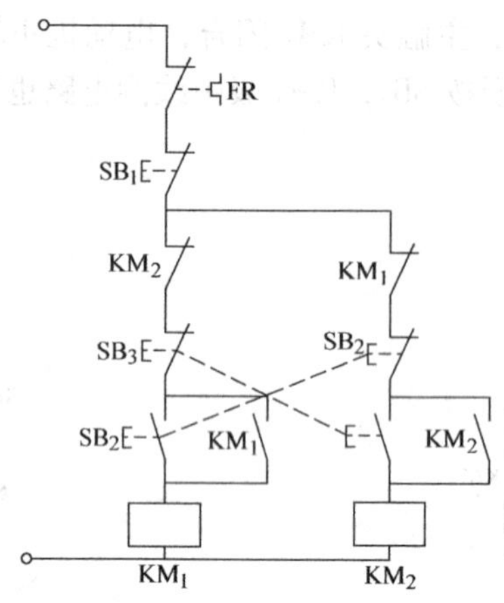

图 4-14　复式按钮和接触器联锁控制正反转电路

2. 控制原理

正转控制：

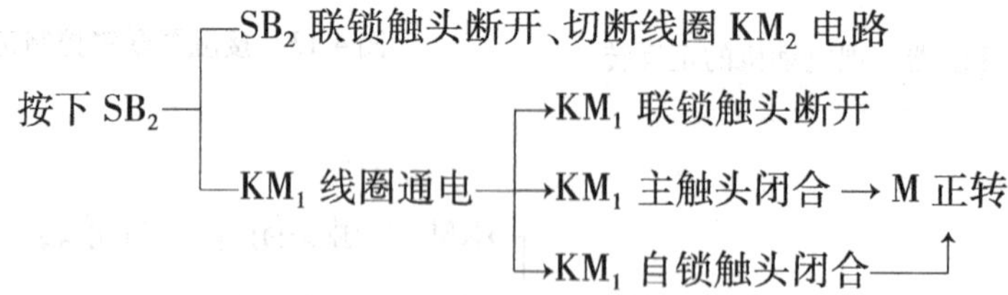

反转控制：

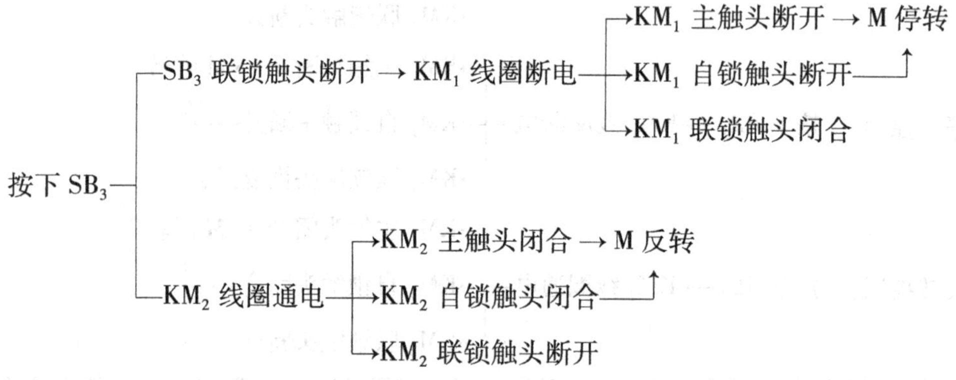

停止控制：

按下 SB_1→KM_1 或 KM_2 断电→M 停转

4.4　行程控制、时间控制电路

4.4.1　行程控制电路

1. 行程开关

行程开关又称位置开关或限位开关，其作用是将机械位移转换成电信号，使电动机运行状态发生改变，即按一定行程自动停车、反转、变速或循环。用来控制机械运动或实现安全保护。行程包括：限位开关、微动开关及由机械部件或机械操作的其他控制开关。

行程开关有两种类型：直动式（按钮式）和旋转式（有单轮和双轮）。二者结构基本相同，由操作头、传动系统、触头系统和外壳组成，主要区别在传动系统。直动式、单轮旋转式和双轮旋转式行程开关的外形如图 4-15a 所示。

当运动机构的挡铁压到行程开关的滚轮或顶杆上时，顶杆下移，使动断触头断开，动合触头闭合。挡铁移开后，在复位弹簧作用下使其复位。其结构示意图如图 4-15b 所示，图形符号如图 4-15c 所示，文字符号用 SQ 表示。

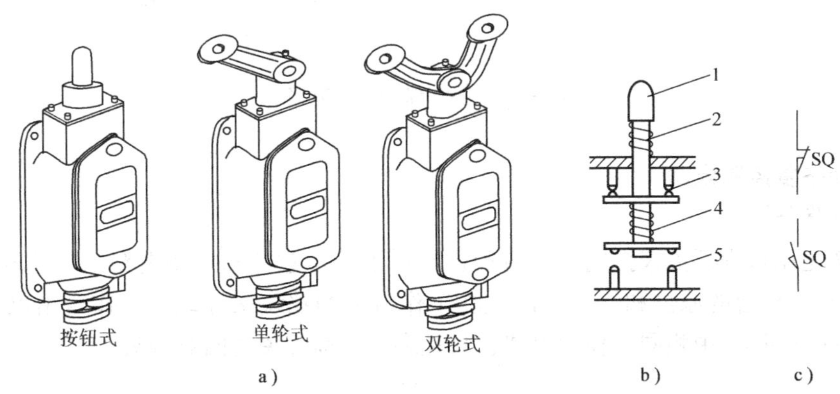

图 4-15　行程开关

a）类型　b）结构示意图　c）图形符号

1—顶杆　2—复位弹簧　3—动断触头　4—触头弹簧　5—动合触头

2. 终端保护电路

行程开关除了可以完成行程控制外，还能实现限位控制即终端保护。行程开关在摇臂钻床、万能铣床、镗床、桥式起重机及自动生产线中经常遇到。例如，工厂车间里的起重机，在行程的两个终点处各安装一个行程开关作限位用，并将这两个限位开关的动断触头分别串接在 KM_1、KM_2 控制电路中，就可以在起重机的两个终端达到终端保护的目的。终端保护的主电路与图 4-12 相同，控制电路如图 4-16 所示。

（1）电路分析

该终端保护控制线路是在接触器联锁正反转控制线路中增加了两个终端行程开关 SQ_1 和 SQ_2，SQ_2 的动断触头串联 KM_1 控制电路中，SQ_1 的动断触头串联在 KM_2 控制电路中，相当于在原有正反向按钮起动和按钮停止的基础上，实现了除用停止按钮控制外，还可由行程开关控制（终端保护）的自动控制。

（2）控制原理

小车前进控制：按下 SB_2→KM_1 线圈通电→M 正转→小车前进→终端行程开关 SQ_2 断开→KM_1 断电→M 停转→小车停止；

小车后退控制：按下 SB_3→KM_2 线圈通电→M 反转→小车后退→终端行程开关 SQ_1 断开→KM_2 断电→M 停转→小车停止。

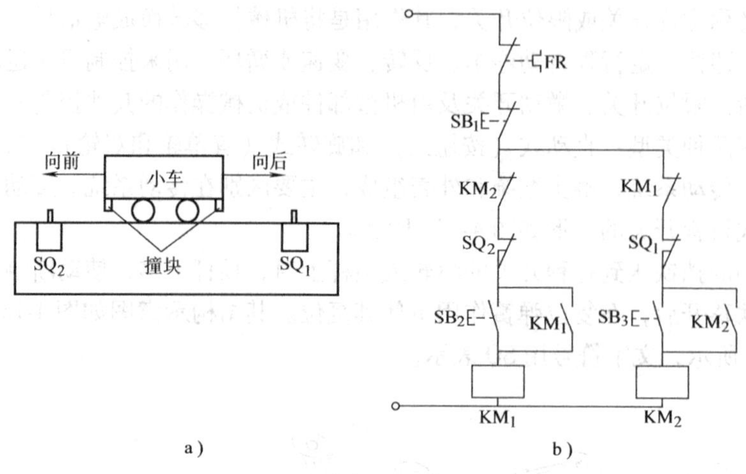

图 4-16　终端保护控制电路

3. 自动往复控制电路

（1）电路分析

图 4-17 是用行程开关来控制工作台前进与后退的示意图和控制电路。行程开关 SQ_1 和 SQ_2 分别装在工作台的原位和终点，由装在工作台上的挡块来撞动。工作台由电动机 M 带动。主电路和图 4-12 中相同，控制电路也只是多了行程开关的四对触头。

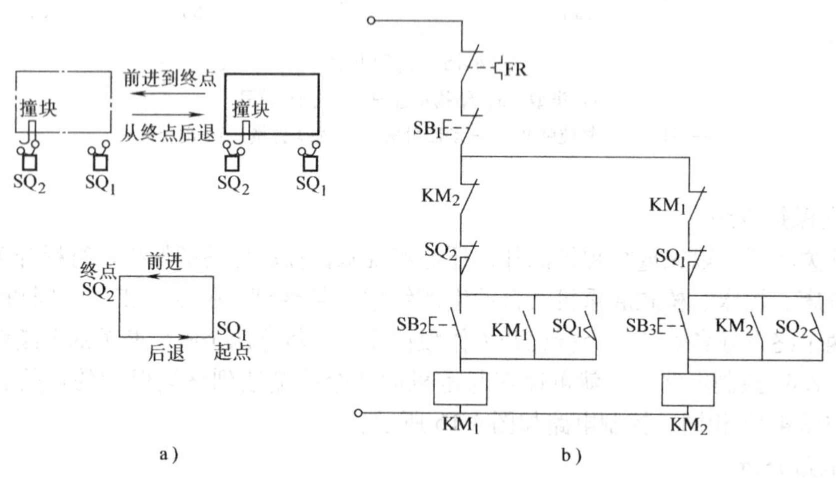

图 4-17　自动循环控制电路

控制电路在图 4-16b 的基础上分别增加了 SQ_1、SQ_2 中未用的一对动合触头。将 SQ_1 的动合触头与 SB_2 的动合触头并联；将 SQ_2 的动合触头与 SB_3 的动合触头并联。

工作台在原位时，其上挡块将行程开关 SQ_1 压下，将串接在 KM_2 中的动断触头 SQ_1 压开，KM_2 线圈断电，M 无法反转。按下 SB_2，电动机正转，带动工作台前进。当工作台到达终点时，挡块将 SQ_2 压开，先使 KM_1 线圈断电，M 停止正转。后使 KM_2 线圈通电，M 反转，带动工作台后退。工作台离开 SQ_2 时，SQ_2 复位，工作台继续后退，到原位时挡块压开 SQ_1，将串接在 KM_2 电路中的动断触头压开，电动机停止反转，同时将 KM_1 控制电路中的动合触头压开，电动机又开始正转，重新带动工作台前进，如此往复循环，使工作台在预定行程内自动往复移动。

（2）控制原理

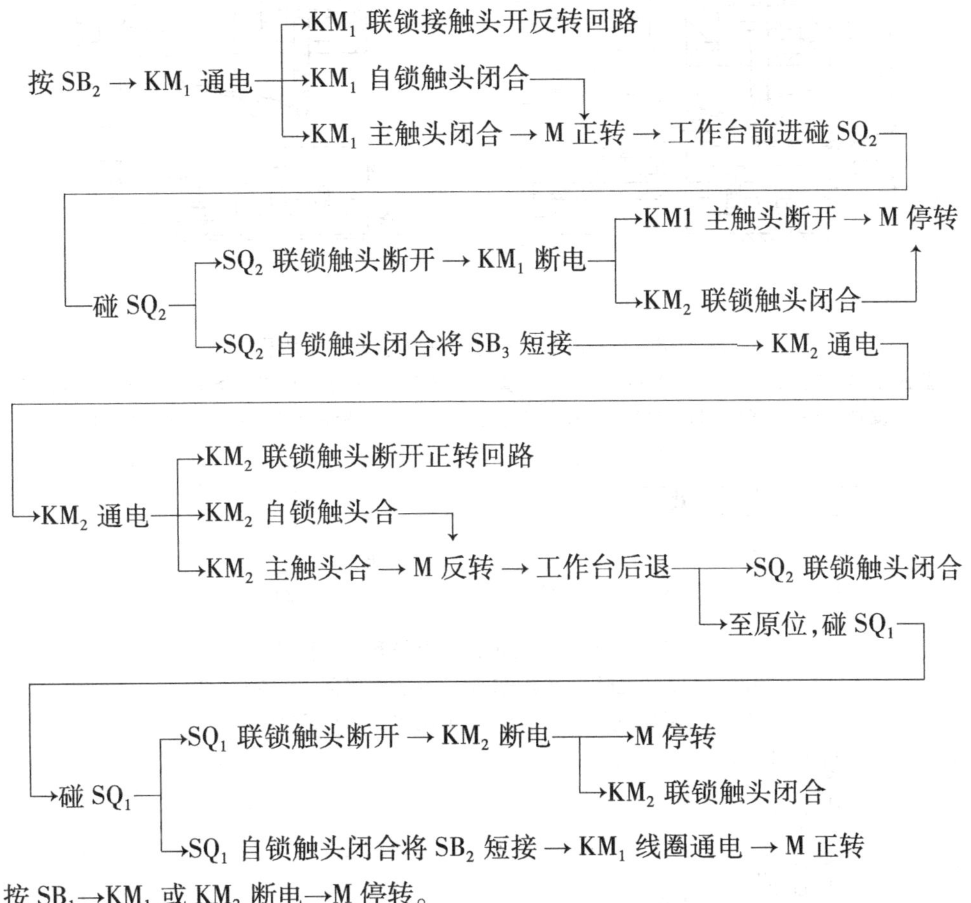

按 SB_1→KM_1 或 KM_2 断电→M 停转。

4.4.2 时间控制电路

1. 时间继电器

时间继电器是电路中控制动作时间的电器，它利用电磁原理或机械动作原理来实现触头的延时接通和断开。按其动作原理与构造的不同可分为电磁式、电动式、空气阻尼式和晶体管式等类型。图 4-18a、b 所示分别为 JS7—A 系列通电延时、断电延时空气阻尼式时间继电器动作原理图。它们都是利用空气阻尼作用来获得延时的。

时间继电器有通电延时和断电延时两种类型。通电延时型时间继电器的动作原理：吸引线圈通电时，使触头延时动作，吸引线圈断电时使触头瞬时复位。断电延时型时间继电器的动作原理：吸引线圈通电时，使触头瞬时动作，线圈断电时使触头延时复位。

空气阻尼式时间继电器的结构简单、价格低廉，但准确度低，延时误差大（±10% ~ ±20%），一般用于要求延时精度不高的场合。目前，在交流电路中应用较多的是晶体管时间继电器。它利用 *RC* 电路中电容器充电时电容器上的电压逐渐升高的原理为基础，其特点是延时范围广、体积小、精度高、调节方便和寿命长。时间继电器的图形符号如图 4-19 所示，文字符号用 KT 表示。

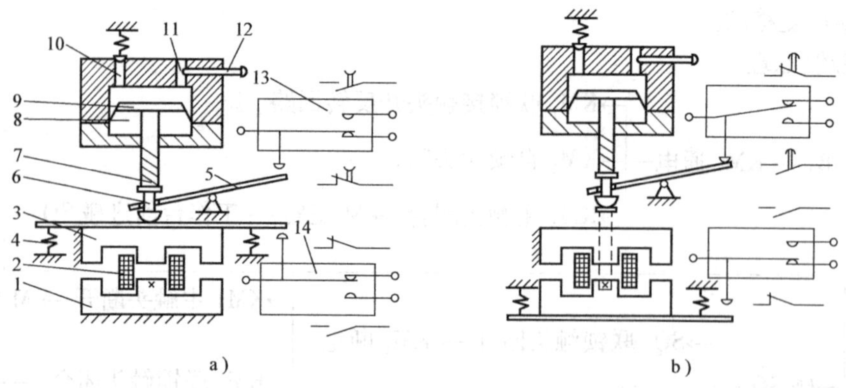

图 4-18 JS—A 空气式时间继电器动作原理图

1—静铁心 2—吸引线圈 3—动铁心 4—恢复弹簧 5—杠杆 6—活塞杆 7—释放弹簧 8—伞形活塞 9—橡皮膜 10—出气孔 11—进气孔 12—延时调节螺钉 13—延时微动开关 14—瞬时微动开关

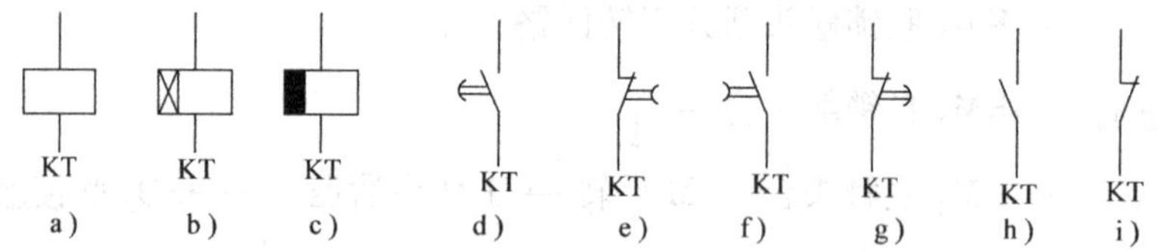

图 4-19 时间继电器的图形符号和文字符号

a）通用 b）断电延时 c）通电延时 d）延时闭合 e）延时断开 f）延时断开 g）延时闭合 h）瞬时闭合 i）瞬时断开

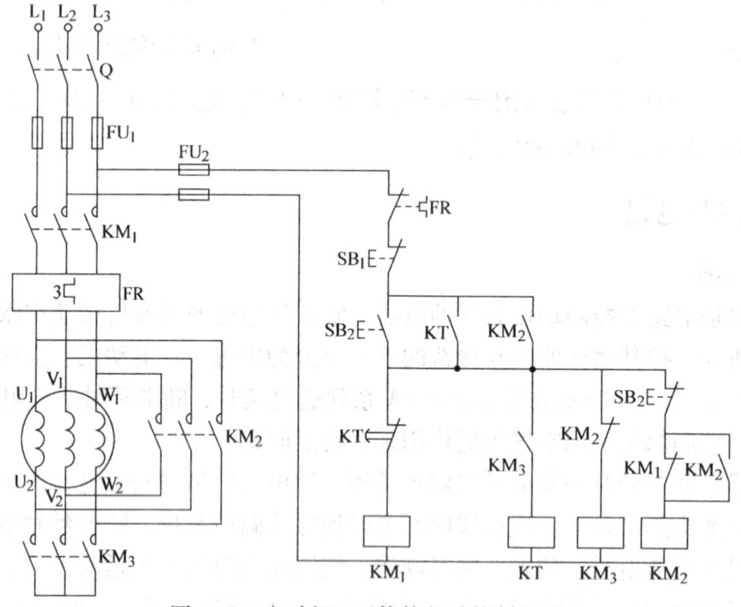

图 4-20 电动机Y-△换接起动控制电路

2. Y-△换接起动电路

（1）电路分析

图 4-20 是笼型三相异步电动机Y-△起动的控制电路，采用了图 4-19 所示的通电延时时间继电器 KT 的延时断开动断触头和瞬时闭合动合触头。KM_1、KM_2、KM_3 是三个交流接触

器。起动时 KM_3 工作，电动机为Y联结；运行时 KM_2 工作，电动机为△联结。

（2）控制原理

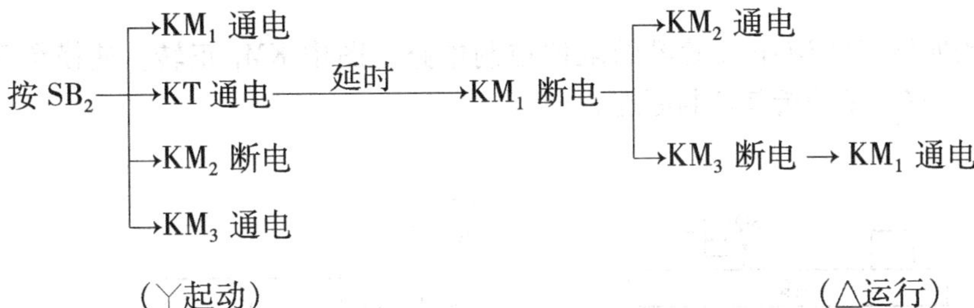

本电路的特点是在接触器 KM_1 断电的情况下进行Y-△换接，这样可以避免当 KM_3 的动合触头尚未断开时 KM_2 已吸合而造成电源短路；同时接触器 KM_3 的动合触头在断电情况下断开，不发生电弧，可延长使用寿命。

3. 能耗制动控制电路

（1）电路分析

能耗制动的控制线路如图 4-21 所示，图中用了图 4-18b 所示的断电延时时间继电器 KT 的延时断开动合触头。直流电流由接成桥式的整流电源供给。

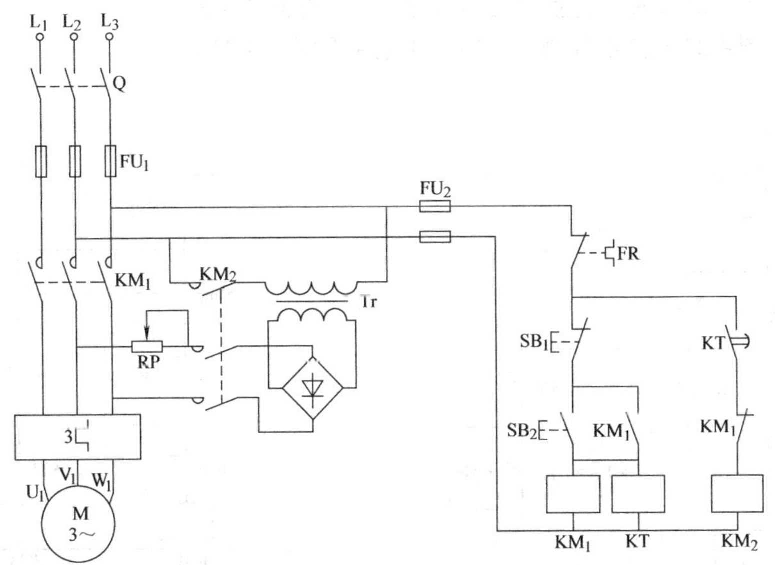

图 4-21　电动机能耗制动的控制电路

（2）控制原理

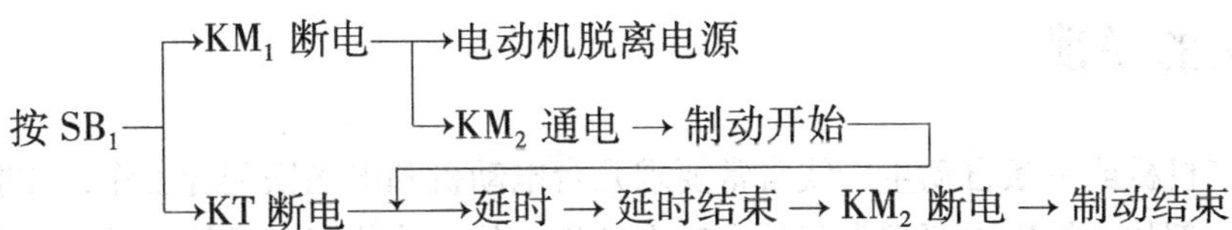

【思考题4-4】

（1）通电延时与断电延时有什么区别？时间继电器的四种延时触头（见图4-19）是如何动作的？

（2）图4-22为四柱万能液压机横梁的限位控制电路，图中 KM_1 正转，使横梁下移，KM_2 反转，使横梁上移，试分析其控制原理。

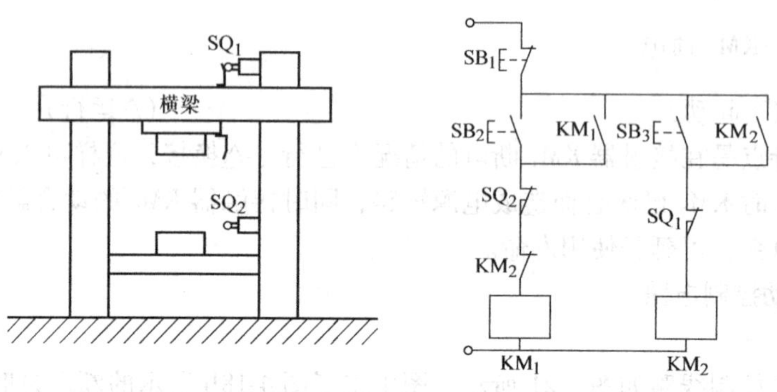

图4-22　四柱万能液压机构限位控制电路

（3）分析图4-23电路Y-△换接起动原理（主电路同图4-20）。

（4）分析图4-24电路能耗制动原理（主电路图同图4-21）。

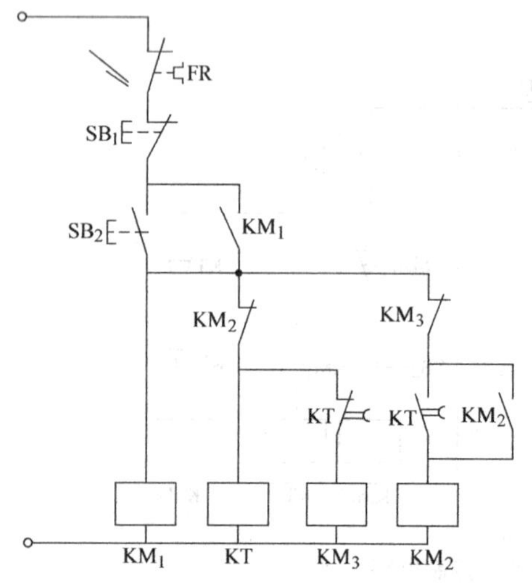

图4-23　Y-△换接起动控制电路

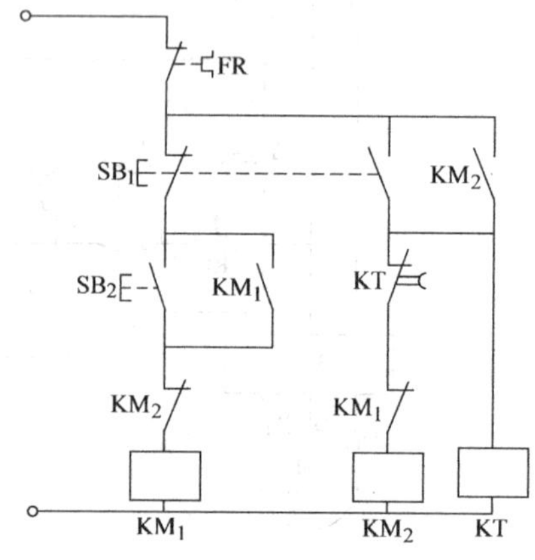

图4-24　能耗制动控制电路

4.5　触头的联锁

一台生产机械或一条自动生产线常常要求几台电动机和电磁铁配合工作，才能满足生产工艺的要求。例如，铣床中要求先起动主轴电动机，然后才能起动进给电动机；车床中要求先起动润滑油泵电动机，然后才能起动主轴电动机。这些要求反映在控制线路中称为顺序控制或联锁控制。电动机及电磁阀的联锁一般由交流接触器的辅助触头和中间继电器的触头在控制电路中的串、并联实现，它是保证生产机械或自动生产线可靠工作的重要保证。下面以两台电动机为例，介绍几种常用的联锁方法。

4.5.1 按顺序先后起动

不少机床在主轴工作之前，必须先起动润滑油泵电动机，使润滑系统工作后，才能起动主轴电动机。图 4-25 是两台电动机按顺序先后起动，同时停转的电路。电动机 M_1 为后起动的主轴电动机，由交流接触器 KM_1 控制，电动机 M_2 为先起动的润滑油泵电动机，由接触器 KM_2 控制。起动时按下按钮 SB_3，交流接触器 KM_2 的线圈通电吸合并自锁，主触头闭合，润滑油泵电动机 M_2 起动，同时在 KM_1 吸引线圈电路中串联的 KM_2 辅助动合触头闭合，为 KM_1 线圈通电做好准备。再按下按钮 SB_2，KM_1 的线圈通电吸合，使主轴电动机 M_1 起动。如在 M_2 起动之前，即使按 SB_2，由于 KM_2 的辅助动合触头断开，故 KM_1 线圈无法通电，M_1 也无法起动。按下 SB_1 时，KM_1、KM_2 线圈断电，M_1、M_2 停车。因此，实现这种联锁方法是将先起动接触器的动合触头串联在后起动接触器的控制电路中。

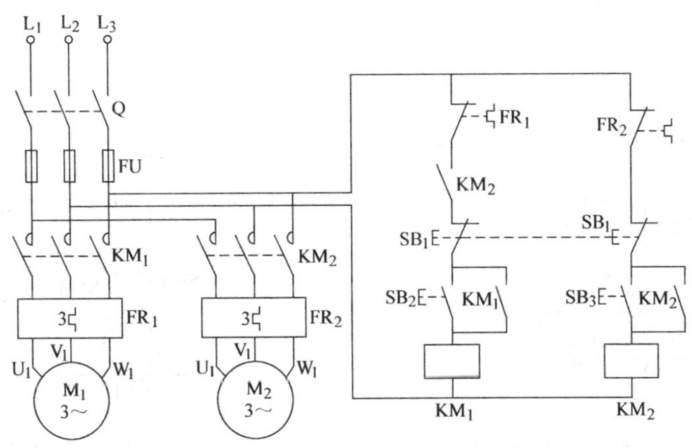

图 4-25　两台电动机顺序起动的控制电路

4.5.2 按顺序先后停止

机床主轴工作时，润滑油泵电动机是不允许停转的，只有当主轴电动机停转后润滑油泵电动机才能停转。图 4-26是两台电动机同时起动、顺序停转的控制电路。主电路与图 4-26 相同。起动时按下 SB_3，接触器 KM_1、KM_2 的线圈同时通电吸合，电动机 M_1、M_2 同时起动。停车时，必须先按下按钮 SB_1，使接触器 KM_1 的线圈断电，M_1 先停转，同时各辅助触头复位；然后按下 SB_2，KM_2 线圈断电，润滑油泵电动机 M_2 停转。如在 M_1 停车前，由于 KM_1 辅助动合触头闭合，即使按下 SB_2，无法使 KM_2 线圈断电，M_2 仍工作。因此，实现这种联锁的

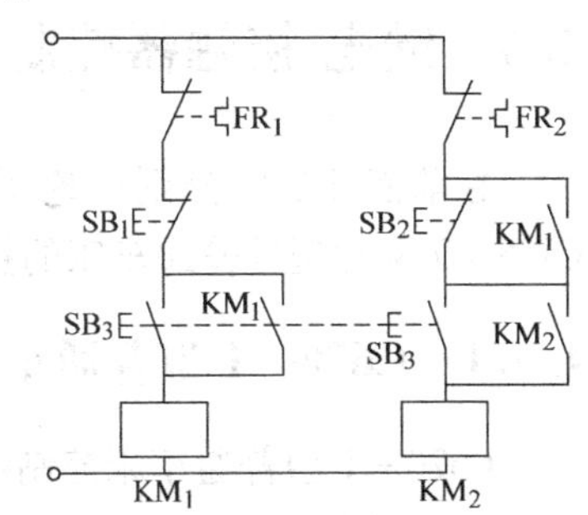

图 4-26　两台电动机顺序停转的控制电路

方法是将先停止接触器的动合触头，并联在后停止接触器控制电路中停止按钮的两端。

4.5.3 同时运行，不允许单独运行

某些生产机械中，有几台电动机相互配合工作，必须同时运行，不允许单独运行，否则会引起事故或工作不正常。图 4-27 是两台电动机同时运行的控制电路。当其中一台电动机过载或其他原因而断电停车时，另一台电动机必然断电停车。因此，实现这种联锁的方法是将同时工作的接触器的自锁触头相串联，热继电器动断触头串联在电路中。

4.5.4 单独运行，不允许同时运行

某些多工位机床上不同方向的动力头，不允许同时工作，否则会互相碰撞。图 4-28 是两台电动机只能单独运行、而不允许同时运行的控制电路。当其中任一控制电动机运行的接触器吸合后，该接触器的动断触头将另一路控制电动机运行的接触器线圈断开，使之不能通电吸合。实现这种联锁的方法是将通电接触器的动断触头串联在不允许同时工作接触器线圈电路中。

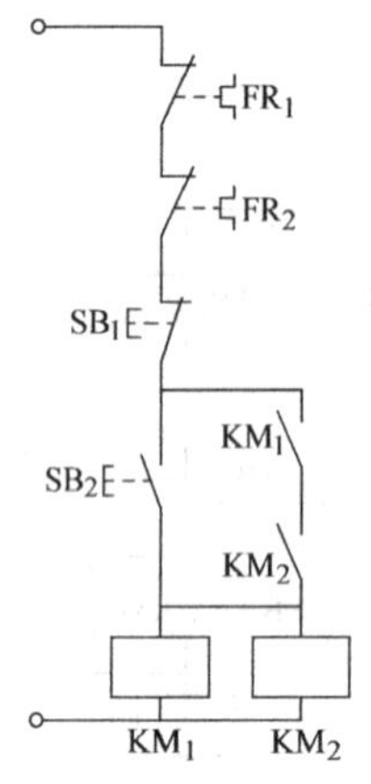

图 4-27 两台电动机不允许单独运行的控制电路

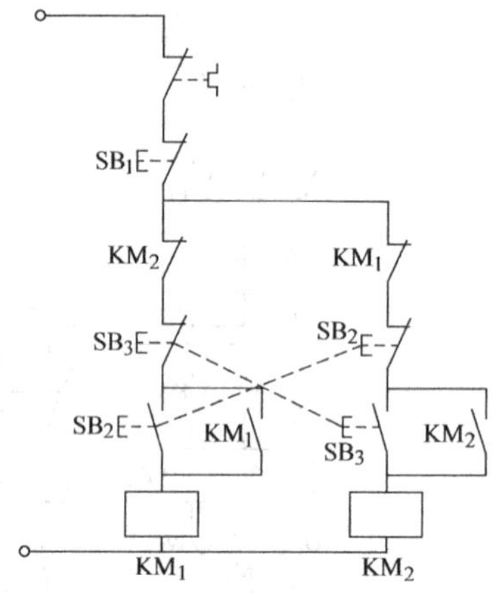

图 4-28 两台电动机不允许同时运行的控制电路

4.6 继电-接触器控制电路应用举例

在前面几节中分别讨论了常用控制电器和基本控制电路，下面通过讨论 C620—1 和 CW6140 两种型号普通车床的控制电路，以提高对控制电路的综合分析能力。

4.6.1 C620—1 型普通车床电路分析

C620—1 型普通车床控制线路如图 4-29 所示。

1. 主电路

三相电源经开关 Q_1 引入，主轴电动机 M_1 的转动和停止由接触器 KM 主触头控制，由于电动机容量不大，故采用直接起动。冷却泵电动机 M_2 的主触头接在 KM 主触头的下面，这样只有在主轴电动机起动后才有可能起动冷却泵电动机。要使用冷却液时，可在主轴电动机

运行后，将开关 Q_2 转到接通位置，使冷却泵电动机运转而给机床提供冷却液。

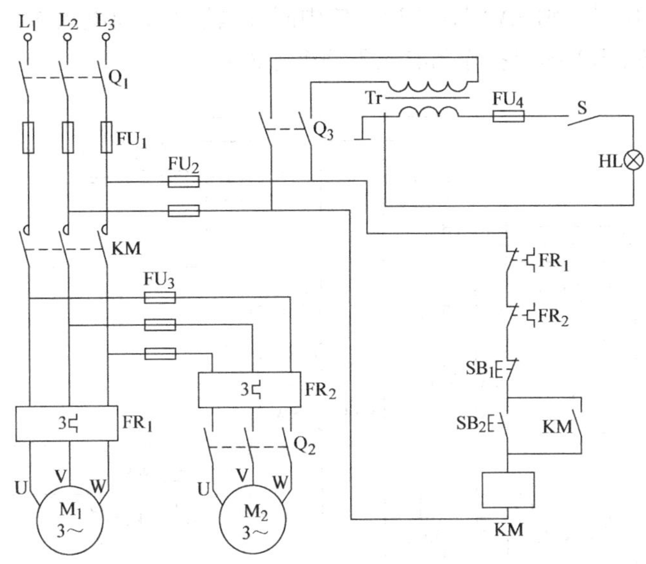

图 4-29　C620—1 型普通车床控制电路

2. 控制电路

合上电源开关 Q_1，按下起动按钮 SB_2，接触器 KM 的线圈通电，主触头闭合后，主轴电动机 M_1 运转，同时 KM 的自锁触头闭合，使 M_1 连续运转。热继电器 FR_1 和 FR_2 的动断触头串联在控制电路中，只要任何一台电动机过载，接触器 KM 线圈便断电，使两台电动机都停止。此外，控制电路还具有短路、零电压（欠电压）保护功能。

3. 照明电路

照明变压器 TL 将 380V 交流电压降到 36V 安全电压，照明电路由转换开关 S 接 36V 低压灯泡电路，灯泡另一端必须接地，以防止触电事故。

4.6.2　CW6140 型普通车床控制电路

CW6140 型普通车床控制电路如图 4-30 所示。

1. 主电路

三相电源自动空气开关经 QF 引入，主轴电动机 M_1 的正反转分别由两个接触器 KM_1 和 KM_2 控制，电动机正反转在切换时，采用Y-△降压起动，KM_3 是△运行控制接触器，KM_4 是Y起动控制接触器。冷却泵电动机 M_2 消耗的功率很小（且为单向运转），直接由开关 Q 控制。热继电器 FR_1 和 FR_2 分别用作 M_1 和 M_2 的过载保护。FU_1 作冷却泵电动机 M_2 的短路保护，主轴电动机 M_1 因车床配电板上已装有空气开关作总的短路保护，故不单独设置短路保护。

2. 控制电路

控制电路主要由过载及零电压保护、主轴正反转控制、Y-△降压起动控制和照明电路组成。

（1）过载及零电压保护

过载及零电压保护电路主要由热继电器 FR_1 和中间继电器 KA 组成。合上电源开关 QF，转换开关 SA 在中间位置，则 SA 闭合导通，使中间继电器 KA 通电动作，KA 闭合自锁，为接通控制电路作准备。KA 的保护作用有以下两个方面：

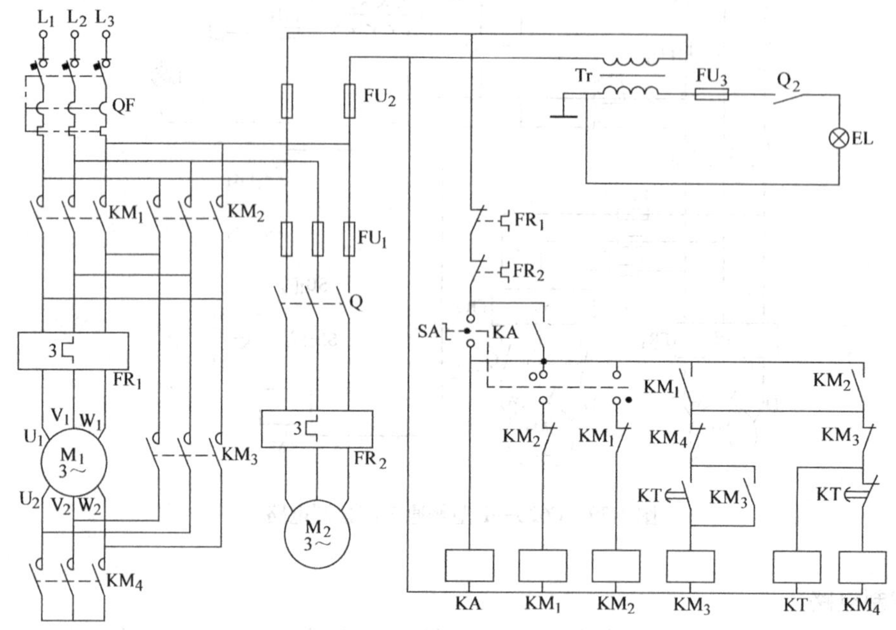

图 4-30 CW6140 型普通车床控制电路

当 SA 拨向正转（向上扳）或反转（向下扳）后 SA 断开，仅由 KA 自锁保持，如果电路电压因某种原因下降幅度过大（甚至为零），继电器 KA 将立即释放而断开控制电路。只有当电路电压恢复正常后把 SA 拨回中间位置，使 KA 重新通电自锁，然后再把 SA 拨至正转（或反转）位置，才能重新起动电动机 M_1；当电动机 M_1 或 M_2 出现过载时，动断触头 FR_1 或 FR_2 断开，使 KA 断开释放，切断控制电路。

（2）主轴的正反转控制

主轴的正反转控制由操作手柄拨动转换开关 SA，通过接触器 KM_1 或 KM_2，控制电动机 M_1 正转和反转来实现。SA 通过连杆机械与操作手柄联动，把手柄向上抬起，SA 仅接通 KM_1 线圈电路，使 M_1 正转；把手柄压下，SA 仅接通 KM_2 线圈电路，M_1 反转；把手柄恢复到中间位置，M_1 断电停转。

（3）Y-△换接起动控制

Y-△降压起动控制主要由接触器 KM_3 和 KM_4、时间继电器 KT 等组成。KM_3 是△运行控制接触器，KM_4 是Y起动控制接触器，二者相互联锁，只能交替动作，KT 通过其延时动作的触头控制 KM_3 和 KM_4 之间的切换，它们又与 KM_1 或 KM_2 的动合辅助触头相互连接，只要 KM_1 或 KM_2 中的任何一个通电动作，均能使 M_1 进行正向（或反向）的Y-△换接起动。

（4）局部照明控制

局部照明控制线路主要由变压器 Tr、开关 Q_2 和灯泡 EL 组成。FU_3 作局部照明电路的短路保护。

4.7 实训5 笼型三相异步电动机点动、起停控制电路装接

1. 实训目的

1）熟悉常用继电-接触器电路中各电器的结构及其动作原理。

2）能够将笼型三相异步电动机的点动和自锁两种控制线路，由电气原理图变换成实际操作电路。

3）理解点动控制和自锁控制的区别及各自的特点。

2. 实训设备与器材

1）万用表1只。

2）常用电工工具1套。

3）绝缘电阻表1只。

4）钳形电流表1只。

5）连接导线若干。

6）控制线路元件（见表4-1）。

表4-1 点动和自锁控制线路元件明细表

代 号	名 称	型号与规格	数 量
Q	电源开关	HZ1—25/3 25A	1
FU_1	熔断器	RL1—60/20 20A	3
FU_2	熔断器	RC1A—5 5A	2
FR	热继电器	JR10—10	1
SB_2	起动按钮	LA2	1
SB_1	停止按钮	LA2	1
KM	交流接触器	CJO—10	1
M	电动机	JO2—32—4 4极 3kW	1
	控制电路板	700 mm×600 mm×30mm（木质）	1

3. 实训内容

实训电路如图4-31和图4-32所示。

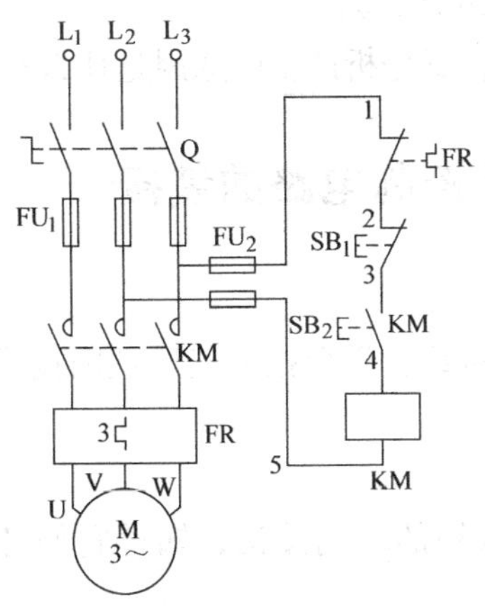

图4-31 实训5电路图1

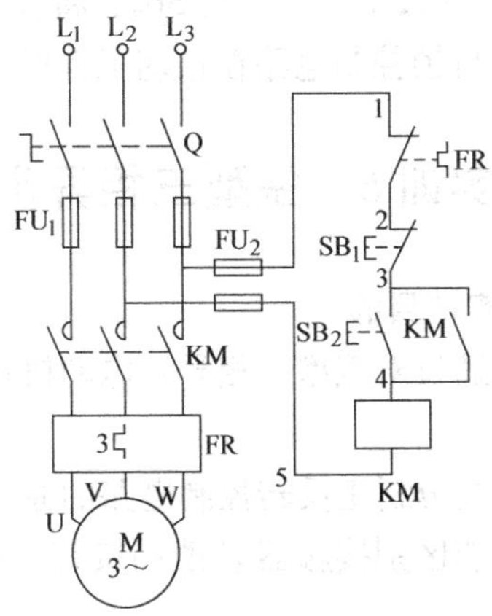

图4-32 实训5电路图2

1）按元件明细表配齐并检验元件，熔断器 FU_1 和 FU_2 分别接在主电路和控制电路中，用于短路保护。

2）根据电动机额定电流选配导线。

3）分别按图4-31、图4-32中编号在各电器元件和连线线端上编号。

4）如图4-31、图4-32所示，将电气元件安装在控制线路板上并接线，接至电动机的导线应穿软管加以保护，电动机外壳应装接地线。

5）接至三相交流电源的接线，采用三相四线电缆，三相电源插头采用与三相四线插座相配合的插头，中线应良好接地。

6）装接完工后，先自行测试电路绝缘电阻，并经教师检查无误后，方可通电运行。通电时，应先合上电源开关，再按起动按钮。

4. 注意事项

1）控制板上的所有编号都应在醒目处。

2）布线应避免交叉，走线应平整，转向处要弯成直角，要拧紧接线柱上的压紧螺钉。

3）热继电器的热元件要串联在主电路中。

4）交流接触器的辅助触头，即自锁触头应与 SB_2 并联。

5）操作时要注意安全，防止发生人身、设备事故。

6）图4-31的点动控制操作次数不宜过多，否则容易损坏电器和电动机。

5. 分析与思考

1）按下图4-31中的起动按钮 SB_2，体会什么是点动按钮。

2）按下图4-31、图4-32中的起动按钮 SB_2，体会自锁控制与点动控制有什么不同？填写表4-2中各项内容。

表4-2　点动和自锁控制线路的区别与功能

电路名称 / 内容	点动控制电路	自锁控制电路
绘出电路图，比较两电路的区别（要求用文字记录下来）		
两电路在功能上的区别		

3）切断自锁控制电路的电源后，在 SB_2 并联的辅助触头上（即自锁触头上）插入小纸片，再重新按动起动按钮 SB_2，将会出现什么现象？请解释原因。

4）自锁控制电路在长期工作后可能失去自锁作用，试分析产生的原因是什么？

4.8　实训6　笼型三相异步电动机正反转控制电路的装接

1. 实训目的

1）通过对笼型三相异步电动机正反转控制线路的接线，学会把电气原理图接成实际操作电路。

2）能分析正反转控制电路的原理和方法。

3）能区别接触器联锁和按钮、按钮接触器双重联锁的不同接法，知道它们各自的功能。

2. 实训设备与器材

1）万用表1只。

2）绝缘电阻表1只。

3）钳形电流表1只。

4）常用电工工具1套。

5）连接导线若干。

6）控制线路元件（见表4-3）。

表4-3　正反转控制线路元件明细表

代 号	名 称	型号与规格	数 量
Q	电源开关	HZ1—25/3	1
FU_1	熔断器	RL1—60/20 20A	3
FU_2	熔断器	RC1A—5	2
SB_1、SB_2、SB_3	复合按钮	LA2	3
KM_1	正转交流接触器	CJO—10	1
KM_2	反转交流接触器	CJO—10	1
FR	热继电器	JR10—10	1
M	电动机	JO2—32—4 4极3kW	1
	导线	按要求选配	若干

3. 实训内容

实训电路如图4-33所示。

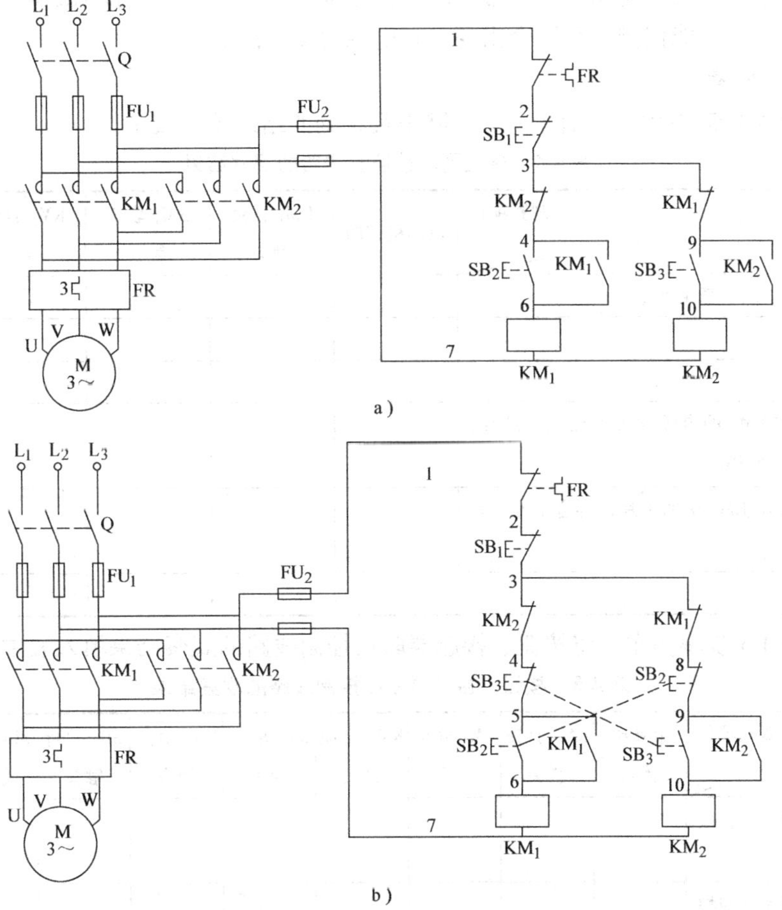

图4-33　实训6电路图

1）按元件明细表配齐并检验元件，FU_1 和 FU_2 分别接在图 4-33 的主电路和控制电路中，用于短路保护。

2）根据电动机额定电流选配导线。

3）分别在图 4-33b 中主电路和图 4-33a 控制电路编号，并按编号在各电器元件和连线端上编号。

4）按图 4-33 所示连线，接至电动机的导线应穿软管加以保护，电动机外壳应装接地线。

5）试车前检查：测量电路绝缘电阻，按图核查接线，请教师检查、评分，改正错误接线后通电运行。

6）通电检查：检查电路中的各种电器在起动和停止过程中的动作是否符合控制要求，是否安全、可靠。按前述有关内容再次核对主电路接线，无误后方可接通主电路电源，控制电动机运转。

4. 注意事项

1）运行中，若不能进行正反转，应立即停车，改正接线。

2）运行中，若发现电动机有异常情况，应立即停车，查明原因排除故障。

3）联锁触头不能接错，否则会出现二相电源短路事故。

5. 分析与思考

1）按表 4-4 步骤操作，将图 4-34 电路中观察到的结果填入表中。

表 4-4　接触器联锁控制线路的观察结果

操作步骤 \ 观察项目	电动机转向	KM_1 自锁触头	KM_1 联锁触头	KM_2 自锁触头	KM_2 联锁触头
①合上电源开关 Q，按下 SB_2					
②按下 SB_3					
③按下 SB_1					
④断开 Q，在 KM_1 的自锁触头中插入一纸片，合上 Q 后，再按下 SB_2					
⑤断开 Q，抽出 KM_1 中的纸片，再合上 Q，并按下 SB_3					
⑥按下 SB_1					

2）按表 4-5 步骤操作，将按钮、接触器联锁控制线路的观察结果填入表中。

表 4-5　按钮、接触器联锁控制线路的观察结果

操作步骤 \ 观察项目	电动机转向	KM_1 自锁联头	KM_1 联锁触头	KM_2 自锁触头	KM_2 联锁触头	SB_2 动合触头	SB_2 动断触头	SB_3 动合触头	SB_3 动断触头
①闭合电源开关 Q，按下 SB_2									
②SB_3 不按到底（即按下一半）									
③将 SB_3 按到底									

（续）

操作步骤 \ 观察项目	电动机转向	KM_1 自锁联头	KM_1 联锁触头	KM_2 自锁触头	KM_2 联锁触头	SB_2 动合触头	SB_2 动断触头	SB_3 动合触头	SB_3 动断触头
④将 SB_2 按下一半									
⑤将 SB_2 按到底									
⑥按下 SB_2									
⑦按下 SB_3									
⑧同时按下 SB_2、SB_3									

注：在进行⑥、⑦、⑧操作步骤之前，要先断开 Q，将 KM_1 和 KM_2 联锁触头短接，再合上 Q 继续操作。

3）接触器联锁与按钮、接触器联锁的区别和特点是什么？

4.9 小结

1）电动机的控制与保护电路中，经常用到的低压控制电器主要有开关、熔断器、交流接触器和继电器等。

2）电动机的点动控制电路是最简单的控制电路，不适于电动机频繁起停的场合。要实现电动机的连续运转，必须采用自锁控制，将交流接触器的一对动合触头并联在起动按钮两端。

3）将两个自锁控制电路并联，采用联锁控制，可改变通入电动机的三相交流电的相序，可实现电动机的正反转。采用按钮与接触器的双重联锁控制电路，可使正反转控制更为方便、快捷。配上行程开关，可实现自动往复控制和终端保护。

4）利用时间继电器的延时作用，可实现电动机的Y-△换接起动控制、能耗制动控制、顺序起动控制和顺序停止控制 。

5）当要求控制电路具有短路保护、过载保护和零电压（欠电压）保护等功能时，宜采用不同的保护电器。

4.10 习题

1. 试画出笼型三相电动机既能连续工作、又能点动工作的继电-接触器控制电路。

2. 某机床的主电动机（笼型三相）为 7.5kW，380V，15.4A，1440r/min，不需正反转。工作照明灯是 36V、40W。要求有短路、零电压及过载保护。试绘出控制线路并选用电器元件。

3. 根据图 4-7 接线做实验时，将开关 Q 合上后，按下起动按钮 SB，发现有下列现象：

（1）接触器 KM 不动作；

（2）接触器 KM 动作，但电动机不转动；

（3）电动机转动，但一松手电动机就不转；

（4）接触器动作，但吸合不上；

（5）接触器触头有明显颤动，噪声较大；

（6）接触器线圈冒烟甚至烧坏；

（7）电动机不转动或者转得极慢，并有“嗡嗡”声。

试分析和处理以上故障。

4. 今要求三台笼型三相异步电动机 M_1、M_2、M_3 按照一定顺序起动，即 M_1 起动后 M_2 才可起动，M_2 起动后 M_3 才可起动。试绘出控制线路。

5. 某机床主轴由一台笼型三相异步电动机拖动，润滑油泵由另一台笼型三相异步电动机拖动。今要求：

（1）主轴必须在油泵开动后，才能开动；

（2）主轴要求能接触器实现正反转，并能单独停车；

（3）有短路、零电压及过载保护。

试绘出控制线路。

6. 在图 4-33b 所示的控制电路中，如果动断触头 KM_1 闭合不上，其后果如何？试用如下工具或仪表检查这一故障：

（1）验电笔；

（2）万用表电阻档；

（3）万用表交流电压档。

7. 在图 4-34 中，要求按下起动按钮后能顺序完成下列动作：

（1）运动部件 A 从 1 到 2；

（2）接着运动部件 B 从 3 到 4；

（3）接着运动部件 A 从 2 回到 1；

（4）接着运动部件 B 从 4 回到 3。

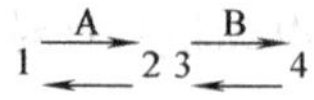

A B
1 2 3 4

图 4-34 习题 7 图

试画出控制电路图。（提示：用四个行程开关，装在原位和终点，每个行程开关有一动合触头和一动断触头。运动部件 A 由 KM_1 控制三相异步电动机 M_1 实现，运动部件 B 由 KM_2 控制三相异步电动机 M_2 实现。）

8. 如在上题中完成上述动作后能自动循环工作，则控制线路又如何？

9. 图 4-35 是电动葫芦（一种小型起重设备）的控制线路，图中 SB_1 为上升按钮；SB_2 为下降按钮；SQ 为终点限位开关；YA 为电动机的电磁离合器。试分析其工作过程。

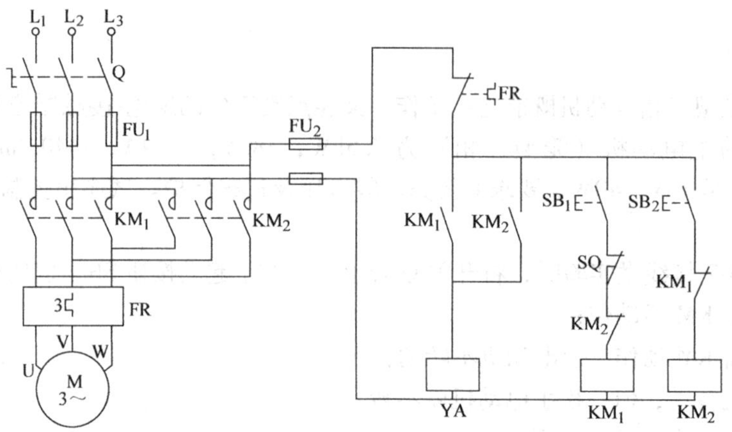

图 4-35 习题 9 电路

10. 小型桥式起重机上有三台电动机：横梁电动机 M_1，带动横梁在车间前后移动；小车电动机 M_2，带动提升机械的小车在横梁上左右移动；提升电动机 M_3，升降重物。三台电动机都采用点动控制。在横梁一端的两侧装有行程开关作终端保护，即当吊车移动车间终端时，就把行程开关撞开，电动机停下来，以免撞到墙上而造成重大人身和设备事故。在提升机械上也装有行程开关作提升终端保护。根据上述要求试画出控制电路。

11. 在图 4-18 的控制电路中，如果要求工作台到达终点时要停留一下再后退，怎么办？试绘出控制电路。

12. 根据下列五个要求，分别绘出控制电路（M_1 和 M_2 都是笼型三相电动机）：

（1）电动机 M_1 先起动后，M_2 才能起动，M_2 并能单独停车；

（2）电动机 M_1 先起动后，M_2 才能起动，M_2 并能点动；

（3）M_1 先起动，经过一定延时后 M_2 能自行起动；

（4）M_1 先起动，经过一定延时后 M_2 能自行起动，M_2 起动后，M_1 立即停车；

（5）起动时，M_1 起动后 M_2 才能起动；停止时，M_2 停止后 M_1 才能停止。

第 5 章　可编程序控制器简介

本章要点

- 可编程序控制器的特点、组成、工作原理
- F 系列可编程序控制器的器件编号与基本逻辑指令
- F 系列可编程序控制器的应用

5.1　可编程序控制器概述

可编程序控制器（Programmable Logie Controller）简称 PLC。

现代的可编程序控制器是以微处理器为基础，综合计算机技术与自动控制技术而发展起来的新一代工业控制器。它具有逻辑判断、定时、计数、记忆和算术运算、数据处理、联网通信、PID 回路调节，自适应控制及人工智能等功能。它将逻辑运算、顺序控制、定时、计数、算术运算等控制功能以一种系统指令形式存储在存储器内，然后根据存储的程序，通过数字或模拟量输入/输出部件对生产过程进行控制，是以微处理器为中心的数字式电子装置。可见，PLC 实际上是一种自动控制过程专用的计算机。

PLC 从诞生到今天，虽然只有 30 来年的历史，但是发展异常迅猛，用 PLC 构成的机电一体化自动控制系统已成为当今工业发达国家自动控制的标准设备，是当代工业自动化的主要支柱之一。

5.1.1　可编程序控制器的特点

1. 软件简单易学

PLC 的最大特点之一就是采用易学易懂的梯形图语言，它以计算机软件技术构成人们惯用的继电器模型，形成一套独具风格的以继电器梯形图为基础的形象编程语言。梯形图符号和定义与常规继电器展开图完全一致，电气操作人员使用起来得心应手，不存在计算机技术和传统电气控制技术之间的专业“鸿沟”。

2. 使用和维护方便

1）硬件配置方便。PLC 的硬件都是生产厂家按一定标准和规格生产的，硬件可按实际需要来配置，十分方便。

2）安装方便。PLC 用程序来实现控制，与继电-接触器控制系统相比较，大大减少了电器的安装和接线工作。

3）使用方便。PLC 提供许多内部软继电器供编程使用，且其触头数量和使用次数不受限制，给用户带来很大方便。用户在选用 PLC 时主要考虑输入、输出接点（I/O）数，可选择不同型号和各种功能模块的配置来达到需要的 I/O 点数。

4）维护方便。PLC 配备有许多监控提示信号，能检查自身的故障，并随时显示给操作

者，能动态地监视控制程序的执行情况，为现场的调试和维护提供了方便。

3. 抗干扰能力强，工作稳定可靠

PLC 是专为工业控制而设计的，采取了各种措施来提高抗干扰能力和工作的可靠性，主要措施有：

1）输入、输出均采用光电隔离，提高了抗干扰能力。

2）主机的输入电源和输出电源可相互独立，减少了电源间干扰。

3）采用循环扫描工作方式，提高了抗干扰能力。

4）内部采用“监视器”电路，以保证微处理器 CPU 可靠地工作。

5）采用密封防尘抗振的外壳封装及内部结构，可适应恶劣环境。

实验表明，一般 PLC 产品可抑制 1kV、1μs 的窄脉冲干扰信号，其平均无故障时间一般可达 5 ~ 10 万 h。

4. 设计施工周期短

使用 PLC 完成一项控制工程，在系统设计完成后，现场施工和 PLC 程序设计可以同时进行，周期短，可进行在线修改，柔性好。

正是由于具有以上这些优点，PLC 受到用户的广泛欢迎，应用日益普及。

5.1.2 可编程序控制器的组成

PLC 是以微处理器为核心的电子系统，它与计算机所用的电路相类似，PLC 的结构框图如图 5-1 所示。

1. 输入/输出部件

输入部件用来接收现场设备（如限位开关、按钮、传感器信号等）的控制信号，并将这些信号转换成中央处理机 CPU 能够接收和处理的数字信号，供 CPU 处理；输出部件则将经过中央处理机处理过的数字信号输出，并把数字信号转换成被控制设备或显示设备所需的电压信号或电流信号，以驱动电磁阀、接触器等电器设备。

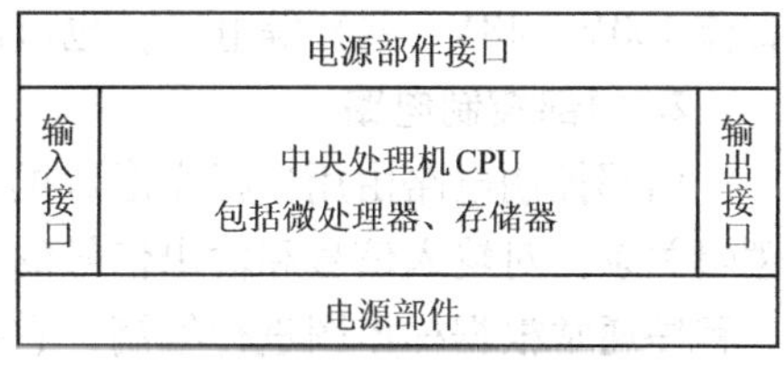

图 5-1　PLC 的结构框图

2. 中央处理机

中央处理机是 PLC 的“大脑”，包括微处理器、系统程序存储器和用户程序存储器。

（1）微处理器

微处理器用来处理和运行用户程序，监控中央处理机和输入/输出部件的状态，并作出逻辑判断，按需要将各种不同状态的变化，输出给有关部分，指示 PLC 的运行工作状况或做必要的应急处理。

（2）系统程序存储器

系统程序存储器用来存放系统管理和监控程序及对用户程序做编译处理的程序。系统程序根据各种 PLC 的功能不同，制造商在出厂前已将系统程序固化，用户不能改变。

（3）用户程序存储器

用户程序存储器用来存放用户根据生产过程和工艺要求编制的程序，它可通过外设编程器来改变用户程序。

3. 电源部件

电源部件将交流电源转换成供 PLC 的微处理器、存储器等电子电路工作所需要的直流电源，使 PLC 能正常工作。

4. 编程器

编程器是 PLC 最重要的外围设备。PLC 需要编程器输入、检查、修改、调试用户程序，也可随时监视 PLC 的工作情况。

5.2 可编程序控制器的基本工作原理

5.2.1 可编程序控制器的等效电路

可编程序控制系统的等效电路可分为三部分，即输入部分、内部控制电路和输出部分。输入部分用来收集被控设备的信息或操作命令；输出部分用来驱动外部负载，是系统的执行部件；内部控制电路是由编程实现的逻辑电路，它采用软件编程代替继电器电路的功能。其中前两部分与继电-接触器控制电路相似。

1. 输入部分

输入部分由外部输入电路、PLC 输入接线端子和输入继电器组成。外部输入信号经 PLC 输入接线端驱动输入继电器。一个输入端对应一个等效的输入继电器，它可提供无限个动合触头和动断触头，供 PLC 内部控制电路编程用。输入回路的电源可用 PLC 电源部件提供的直流 100V、48V、24V 等电压，也可由独立的交流电源 220V 和 100V 等供电。

2. 内部控制电路

内部控制电路由用户程序形成的软件代替继电-接触器的硬件电路。它按照程序规定的逻辑关系，对输入信号和输出信号的状态进行运算、处理和判断，然后得到相应的输出。用户程序通常根据梯形图进行编制，它类似于继电接触器控制电路原理图，只是图中元件符号不相同。图 5-2 给出了常见的几个元件与继电接触器控制电路相对应的图形符号。

继电-接触器控制电路中，继电器的触头可以是瞬时动作，也可以是延时动作。而 PLC 电路中的触头是瞬时动作的，延时则由定时器实现，延时时间可由程序设定，延时时间范围远远大于继电器的延时时间范围。PLC 内部控制电路中还设有计数器、辅助继电器等，这些器件的逻辑控制功能由编程实现，但只能在 PLC 内部控制电路中使用。

3. 输出部分

输出部分由与 PLC 相隔离的输出继电器的外部动合触头，输出接线端子和外部电路组成。

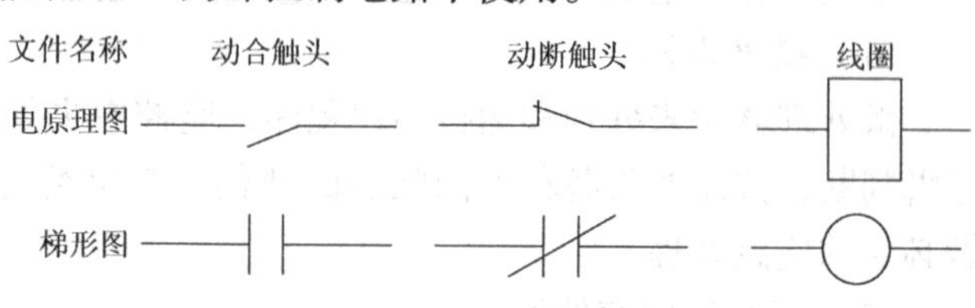

图 5-2 几个元件的对应图形符号

PLC 内部有多个输出继电器，并有许多用软件实现的动合触头和动断触头，可在 PLC 内部控制电路中使用；每个输出继电器还有一个硬件动合触头与输出端相连，以驱动需要操作的外部负载，外部负载驱动电源的另一端接在输出公共端（COM）上。

下面以简单的笼型三相异步电动机起动、停止控制电路为例，说明由 PLC 构成控制系统的基本工作过程。图 5-3 是该电动机的继电接触器控制电路。当合上电源开关 Q，按下起动按钮 SB2 时，交流接触器 KM 的线圈接通并自锁，其主触头闭合，电动机运转。当按下停止按钮 SB_1 时，接触器线圈断开，触头释放，电动机停止运转。

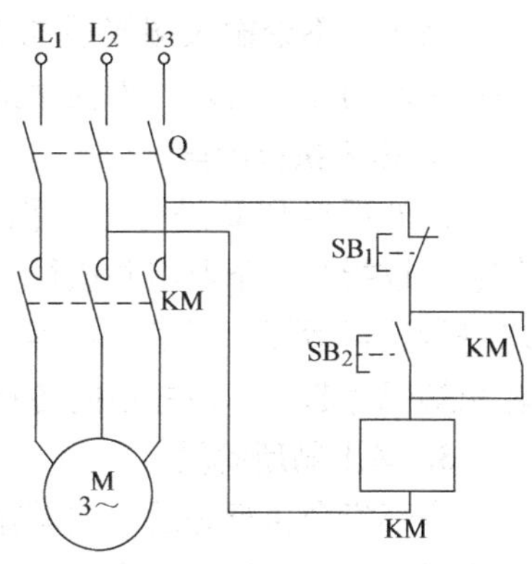

图 5-3 用继电接触器控制笼型三相异步电动机的起动、停止电路

图 5-4 是用 PLC 组成的三相异步电动机起动、停止控制电路，主电路如图 5-3 所示，与继电接触器控制电路相同。控制电路由 PLC 与外部输入、输出电路组成，图 5-4a 是 PLC 接线图，图 5-4b 是梯形图。PLC 的输入端 X400 接起动按钮 SB_2，X401 接停止按钮 SB_1，SB_1、SB_2 的另一端接输入侧的公共端 COM。在 PLC 的输出端 Y430 接接触器线圈 KM，KM 的另一端与输出公共端（COM）接驱动电源。输入回路电源由 PLC 直流 24V 电源提供，输出电源由交流电源供给。

用编程器将图 5-4b 的梯形图程序送入 PLC 内，PLC 就可按照预先规定的控制方式工作。当 SB_2 按下时，输入继电器 X400 线圈接通，内部控制电路中的 X400 动合触头闭合，因 SB_1 未按下，输入继电器 X401 的线圈断开，内部控制电路中的 X401 动断触头闭合，使输出继电器 Y430 线圈接通，在内部控制电路的 Y430 的动合触头闭合实现自锁，同时 Y430 输出端的输出继电器外部硬件动合触头接通，使接触器线圈 KM 通电，电动机运转。当 SB_1 按下时，输入继电器 X401 线圈接通，在内部控制电路的动断触头 X401 断开，输出继电器线圈 Y430 断开，电动机停转。

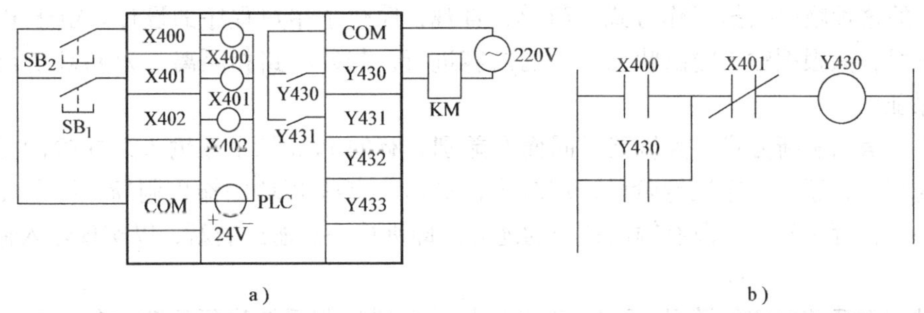

图 5-4 用 PLC 实现笼型三相异步电动机起动、停止电路

从以上例子可以看到，继电-接触器控制系统是将各个独立的器件及触头用硬连线连接来实现控制。PLC 把这种控制用程序（软件编程）形式存放在存储器中，程序就相当于继电-接触器控制的各种线圈、触头和连线，当要改变控制要求时，只要改编程序而不改变接线，所以给控制带来灵活性、通用性。

5.2.2 可编程序控制器的工作方式

PLC 采用循环扫描的方式工作。PLC 对用户程序的执行过程是以微处理器的周期性循环扫描方式进行的，分集中输入采样、执行程序、集中输出刷新三个阶段，如图 5-5 所示。PLC 开始运行时，首先清除输入输出状态寄存器原来的内容，然后进行自诊断，自检 CPU 及 I/O 组件，确认工作正常后开始循环扫描。

1. 输入采样阶段

该阶段不论输入端接线与否，CPU 顺序读取全部输入端信息，即输入继电器的状态，并将它们的保存起来，为程序执行阶段作准备。

2. 程序执行阶段

微处理器 CPU 进行用户程序扫描，将保存起来的输入端信息，按指令逐条取出并执行，对输入和原输出状态按指令要求进行逻辑运算、算术运算等“处理”，再将正确的结果送到输出端保存起来，但并不向各负载输出。

3. 输出刷新阶段

全部指令执行完后，把需输出的全部信息通过输出端部件转换成被控设备所能接收的电压或电流信号，以驱动输出继电器线圈，同时控制执行部件的相应动作。然后，CPU 又返回去进行下一个循环的扫描。这三个阶段的工作过程，称为一个扫描周期。

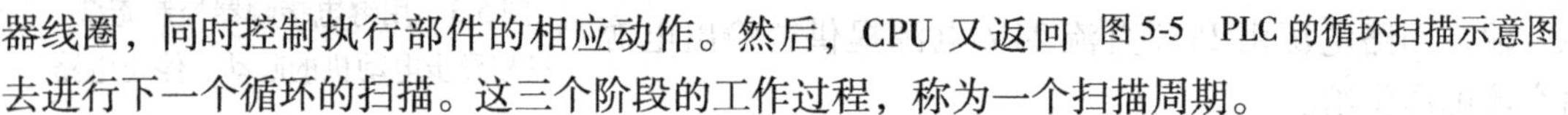

图 5-5　PLC 的循环扫描示意图

可见，在一个扫描周期中，输入信号只在输入阶段读入，在程序执行阶段，即使输入信号发生变化，输入状态的内容也不会改变。同理，暂存在输出端的输出信号，要等到一个循环周期结束时，集中将这些输出信号同时全部输给输出部件，这就是 PLC 的输入输出响应的滞后现象。这种滞后响应，在一般工业控制系统是完全允许的。因为 PLC 的扫描周期一般只需要 1～2ms，扫描时间主要由用户程序执行的时间决定，还与 PLC 的时钟频率及系统配置有关。通常，扫描时间在十至几十毫秒之间，这对工业控制对象来说几乎是瞬时完成的。

PLC 的这种顺序扫描工作方式，简单、直观，简化了用户程序的设计。由于 PLC 在程序执行阶段，只根据输入输出状态表中的内容进行，与外电路相隔离，为 PLC 的可靠运行提供了保证。

PLC 的信息刷新方式，因机型不同而有差别。有的 PLC 除了在输入采样阶段更新输入状态的内容外，还在程序执行阶段，定时采样更新。有些 PLC 的输出刷新，除了在输出阶段进行外，在程序执行阶段有输出指令的地方立即进行一次输出刷新，以实现输入输出快速响应。

通过前面两节内容的学习，可以将 PLC 与继电器控制系统进行简略比较。它们的相同之处是：

1）电路的结构大致相同。

2）梯形图沿用了继电器-接触器控制电路元件符号，个别有些不同。

3）信号的输入与输出控制功能相同。

它们的差别是：

1）组成的器件不同。继电器-接触器控制电路由许多真正的继电器、接触器组成，触头易损坏。而 PLC 梯形图中的继电器是软继电器，实质上是电子电路中的存储器、触发器，无机械触头损坏的问题。

2）它们的工作方式不同。当电源接通时，继电器-接触器控制器电路中各继电器都处于常态吸合或断开状态。而在梯形图的控制电路中，各继电器都处于周期性循环扫描接通之中，每个继电器接通时间是短暂的。

3）它们的触头数目不同。继电-接触器控制电路中的继电器触头数目是有限的，一般一个中间继电器的触头数只有 4 ~ 8 对。而 PLC 的软继电器的触头数是无限的，因为存储器中的内容可任意读取。

4）它们的联锁方式不同。在继电器-接触器控制电路中，为了达到某种控制目的，既要安全可靠，又要节约继电器触头，往往要设置许多联锁电路。而 PLC 是扫描工作方式，不存在几个并列支路同时动作的可能性，因此可以大大简化电路设计。

5）它们的编程方式不同。继电器-接触器控制电路中的程序由固定的电路确定的，功能专一，不灵活。而 PLC 的控制电路由软件编程来实现，可灵活变化，具有功能多样，通用性强和在线修改等特点。

5.3 F 系列 PLC 器件和编号

PLC 是以微处理器 CPU 为核心的电子设备，使用时可以把它看成由许多继电器、定时器和计数器等器件组成的集合体，这些器件称为 PLC 器件。它们有许多动合触头、动断触头。这些触头和继电器线圈经过软件编程，连接组成内部逻辑控制电路。PLC 器件只在编程时使用，它们的接通（ON）或断开（OFF）状态是用存储器中对应位的“1”或“0”来保存。为了与继电接触器控制器系统中真正的继电器相区分，又把它们称为软继电器或内部继电器。

不同型号 PLC 的器件种类和数量是不同的，为了方便使用，PLC 制造厂商给它们分配了不同的编号。不同型号 PLC 的器件编号方法也不太同。下面介绍 F 系列器件和编号。

5.3.1 输入继电器

输入继电器（X）用来接收外部传感器或开关的输入信号，并把它输给 PLC。它可等效为一端与 PLC 的输入端子相连，另一端与输入电路电源相连接的继电器。一旦某输入端的外部信号与输入公共端（COM）接通，则相对应的输入继电器动作。它为内部电路编程提供许多对的动合、动断触头。

输入继电器不能由内部继电器的触头驱动，只能由外部输入信号驱动。

输入继电器采用八进制数编号，器件号根据基本单元和扩展单元的型号而定，见表5-1。

表 5-1 输入继电器编号

基本单元	F—12R	F—20M	F—40M
	X00 ~ X05 （6 点）	X00 ~ X07 X10 ~ X13 （共 12 点）	X400 ~ X407 X500 ~ X507 X410 ~ X413 X510 ~ X513 （共 24 点）
扩展单元	F—10E	F—20E	F—40E
	X14 ~ X17 （4 点）	X14 ~ X17 X20 ~ X27 （共 12 点）	X414 ~ X417 X420vX427 X514vX517 X520 ~ X527 （共 24 点）

5.3.2 输出继电器

输出继电器（Y）是将 PLC 要输出的信号，通过 PLC 内部输出继电器的一对硬件动合触头与 PLC 输出端子相连。该输出端子与被控制电器（如接触器线圈 KM、电磁阀线圈 YV、电磁铁线圈、指示灯 HL 等）相连，并根据被控电器的额定电流和额定电压外接负载电源，电源另一端与输出公共端（COM）相连。

输出继电器还为编程提供若干个内部使用的动合触头、动断触头。

输出继电器也采用八进制数编号，器件号值根据基本单元和扩展单元的型号而定，见表 5-2。

表 5-2 输出继电器编号

基本单元	F—12R	F—20M	F—40M
	Y430 ~ Y35 （6 点）	Y430 ~ Y37 （8 点）	Y430 ~ Y437 Y530 ~ Y537 （共 16 点）
扩展单元	F—10E	F—20E	F—40E
	Y40 ~ Y45 （6 点）	Y40 ~ Y47 （8 点）	Y440 ~ Y447 Y540 ~ Y547 （共 16 点）

5.3.3 辅助继电器

PLC 中有许多辅助继电器（M），它们由 PLC 中各种器件的触头驱动，其实质是一些存储单元，起中间继电器的作用。每个辅助继电器都带有若干动合触头和动断触头，供编程使用，但不可作输出继电器驱动外部负载。

辅助继电器又可分为通用和保持两种类型。它实质是一些存储器单元，

1. 通用辅助继电器

通用辅助继电器用 3 位八进制数编号，器件号根据基本单元的型号而定。

F—12M、F—20M：M100 ~ M157（48 个）

F—40M、F—60M：M100 ~ M227（128 个）

2. 保持辅助继电器

保持辅助继电器能够在电源中断时，保持它们原来的状态，可在 PLC 恢复工作时再现断电时的工作状态。

保持辅助继电器也是用 3 位八进制数编号，器件号根据基本单元的型号而定。

F—12M、F—20M：M160 ~ M177（16 个）

F—40M、F—60M：M300 ~ M377（64 个）

5.3.4 移位寄存器

移位寄存器由辅助继电器组成，由 8 个或 16 个辅助继电器组成一组。移位寄存器的编号用构成移位寄存器的第一个辅助继电器表示。当辅助继电器已用作移位寄存器时，这一组辅助继电器不可另作它用。用保持辅助继电器构成的移位寄存器，同样具有数据保持功能。

移位寄存器的编号，见表 5-3。

表 5-3　F 系列的移位寄存器

F—12M　F—20M		F—40M　F—60M	
编号	对应的辅助继电器	编号	对应的辅助继电器
M100	M100～M107	M100	M100～M117
M110	M110～M117	M120	M120～M137
M120	M120～M127	M140	M140～M157
M130	M130～M137	M160	M160～M177
M140	M140～M147	M200	M200～M217
M150	M150～M157	M220	M220～M237
M160	M160～M167	M240	M240～M257
M170	M170～M177	M260	M260～M277
		M300	M300～M317
		M320	M320～M337
		M340	M340～M357
		M360	M360～M377

5.3.5　定时器

F 系列 PLC 的定时器（T）均为延迟接通型定时器，其工作时间用编程器设定。它们带有若干个触头动合和动断触头，供限时、定时使用。定时器的器件号见表 5-4。

表 5-4　F 系列的定时器

	F—12M　F—20M	F—40M　F—60M
定时器编号	T50～T57 （8 点）	T450～T457 T550～T557 （16 点）
范围/s	0.1～99 （两位数字设定，最小设定单位 0.1）	0.1～999 （三位数字设定，最小设定单位 0.1）

5.3.6　计数器

F 系列 PLC 中的计数器（C）是一个减 1 计数器，计数器的计数值由编程器设定后，当计数器的输入每出现一次由断开到接通时，计数器就将当前值减 1，直到计数器的值为 0 时，计数器的动合触头接通，动断触头断开。每个计数器在电源中断时，均将当前计数值保存下来。计数器的器件号见表 5-5。

表 5-5　F 系列的计数器

	F—12R　F—20M	F—40M　F—60M
计数器编号	C60～C67 （8 点）	C460～C467 C560～C567 （16 点）
计数范围	1～99	1～999

5.3.7 特殊辅助继电器

F 系列 PLC 还有 M70、M71、M72、M76、M77 等特殊用途的辅助继电器，它们的功能分别是：

M70：运行监视。M70 自动地随 PLC 的运行/停止而呈通/断状态，当 PLC 的程序在运行时，M70 一直接通，利用此触头经输出继电器（Y），可以在外部显示程序运行与否。

M71：初始化脉冲。在 M70 接通后的第一个扫描周期中，M71 接通一个扫描周期。它主要用于程序中的计数器、移位寄存器等的状态初始化，即复位。

M72：0.1s 的时钟脉冲。M72 用于产生脉冲间隔为 0.1s 的时钟脉冲，可用于驱动计数器或移位寄存器，以完成（执行）监视定时器功能。它也可和计数器联用，起到定时器的作用。

M76：电池电压下降监视。当电池电压下降到一定值时，M76 接通。它可以把信号输给外部指示单元来指示电池电压下降，驱动输出继电器（Y）并用其触头接通指示灯 LED。

M77：禁止全部输出

当 M77 接通，全部输出继电器（Y）的输出自动断开，但其他继电器、定时器、计数器仍工作。若发生异常状态，可用 M77 紧急停机，切断全部输出。

5.4 F 系列 PLC 基本逻辑指令

F 系列 PLC 用两种相互对应的编程语言（梯形图和指令）来表示。

梯形图是一种图形语言，它沿用继电器的触头、线圈、串并联等术语和图形符号，并增加了一些继电器-接触器控制中没有的符号。梯形图比较形象、直观，对于熟悉继电器-接触器控制器的人员来说很容易接受，不需要学习更深的计算机知识，因此梯形图在 PLC 中用得最多。

指令是用助记功能缩写符号来表达 PLC 各种功能的语言。通常每一条指令由指令语和器件编号两部分组成，它类似于计算机的汇编语言，但又比一般的汇编语言简单。这种表达程序的方式，编程设备简单，逻辑紧凑、系统化、连接范围不受限制，但比较抽象。目前，各种不同的 PLC 都有各自的编程指令。

F 系列 PLC 共有 20 条基本指令，分别介绍如下：

5.4.1 LD、LDI、OUT 指令

LD（Load）：动合触头与母线连接指令。

LDI（Load inverse）：动断触头与母线连接指令。

OUT（Out）：线圈驱动指令。

步序	指令语	器件号	注释
0	LD	X400	与母线相连
1	OUT	Y430	驱动指令
2	LDI	X401	与母线相连
3	OUT	M100	驱动指令

4	OUT	T450	定时器驱动指令
5	K	9	定时常数设定
6	LD	T450	
7	OUT	Y431	

LD 与 LDI 指令不仅可以用于与母线相接的触头，还可以与 ANB、ORB 等指令配合，用于分支电路的起点。

OUT 指令是驱动线圈的指令，用于驱动 Y、M、T、C 这些元件，但不能用于输入继电器。OUT 指令可以连续使用若干次，相当于线圈的并联，如图 5-6 中 OUT M100，OUT T450，后面还可以并联多个 OUT。定时器和计数器的 OUT 指令之后应设定常数 K，常数 K 分别表示定时器的延时时间或计数器的计数次数，常数也占一个步序。

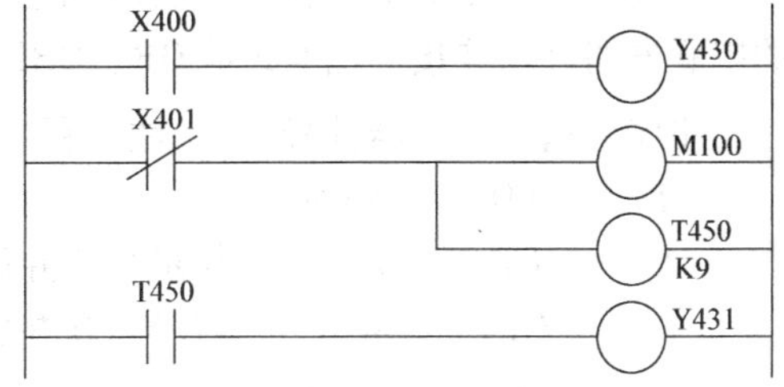

图 5-6 LD、LDI、OUT 的使用

5.4.2 AND、ANI 指令

AND（And）：用于动合触头的串联。

ANI（And inverse）：用于动断触头的串联。

触头与左边的电路串联时，用 AND、ANI 指令。串联触头的个数没有限制。在图 5-7 中 OUT M100 指令之后，通过 T450 的触头去驱动 Y434，称为连续输出。只要按正确的次序设计电路，可以连续多次使用连续输出。但图中 M100 和 Y434 线圈所在的并联支路的上、下位置不可颠倒。图 5-8 所示电路是错误的电路。

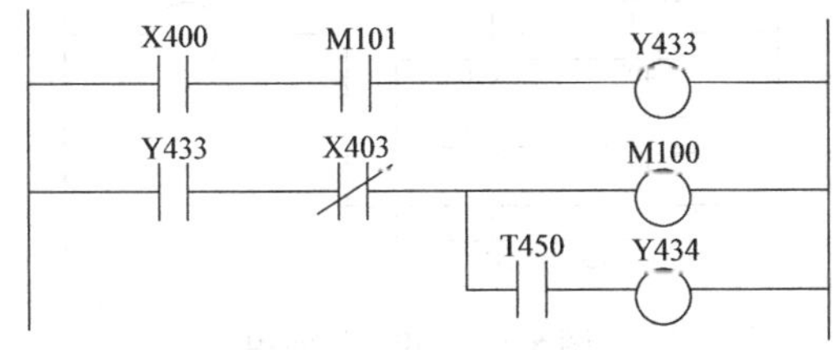

图 5-7 AND、ANI 的使用

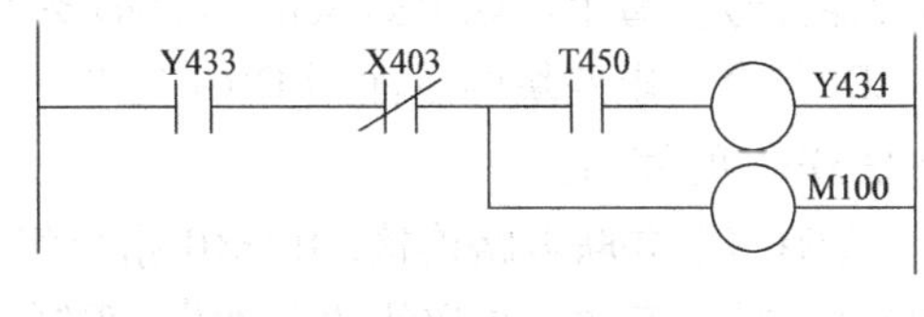

图 5-8 错误的电路

步序	指令语	器件号	注 释
0	LD	X400	
1	AND	M101	串联触头
2	OUT	Y433	
3	LD	Y433	
4	ANI	X403	串联触头
5	OUT	M100	
6	AND	T450	串联触头
7	OUT	Y434	连续输出

5.4.3 OR、ORI 指令

OR（Or）：用于动合触头的并联。

ORI（Or inverse）：用于动断触头的并联。

OR 和 ORI 用于单个触头与前面电路的并联。并联触头的左端接到 LD 和 LDI 的点上，右端与前一条指令对应的触头的右端相连，并联的数量不受限制。它不能用于两个以上触头的串联电路并联连接。图 5-9 是 OR、ORI 指令的使用。

步序	指令语	器件号	注释
0	LD	X404	
1	OR	X406	与步序 0 并联
2	ORI	M102	与步序 0 并联
3	OUT	Y435	
4	LDI	Y435	
5	AND	X407	
6	OR	M103	与步序 4 并联
7	ANI	X410	
8	OR	M110	与步序 4 并联
9	OUT	M103	

图 5-9 OR、ORI 的使用

5.4.4 ORB 指令

ORB（Or block）：电路块并联连接指令。

两个或两个以上的触头串联连接的电路称为“串联电路块”。将串联电路块并联连接时用 ORB 指令。ORB 指令是一条独立的指令，它不带器件号。每个串联电路块的起点都要用 LD 或 LDI 指令。电路块的后面用 ORB 指令。图 5-10 是 ORB 的使用。

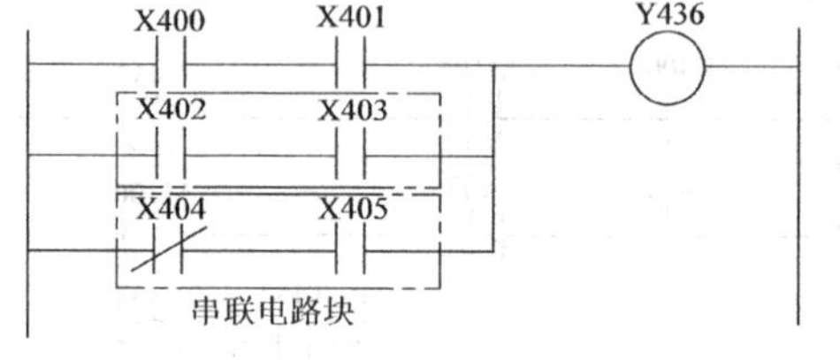

图 5-10 ORB 的使用

如有多个并联电路连接,用 ORB 指令将每个电路块并联连接,并联电路块的个数没有限制。

理想的程序

步序	指令语	器件号
0	LD	X400
1	AND	X401
2	LD	X402
3	AND	X403
4	ORB	
5	LDI	X404
6	AND	X405
7	ORB	
8	OUT	Y436

不理想的程序

步序	指令语	器件号
0	LD	X400
1	AND	X401
2	LD	X402
3	AND	X403
4	LDI	X404
5	AND	X405
6	ORB	
7	ORB	
8	OUT	Y436

ORB 的使用方法有两种，可以在要并联的每个串联电路块后加 ORB 指令；也可以将 ORB 指令集中起来使用，但将 ORB 集中使用时，电路块的并联个数不能超过 8 个，一般不希望用这种编程方法。

5.4.5 ANB 指令

ANB（And block）：电路块串联连接指令。

两个或两个以上触头并联连接的电路称为“并联电路块”。将电路块与前面电路串联连接时用 ANB 指令。在使用 ANB 指令之前，应先完成并联电路块的内部连接。并联电路块中各支路的起始触头用 LD 或 LDI 指令。ANB 指令也是一条独立的指令，它不带器件号。ANB 指令相当于两个电路块之间的串联连线。该点也可以视为它右边的并联电路块的 LD 点。图 5-11 所示是 ANB 指令的使用。

步序	指令语	器件号	注　释
0	LD	X400	
1	OR	X401	
2	LD	X402	分支起点 1
3	AND	X403	
4	LDI	X404	分支起点 2
5	AND	X405	
6	ORB		分支点 1、2 并联
7	OR	X406	与 1、2 并后再并
8	ANB		与前面电路串联
9	OUT	Y430	

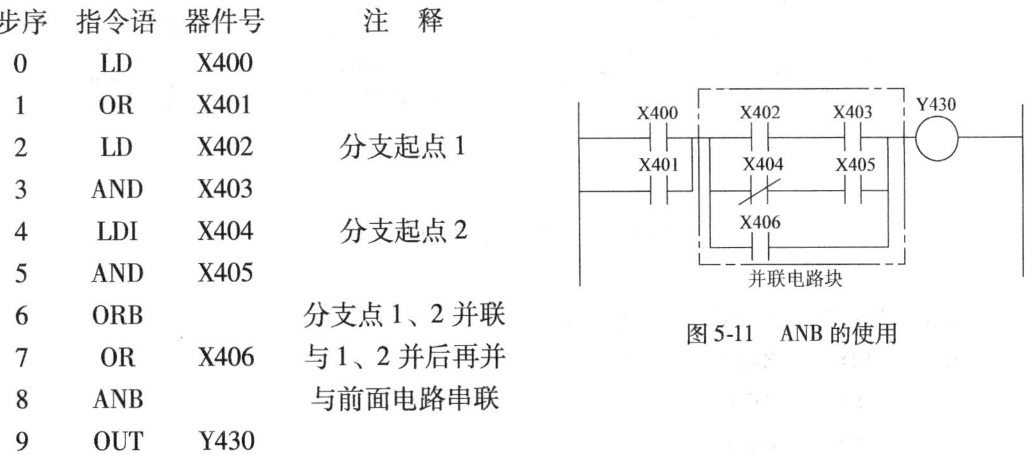

图 5-11　ANB 的使用

ANB 的使用次数可以不受限制，但如将 ANB 集中起来使用，与 ORB 指令一样，电路块的串联个数不能超过 8 个。

5.4.6 S、R 指令

S（Set）：置位指令，使操作保持的指令。

R（Reset）：复位指令，使操作保持复位的指令。

这两条指令用于输出继电器 Y、辅助继电器 M200 ~ M377，用来保持和复位上述继电器线圈的操作。

这两条指令均为有“记忆力”的指令。使用 S 指令时，其线圈具有自保持功能。图5-12 中，X401 一旦接通，即使 X401 再断开，M205 仍保持接通。当用 R 指令时，X402 一旦接通，即使 X402 再断开，M205 仍保持断开。这两条指令之间可以插入别的程序。如果它们之间没有别的程序，则当图 5-12 中 X401、X402 同时接通时，R 指令将优先执行。

步序	指令语	器件号	注　释
0	LD	X401	
1	S	M205	

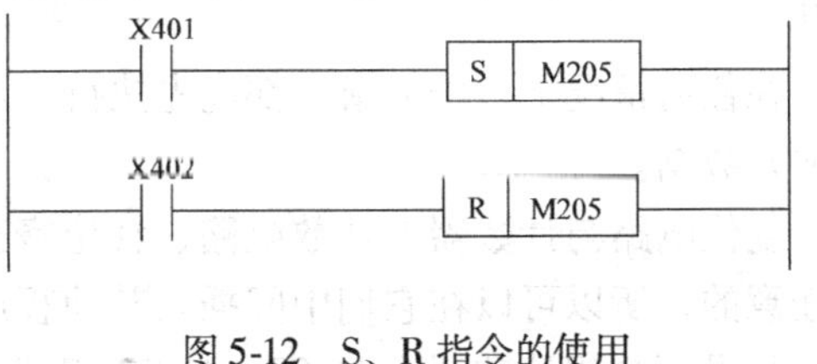

图 5-12　S、R 指令的使用

⋮	⋮	⋮	插入其他程序
13	LD	X402	
14	R	M205	

5.4.7 RST 指令

RST（Reset）：复位指令，用于计数器和移位寄存器的复位。

将计数器的当前值回复到设定值或清除移位寄存器的内容使用 RST 指令。图 5-13 是计数器电路和 RST 指令的使用。

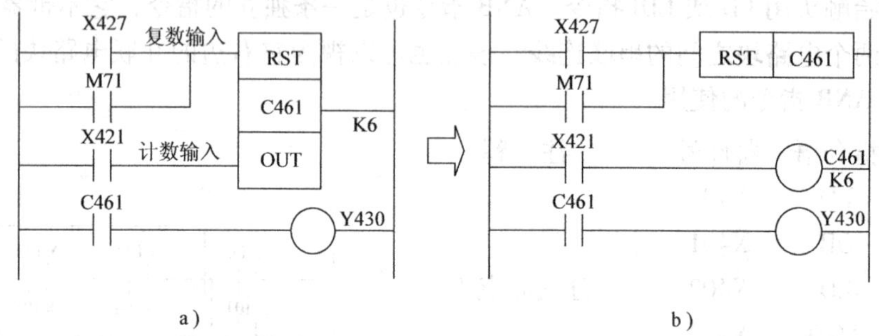

图 5-13　计数器电路和 RST 的使用

步序	指令语	器件号	注　释
0	LD	X427	
1	OR	M71	
2	RST	C461	
⋮	⋮	⋮	插入其他程序
13	LD	X421	
14	OUT	C461	
15	K6		
⋮	⋮	⋮	插入其他程序
26	LD	C461	
27	OUT	Y430	

计数器有两个输入端，当计数器的计数输入端触头 X421 每次由断开到接通时，计数器的值（设定值为6）减 1，当 X421 通断 6 次，则计数器的值为 0，计数器的线圈 C461 接通，C461 的动合触头闭合，Y430 才接通，此后 C461 的状态是连续保持的。当复位输入端的触头 X427 接通，计数器复位，计数器的值回到设定值，C461 的线圈断开，C461 的动合触头断开。

在任何情况下，RST 指令都优先执行。计数器和移位寄存器处于复位状态时，它们不接受输入数据。

复位电路与计数器的计数电路、移位寄存器的移位电路是相互独立的，它们的先后次序是任意的，所以可以在它们中间插入其他程序。

如果不希望计数器由 M300 ~ M377 组成的移位寄存器有断电保持功能，可以在 PLC 开始运行时用初始化脉冲 M71 将它们复位。

5.4.8 PLS 指令

PLS（Pulse）：脉冲指令，又叫微分输出指令。

要在辅助继电器触头接通后产生一脉冲信号，可使用 PLS 指令。该脉冲的宽度等于一个扫描周期。PLS 指令可作计数器、移位寄存器的复位输入。

PLS 指令只能用于 M100 ~ M377。如图 5-14 中的 X401 由断开变为接通时，M100 接通一个扫描周期。

指令语	器件号
LD	X401
PLS	M100

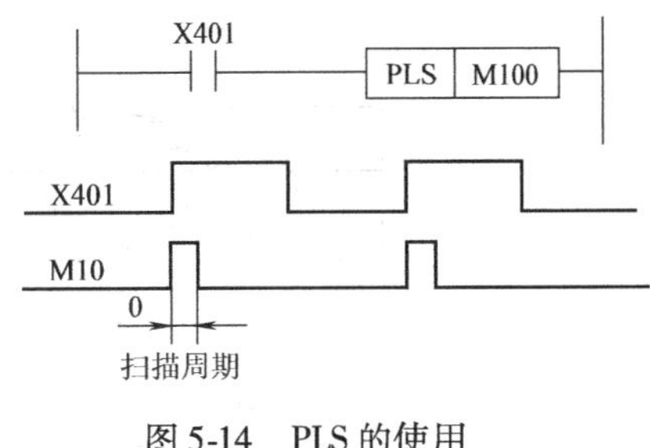

图 5-14　PLS 的使用

5.4.9 SFT 指令

SFT（Shift）：移位指令，将移位寄存器的内容做移位的指令。

由辅助继电器构成的移位寄存器，根据基本单元的不同，可由 8 个或 16 个辅助继电器组成。下面说明移位寄存器用 SFT 指令的工作原理。

移位寄存器有三个输入端，各自功能如下：

1. 数据输入

第一个辅助继电器 M300 的通/断状态由数据输入端的 X400 的通/断状态所决定。移位寄存器电路和 SFT 的使用，如图 5-15 所示。

步序	指令语	器件号
0	LD	X400
1	RST	M300
2	LD	X401
3	SFT	M300
4	LD	X402
5	OUT	M300

图 5-15　移位寄存器电路和 SFT 的使用

2. 复位输入

当复位输入 X402 接通时，M300 ~ M317 全部断开，即 16 个辅助继电器全部复位。

3. 移位输入

移位输入 X401 由断变通时，每个辅助继电器的通断状态前移一位。即将 X401 的数据送入 M300，M300 的数据送入 M301，依次前移，M317 的数据溢出。

5.4.10 NOP 指令

NOP（Non-processing）：空操作指令。

空操作指令使该步序做空操作或不起作用。可预先在程序中插入 NOP 指令，则遇修改或增加指令时，可使步序更改减到最少。此外，可以用 NOP 指令来取代已写入的 LD、LDI、

ANB、ORB 等指令，但修改后电路结构将发生很大的变化，如图 5-16 所示。

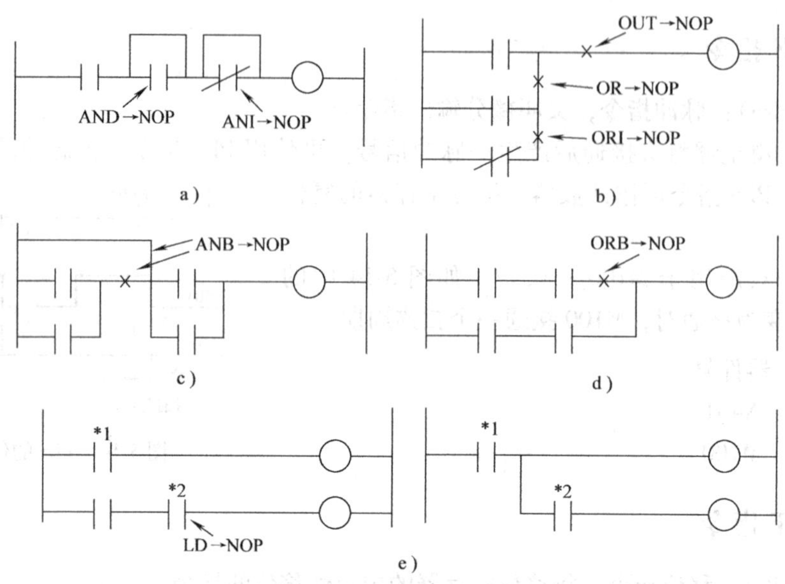

图 5-16 使用 NOP 指令修改电路
a）短路触头 b）切断电路 c）短路前面全部电路
d）切断前面全部电路 e）与前面 OUT 电路相连

5.4.11 MC、MCR 指令

MC（Master control）：主控指令，用于公共触头串联连接指令。

MCR（Master control reset）：主控复位指令，MC 指令的复位指令。

在编程时，经常会遇到许多线圈同时受一个或一组触头的控制。如果在每个线圈的控制电路中都串入同样的触头，将占用很多存储单元和使扫描周期加长。主控指令可以解决这一问题。使用主控指令的触头称为主控触头。它在梯形图中与一般的触头垂直。它们是与母线相连的常开触头，是控制一组电路的总开关。图 5-17 是 MC、MCR 的使用。

与主控触头相连的触头必须用 LD 或 LDI 指令。即使用 MC 指令后，母线移到了主控触头的后面。MCR 可以使母线回到原来的位置。

步序	指令语	器件号	注　释
0	LD	X400	
1	AND	X401	
2	OUT	M100	
3	MC	M100	进入主控
4	LD	X402	
5	OUT	Y430	
6	LD	X403	
7	OUT	Y431	
8	LD	X404	
9	OUT	Y432	

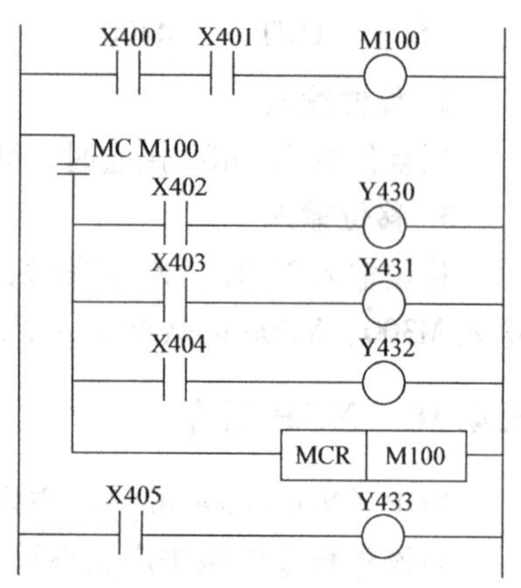

图 5-17 MC、MCR 的使用

10	MCR	M100	退出主控
11	LD	X405	
12	OUT	Y433	

MC、MCR 指令可用于辅助继电器 M100 ~ M177。

当 MC 的条件状态为断开时，MC 和 MCR 指令之间的各继电器状态如下：

输出继电器、通用辅助继电器：断开；

定时器：复位；

计数器、保持辅助继电器：保持现有状态。

当 MC 的条件状态为接通时，每一个继电器的状态与没有 MC、MCR 指令一样被执行。

5.4.12　CJP、EJP 指令

CJP（Conditional jump）：条件跳步指令，用于跳步开始。

EJP（End of jump）：跳步结束指令，用于指示跳步终点。

跳步指令是用来跳过部分程序，使其不执行的指令。该指令的目标器件号为 700 ~ 777，共 64 点。CJP 和 EJP 指令必须成对使用。它们的跳步目标号必须一致。CJP 指令应放在 EJP 指令前面。

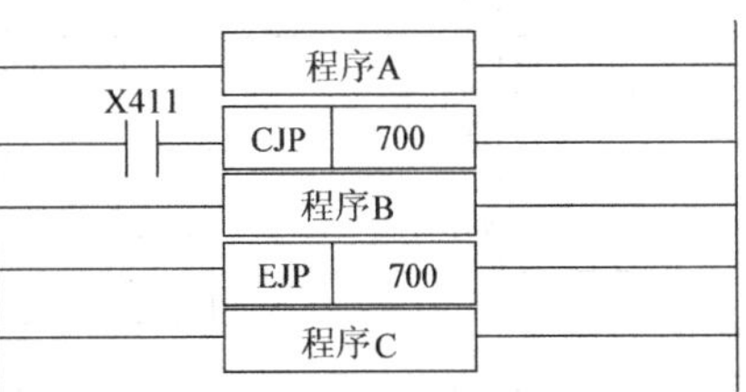

图 5-18　CJP、EJP 的电路功能

图 5-18 为这两条指令的示意图，当转移条件成立（X411 接通），跳过程序 B，即执行程序 A 后，直接执行程序 C，这时程序 B 的每个输出均保持在转移前所处的状态。如转移条件不成立（X411 断开），则执行程序 A 后，继续执行程序 B 后，执行程序 C。执行转移指令可使整个程序执行的时间减少。

图 5-19 为一个转移电路的实例。

步序	指令语	器件号	注　释
0	LD	X412	
1	CJP	701	X412 接通时，转移开始
2	LD	X413	
3	OUT	Y441	保持转移前接通/断开
4	LD	Y430	
5	OUT	M102	
6	LD	M110	
7	OUT	T455	状态转移后，即使 M110 接通，T455 也不工作
8	K	19	
9	LD	X401	
10	RST	C461	在转移期间中断计数操作，保留现行值
11	LD	X402	
12	OUT	C461	
13	K	78	
14	EJP	701 入	

5.4.13 END 指令

END（End）：结束指令，表示程序结束。

PLC 的工作方式为循环扫描方式。例如，F—40 对程序的扫描是 000～890 步为一个程序扫描周期。若在程序中无 END 指令时，则 PLC 就反复地执行输入采样处理、程序扫描执行（000～890 步）和输出执行处理。该扫描周期相当长，造成从采样到输出执行时间加长。若在程序中加入 END 指令后（如图 5-20 所示），使程序扫描只在 000～END 之间反复执行，不再继续执行 END 后面的步序，由此大大缩短了循环周期。

在程序调试时，可把程序分为若干段，将 END 指令插入各段程序之后，可以逐段调试程序；在该段程序调试完毕，删去 END，再进行下段程序的调试，直到程序调试完为止。

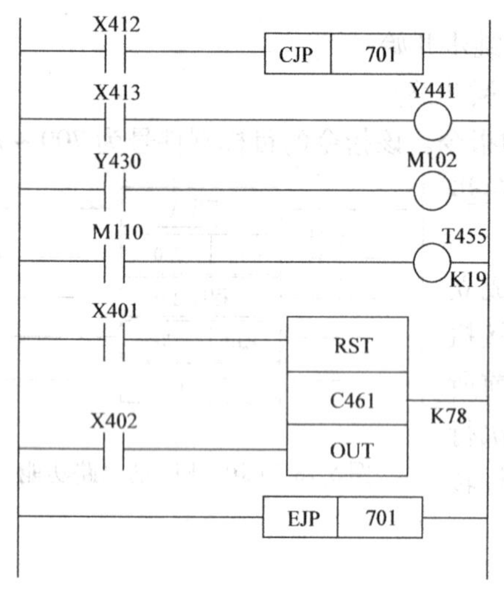

图 5-19 转移电路

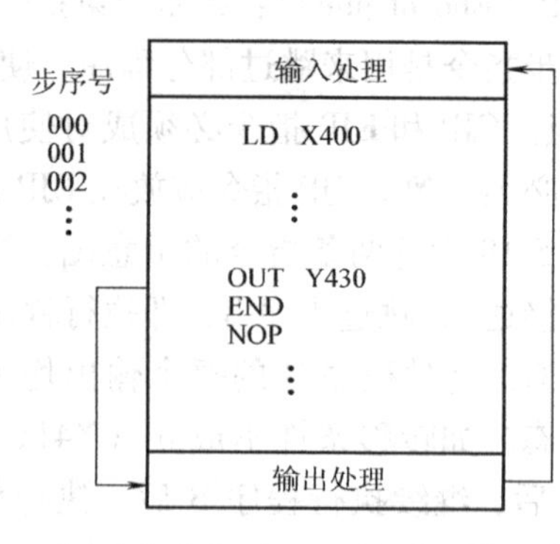

图 5-20 END 指令

5.5 常用基本电路的编程

5.5.1 编程的基本规则

1）输入/输出、辅助继电器、计数器、定时器的触头的使用次数是无限制的。

2）梯形图每一行都是从左边母线开始，线圈接在右边的母线，所有的触头不能放在线圈的右边。在继电器-接触器控制电路中，热继电器的触头常放在线圈右边，而在 PLC 的梯形图中是不允许的，如图 5-21 所示。

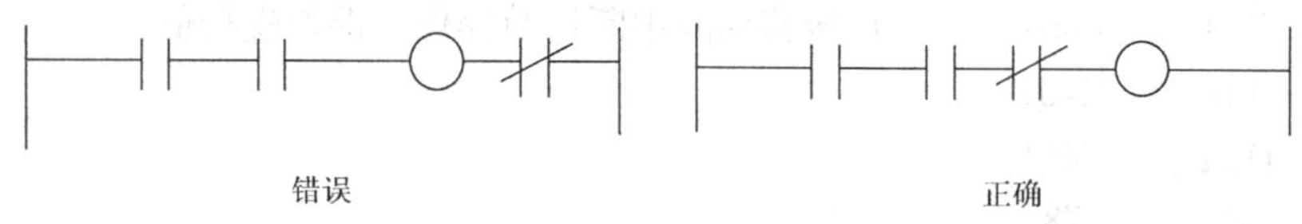

图 5-21 规则 2）说明

3）线圈不能直接接在左边的母线上，如需要的话，可通过动断触头连接线圈，如图5-22所示。

4）在一个程序中，同一编号的线圈如使用两次称为双线圈输出。双线圈输出容易引起误操作，应尽量避免线圈重复使用。

5）梯形图必须符合顺序执行（从左到右，从上到下地执行），如不符合顺序执行的电路不能直接编程，如图5-23 所示的桥式电路。

6）在梯形图中串联触头和并联触头数，从原理上讲没有限制，但如采用图形编程器编程，则受屏幕尺寸的限制。

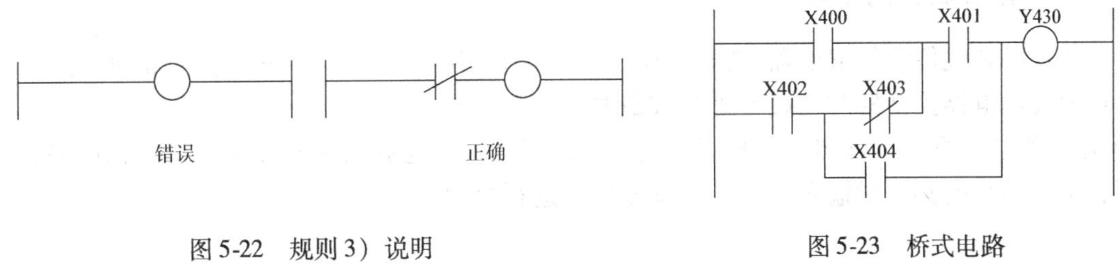

图5-22　规则3）说明

图5-23　桥式电路

5.5.2　编程技巧

1. 把串联触头多的电路编在上方

在有几个电路块并联时，将触头最多的电路放在梯形图上方。如图5-24a 所示，可以不必用ORB 指令，节省了存储空间。而图5-24b 电路中，就需增加ORB 指令。

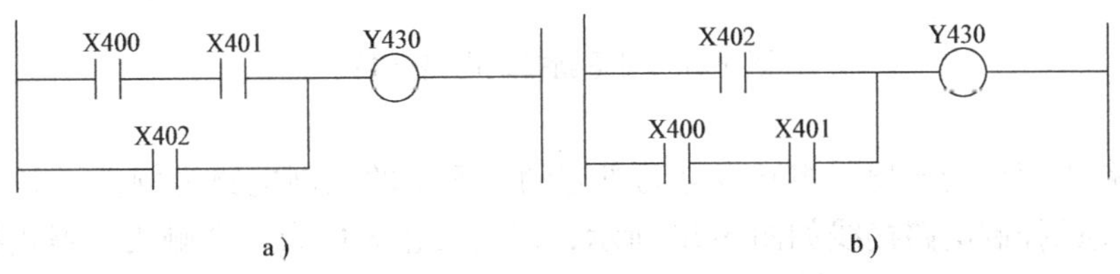

图5-24　可重新排列电路（1）

2. 把并联电路放在左边

在有几个并联电路相串联时，将触头最多的并联电路放在最左边。如图5-25a可省去ANB 指令，而图5-25b 电路中，就需增加ANB 指令。

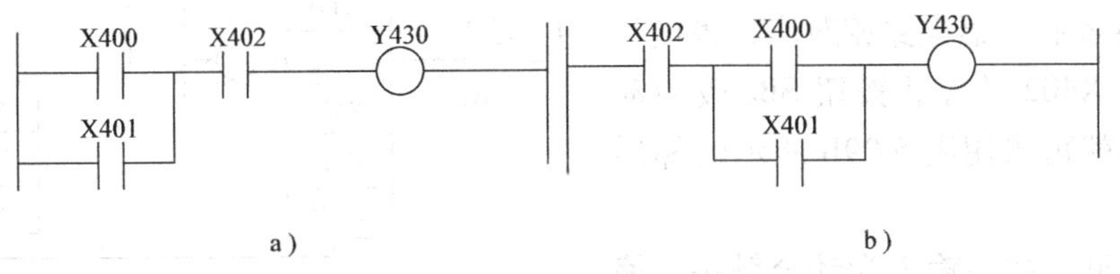

图5-25　可重新排列电路（2）

3. 桥式电路的编程

图 5-23 所示的桥式电路不能直接编程，必须改为图 5-26 所示的等效电路，才能再进行编程。

4. 复杂电路的处理

如果电路结构复杂，如图 5-27a 所示电路。用 ANB、ORB 等指令难以解决，可以重复使用一些触头改成等效电路，再进行编程就比较清晰明了，如图 5-27b 所示。

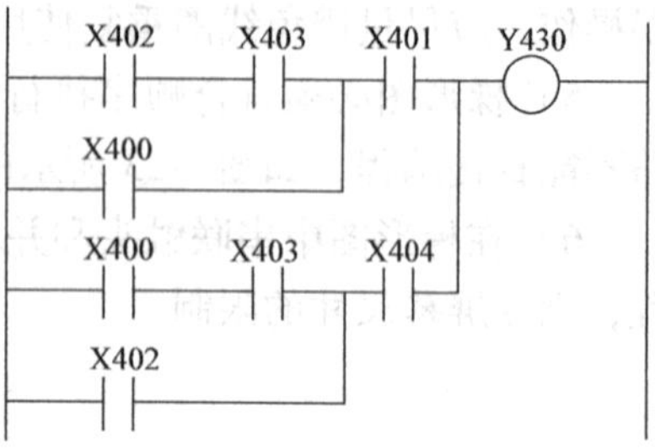

图 5-26　可重新排列电路（3）

5.5.3　动断触头的处理

PLC 可替代传统的继电器-接触器控制柜（盘），用 PLC 取代继电器控制柜对老设备进行改造时，由于继电器-接触器电气原理图与 PLC 的梯形图相类似，可以将继电器电气原理图转变为相应的梯形图，但在转变时必须对输入到 PLC 的动断触头进行处理。

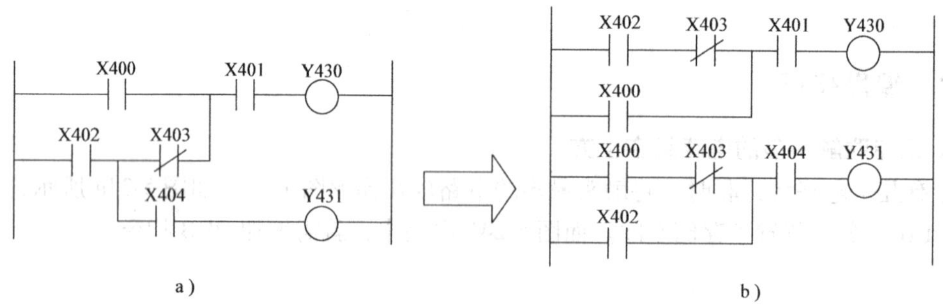

图 5-27　可重新排列电路（4）

下面还是以简单的笼型三相异步电动机起动、停止的控制电路为例。用 PLC 实现电动机起动、停止的控制电路接线如图 5-28 所示，起动按钮 SB_1 为动合触头，停止按钮 SB_2 为动断触头。图 5-29a 是继电器-接触器控制的原理图，当用与此对应的图 5-29b 的梯形图送入 PLC，并运行这一程序时，就会发现输出继电器 Y431 线圈不能接通，电动机不能起动。因为按下起动按钮 SB_1 时，X400 线圈接通，X400 的动合触头接通，X402 线圈也接通，则 X402 动断触头断开，Y431 无法接通，必须将 X402 改为如图 5-29c 所示的动合触头才能满足起动、停止的要求。为使梯形图与继电-接触器控制器电路相对应，将接到 PLC 输入点 X402 的停止按钮 SB_2 改为动合触头，则就可采用图 5-29b 所示的梯形图。

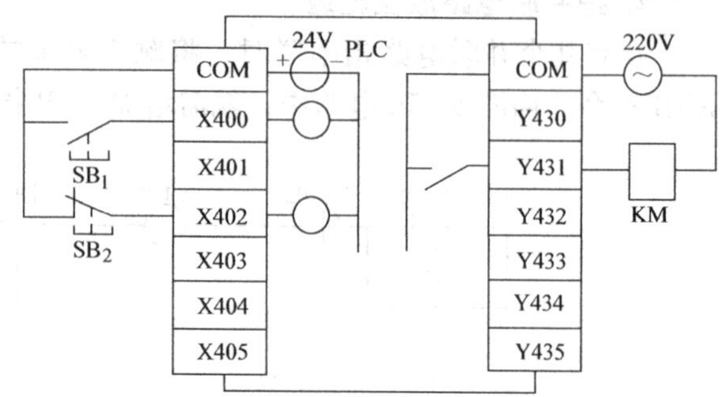

图 5-28　用 PLC 实现电动机起/停接线

由此可见，如果输入为动合触头，编制的梯形图与继电接触器原理图一致；如果输入为动断触头，编制的梯形图与继电器原理图相反。通常，为了与继电器-接触器控制原理图的习惯相一致，在 PLC 中尽量采用动合触头作为输入。

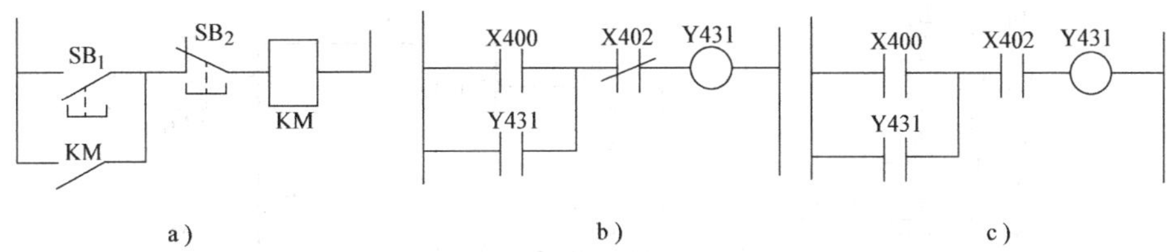

图 5-29　输入动断触头的编程

5.5.4　可编程序控制器编程的应用

1. 瞬时输入延时断开电路的编程

F 系列 PLC 中的定时器是通电延时定时器，定时器输入信号一经闭合，定时器的设定值即开始作减法运算，当设定值减到零，定时器才有输出，此时定时器的动合触头闭合，动断触头断开。当定时器输入断开时，定时器复位，即由当前值恢复到设定值，其输出的动合触头断开，动断触头闭合。

图 5-30 是由定时器构成的瞬时输入延时断开电路。当 X402 端输入接通时，输入继电器 X402 线圈接通，X402 的动合触头闭合，Y430 线圈接通并使其动合触头自锁，同时 X402 的动断触头断开，定时器 T450 线圈无法接通。当 X402 输入断开时，X402 线圈断开，X402 的动断触头闭合，T450 线圈接通，T450 的设定值开始递减，经过 19s 当前值减到零，T450 的动断触头断开，Y430 线圈断开。

序号	指令语	器件号
0	LD	X402
1	OR	Y430
2	ANI	T450
3	OUT	Y430
4	LD	Y430
5	ANI	X402
6	OUT	T450
7	K	19

图 5-30　瞬时输入延时断开电路

在继电-接触器控制中是通过时间继电器来实现延时动作的，常用的有断电延时时间继电器的延时断开的动合触头，线圈通电后立即闭合，而在线圈断电后延时断开。在 PLC 中用图 5-30 电路可以实现时间继电器的延时断开动合触头的功能。

F 系列 PLC 虽然只提供通电延时的定时器，但在实际使用中，需要各种延时方式的电路，可以用编程来解决。这样，就可以实现继电器-接触器控制中各种延时方式的时间继电器的功能。

2. 三相异步电动机正反转控制

三相异步电动机正、反转控制的主电路、PLC 外部接线及控制程序梯形图，如图 5-31

所示。图中，SB_1 为正转起动按钮，SB_2 为反转起动按钮，SB_3 为停止按钮，FR 为热继电器，KM_1 为正转接触器，KM_2 为反转接触器。

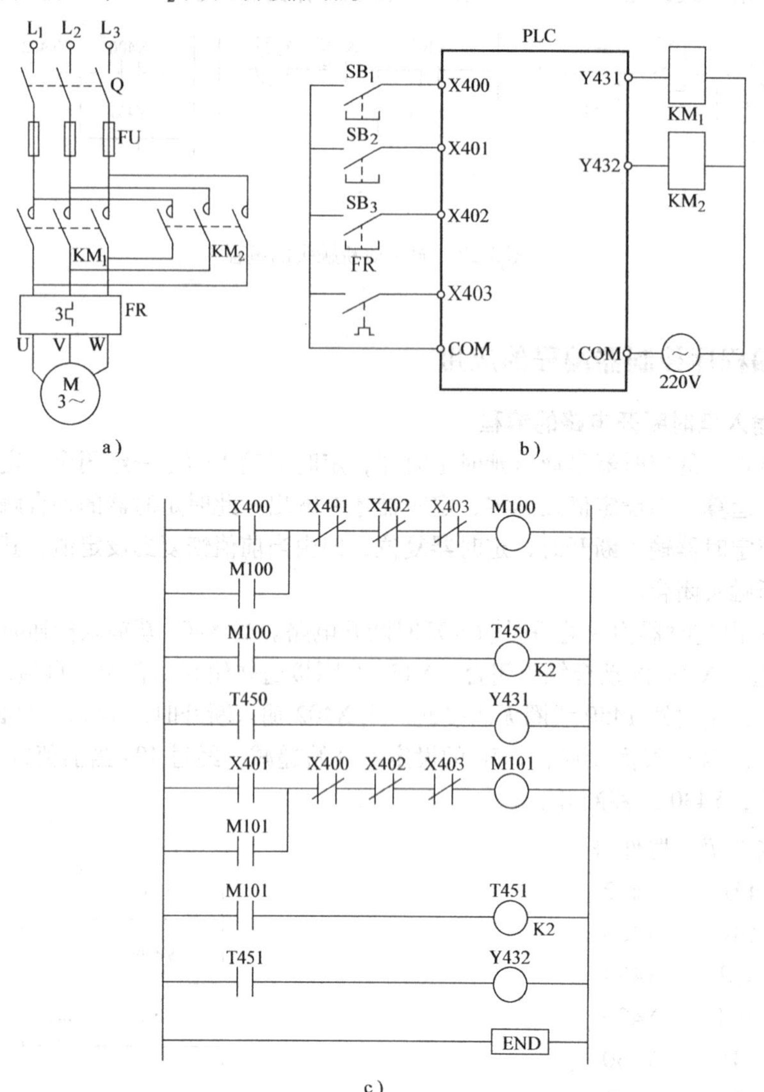

图 5-31 笼型三相异步电动机正反转电路

a）控制电路 b）PLC 外部接线 c）梯形图

三相异步电动机的正、反转是通过正、反向接触器改变定子绕组中三相对称电流的相序来实现的，其中一个很重要的问题就是必须保证任何时候、任何条件下正、反向接触器都不能同时接通。为此，在梯形图中采用了正、反转按钮互锁，即将动断触头 X400 串人输出继电器 Y432 的驱动回路、将动断触头 X401 串人输出继电器 Y431 的驱动回路，和两个输出继电器 Y431、Y432 的动断触头互锁。这样，能够保证输出继电器 Y431 和 Y432 不同时接通。但实际运行中由于输出锁存器中的变量是同时（并行）输出的，即 Y430 和 Y431 的状态变换是同时完成的。例如，由正转切换到反转，KM_1 的断电释放和 KM_2 的得电吸合即同时动作，有可能在 KM_1 断开其触头、电弧尚未熄灭时，KM_2 的触头已闭合，造成电源相间瞬时短路。为了避免这种情况，在梯形图中增加了两个定时器 T450 和 T451，使正、反向切换过程中，防止被切断的接触器延时动作，而被接通的接触器瞬时动作造成电源短路。故将接通控制电路延时 0.2s 才动作，以保证系统工作可靠。

3. 异步电动机Y-△换接起动电路的编程

用 PLC 实现笼型三相异步电动机Y-△起动，主电路如图 5-32a 所示，PLC 的输入、输出外接线如图 5-32b 所示。

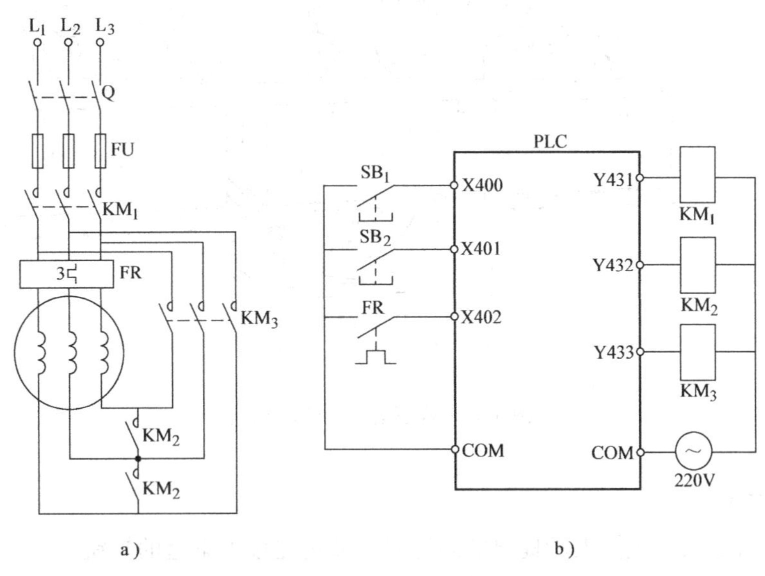

图 5-32 笼型三相异步电动机Y-△起动电路

图 5-33 为满足控制要求的梯形图程序。按起动按钮 SB_1，X400 的动合触头闭合，辅助继电器 M100 线圈接通，M100 的动合触头闭合，Y431、Y432 线圈接通，即接触器 KM_1、KM_2 的线圈通电，电动机星形联结起动；同时定时器 T451 线圈接通，当起动时间等于设定值 t_1 时，T451 的动断触头断开，Y432 线圈断开，接触器 KM_2 线圈断电，T451 的动合触头闭合，T452 的线圈接通，经过 t_2（T452 的设定值）后，Y433 线圈接通，接触器 KM_3 线圈通电，电动机接成三角形，起动完毕，进入三角形运行。定时器 T452 的作用是使 KM_2 断开 t_2 后 KM_3 才闭合，避免电源短路。

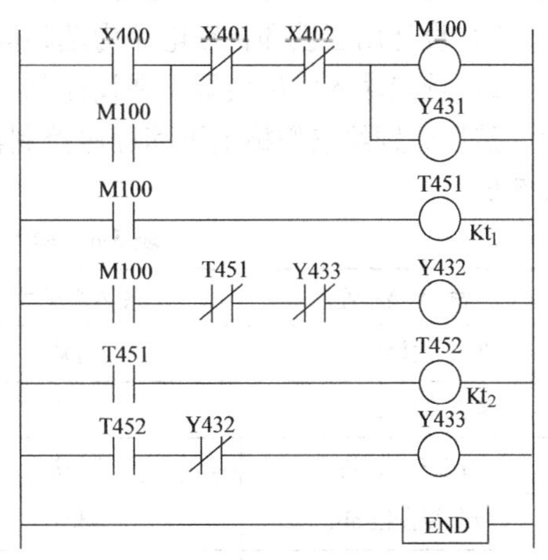

图 5-33 笼型三相异步电动机Y-△起动梯形图

当停止按钮 SB_2 按下时，X401 的动断触头断开，M100、T451 线圈断开，M100、T451 的动合触头断开，Y431、Y433 线圈断开，接触器 KM_1、KM_3 线圈断电，电动机停止运行。同理，当电动机过载时，X402 的动断触头断开，Y431、Y433 线圈断开，电动机也停止运行。Y432、Y433 的动断触头起联锁作用。T451、T452 的设定值可根据起动的要求选择合适的数值。

4. 抢答显示电路的编程

抢答智力竞赛示意图如图 5-34 所示。

图 5-34 抢答智力竞赛示意图

1）控制要求：

①竞赛者若要回答主持人所提出的问题时，需抢先按下桌上的按钮。

②指示灯亮后，需等到主持人按下复位按钮 SB_4 后才熄灭。为了给参赛儿童一些优待，SB_{11} 和 SB_{12} 中任一个按下时，灯 HL_1 都亮。为了对教授组作一定限制，HL_3 只有在 SB_{31} 和 SB_{32} 按钮都按下时才亮。

③如果竞赛者在主持人打开钮子开关 SA 开关后的 10s 内参赛者按下按钮，则外接的电磁线圈将使彩球摇动，以示竞赛者得到一次幸运的机会。

2）设计用互锁和自锁电路为基础构成各输出电路的简单的程序。

3）选定输入输出装置。在设计 PLC 的控制程序中，首先要确定需要使用哪些输入、输出，然后分别给它们标上可编程序控制器的端子号。其输入、输出装置及其 PLC 端子号见表 5-6。

表 5-6 输入/输出装置及其 PLC 端子号

输 入 装 置	输入端子号	输 出 装 置	输出端子号
男儿童按钮 SB_{11}	X400	主持人钮子开关 SA	X406
女儿童按钮 SB_{12}	X401	儿童台上灯 HL_1	Y431
学生按钮 SB_2	X402	学生台上灯 HL_2	Y432
女教授按钮 SB_{31}	X403	教授台上灯 HL_3	Y433
男教授按钮 SB_{32}	X404	外接的电磁线圈 KM	Y434
主持人按钮 SB_4	X405		

4）PLC 输入/输出端子与外接器件的接线如图 5-35 所示。

5）根据控制要求画出梯形图，如图 5-36 所示。

由于 Y431 使用它自身的接点，即使 X400 或 X401 打开后，Y431 仍保持在 ON 状态（自锁状态）。但如果 Y432 或 Y433 先于它变为 ON 状态，则 Y431 不能变为 ON。这就是互锁或自锁电路的基本特点。

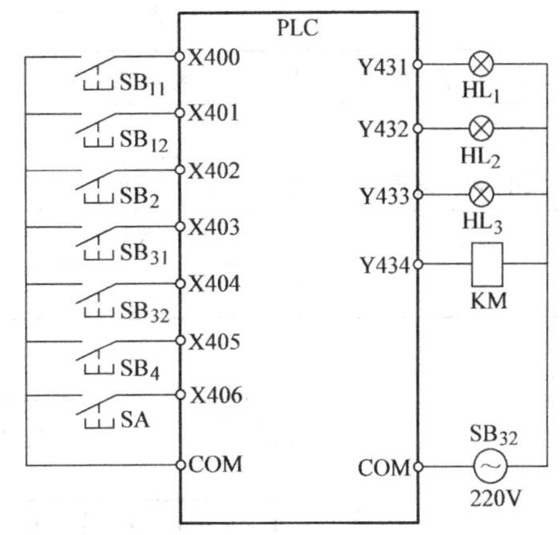

图 5-35 抢答智力竞赛控制电路元器件与 PLC 的连接图

Y432 和 Y433 以同样方式动作，自锁继电器在接点 X405 断开后，将清零。

X406 闭合后，计时器 T450 的接点经延时 10 s 才能工作。

如果 Y431、Y432 或 Y433 在定时器动作前闭合，则 Y434 将变为 ON。

接点 X406 断开后，Y434 断开，彩球停止摇动。

5. 工位装配生产线的编程

图 5-37 为一条模拟的装配生产线，该生产线有 8 个工位，完成对产品的装配，如对某种零件装配、焊接、夹紧、上油漆、贴商标等。为避免无零件时机械空操作，在第一个位置上装有传感器用于检查有没有零件装入。该生产线每5s 移一个工位，在2、4、6、8 号位置上分别完成不同的操作。由于受生产线结构的限制，3、5、7 号位置仅用于传送零件。

完成上述的操作功能的输入/输出装置及其 PLC 端子号见表 5-7。

图 5-38 为满足控制要求的装配生产线梯形图。当生产线投入工作时，允许工作信号 X400 接通，定时器 T450 的动合触头每 5s 接通一次，即每 5s 产生一个输出脉冲，作为移位寄存器的移位信号。在正常情况下，零件连续不断地在位置“1”装入，零件装入信号 X401 接通，使 M110 置“1”，待零件移至位置“2”，零件检测信号也移入 M111，使 M111 置“1”，M111 的动合触头闭合，接通 Y431 输出，对零件作第一种装配操作。5s 后，该信号移入 M112，又过 5s 后移入 M113，使 M113 置“1”，此时零件正好进入位置“4”，Y432 接通，对零件作第 2 种操

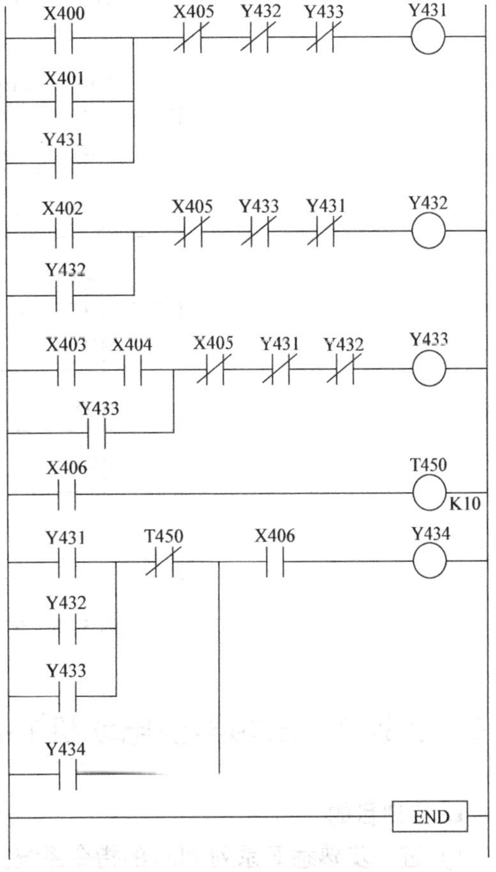

图 5-36 抢答智力竞赛 PLC 梯形图

作。在第5个5s时，在位置“6”作第3种操作。在第7个5s时，在位置“8”作第4种操作。如果没有零件装入，位置“1”的传感器使X401置“0”，M110～M117均为“0”态，各种操作均不执行。当总复位X402接通时，M110～M117复位为“0”态，各种操作也不执行。

表5-7　输入/输出装置及其端子号

输 入 装 置	输入端子号	输 出 装 置	输出端子号
允许工作信号	X400	操作1	Y431
零件装入信号	X401	操作2	Y432
总复位	X402	操作3	Y433
		操作4	Y434

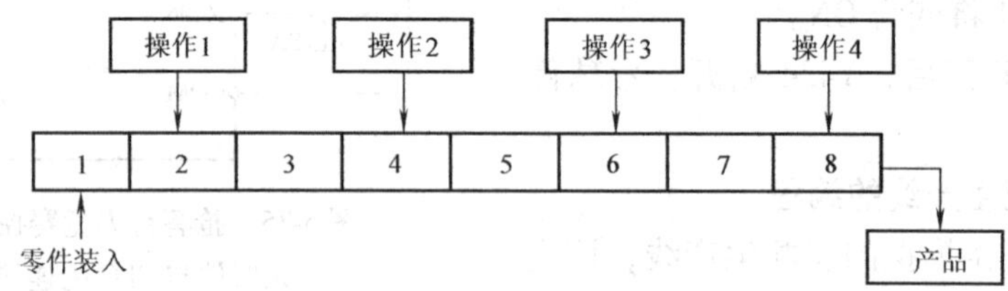

图5-37　装配生产线示意图

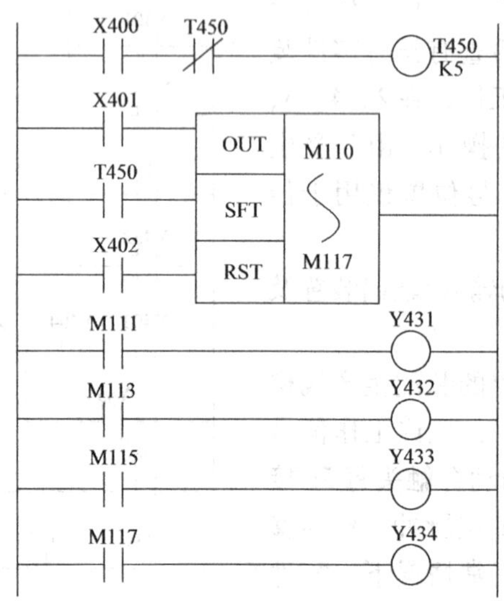

图5-38　装配生产线梯形图

5.6　实训7　三相异步电动机Y-△起动控制电路的编程

1. 实训目的

1）进一步熟悉F系列PLC的指令系统。

2）进一步熟悉设计程序的方法。

2. 实训原理和要求

三相异步电动机Y-△起动电路主电路的接线图如图 5-39 所示，控制要求如下：

1）可实现起停和正反转。

2）起动时以Y联结起动，经延时 8s 后，改为△联结运行。

3. 实训设备与器材

1）F 系列可编程序控制器 1 台。

2）三联按钮 1 个。

3）220V、10A 交流接触器 4 个。

4）热继电器 1 个。

5）连接导线若干。

6）实训控制板 1 块。

4. 控制电路连接

控制电路中的元器件与 PLC 连接如图 5-40 所示。它们与 PLC I/O 的连接见表 5-8。

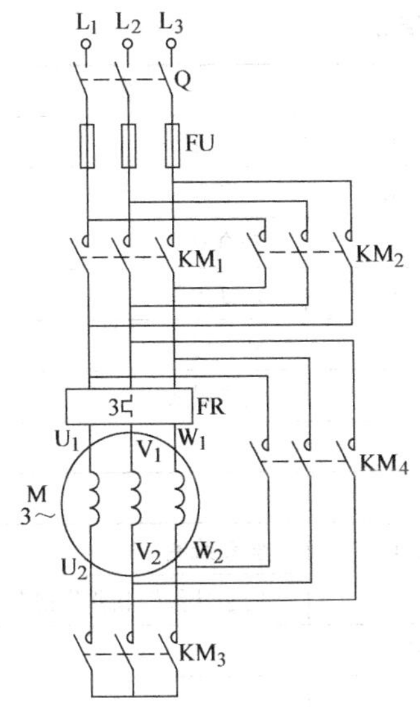

图 5-39　三相异步电动机Y-△起动电路主电路

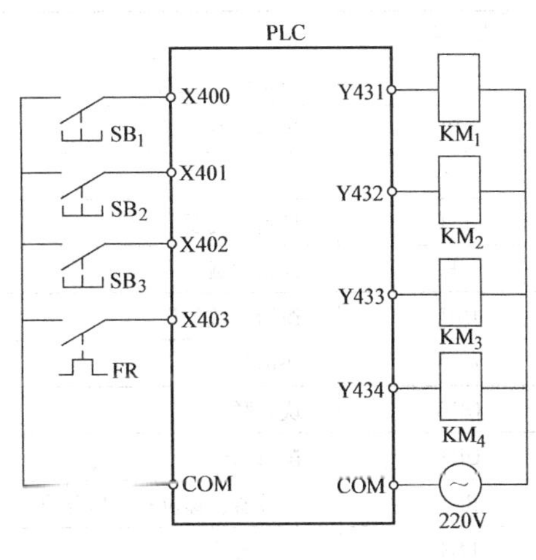

图 5-40　控制电路元器件与 PLC 的连接图

表 5-8　三相异步电动机Y-△起动电路 PLC 输入、输出端子分配

输入		输出	
SB_1	正转	KM_1	正转
SB_2	反转	KM_2	反转
SB_3	停止	KM_3	Y起动
FR	过载	KM_4	△运行

5. 实训步骤

1）在控制单元输入端 X400～X403 接入 4 个输入开关（按钮）。

2）输入已编好的程序。

3）将程序投入运行。

6. 分析与思考

1）写出 I/O 分配表。

2）画出调试好的梯形图程序。

3）写出对应梯形图的指令程序。

5.7 小结

1）可编程序控制器 PLC 由输入/输出部件，中央处理机，电源部件，编程器组成。

2）PLC 的等效电路由输入部分、内部控制电路、输出部分组成。

3）PLC 的工作过程分为输入采样、程序执行、输出刷新三个阶段，并以“串行”方式工作。

4）F 系列 PLC 共有 20 条基本指令。其基本逻辑指令见表 5-9。

表 5-9 F 系列 PLC 基本指令

指　令	功　能	目 标 元 素	备　注
LD	逻辑运算开始	X、T、M、C	动合触头
LDI	逻辑运算开始	X、T、M、C	动断触头
AND	逻辑“与”	X、T、M、C	动合触头
ANI	逻辑“与反”	X、T、M、C	动断触头
OR	逻辑“或”	X、T、M、C	动合触头
ORI	逻辑“或反”	X、T、M、C	动断触头
ANB	块串联	无	
ORB	块并联	无	
OUT	逻辑输出	Y、T、M、C	驱动线圈
RST	计数器、移位寄存器复位	C、M	用于计数器和移位寄存器
PLS	脉冲微分	M100 ~ M377	
SFT	移位	M	
S	置位	M200 ~ M377、Y	
R	复位	M200 ~ M377、Y	
MC	主控	M100 ~ M177	用于公共串联触头
MCR	主控复位	M100 ~ M177	
CJP	条件跳转	700 ~ 777	
EJP	跳转结束	700 ~ 777	
NOP	空操作	无	
END	程序结束	无	

5.8 习题

1. PLC 由哪些部分组成？各部分起什么作用？

2. 在工作方式上，PLC 与继电接触器控制各有什么特点？试加以比较。

3. 绘出下列指令程序的梯形图。

序号	指令语	器件号
0	LD	X400
1	ANI	T450
2	LD	M100
3	AND	X404
4	ORI	Y402
5	AND	X405
6	ORB	
7	LDI	Y440
8	OR	C460
9	ANB	
10	OR	Y441
11	OUT	Y430
12	AND	X406
13	OUT	M110
14	AND	X407
15	OUT	T452
16	K85	
17	END	

4. 写出图 5-41 梯形图的指令程序。

5. 分析图 5-42 梯形图中 PLC 的输出端 Y430、Y431、Y432 的状态（接通为“1”态，断开为“0”态）。

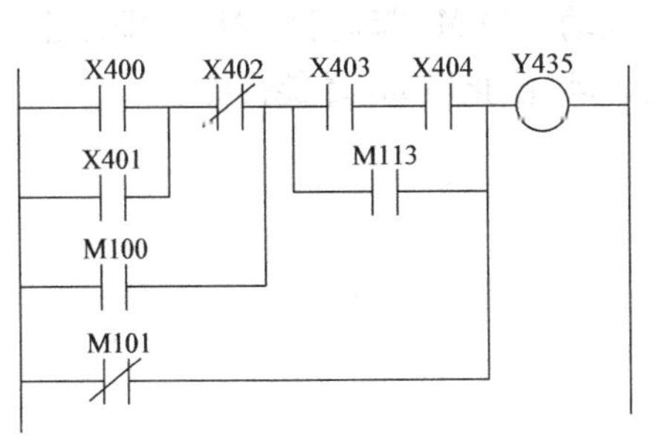

图 5-41　习题 4 梯形图

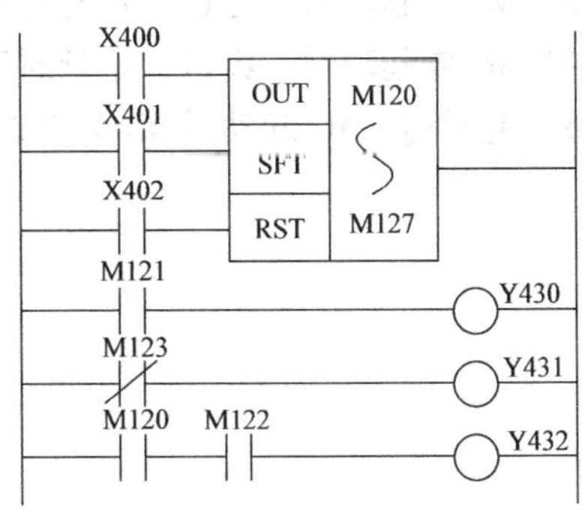

图 5-42　习题 5 梯形图

（1）输入端 X402 一直处于接通；

（2）X402 断开，X400 一直处于接通，X401 由断开到接通 2 次；

（3）X402 断开，X400 一直处于接通，X401 由断开到接通 3 次。

6. 确定在图 5-43 所示的梯形图中，从 X411 接通到 Y437 有输出要经过多长时间？

7. 在编程中如果定时器不够用，可用计数器来实现定时器的功能。试用计数器构成图5-44所示延时23s的梯形图。

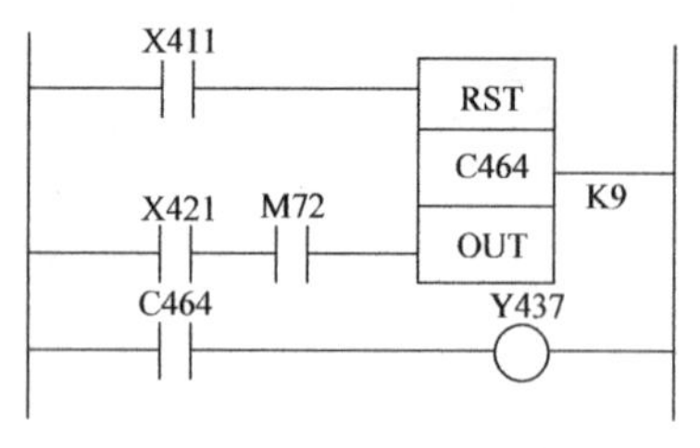

图5-43 习题6梯形图

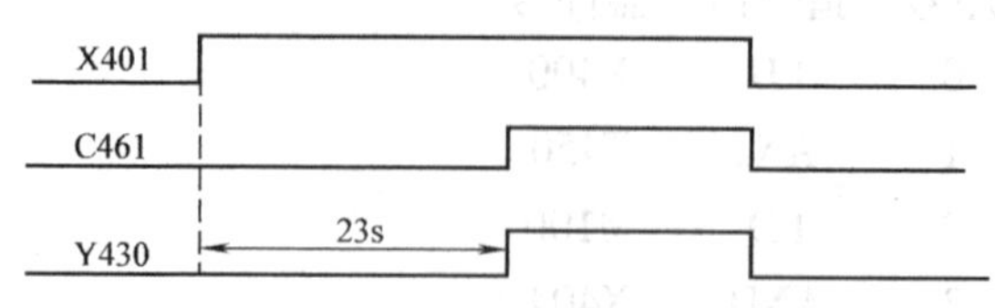

图5-44 习题7波形图

8. 试将PLC的移位寄存器构成环形移位寄存器。

9. 用两个计数器组合增大计数器的计数值，要求计数值为两个计数器的设定值之和，试编写满足要求的梯形图程序。

10. 图5-45所示梯形图是否可直接编程？绘出改进后的等效梯形图。

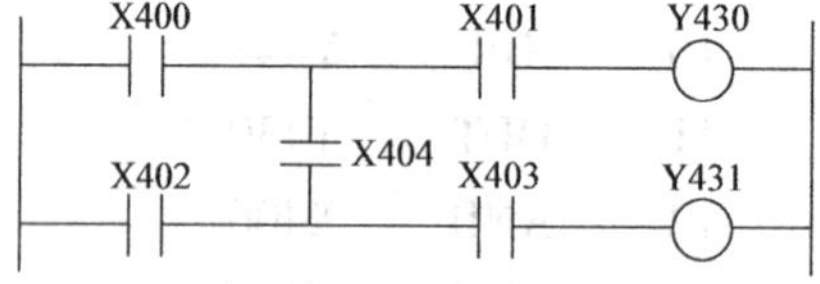

图5-45 习题10梯形图

11. 电动葫芦起升机构的动负荷试验，控制要求如下：

（1）可手动上升、下降；

（2）自动运行时，上升6s→停9s→下降6s→停9s，反复运行1h，然后发出声光信号，并停止运行。

试用PLC实现控制要求，编写出程序。

12. 利用PLC实现下述控制要求，分别绘出其梯形图：

（1）电动机M_1先起动后，M_2才能起动，M_2能单独停车；

（2）M_1起动后，M_2才能起动，M_2并能点动；

（3）M_1先起动后，经过一定延时后M_2能自行起动；

（4）M_1先起动后，经过一定延时后M_2能自行起动，当M_2起动后，M_1立即停止；

（5）起动时，M_1起动后M_2才能起动；停止时，M_2停止后M_1才能停止。

第 6 章　工厂供配电与照明线路及安全用电

本章要点

- 了解工厂供配电的流程
- 了解常用电光源及其照明电路
- 了解触电的原因和方式
- 熟悉防止触电的方法和安全用电的基本知识

6.1　电力系统的概念

电力系统是将各类型发电厂中的发电机、升降压变压器、输电线路以及各种用电设备联系在一起构成的统一的整体。用以实现发电、输电、变电、配电和用电。图 6-1 所示为电力系统的示意图。

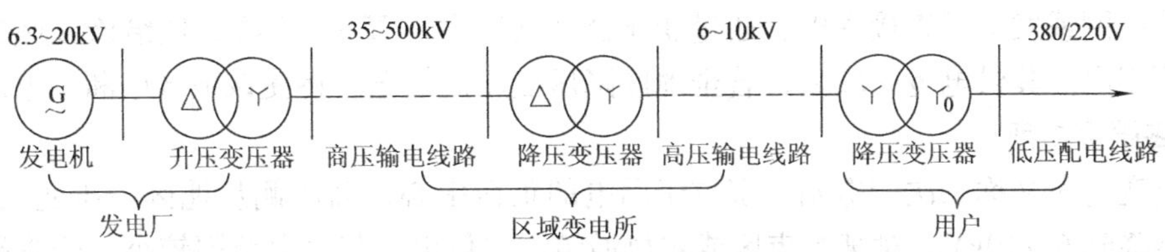

图 6-1　电力系统示意图

下面简要介绍一下电能的生产、变压、输配电和使用等几个环节。

6.1.1　发电厂

发电厂是生产电能的工厂。它把其他形式的能源，如煤炭、石油、天然气、水能、原子核能、风能、太阳能、地热等，通过发电设备转换为电能。我国以火力发电为主，其次是水力发电和原子能发电。

1. 火力发电厂

火力发电厂简称火电厂或火电站。它是以煤炭、石油、天然气等为燃料的发电厂，即将燃料燃烧，加热锅炉中的水，利用高温高压的水蒸气推动汽轮机，带动与它连轴的发电机发电。它投资小，建造快，但对大气有污染。目前，很多火电厂都在考虑废渣、废水、废气的综合利用，不仅发电而且供热，因而又称为热电厂或热电站。我国正有计划地发展城市热电站。

2. 水力发电厂

水力发电厂是利用水流的位能和动能转变成电能的发电厂，简称水电厂或水电站。主要分为堤坝式水力发电厂和引水式水力发电厂。这类发电厂投资大，建造慢，对大气无污染。我国已建成装机容量为122.5万kW的刘家峡大型水电站。目前正在建设的世界上最大水电工程——长江三峡水利枢纽，总装机容量为1768万kW，居世界首位，其中葛州坝水电站已开始发电。

3. 原子能发电厂

核能发电厂又称核电厂或核电站，它是将核裂变能量转化为热能，再按火力发电厂的方式发电，只是它的“锅炉”为原子核反应堆。它投资大，建造快，但必须注意核污染。秦山核电站和大亚湾核电站已建成投产，近年我国还将建设10座核电站，其中连云港核电站正在建设中，发电量将逐年增长。

6.1.2 输配电所

变电所起着变换电能电压、接受电能和分配电能的作用，是联系发电厂和用户的中间环节。如果变电所只用以接受电能和分配电能，则称为配电所。

变电所有升压和降压之分。升压变电所多建在发电厂内，把电能电压升高后，再进行长距离输送。降压变电所多设在用电区域，将高压电能适当降低电压后，对某地区用户供电。降压变电所又可分为以下三类。

1. 地区降压变电所

地区降压变电所又称一次变电站。位于大用电区或一个大城市附近，从220~500kV的超高压输电网或发电厂直接受电，通过变压器把电压降为35~110kV，供给该区域的用户或大型工厂用电。其供电范围较大，若全地区降压变压器停电，将使该地区中断供电。

2. 终端变电所

终端变电所又称二次变电站。多位于用电的负荷中心，高压侧从地区降压变电所受电，经变压器降到6~10kV，对某个市区或农村城镇用户供电。其供电范围较小，若终端变电所停电，将只是该部分用户中断供电。

3. 工厂降压变电所及车间变电所

工厂降压变电所又称工厂总降压变电所，它是对企业内部输送电能的中心枢纽。车间变电所接受工厂降压变电所提供的电能，将电压降为380/220V，对车间各用电设备直接供电。

6.1.3 电力网

电力系统中各级电压的电力线路及其连接的变电所总称电力网，简称电网。电力网是电力系统的一部分，是输电线路和配电线路的总称，是输送电能和分配电能的通道。电力网是把发电厂、变电所和电能用户联系起来的纽带。

电网由各种不同电压等级和不同结构类型的线路组成。按电压的高低可将电网分为低压网、中压网、高压网和超高压网等。电压在1kV以下的称低压网，1~10kV的称中压网，10~330kV的称高压网，330kV及以上的称超高压网。还可根据电压高低和供电范围的大小分为区域电网和地方电网。根据供电地区分为城市电网和农村电网等。

6.1.4 工厂供配电系统

工厂供电系统由工厂降压变电所、高压配电线路、车间变电所、低压配电线路及用电设备组成，如图 6-2 所示。工厂供电系统的电源绝大多数是由国家电网供电的，供电电压一般在 110kV 以下。如果企业距离电力系统很远时，可建立自用发电厂。

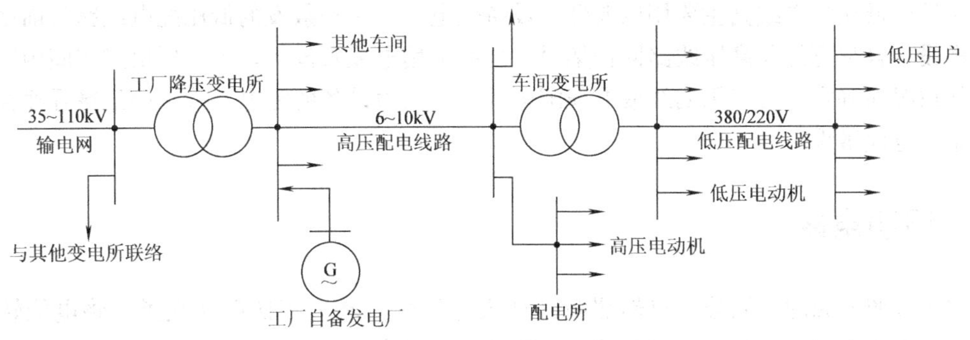

图 6-2　工厂供电系统

1. 工厂降压变电所

一般大型企业均设工厂降压变电所，把 35 ~ 110kV 电压降为 6 ~ 10kV 电压向车间变电所供电。为保证供电可靠性，工厂降压变电所大多设置两台变压器，由单条或多条进线供电。

2. 车间变电所

车间变电所将 6 ~ 10kV 的高压配电电压降为 380/220V，对低压用电设备供电。由于各车间内用电设备的布局及用电量大小不同，可设立一个或几个车间变电所，或变电所内设 2 台变压器。

车间变电所常用的供电方式有：

（1）放射式配电

对每一独立负载（如水泵）或一组集中负载（车间照明）都用单独的配电线路供电，这种供电方式可靠，维修方便，当某一配电线路发生故障时不会影响其他线路，如图 6-3 所示。

（2）树干式配电

将每一个独立负载或一组集中负载按其所在位置，依次接到某一个配电干线上。这种供电方式比较经济，但当干线发生故障时，接在干线上所有的设备都要受到影响，如图 6-4 所示。

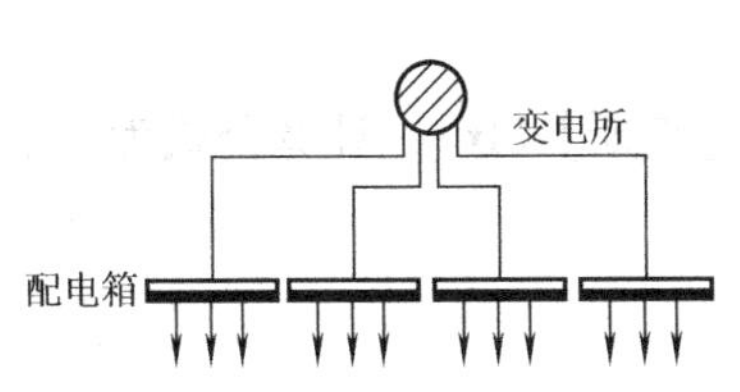

图 6-3　放射式配电

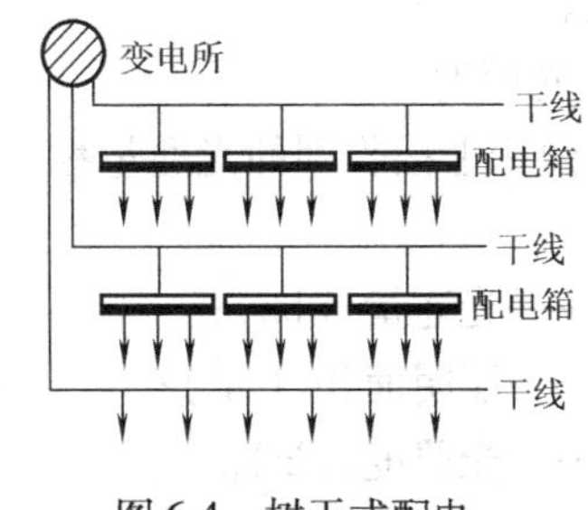

图 6-4　树干式配电

3. 工厂配电线路

工厂内的高压配电线路主要作为工厂内输送、分配电能之用，通过它把电能送到各个生产厂房和车间。为减少投资，便于维修，高压配电线路以前多采用架空线路。但影响工厂环境，线路易受潮湿、腐蚀性气体的影响，可靠性大大下降。目前已逐渐向电缆方向发展。

工厂内低压配电线路主要用以向低压设备供电。在室外敷设的低压配电线路目前多采用架空敷设，且尽可能与高压线路同杆架设，也有采用电缆敷设的。工厂厂房或车间内则应根据具体情况而确定，常采用明线或电缆配电线路。动力设备的配电一律采用绝缘导线穿管敷设或采用电缆敷设。

6.2 照明电路

照明按照光源的不同分为自然照明（如天然采光）和人工照明两大类。将电能转换成光能而作为光源的照明称为电气照明。电气照明是现代人工照明中应用最为广泛的一种照明方式，电气照明按照明方式分为一般照明、局部照明和混合照明；按用途分为工作照明和事故照明。

良好的照明应满足以下几点要求：

1）工作面应有足够亮度，并且亮度分布要均匀。

2）照明光线应该柔和，不应耀眼眩目。

3）照明必须稳定而且安全可靠。

6.2.1 照明电路的装接

电气照明光源种类很多，不同种类的光源，发光原理不同，优缺点各异；不同场合的照明电路也各具特点，下面仅介绍一般室内照明电路的装接。

1. 基本概念

（1）光通量

光源在单位时间内，向周围空间辐射并引起视觉的能量称为光通量，单位为流［明］(lm)。

光是一种波长比无线电波短而比 X 射线长的电磁波，具有一定的辐射能，在电磁波的辐射中，光谱的大致范围包括红外线、可见光和紫外线。可见光谱中，有红、橙、黄、绿、青、蓝、紫七种单色光。人眼对各种波长的可见光，具有不同的敏感性，正常人对于黄绿色光最敏感。

（2）光照度

单位面积上接收到的光通量称为照度，单位为勒［克斯］(lx)，计算公式为

$$E = F/S \tag{6-1}$$

式中 F——光通量（lm）；

S——照明面积（m^2）；

E——光照度（lx）。

2. 常用光源

电光源按发光原理分有热辐射光源和气体放电光源和场致发光光源。其中热辐射光源是指利用物体加热时辐射可见光能的原理所制成的光源，如白炽灯、卤钨灯；气体放电光源是指利用气体放电时发光的原理所制成的光源，如荧光灯、高压汞灯、高压钠灯、金属卤化物

灯等。这里介绍常用的电光源。

（1）白炽灯

白炽灯具结构简单、价格低廉、使用可靠、安装维修方便而且显色性好。但它使用寿命短，发光效率低，并且不耐振，因此它只适用于照度要求不高、需要调节光源亮暗及开关次数频繁的场所。

白炽灯根据其功率的大小，可分为真空式和充气式两种。一般普通照明灯泡功率在40W以下时采用真空式；功率在40W以上时采用充气式。

白炽灯有卡口式和螺口式两类。不同类型的白炽灯要与对应型号的灯座配套使用。

（2）荧光灯

荧光灯俗称日光灯，是应用最为广泛的气体放电光源。荧光灯的发光效率约是白炽灯的四倍，光色柔和，光线更接近自然光，并且寿命长，主要用于照度要求较高的室内照明。

3. 照明电路及其安装

（1）白炽灯的安装与使用

白炽灯螺口灯座的安装应注意把电源的中性线（零线）接到灯头的螺旋铜圈上，相线（火线）应经过开关接到灯头的中心铜片上；吊灯的安装导线应选用绝缘软线，线路与灯头引入线的接头及所有的软线都不能受到拉力，因此在接线盒及灯座罩内应将导线打结；为了安装牢固，绝缘良好，拉线开关和吊灯盒等应用圆木台或方木台固定，木台四周应先刷防水漆一遍，再刷漆两遍，以保证木质干燥，绝缘良好。

1）使用白炽灯应注意以下事项：

①使用时白炽灯额定电压应与电源电压相一致，以免烧坏灯泡。白炽灯高度应符合要求安装的条件；

②灯头的类型应与灯座的类型相符合；

③安装适当的反光和均光灯罩，使灯泡发出的光在工作场所能较好地分布以及避免光线刺眼；

④应考虑通风及散热，避免灯泡温度过高而爆裂；

⑤装卸灯泡时，应先关开关，若是螺口灯泡，还应避免触及铜螺旋圈，防止触电。

2）白炽灯的控制电路。一般白炽灯的电气电路非常简单，只需将白炽灯与开关串联后并接到供电线路上就可以了。但应特别注意，相线一定要进开关，中线一定要进白炽灯，如图6-5所示。

对于能在两个不同的地方可以分别控制同一盏灯的双联开关控制电路，如图6-6所示。这种电路特别适合作楼梯口的照明电路。当人上楼时，可以在楼下开亮电灯；上完楼后可以在楼上关掉电灯，反之也可以。S_1、S_2 分别安装在楼上、楼下的过道上。

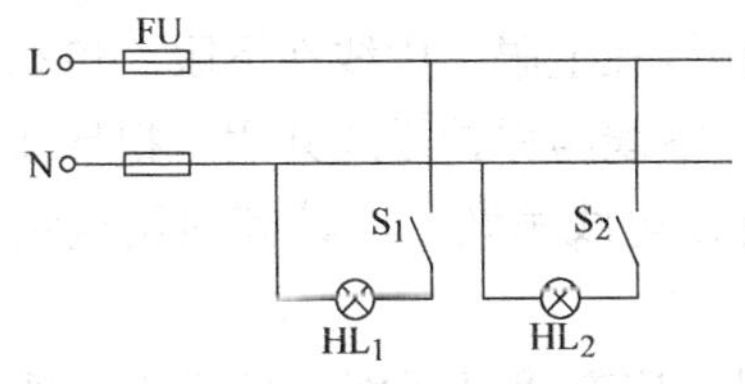

图6-5　白炽灯电路

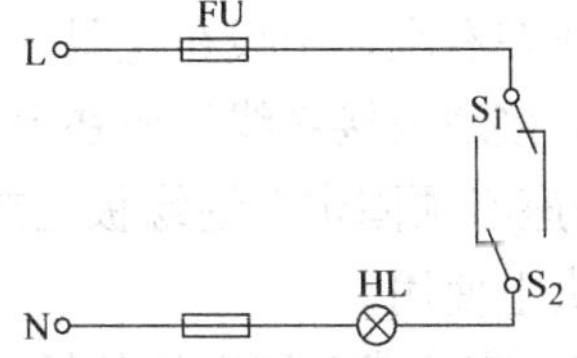

图6-6　双联开关控制电路

（2）荧光灯电路的安装和使用

安装荧光灯电路时一定要注意开关必须与相线连接，若与中线连接，则开关关掉后，会使荧光灯引起荧光闪烁。安装荧光灯时要用专用灯座，灯座有弹簧式和旋转式两种。

1）安装使用荧光灯时要注意以下事项：

①荧光灯的部件较多，应检查接线无误后才可使用；

②选用的镇流器须与电压、灯管功率配套，不能随便替换使用，例如不能把40W荧光灯的镇流器接到8W的荧光灯电路中使用。荧光灯辉光启动器规格应根据灯管的功率大小来确定，并且安装在便于检修的位置；

③尽量减少开关次数，延长灯管的使用寿命；

④破碎的灯管要及时妥善处理，防止汞害。

2）荧光灯电路如图6-7所示。主要由荧光灯管，镇流器，辉光启动器、起动器座、荧光灯灯座、荧光灯架和连接导线等组成。

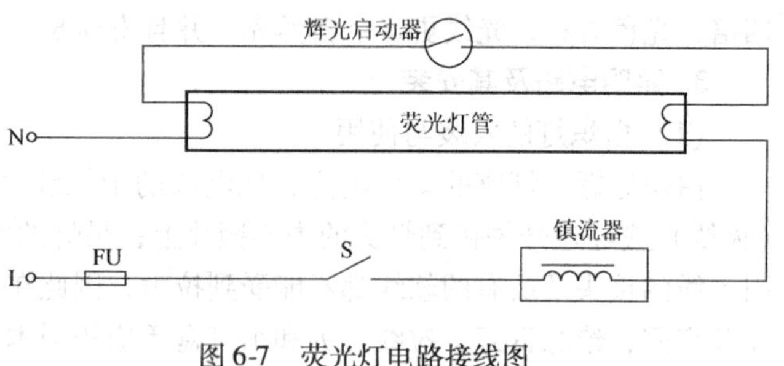

图6-7　荧光灯电路接线图

白炽灯和荧光灯两种光源各有其优缺点，应结合具体条件合理使用。如走廊、厨房、卫生间等地方，灯具启动频繁，可用白炽灯；而一般居室照明时间长，又要有一定的亮度，则选用荧光灯较好；若是看书写字使用的台灯，则两种光源都可以。

4. 照明电器附件的安装

照明电器附件主要有照明开关和插座。

照明开关是用来控制接通和切断照明电路的。采用的单极开关有拉线开关、墙壁开关、平开关、台灯开关等。

照明开关、插座的安装要求：

1）安装单极照明开关，应串接在相线中。

2）为了使用安全和操作方便，开关距地面的安装高度不应小于下列数值：拉线开关为1.8m；墙壁开关为1.3m；高插座对地应为1.8m；低插座对地应为0.3m；在托儿所、幼儿园及小学校等插座安装高度不应低于1.8m。

3）成排安装的开关高度应一致，高低差不大于2mm，拉线开关相邻间距不小于20mm。

4）安装壁开关时，开关的扳把方向应一致。一般扳把向上为“合”，向下为“分”或向左为“合”，向右为“分”。

5）安装插座时，插座线孔的排列、连接线路的顺序要一致。安装单相水平排列二眼插座时，相线在右眼，中线在左眼；二眼垂直排列时，相线在上眼，中线在下眼。单相三眼及单相四眼的接地或接零线均应在上方，并且不允许工作零线与保护零线共用一根导线。

6）插座必须固定在绝缘板上或接线盒中，不允许用电线吊装，严禁其他用电负荷直接连接在插头上使用。

7）交、直流或不同电压的插座安装在同一场所时，应有明显区别，且插头与插座都不能互相插入。

6.2.2 导线的选择

1. 绝缘导线的选择

导线的种类很多，这里主要介绍常用的安装在室内的导线常采用的绝缘导线。

室内安装导线一般称为室内布线，室内布线可分为明敷和暗敷。

1）明敷：指在沿墙壁、天花板表面、屋柱等表面敷设。

2）暗敷：指在灰泥层下面、屋面板内、地板内和墙壁内等暗处敷设。

室内布线无论是明敷还是暗敷，在设计与施工时要尽量做到安全可靠，便利经济，美观大方。

一般常用绝缘导线有两种，分别是橡胶绝缘导线和聚氯乙烯绝缘导线，其中聚氯乙烯绝缘导线的型号、名称见表6-1。

表6-1 常用聚氯乙烯绝缘导线型号

型号	导线名称	型号	导线名称
BV	铜芯聚氯乙烯绝缘导线	BLVV	铝芯聚氯乙烯绝缘聚氯乙烯护套导线
BLV	铝芯聚氯乙烯绝缘导线	BVR	铜芯聚氯乙烯绝缘软线
BVV	铜芯聚氯乙烯绝缘聚氯乙烯护套导线	BLVR	铝芯聚氯乙烯绝缘软线

表6-1所列导线主要用于交流500V及以下的电气设备和照明装置的连接，其中BVR型软线适用于要求导线比较柔软的场合；护套导线适用于室内外，具有耐潮性，抗腐蚀性、线路整齐美观等优点，因而在照明、吊扇及空调器等配电线路中获得了广泛应用。

2. 护套导线在安装时的一般规定

1）室内使用时，铜芯护套芯线最小截面不得小于0.5mm^2，铝芯不得小于1.5mm^2。

2）护套线路连接时，应采用接线盒、分线盒或其他电器装置的连线柱进行连接接头。

3）护套线的固定有两种方法，一种是采用金属卡片固定；另一种是采用与护套线配套专用的塑料线卡固定，可以根据护套线的芯线截面选择线卡，严禁使用铁钉直接穿过护套线固定。

3. 导线截面的选择

低压导线截面的选择可根据以下三个条件：

1）连续允许电流。

2）电压损失。

3）机械强度。

但在同样负载电流下可得到几个不同的导线截面数据，此时应当选择其中最大的导线截面。通常在动力线路中，按连续允许电流选择导线截面较大的；在照明线路中，则按电压损失或机械强度选择导线截面较大的，选择后在运行中再进行校验，从而选取最合理的导线截面。在家用电器配线方面，考虑更多的是导线的连续允许电流，对于单相电热线路的电流可按下式计算：

$$I=\frac{P}{U}(\mathrm{A})$$

式中　P——线路中的总功率（W）；

　　U——单相配线的额定电压（V）。

在按连续允许电流选择导线截面时，应选用材质相同，长度相等、截面相同的两根导线，以防止因截面大小不等时，截面小的绝缘导线发热量高，绝缘层易被烧坏而引起火灾。选用时，常把绝缘导线允许通过的最大电流值称为安全载流量，或称为连续允许电流值，这个电流值是依据发热条件决定的。在选择导线截面时，应依据用电负荷，参照导线的规格型号及布线方式选择导线，导线的载流量应大于用于电负荷电流，留有一定余量。BVV 型铜芯聚氯乙烯绝缘聚氯乙烯绝缘护套铜芯线技术数据见表 6-2。

表 6-2　BVV 型铜芯聚氯乙烯绝缘聚氯乙烯绝缘护套铜芯线技术数据

标称截面/mm^2	导线线芯结构		参考载流量/A		
	根　数	直径/mm	单　芯	双　芯	三　芯
1.5	1	1.37	25	21	16
2.5	1	1.76	34	26	22
4.0	1	2.24	45	38	29
6.0	1	2.73	56	47	36

例如，有一台 220V、1500W 电热水器，如何进行配线？

计算导线的载流量为

$$I=\frac{P}{U}=\frac{1500}{220}\text{A}\approx 7\text{A}$$

考虑一定余量，由表 6-2 可查得，选 BVV 型 $2\times 1.5\text{mm}^2$ 的护套线明敷。

6.3　触电和防止触电的保护措施

电能的应用给工农业生产和人们的生活带来了极大的方便。在供用电过程中必须特别注意电气安全，无数电气事故告诫人们，思想麻痹大意，违反电气操作规程，就可能造成人身事故和设备事故。因此，必须加强安全教育，树立“安全第一”的观念。

6.3.1　触电

1. 触电的类型

触电是指人体触及或接近带电导体，所造成的电流对人体的伤害。人体触电时，电流对人体造成的危害有电击和电灼伤两种类型。

（1）电击

电击是指电流通过人体内部，影响心脏、呼吸和神经系统的正常功能，造成人体内部组织的损坏，甚至危及生命。

电击是由电流流过人体而引起的，它造成伤害的严重程度与电流大小、频率、通电的持续时间、流过人体的路径及触电者的健康情况有关。通过人体的电流越大，触电时间越长，危险就越大。50～60Hz 的交流电通过心脏和肺部时危险最大，电流的大小对人体的伤害程度见表 6-3。

表 6-3　不同电流对人体的影响

交流电流/mA	对人体的影响	交流电流/mA	对人体的影响
0.6~1.5	手指有些微麻刺感觉	20~25	手麻痹、无法摆脱电源、全身剧痛、呼吸困难
2~3	手指有强烈麻刺感觉	60~80	呼吸麻痹、心脑震颤
5~7	手部肌肉痉挛	90~100	呼吸麻痹、如果持续3s以上，心脏就会停止跳动
8~10	难以摆脱电源		

（2）电灼伤

电灼伤是指人体外部受伤，如电弧灼伤、与带电体接触后的电斑痕以及在大电流下熔化而飞溅的金属末对皮肤的烧伤等。

1）灼伤。由于电弧的高温或高频电流流过人体产生的热量所致。主要是人体与带电体距离太近，而产生电弧放电所致。电弧烧伤是由弧光放电引起的，低压系统拉开裸露的刀开关时，电弧可能烧伤人的手部或面部；错误操作造成线路短路也可导致电弧烧伤。

2）电斑痕。人体与带电体有良好的接触，所造成的伤害。

3）金属溅伤。在线路短路、开启式熔断器熔断时，炽热的金属微粒飞溅所造成的伤害。

2. 常见的触电方式

按照人体触及带电体的方式和电流通过人体的路径，触电方式有单相触电、两相触电、跨步电压触电以及接触电压触电。

（1）单相触电

人体的某部分在地面或其他接地导体上，另一部分触及一相带电体的触电事故称单相触电。这时触电的危险程度决定于三相电网的中性点是否接地，一般情况下，中性点接地电网的单相触电比中性点不接地电网的单相触电危险性大。

图6-8a表示供电网中性点接地时的单相触电，此时人体承受电源相电压；图6-8b表示供电网无中线或中线不接地时的单相触电，此时电流通过人体进入大地，再经过其他两相对地电容或绝缘电阻流回电源，当绝缘不良时，也有危险。在工厂和农村，一般不接地系统多为6~10kV，若在该系统单相触电，由于电压高，因此触电电流大，几乎是致命的。

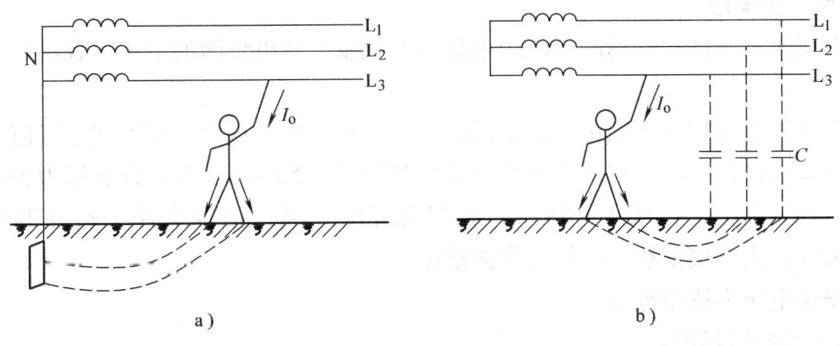

图 6-8　单相触电

（2）两相触电

人体的不同部分同时分别触及同一电源的任何两相导线称两相触电，这时，电流从一根导线经过人体流至另一根导线，人体承受电源的线电压，这种触电形式比单相触电更危险，如图 6-9 所示。

（3）跨步电压触电

当带电体接地有电流流入地下时（如架空导线的一根断落地上时），在地面上以接地点为中心形成不同的电位，人在接地点周围，两脚之间出现的电位差即为跨步电压。线路电压越高，离落地点越近，触电危险性越大。

（4）接触电压触电

人体与电气设备的带电外壳接触而引起的触电称接触电压触电。人体触及带电体外壳，会产生接触电压触电，人体站立点离接地点越近，接触电压越小，如图 6-10 所示。

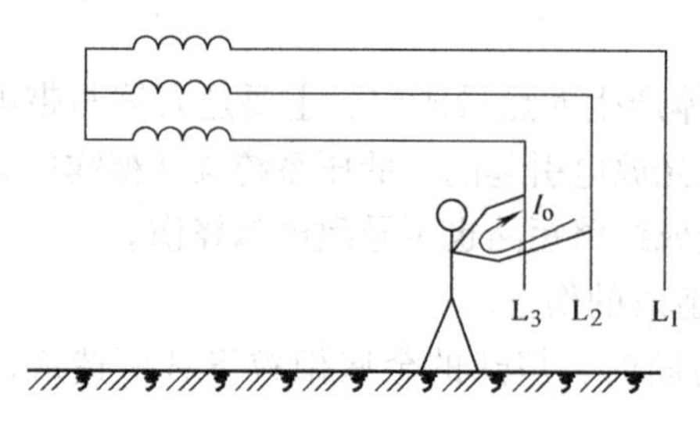

图 6-9　两相触电

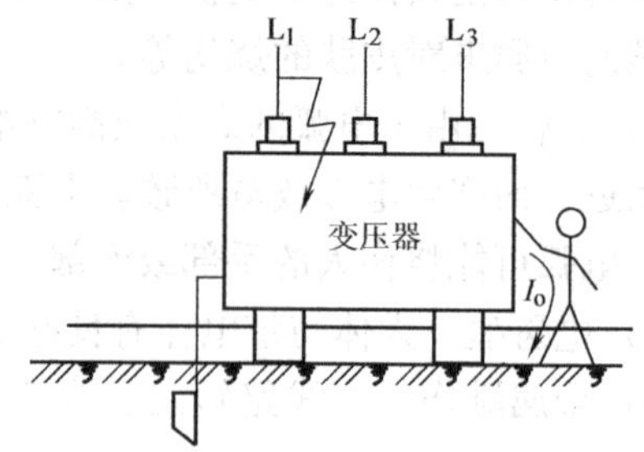

图 6-10　接触电压触电

6.3.2　防止触电的措施

触电往往很突然，最常见的触电事故是偶然触及带电体或触及正常不带电而意外带电的导体。为了防止触电事故，除思想上重视外，还应健全安全措施。安全措施分为安全技术措施和安全组织措施。

安全组织措施是指工作票制度、工作许可制度、工作监护制度、工作间断转移和工作总结制度等。

安全技术措施包括停电、验电、装设接地线、悬挂标示牌和装设遮挡等。主要有如下几项：

1. 使用安全电压

安全电压是指人体较长时间接触带电体而不致发生触电危险的电压。我国对安全电压有以下规定：

为了防止触电事故而采用由特定电源供电的电压系列。这个电压系列上限值，在任何情况下，两导体间或任一导体与地之间均不得超过交流（50～500Hz）有效值为 50V。安全电压的额定值为 36V、24V、12V、6V（工频有效值）。当电气设备采用了超过 24V 的安全电压时，应采取防止直接接触带电体的保护措施。

注意安全电压不适用范围：

1）水下等特殊场所。

2）带电部分能伸入人体内的医疗设备。

2. 保护接地

（1）定义

保护接地就是在 1kV 以下变压器中性点（或一相）不直接接地的电网内，电气设备的金属外壳和接地装置良好连接。

（2）原理

如图 6-11 所示，电气设备绝缘损坏，人体触及带电外壳时，由于采用了保护接地，人体电阻和接地电阻并联，人体电阻远远大于接地体电阻。故流经人体的电流远远小于流经接地体电阻的电流，并在安全范围内，这样就起到了保护人身安全的作用。

3. 保护接零

（1）定义

保护接零就是在 1kV 以下变压器中性点直接接地的电网中，电气设备金属外壳与零线作可靠连接。

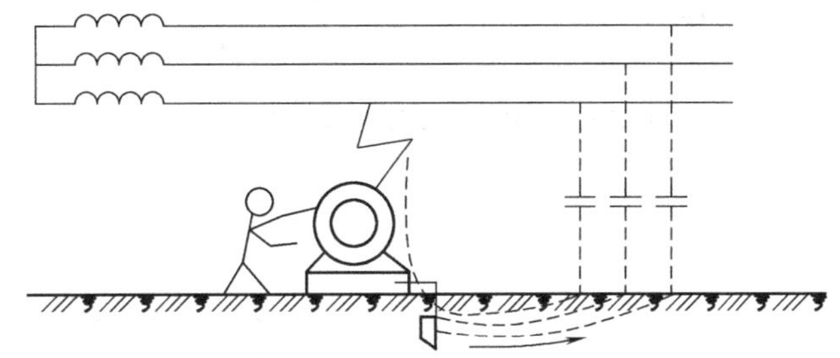

图 6-11 保护接地原理图

（2）原理

低压系统电气设备采用保护接零后，如有电气设备发生单相碰壳故障时，形成一个单相短路回路。由于短路电流极大，使熔丝快速熔断，保护装置动作，从而迅速地切断了电源，防止了触电事故的发生，如图 6-12 所示。

（3）注意事项

1）同一台变压器供电系统的电气设备不允许一部分采用保护接地，另一部分采用保护接零。

2）保护零线上不准装设熔断器。

3）保护接地或接零线不得串联。

4）在保护接零方式中，将零线的多处通过接地装置与大地再次连接，叫重复接地。保护接零回路的重复接地是保证接地系统可靠运行，可防止零线断线失去保护作用。

4. 使用漏电保护装置

漏电保护装置按控制原理可分为电压动作型、电流动作型、交流脉冲型和直流型等几种。其中电流动作型的保护性能最好，应用最为普遍。

电流动作型漏电保护装置是由测量元件、放大元件、执行元件、检测元件组成，如图 6-13 所示。

测量元件是一个高磁导电流互感器，相线和零线从中穿过，当电源供出的电流经负载使用后又回到电源，互感器铁心中合成磁场为零，说明无漏电现象，执行机构不动作；当合成磁场不为零时，表明有漏电现象，执行机构快速动作，切断电源时间一般设定在 0.1s，保证安全。

注意：单相漏电保护器接线时，工作零线和保护零线一定严格分开不能混用，相线和工作零线接漏电保护器，若将保护零线接到漏电保护器时，漏电保护器处于漏电保护状态而切断电源。

家庭中，漏电保护器，一般接在单相电能表和低压断路器或刀开关后，它是安全用电的重要保障，如图6-14所示。

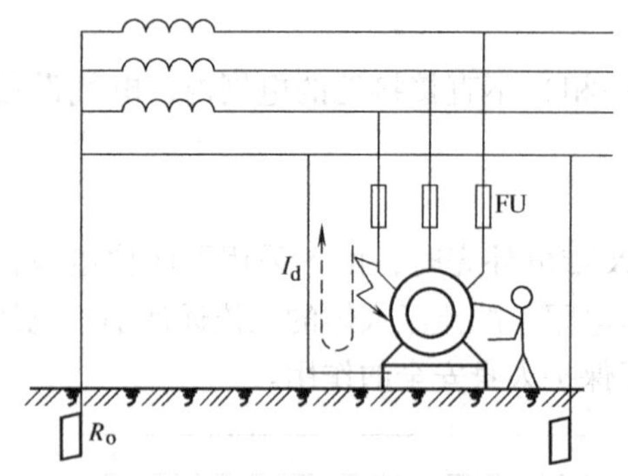

图6-12　保护接零原理图

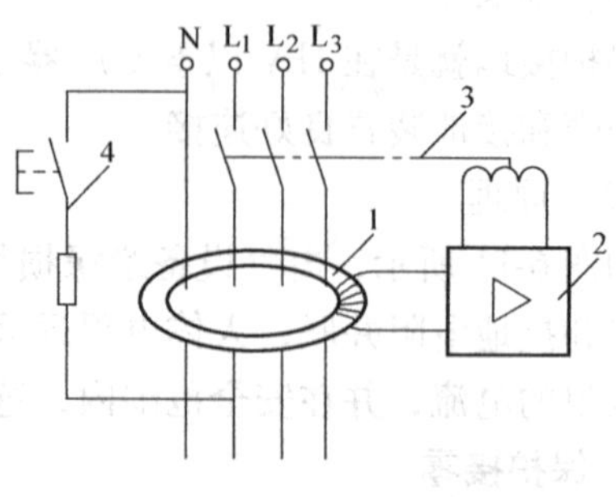

图6-13　电流动作型漏电保护装置
1—检测元件　2—放大元件
3—执行元件　4—试验电路

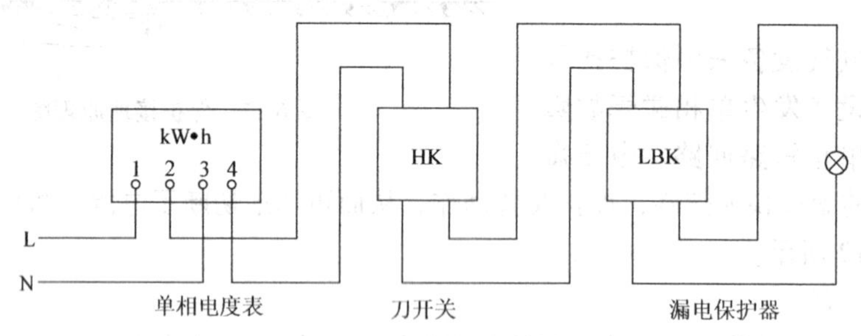

图6-14　漏电保护器的使用

总之，为了防止触电事故，应采用安全电压和防爆电器，推广使用漏电保护开关；设立屏护，悬挂标示牌，合理使用各种安全用具、工具和仪表，经常检查用电设备，定期进行耐压试验；电气设备的金属外壳，要采取保护接地或接零；合理选择导线，导线通过电流时，不允许过热，选用导线的额定电流应比实际输电电流大，为了防止触电事故，还要普及安全生产用电知识。

6.4　安全用电及触电急救常识

6.4.1　安全用电常识

为防止触电事故，要对用户和广大群众宣传并且要普及安全用电常识。

1）任何电气设备在未确认无电以前应一律认为有电，不要随便接触电气设备，不要盲目信赖开关或控制装置，不要依赖绝缘来防范触电。

2）尽量避免带电操作，手湿时禁止带电操作，在必须进行带电操作时，应尽量用一只手工作，并应有人监护。

3）若发现电线、插头等损坏应立即更换，禁止乱拉临时电线。如需拉临时电线，应采用绝缘线，且离地不低于2.5m，用完后应及时拆除。

4）广播线、电话线应与电力线分杆架设，电话线、广播线在电力线下面穿过时，与电力线的垂直距离不得小于1.25m。

5）电线上不能晾衣物，晾衣物的铁丝也不能靠近电线，更不能与电线交叉搭接或缠绕在一起。

6）不能在架空线路和室外变电所附近放风筝；不得用鸟枪或弹弓来打电线上的鸟；不许爬电杆，不要在电杆、拉线附近挖土，不要玩弄电线、开关、灯头等电气设备。

7）当带有金属外壳的电气设备移至外壳不带电的移动电器设备处时，应先安装好地线，检查设备完好后，才能使用。

8）移动电器的插座时，一般要用带电保护接地插孔的插座。不要用湿手去摸灯头、开关和插头。

9）当电线断落在地上时，不可走近。对落地的高压线应离开落地点8～10m以上，以免跨步电压伤人，更不能用手去拣。应立即禁止他人通行，派人看守，并通知供电部门前来处理。

10）当电气设备起火时，应立即切断电源，并用干砂覆盖灭火，或者用四氯化碳或二氧化碳灭火器来灭火，绝不能用水或一般酸性泡沫灭火器灭火，否则有触电危险。救火时不要随便与电线或电气设备接触，特别要留心地上的导线。

6.4.2 触电急救常识

当我们发现有人触电时，首先要尽快地使触电者脱离电源，然后再根据具体情况，采取相应的急救措施。

触电者的现场急救，是抢救过程的关键。触电后会出现呼吸中断、神经麻痹、心脏停止跳动等症状，外表看起来昏迷不醒，此时一定要把触电者是“假死”。所以应迅速对触电者进行抢救；反之，必然带来不可弥补的后果。

1. 脱离电源

触电者触电后，可能由于失去知觉等原因而紧抓带电体，不能自行摆脱电源，因此使触电者尽快脱离电源是抢救触电者的第一步，也是最重要的一步，它是采取其他急救措施的前提，正确的脱离电源的方法有：

1）如果电源开关或插头离触电地点很近，可以迅速拉开开关，切断电源。但是要注意一般开关或拉线开关，它们不一定是控制相线，因此还要拉开前一级的刀开关。

2）当开关离触电地点较远，不能立即打开时，应视具体情况采取相应措施：

①用绝缘手钳或装有干燥木柄的物件切断电线，或用干燥的木板等绝缘物插入触电者身下。切断电线时要防止被切断的电源线触及人体，以免使触电事故扩大。

②如果电线是搭在触电者的身上或压在身下，可用干燥的木板、竹竿、木棒或带有绝缘柄的其他工具，迅速把电线挑开，但不能用手、金属及潮湿的物件去挑电线，以防救护人员触电。

③如果触电者的衣服是干燥的，又不紧缠在身上，救护人可站在干燥的木板上用一只手拉住触电者的衣服把他拖离带电体，这只适于低压触电的急救，并且在拖时要注意不能用两只手，不能触及触电者的皮肤，也不可拉脚。

④如果是高空触电，还应采取措施，以防触电者从高空摔下。

3）高压线路触电的脱离：在高压线路或设备上触电应立即通知有关部门停电，为使触电者脱离电源应戴上绝缘手套，穿绝缘靴，使用适合该档电压的绝缘工具，按顺序打开开关或切断电源。也可用一根合适长度的裸金属软线，先将一端绑在金属棒上打入地下做可靠接地，另一端绑上重物掷到带电体上，使人与线路短路，迫使保护装置动作，以断切电源。

4）脱离电源注意事项

①救护人员不能直接用手、金属及潮湿的物体作为救护工具，救护人员最好一只手操作，以防自身触电。

②防止高空触电者脱离电源后发生摔伤事故。即使触电者摔在平地，也要注意触电者脱离电源后倒下的方向，避免触电者头部摔伤。

③如果事故发生在晚上，应立即解决临时照明，以便触电急救。

2. 急救处理

当触电者脱离电源后，根据具体情况应就地迅速进行救护，同时赶快派人请医生前来抢救，触电者需要急救的大体有以下几种情况：

1）触电不太严重，触电者神志清醒，但有些心慌，四肢发麻，全身无力，或触电者曾一度昏迷，但已清醒过来，应使触电者安静休息，不要走动，严密观察并请医生诊治。

2）触电较严重，触电者已失去知觉，但有心跳，有呼吸，应使触电者在空气流通的地方舒适、安静地平躺，解开衣扣和腰带以便呼吸；如天气寒冷应注意保温，并迅速请医生诊治或送往医院。

如果触电者失去知觉，呼吸困难或停止呼吸，但心脏微有跳动，应立即进行人工呼吸急救。

3）触电相当严重　触电者已停止呼吸，应立即进行人工呼吸；如果触电者心跳和呼吸都已停止，人完全失去知觉，应进行人工呼吸和心脏挤压进行抢救。

人工呼吸和胸外挤压心脏，应尽可能地进行，即使在送往医院的途中也不能停止急救。在抢救过程中不能乱打强心针，否则会增加对心脏的刺激，加快死亡。

3. 人工呼吸和心脏挤压

人工呼吸是在触电者呼吸停止但有心跳时的急救方法；心脏挤压适用于有呼吸但无心脏的触电者；而当触电者一旦出现“假死”现象，应迅速进行人工呼吸或心脏挤压，具体方法如下。

(1) 口对口吹气法

将触电者移至通风处，仰卧平地上，鼻孔朝天，头后仰并解开衣领、衣服、腰带，头不可垫枕头，以便呼吸道通畅，清理口鼻腔，捏紧鼻孔，紧贴触电者的口吹气2s使其胸部扩张，接着放松鼻孔，使其胸部自然缩回排气约3s，如此不断进行，直至好转，吹气时用力要适当，如果掰不开触电者的嘴可用口对鼻吹气。

(2) 胸外挤压法

将触电者仰卧在硬地上，松开领扣，解开衣服，清除口腔内异物，救护人员站在触电者一侧或者跨腰跪在触电者腰部，两手相叠，将下面那只手的手掌根放在触电者心窝稍高、两乳头间略低，即胸骨下三分之一部位，中指对准凹膛，手掌跟部即为正确的压点。自上而下，垂直均衡，压力轻重要适当地向下挤压。然后，突然放松掌根，但手掌不要离开胸部，如此连续不断地进行。成人每秒钟挤压1次，儿童每分钟挤压100次左右。挤压时注意挤压位置要准，不可用力过猛，以免将胃中食物挤压出来，堵塞气管，影响呼吸。触电者若是儿童，可只用一只手挤压，用力适中，以免损伤胸骨。

心脏跳动和呼吸是互相关联的，一旦呼吸和心脏跳动都停止，应当及时进行口对口吹气和胸外心脏挤压。且心脏挤压与口对口吹气口同时进行。如有两人救护可同时分别采取一种方法；如果只有一人救护，可交替采取两种方法。

在进行口对口吹气和心脏挤压时，应坚持不懈，直到触电者复苏或医务人员前来救治为止，在救护过程中，应密切观察触电者的反应。

6.5 实训8 单相电能表和照明电路的装接

1. 实训目的

1）了解单相电能表内部结构及安装使用方法。

2）了解单相电能表电路的装接。

2. 基本原理

电能表是用来测量电能的仪表，分为单相电能表和三相电能表。电能表是积累耗电量多少的仪表，属感应式仪表。电能表是由电压线圈、铁心、电流线圈、制动磁铁、铝转盘构成的感应系测量机构，当交流电流过电流和电压线圈时，在铝转盘上会产生涡流，涡流与交变磁通相互作用产生电磁力，使铝盘转动。而制动磁铁与转动的铝盘相互作用产生制动力矩，在转动力矩与制动力矩平衡的情况下，铝转盘以稳定的速度转动。铝盘的转数与电能的大小成正比，从而可测定消耗的电量。

如果电能表表面上的数字为600r/kW · h，则说明1kW用电设备工作1h时，该电能表转动了600rad。因此可以用s表测量电能表转动的周数需用的时间来估算用电设备的功率。

$$P - \frac{3600}{600} \times \frac{n}{t} \text{kW} \tag{6-2}$$

式中 3600——1h的秒数（s）；

600——用电1kW时转过的圈数（rad/kW）；

n——电能表在t秒内转动的圈数（rad）；

t——电能表转动n圈的时间（s）。

如10s内电能表转动了5圈，则

$$P = \frac{3600}{600} \times \frac{5}{10} 3\text{kW} = 3\text{kW}$$

3. 实训设备与器材

1）DD10，220V，3（6）A单相电能表1只。

2）单相漏电保护器1只。

3）插式熔断器2个。

4）500mm×300mm木板1块。

5）螺口平灯座2个。

6）220V、100W灯泡2个。

7）单相二眼插座、单相三眼插座，各1只。

8）1×1单相开关1只。

9）1×2单相开关2只。

10）接线明盒2只。

11）双股塑料护套线若干。

12）电工工具1套。

13）秒表1只。

14）辅助材料若干。

4. 实训步骤

（1）电能表选用

主要是合理选择电能表的量程和用途。根据用途不同，选用不同类型的电能表。例如，在单相电路使用时，要选DD型（第一个字母D表示电能表，第二个字母D表示单相），电能表的量程应使其额定电压和负载的额定电压相符，电能表的额定电流应大于负载的最大工作电流。

（2）观察

电能表外壳是否完整，有无破损，铝盘有无变形，是否转动，认清表盘上所注名称、型号、精度、额定电压、额定电流等。

（3）安装使用过程

1）电能表的接线必须遵守“电源端”规则，即其电流线圈和电压线圈的“电源端”应共同接到电源的同一极性接线柱上。单相电表的接线方式如图6-15所示。这种接法为一进一出接法，也叫跳入式接法。

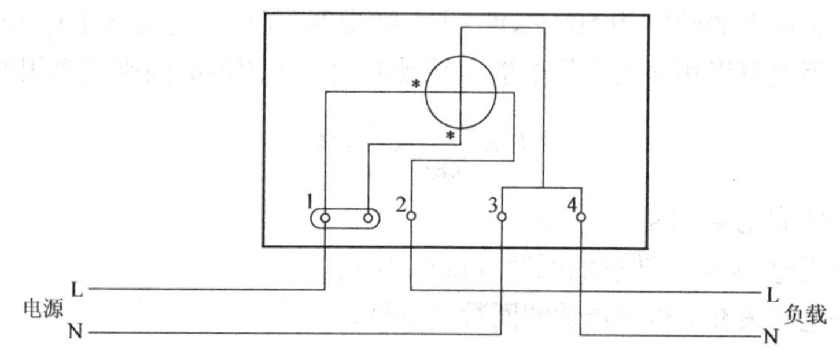

图6-15　单相电能表接线图

2）如图6-16所示，将电能表、刀开关、漏电保护器、灯座固定在500mm×300mm的接线板上。

3）按图6-17所示，进行正确接线。

4）检查接线是否正确可靠，尤其要注意各接线头应绝缘良好，否则会造成短路故障。

5）确认无误后，接通交流电源，不允许合上单相漏电保护器S_1，用验电笔检测单相漏电保护器进线是否有电。正常后合上S_1，再用验电笔检测单相二眼插座、单相三眼插座中L端是否有电，不允许在N端中有电，如有则接线错误，应改接。

6）合上S_2，观察白炽灯EH_1点亮后，电能表、铝盘是否按照表盘所指方向旋转，若一致，表明接线正确，若不一致，有可能是相线、零线接反了，改变过来即可。

7）合上 S_3 或 S_4，观察白炽灯 EH_2 点亮后，反复闭合和断开 S_3 和 S_4，观察白炽灯 EH_2 是否能用两只开关 S_3、S_4 在两地控制一只白炽灯 EH_2。

8）打开开关 S_1、S_2 和打开所有开关，用秒表测量电能表的转数估算用电设备的功率。

9）工作一段时间，读出表上读数，与理论数据比较是否一致。

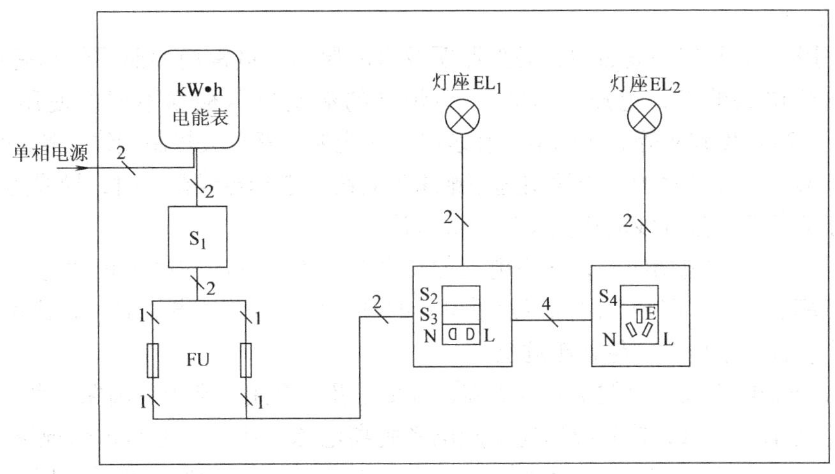

图 6-16　接线板元件接线

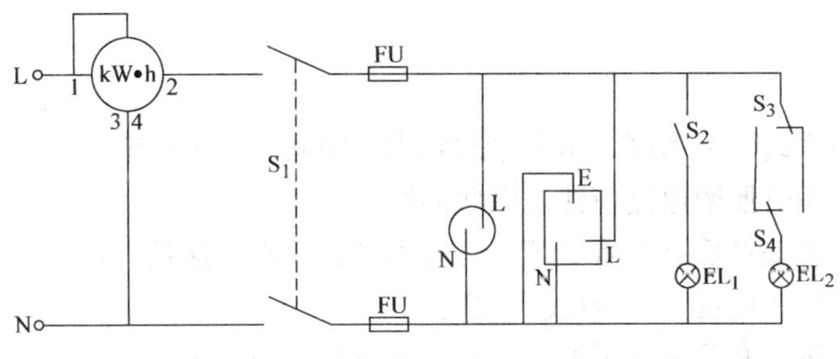

图 6-17　实训电路图

5. 注意事项

1）装电能表的木板应为干燥实板，木板四周应涂漆防潮。

2）电能表通常与配电装置装在一处，安装在干燥场所，表板下沿离地高于 1.3m，表的中心离地 1.5～1.8m。

3）电能表应与地面垂直，接线应按盒盖背面的接线图进行连接。

4）使用中，电路上不能经常超载 25% 或短路。

5）电能表的额定电压与负载电压一致，电能表的额定电流应大于负载电流。

6）计量用电时，通常只装一块单相电能表。

7）此实训中切记注意安全操作，防止人身和设备事故。

6. 分析与思考

如果家用电能表是 220V、5（10）A，则允许使用的功率各为多少？

6.6 小结

1. 发电站发出的交流电经高压输电，并经过一次或两次降压后，再经配电为用户提供不同等级的电压；这个由发电、输配电和用电设备所构成的系统称为电力系统，其中输配电系统称为电力网。

2. 常用电气照明有一般照明、局部照明及事故照明，最常用的照明灯具是白炽灯和荧光灯，荧光灯电路的工作电压为220V，白炽灯的额定电压根据不同的使用场所分别有220V、36V、24V及12V等。照明电路在装接时一定要注意开关控制相线，特别注意照明电器附件的安装。一般家庭的室内照明选用绝缘护套线，选择导线截面时，导线的长期允许载流量应大于或等于通过导线的最大持续负载电流。

3. 触电为电击和电伤两种，其中电击的伤害更严重。电击的严重程度与流过触电者体的电流的频率、大小、路径、时间以及触电者的身体状况有关。电流通过心脏和大脑时触电者最易死亡，而且触电时间越长越危险。

4. 为防止触电事故，应健全安全措施，宣传普及安全用电常识，确保人身安全。

5. 若遇见有人触电，首先应迅速使触电者脱离电源，然后根据具体情况紧急救护并及时向医生求救，当触电者出现假死时，应立即在现场进行人工呼吸和胸外挤压的方法进行急救。

6.7 习题

1. 什么是电力系统和电力网？由发电站到用户中间有几个环节？
2. 安装一般白炽灯照明电路应注意哪些问题？
3. 有时荧光灯在关灯后还会看到荧光灯发出微弱亮光，这是为什么？应采取什么措施？
4. 什么叫安全生产电压？安全电压为多少？
5. 人体触电后可能有几种状况？怎样确定施行急救的方法？
6. 常见的安全生产用电措施有哪些？试联系实际，谈谈你应采取哪些安全生产用电措施。
7. 什么叫触电？常见的触电方式和原因有哪几种？

第 7 章　常用半导体器件

本章要点

- 掌握二极管的工作原理、特性和主要参数
- 掌握晶体管的工作原理、特性和主要参数
- 了解场效应晶体管的特点和场效应晶体管与晶体三极管在应用方面的不同之处
- 了解晶闸管的工作原理、特性和主要参数

7.1　二极管

二极管是由半导体材料制成的，在本节中介绍半导体材料、PN 结及由 PN 结组成的二极管。

7.1.1　半导体材料

导电能力介于导体与绝缘体之间的物质称为半导体，如硅、锗、硒以及大多数金属氧化物和硫化物都是半导体。纯净半导体（本征半导体）的导电能力差，绝缘性能也不强，但当温度、光照、掺杂质等条件变化时，能使半导体导电能力显著变化，也就是说半导体材料具有热敏性、光敏性和杂敏性。

1. 本征半导体

纯净的半导体称为本征半导体。硅 Si 和锗 Ge（四价元素）材料是用得比较多的半导体，将硅或锗材料提纯并拉制成单晶体后，所有的原子基本上整齐排列，每一个原子与相邻四个原子结合，形成共价键结构，如图 7-1 所示。在共价键结构中，原子核最外层虽然具有八个电子而处于较为稳定状态，但当获得一定能量（温度增高或光照）后，最外层电子受到激发，成为自由电子，获得能量越多，自由电子数目也越多。当核外电子成为自由电子后，共价键中就留下一个空位，称为空穴，中性原子因失去一个电子而带正电，同时形成了一个空穴，故可认为空穴是带正电的。

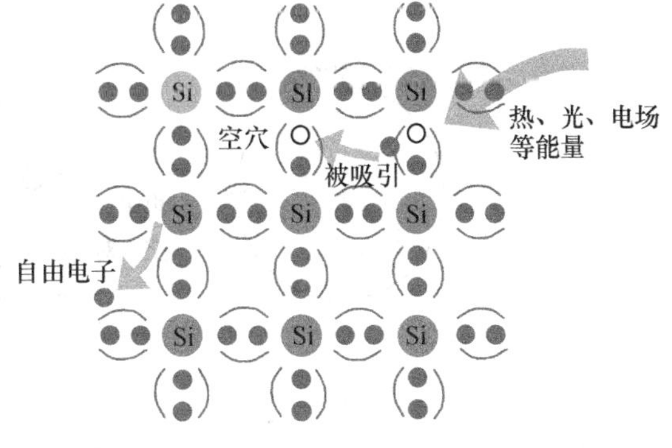

图 7-1　本征半导体的模型

本征半导体中的自由电子和空穴总是成对出现的，称为电子-空穴对，同时自由电子和空穴在移动过程中又不断地复合，在一定温度下，电子-空穴对地产生和复合达到动态平衡，于是半导体的载流子数目便基本维持一定的数目（或浓度）。

在外电场作用下，自由电子和空穴都可产生定向移动而形成电流，因而把自由电子和空

穴都称为载流子。

2. 掺杂半导体

（1）N型半导体

单晶硅（或锗）通过某种工艺掺入微量的磷P元素（或其他五元素价），晶体结构中磷原子参加共价键结构时需四个价电子，多余的第五个价电子就很容易挣脱原子核的束缚而成为自由电子；同时由于本征半导体中存在电子-空穴对。于是半导体中的自由电子数目多，称为多数载流子；而空穴的数目少，称为少数载流子，称这种半导体为电子（N）型半导体，如图7-2所示。

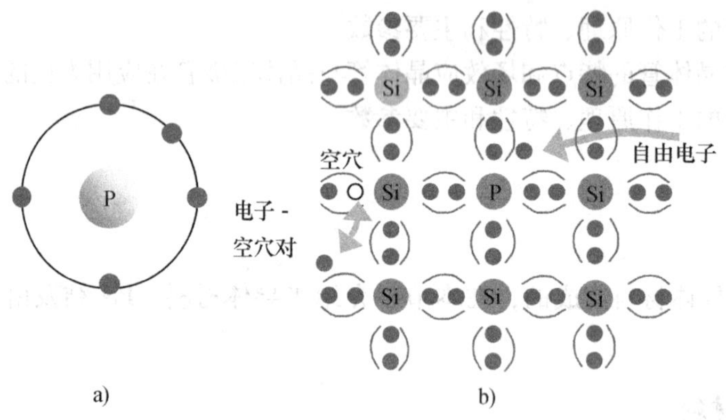

图7-2　N型半导体的形成

（2）P型半导体

单晶硅（或锗）中掺入微量的硼B元素（或其他三价元素），因硼只有三个价电子，因而在共价键结构中因缺少一个价电子而形成一个空穴；同时由于本征半导体中存在电子-空穴对。于是这种半导体中的空穴数目多，即空穴为多数载流子；而自由电子数目少为少数载流子，称这种半导体为空穴（P）型半导体，如图7-3所示。

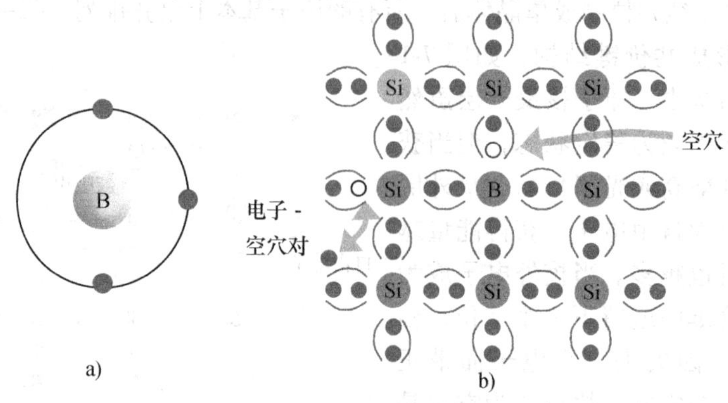

图7-3　P型半导体的形成

7.1.2　PN结

1. PN结的形成

通过一定的工艺在一块单晶片两边分别形成P型和N型半导体。于是在P型和N型半导体的交界处存在着空穴和自由电子的浓度差，P 区的空穴向 N 区扩散，N 区的自由电子向 P 区扩散，如图 7-4a 所示，扩散到对方的载流子成为少数载流子，并与对方的多数载流子复合，使自由电子和空穴复合同时消失，就在它们的交界处留下不能移动的正负离子组成的空间电荷区（内建电场），称 PN 结，如图 7-4b 所示。内建电场的方向是从带正离子的 N 区指向带负离子的 P 区，空间电荷区的出现，阻止多数载流子的扩散，称该空间电荷区为阻挡层，又由于在空间电荷区中缺少可以自由移动的载流子，又称为耗尽层；同时当少数载流子靠近耗尽层，就会在内建电场作用下漂移到对方的区域中去。

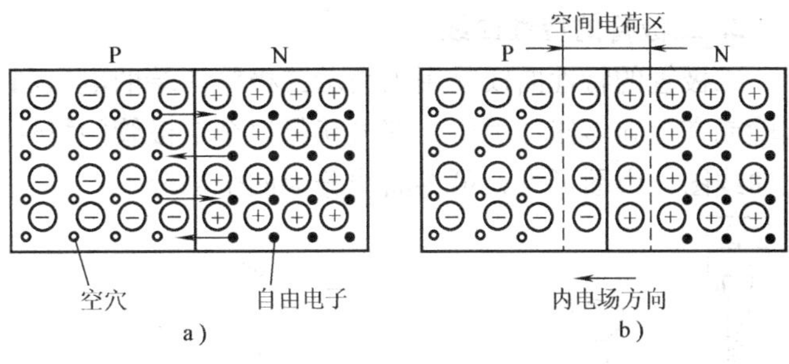

图 7-4　PN 结的形成

当多数载流子的扩散运动和少数载流子的漂移运动达到动态平衡，空间电荷区的宽度基本上稳定下来，PN 结就处于相对稳定的状态。

2. PN 结的单向导电性

当给 PN 结加正向电压，即 P 区接外加电源的正极，N 区接负极，如图 7-5 所示，外电场和内电场方向相反，内电场被削弱，整个阻挡层就会变窄，多数载流子的扩散运动增强，形成了较大的扩散电流，空穴和电子虽然带不同极性的电荷，但由于它们的运动方向相反，则电流方向一致，这种状态称为 PN 结的导通状态，这时的电流称为正向电流。

当给 PN 结加反向电压，即 P 区接外加电源的负极，N 区接正极，如图 7-6 所示，由于外电场和内电场方向相同，内电场被加强，整个阻挡层变宽，多数载流子的扩散被阻挡。但加强后的内电场会增强少数载流子的漂移运动而形成漂移电流，即反向电流，由于少数载流子数量很少，因此反向电流很小，可以忽略，这种状态称为 PN 结的截止状态。由于半导体的少数载流子浓度受环境温度影响很大，则反向电流也受温度的影响，温度越高，反向电流也越大。

由此可见，PN 结具有单向导电性。

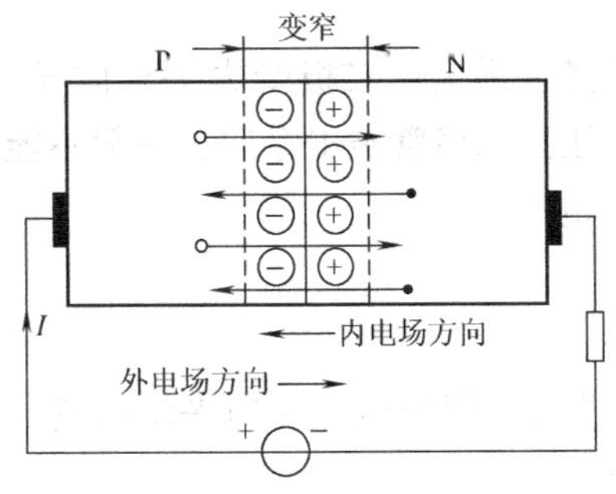

图 7-5　PN 结加正向电压

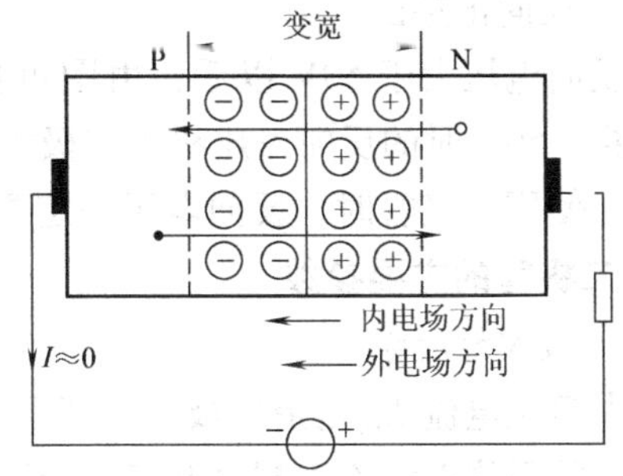

图 7-6　PN 结加反向电压

7.1.3　二极管

1. 二极管的结构

把 PN 结封装在管壳内，并引出两个金属电极，就构成一个二极管。其外形如图 7-7a 所示，图形符号如图 7-7b 所示，文字符号用 VD 表示。P 区引出的电极叫阳极（正极），N 区引出的电极叫阴极（负极）。

2. 二极管的特性曲线

二极管的特性曲线是用来表示二极管两端的电压和流过它的电流之间的关系曲线。通过实验或查半导体器件手册，都可获得每个二极管的特性曲线。图 7-8 为 2CP10 硅二极管的特性曲线图，由图可见，可将曲线分为四个部分。

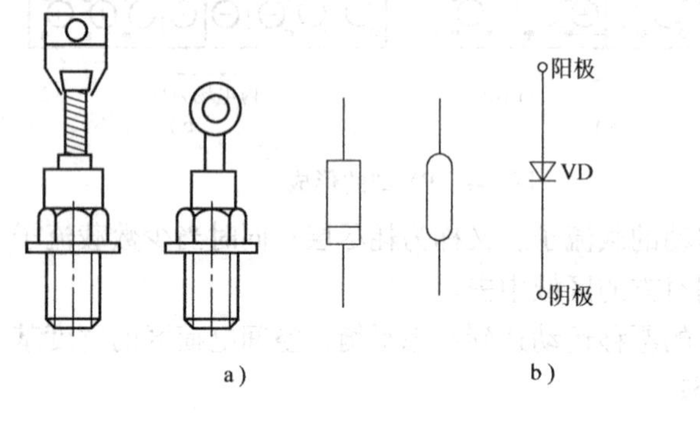

图 7-7 二极管

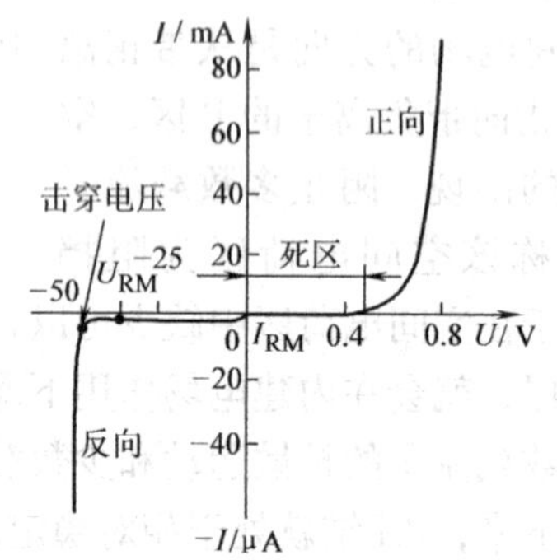

图 7-8 二极管特性曲线

（1）死区

正向电压从 0 ~ 0.5V 这部分的正向电流很小，几乎为零，称它为死区，硅管的死区电压约为 0.5V；锗管的死区电压约为 0.2V。

（2）正向导通区

正向电压大于 0.5V 以后，电流增长很快，称二极管导通。但导通电压几乎不变，约为 0.7V 左右，把 0.7V 称为硅二极管的导通压降。锗管的导通压降约为 0.3V 左右。

（3）反向截止区

反向电压从 0 ~ −50V 这部分的反向电流很小，几乎为零，把该区域称反向截止区，反向截止区的范围因二极管的不同而不同。

（4）反向击穿区

当反向电压大于 50V 以后，由图可见，反向电流突然增大，二极管失去单向导电性，称为击穿。50V 时的反向电压称为二极管的反向击穿电压。二极管被击穿后，一般不能恢复性能，在使用二极管时，反向电压一定要小于反向击穿电压。

3. 二极管的主要参数

（1）最大整流电流 I_{OM}

最大整流电流 I_{OM} 是指二极管长期运行时，允许通过二极管的最大正向平均电流。使用时，管子的平均电流不得超过此值，否则很容易烧坏管子。

（2）反向工作峰值电压 U_{RM}

反向工作峰值电压 U_{RM} 是指二极管不被击穿而给出的反向峰值电压，一般是反向击穿电压的一半或三分之二。

（3）反向峰值电流 I_{RM}

反向峰值电流 I_{RM} 是指在二极管上加反向工作峰值电压时的反向电流值。反向峰值电流

I_{RM}越大，说明二极管的单向导电性能差，且受温度影响大。

4. 常用二极管及应用

（1）普通二极管

这类二极管型号的第二个字母一般为“P”，表示普通的意思，最常用的普通二极管的型号为 2AP1 ~2AP9 和 2CP1 ~2CP20 等，它适用于高频检波、鉴频限幅和小电流整流等。

（2）整流二极管

这类二极管型号的第二个字母一般为“Z”，表示整流的意思，如 2CZ11 ~2CZ27 等，可实现不同功率的整流。

（3）开关二极管

这类二极管型号的第二个字母为“K”，表示“开关”的意思，常用型号有 2AK1 ~ 2AK4 等，用于电子计算机、脉冲控制及开关电路中。

（4）稳压二极管

稳压二极管是一种大面积结构的二极管，工作在特性曲线的反向击穿区，稳压二极管和一个合适的电阻相串联，就可起到稳定电压的作用。稳压二极管的图形符号如图 7-9 所示，型号为 2CW1 ~2CW10 等，一般用于直流电路中的稳压或电子线路中的钳位。

（5）光电二极管

光电二极管的结构和一般晶体二极管相似，只是它的外壳是透明的玻璃，它的图形符号如图 7-10 所示，其型号为 2CU1 等。光电二极管在电路中一般是处于反向工作状态，在没有光照时，其反向电阻很大，管子中只有很小的电流；当有光照时，其反向电阻大大减小，反向电流也随之增加，显然电流的大小和光照强度有关，光照越强，电流也越大。用于光电继电器、触发器及光电转换的自动测控系统中。

图 7-9　稳压二极管的图形符号

图 7-10　光电二极管的图形符号

【思考题 7-1】

（1）N 型半导体中多数载流子为电子，则它带负电性，对不对？

（2）PN 结为什么具有单向导电性？

（3）稳压二极管和光电二极管分别工作在什么区？

7.2　晶体管

晶体管即半导体晶体管。晶体管自问世以来，由于它具有电流放大和“开关”这两个作用，所以它广泛用于电信号的放大、振荡、脉冲技术和数字技术中。

7.2.1　晶体管的结构

晶体管由掺杂半导体按一定的方式构成两个 PN 结，并引出三个电极，最后用金属或塑料封装而成，其外形如图 7-11 所示。

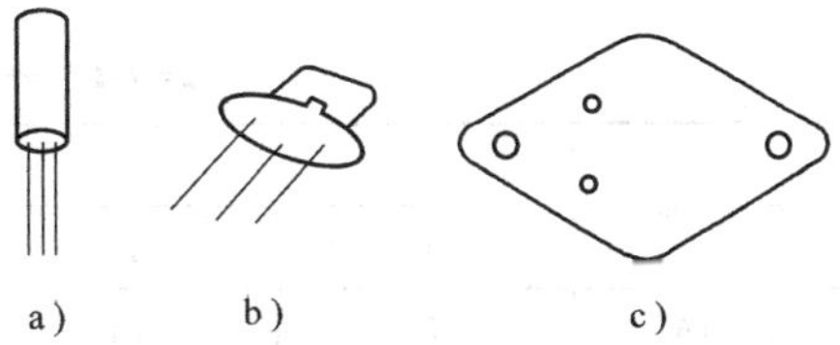

a）　b）　c）

图 7-11　半导体晶体管的外形图

a）3AX81　b）3DG6　c）3DD301

根据掺杂半导体的组合方式的不同，晶体管可分为 NPN 型和 PNP 型两种类型。我国生产的 NPN 型 3D 系列为硅管，PNP 型 3A 系列为锗管。图 7-12a、b 为晶体管的结构示意图和电路符号。

不论 NPN 型管，还是 PNP 型管，它们都有三个区，两个 PN 结和三个电极。

三个区是：位于中间较薄的一块半导体叫基区；其中一侧的半导体专门用来发射载流子，叫发射区；另一侧专门用来收集载流子，叫集电区。

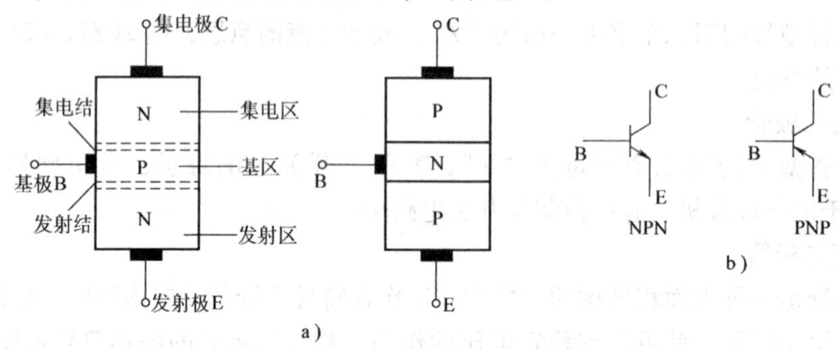

图 7-12　半导体晶体管

a）结构　b）图形符号

两个 PN 结是：集电区与基区交界的 PN 结叫集电结；发射区与基区交界的 PN 结叫发射结。

三个电极是：由集电区引出的电极叫集电极 C；由基区引出的电极叫基极 B；由发射区引出的电极叫发射极 E。

7.2.2　晶体管的电流放大作用

由实验验证，晶体管在满足发射结加正向电压，称正向偏置，集电结加反向电压，称反向偏置时，晶体管具有电流放大作用。以 NPN 型管（3DG6）为例，实验电路如图 7-13 所示。在电路中，把晶体管接成了两个回路，即基极与发射极的回路，称输入回路；集电极与发射极的回路，称输出回路。由于发射极是公共端，这种接法称为共发射极接法。

当改变 RP 时，就可测得基极电流 I_B、集电极电流 I_C 和发射极电流 I_E 的大小变化，它们的方向如图 7-13 所示。多次测量的数据，见表 7-1。

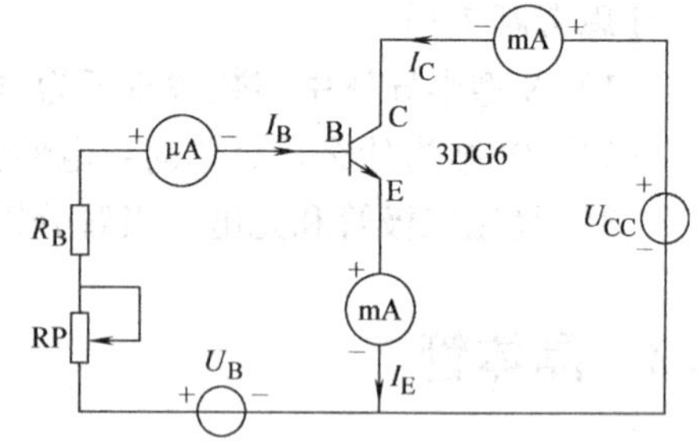

图 7-13　晶体管电流放大实验电路

表 7-1　晶体管电流放大实验测试数据

电　流	实 验 次 数					
	1	2	3	4	5	6
$I_B/\mu A$	0	10	20	30	40	50
I_C/mA	≈0	0.56	1.14	1.74	2.33	2.91
I_E/mA	≈0	0.57	1.16	1.77	2.37	2.96

由表 7-1 分析可得出如下结论：

1）三个电流的关系为

$$I_E = I_C + I_B \tag{7-1}$$

2）I_C 和 I_E 比 I_B 大得多，而且每组测量值中有 I_C/I_B 近似地为常数，可用 $\bar{\beta}$ 代表这个常数，即有 $I_C/I_B \approx \bar{\beta}$。可见 I_C 为 I_B 的 $\bar{\beta}$ 倍，即认为晶体管把 I_B 放大了 $\bar{\beta}$ 倍，$\bar{\beta}$ 称为直流放大系数。

3）在实验中还发现，当改变 R_B 使 I_B 有一个变化量 ΔI_B 时，相应地就会有一个 I_C 的变化量 ΔI_C，且 $\Delta I_C/\Delta I_B$ 也近似地为常数，可用 β 代表这个常数，即有 $\Delta I_C/\Delta I_B \approx \beta$。可见 ΔI_C 为 ΔI_B 的 β 倍，即认为晶体管把 ΔI_B 放大了 β 倍，则称 β 为交流电流放大系数。

4）由实验还发现 $\bar{\beta} \approx \beta$，也就是说，晶体管的交流电流放大系数和直流电流放大系数近似相等，在工程上，$\bar{\beta}$ 和 β 可以通用，常用 β 表示晶体管的电流放大系数，则有

$$I_C = \beta I_B \tag{7-2}$$

和

$$I_E = I_B + I_C = (1 + \beta) I_B \tag{7-3}$$

常用的小功率管的 β 值约为 20 ~ 150 之间。

7.2.3 晶体管的特性曲线

晶体管的特性曲线是用来表示晶体管各极的电压和电流之间相互关系的。最常用的是共发射极接法的输入特性曲线和输出特性曲线。特性曲线可用实验或查半导体器件手册获得。

1. 输入特性曲线

输入特性曲线是指当集-射极电压 U_{CE} 为常数时，输入电路中基极电流 I_B 与基-射极电压 U_{BE} 之间的关系曲线。图 7-14 所示为 3DG6 的输入特性曲线。

当 $U_{CE} \geqslant 1V$ 时，即使 U_{CE} 有变化，晶体管的输入特性曲线基本上重合，故只画一条 $U_{CE} = 1V$ 时的输入特性曲线。

由图可见，晶体管的输入特性和二极管的伏安特性相似，也有一段死区。只有在发射结电压高于死区电压后，晶体管才会产生基极电流 I_B，死区电压和二极管的基本相同，硅管为 0.5V 左右，锗管为 0.2V 左右。

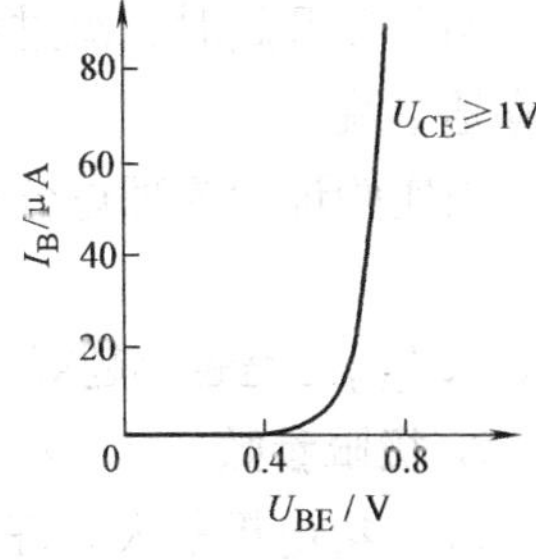

图 7-14 3DG6 晶体管的输入特性曲线

2. 输出特性曲线

输出特性曲线是指当基极电流 I_B 为常数时，输出回路中集电极电流 I_C 与集-射极电压 U_{CE} 之间的关系曲线。不同的 I_B 时，晶体管的输出特性是一组曲线。3DG6 晶体管的输出特性曲线如图 7-15 所示。根据输出特性曲线可分为三个区，并表示三种不同的工作状态。

（1）截止区

曲线 $I_B = 0$ 以下的区域称为截止区，要使晶体管可靠截止，其发射结和集电结都应处于反向偏置。晶体管工作于截止区时，失去了电流放大作用，由图可见 $I_C \approx 0$，集电极与发射极之间相当于开关的断开状态。

（2）饱和区

当 $U_{CE} < U_{BE}$ 时，集电结就处于正向偏置，晶体管工作于饱和状态，因此输出特性曲线

上 $U_{CE}<U_{BE}$ 以左和纵轴之间的部分称为饱和区。在饱和区，I_B 和 I_C 不成比例，即无电流放大作用，集电结和发射结之间的电压称为饱和压降，硅管约为 0.3V，锗管约为 0.1V。集电极和发射极之间相当于开关的闭合状态。

（3）放大区

输出特性曲线较为平坦的那个区域称为放大区。在放大区中有 $I_C=\beta I_B$，即 I_C 受 I_B 的控制。要使晶体管工作于放大区，必须满足发射结正偏，集电结反偏的条件。当为某一值时，集电极和发射极之间有一个电压值，故集电极和发射极之间相当于一个电阻。

总之，晶体管工作在放大区时，具有电流放大作用；工作在截止区和饱和区时，具有“开关”作用。

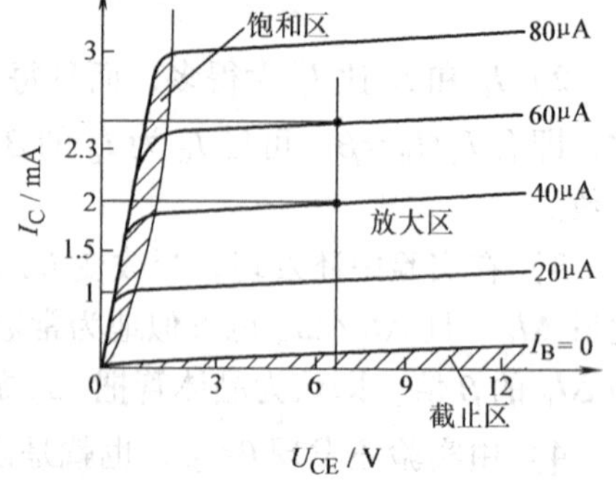

图 7-15　3DG6 晶体管的输出特性曲线

7.2.4　晶体管的主要参数

晶体管的参数是表示性能的指标，是选择晶体管的主要依据。除前面介绍过的电流放大系数外，再介绍几个常用参数。

1. 极间反向电流

（1）集-基极反向漏电流 I_{CBO}

当发射结开路，集电结上加一反向电压时流过集电结的反向电流，称集-基极反向漏电流 I_{CBO}。I_{CBO} 越小，说明管子受温度的影响就越小。在室温下，小功率锗管的 I_{CBO} 约为 10μA 左右，小功率硅管的 I_{CBO} 则小于 1μA。

（2）集-射极反向截止电流 I_{CEO}

当基极开路时，流过集电极与发射极之间的反向电流称集-射极反向截止电流 I_{CEO}，也称穿透电流。

由实验证明或理论分析，都有

$$I_{CEO}=(1+\beta)I_{CBO} \tag{7-4}$$

且要求 I_{CEO} 也是越小越好。

2. 极限参数

（1）集电极最大允许电流 I_{CM}

晶体管的集电极电流 I_C 如果超过一定数值时，它的电流放大倍数 β 将显著下降。当 β 下降到正常值的三分之二时所对应的集电极电流值，称为集电极最大允许电流 I_{CM}。

（2）集-射极击穿电压 $U_{BR(CEO)}$

基极开路时，允许加在集电极和发射极之间的最大电压称为集-射极击穿电压 $U_{BR(CEO)}$。当 U_{CE} 超过 $U_{BR(CEO)}$ 集电极电流大幅度上升，说明管子已被击穿。

（3）集电极最大允许耗散功率 P_{CM}

集电极最大允许耗散功率 P_{CM} 是指集电结最大允许的功率。由于晶体管工作时，电流经集电结而产生热量，使结温升高，会将损坏管子，则在使用时应保证 $U_{CE}I_C<P_{CM}$，但当晶体管加散热器使用时，可使 P_{CM} 提高很多。

【思考题 7-2】

（1）晶体管的输入特性曲线和二极管的正向特性曲线类似，对不对？

（2）从晶体管的特性曲线上能否判断出它的电流放大系数β?

7.3　绝缘栅场效应晶体管

场效应晶体管也是具有三个电极的半导体器件，但它的工作原理与晶体管不同。晶体管工作时，多数载流子和少数载流子均参与导电，故又称为双极型晶体管。由于少数载流子受温度的影响，晶体管的热稳定性较差，同时晶体管是电流控制器件，具有输入电阻低$10^2 \sim 10^4\Omega$的特点。而场效应晶体管是电压控制元件，它的输入电阻很高$10^9 \sim 10^{14}\Omega$。场效应晶体管在工作时只有一种载流子导电，所以场效应晶体管又叫单极型晶体管。它具有热稳定性好、噪声低、抗干扰能力强的特点。

场效应晶体管可分为两大类，一类是结型场效应晶体管；另一类是绝缘栅场效应管，又叫金属-氧化物-半导体绝缘栅场效应晶体管，简称 MOS 管。

MOS 管按其工作原理可分为增强型和耗尽型；按其导电沟道（电流的通路）采用的半导体类型可分为 N 型沟道和 P 型沟道，即 MOS 管可分为 N 沟道增强型、N 沟道耗尽型、P 沟道增强型和 P 沟道耗尽型。这里重点介绍 N 型沟道 MOS 管。

7.3.1　N 沟道增强型 MOS 管

1. N 沟道增强型 MOS 管的结构

图 7-16a、b 所示为 N 沟道增强型绝缘栅场效应晶体管的结构示意图及图形符号。它是用一块掺杂浓度较低的 P 型硅片作衬底，并在其上扩散两个相距很近的高掺杂 N 型半导体，并在其上引出两个电极，分别称为源极 S 和漏极 D，在源极 S 和漏极 D 之间的 P 型硅片上生成一层二氧化硅（SiO_2）绝缘层，并在其上沉积出金属层引出电极作为栅极 G。

由于二氧化硅是绝缘体，所以栅极和源极、漏极及衬底之间是互相绝缘的，故称为绝缘栅场效应晶体管。

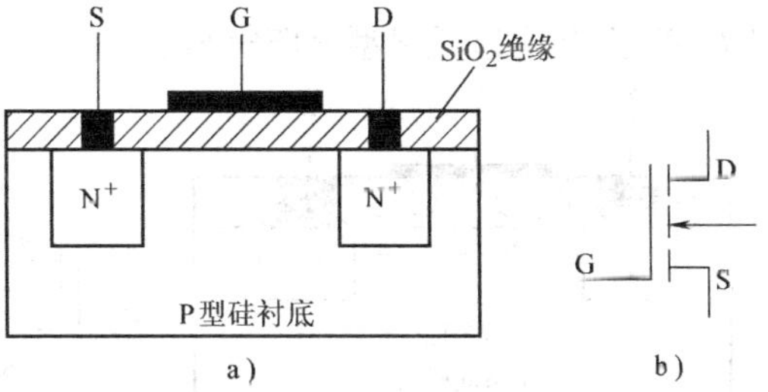

图 7-16　N 沟道增强型绝缘栅场效应晶体管

2. N 沟道增强型 MOS 管的工作原理

由图 7-16a 可见，源极 S 和漏极 D 之间是两个反向串联的 PN 结，不论漏极、源极之间的电压如何，总有一个 PN 结处于反向偏置，则漏极、源极处于高阻状态，即$I_D \approx 0$。

当栅极和源极之间加上电压，同时衬底与源极短接，即U_{GS}加到栅极与衬底之间，产生一个垂直于 P 型衬底表面的电场，此电场使 P 型硅片中的多数载流子空穴受到排斥，而少数载流子电子受到吸引，就在 P 型衬底表面形成一个电子占绝对多数的 N 型表面层，称反型层，于是在漏区和源区之间形成了 N 型导电沟道，简称 N 沟道，如图 7-17 所示。当漏极、源极间加一定正向电压后，就会形成漏极电流I_D，管子导通。

通常，把开始出现反型层时的电压U_{GS}值称为开启电压，用$U_{GS(th)}$表示。显然，U_{GS}越高，导电沟道就越宽，I_D也就会越大，即I_D的大小受U_{GS}的控制，可见它是电压控制电流的半导体器件。

绝缘栅场效应晶体管的主要参数是跨导 g_m，即当漏-源电压 U_{DS} 一定时，漏极电流的增量 ΔI_D 与栅-源电压的增量 ΔU_{GS} 的比值，即

$$g_m = \frac{\Delta I_D}{\Delta U_{GS}}\bigg|_{U_{DS}=\text{常数}} \tag{7-5}$$

g_m 的单位是微安每伏（μA/V）或毫安每伏（mA/V）。它是衡量场效应晶体管栅-源电压对漏极电流控制能力的一个重要参数。

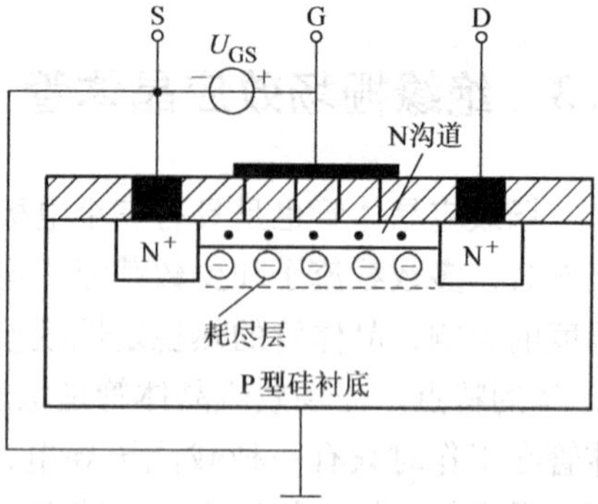

图 7-17　MOS 管 N 沟道的形成

7.3.2　N 沟道耗尽型 MOS 管

1. N 沟道耗尽型 MOS 管结构

耗尽型 MOS 管在结构上和增强型有一点区别，它在二氧化硅绝缘层中预先掺入大量碱金属正离子（如 Na^+ 或 K^+），则在 $U_{GS}=0$ 时，便在 P 型硅衬底表面形成 N 型反型层，称为原始导电沟道，如图 7-18 所示。

2. N 沟道耗尽型 MOS 管的工作原理

由于 $U_{GS}=0$ 时就有导电沟道，只要 $U_{DS}>0$ 就会有漏极电流，即管子导通。当 $U_{GS}>0$ 时，其自建电场被加强，吸引了更多的电子，使沟道变宽，则 I_D 随 U_{GS} 的增大而增大。当 $U_{GS}<0$ 时，电场减弱，使沟道变窄，漏极电流减小。当 U_{GS} 小到某一值时，原始沟道消失，漏极电流趋于零，管子截止。该负电压称为夹断电压，用 $U_{GS(off)}$ 表示。可见，耗尽型 MOS 管的 U_{GS} 不论是正是负，都能控制漏极电流 I_D。

以上介绍了 N 沟道的增强型和耗尽型 MOS 管，P 沟道 MOS 和它相似，也具有增强型和耗尽型 MOS 管，在这里不再介绍其结构和工作原理。图 7-19a 为 P 沟道增强型电路符号，图 7-19b 为 P 沟道耗尽型电路符号。

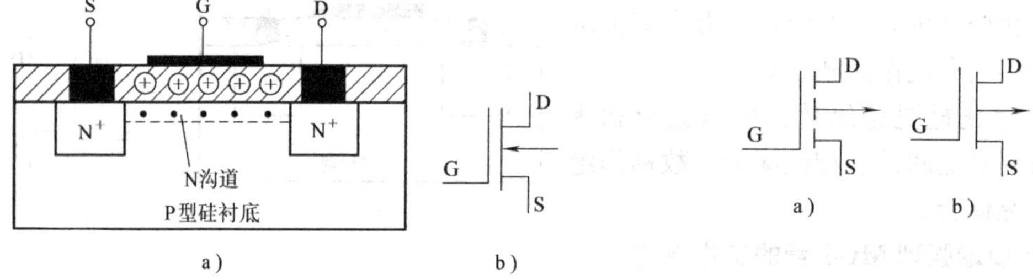

图 7-18　N 沟道耗尽型 MOS 管

图 7-19　P 沟道 MOS 管的图形符号

场效应晶体管因具有制造工艺简单，功耗低，抗干扰能力强等优点，广泛应用于大规模集成电路中。

【思考题 7-3】

（1）场效应晶体管和晶体管相比有什么特点?

（2）场效应晶体管为什么又称为单极型晶体管?

7.4　晶闸管

晶闸管是一种大功率的半导体器件，具有体积小、重量轻、效率高、使用和维护方便等

优点，它既具有单向导电的整流作用，又具有以弱电控制强电的开关作用。也就是说，晶闸管的出现，使半导体器件的应用进入了强电领域，应用于整流、逆变、调压和开关等方面。应用最多的是整流，但过载能力和抗干扰能力较差，控制电路复杂。

7.4.1 晶闸管的结构

晶闸管是用硅材料制成的半导体器件，它由四层半导体（$P_1N_1P_2N_2$）构成。有三个 PN 结：J_1、J_2 和 J_3；P_1 引出脚作阳极 A，N_2 引出脚作阴极 K，P_2 引出脚作控制极 G。其结构示意图和图形符号如图 7-20a、b 所示。

普通晶闸管的外形如图 7-21 所示，螺栓一端为阳极 A，可用它固定散热片；另一端粗的引线是阴极 K，细的一条引线是控制极 G。

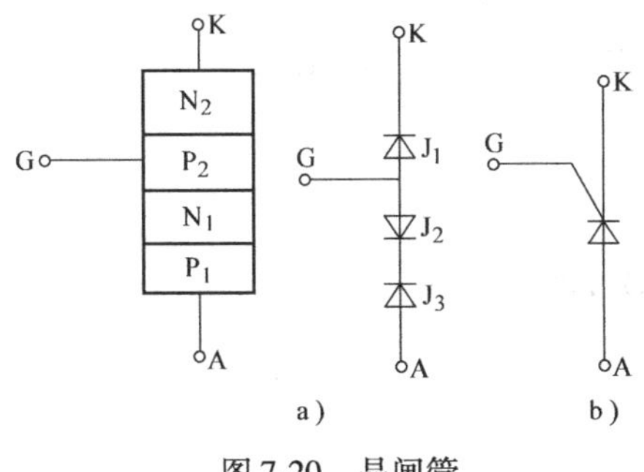

图 7-20 晶闸管

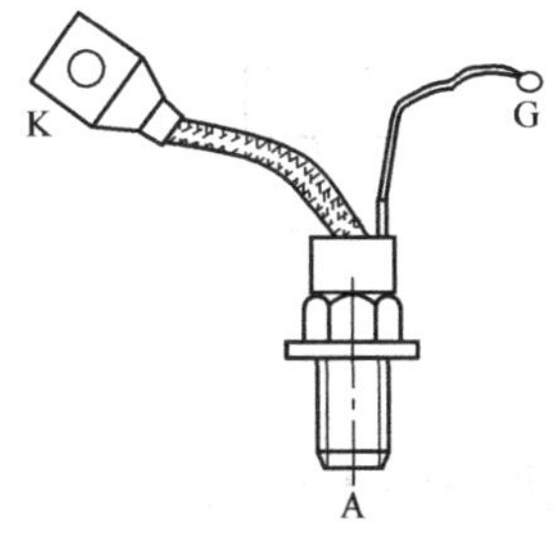

图 7-21 晶闸管的外形

7.4.2 晶闸管的工作原理

1. 晶闸管的导电特点

晶闸管的导电特性，可先由图 7-22 所示电路的实验分析：

1）当开关 S 未合上时，灯泡不亮，表明晶闸管不导通。说明晶闸管具有“正向阻断”能力。

2）当合上开关 S 时，往控制极里送入适当的控制电流（通常叫触发），灯泡就亮，表明晶闸管已导通，称触发导通。此时阳极和阴极之间的管压降只有 1V 左右。

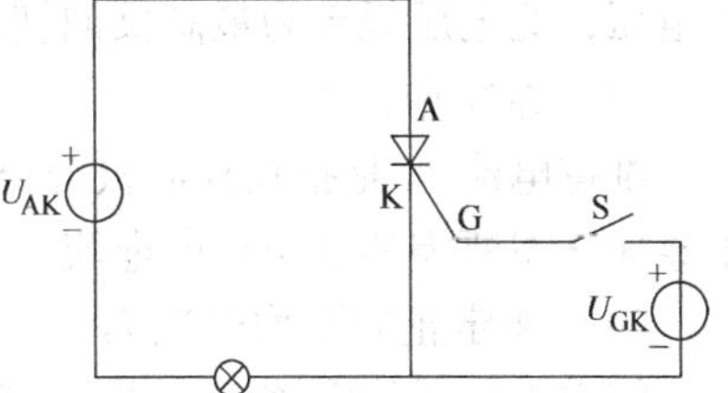

图 7-22 晶闸管的实验电路

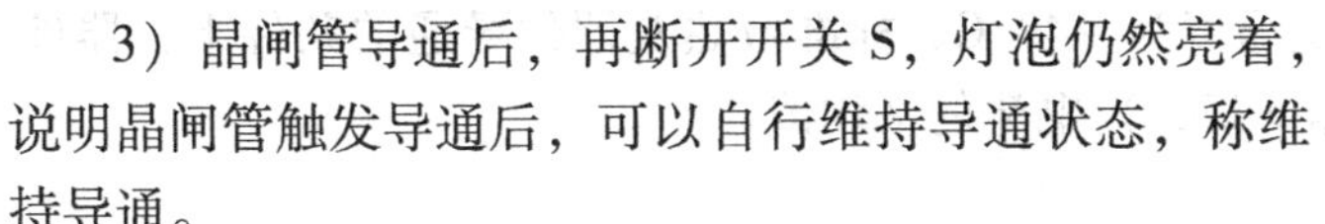

3）晶闸管导通后，再断开开关 S，灯泡仍然亮着，说明晶闸管触发导通后，可以自行维持导通状态，称维持导通。

4）降低电源电压 U_{AK}，晶闸管电流 I_A 逐渐减小，灯泡的亮度逐渐变暗，当电流减小到一定值时，灯泡突然熄灭，表明晶闸管被阻断，这个最小电流值叫维持电流 I_H。说明晶闸管导通后，当流过晶闸管的电流小于维持电流时，晶闸管就阻断。

5）如果 U_{AK} 仍保持原电压，但极性反接，即晶闸管加反向电压，U_{GK} 接法不变，这时不论开关 S 闭合还是断开，灯泡熄灭不亮，晶闸管阻断。表明晶闸管具有反向阻断能力。

2. 晶闸管的工作原理

晶闸管可被看成是一个 PNP 型管与一个 NPN 型晶体管连接在一起的晶体管组，如图 7-23a所示。

由图7-23b所示晶闸管的等效电路可见，要使晶闸管导通，即让VT_1、VT_2导通，必须先给VT_1提供一个基极电流（触发电流），VT_1在阳极电压作用下饱和导通，相应地就也为VT_2提供一个基极电流，VT_2也饱和导通，导通电压为0.7V+0.3V=1V左右。

当晶闸管导通后，即使控制极电流为零，因VT_2的集电极电流变成VT_1的基极电流，使VT_1导通，则VT_2也导通，则晶闸管就会继续导通。

若U_{AK}电压为负值，则VT_1、VT_2的发射结均反向偏置，即使U_{GK}提供触发电流，则VT_1、VT_2均不能导通，晶闸管具有反向阻断能力。

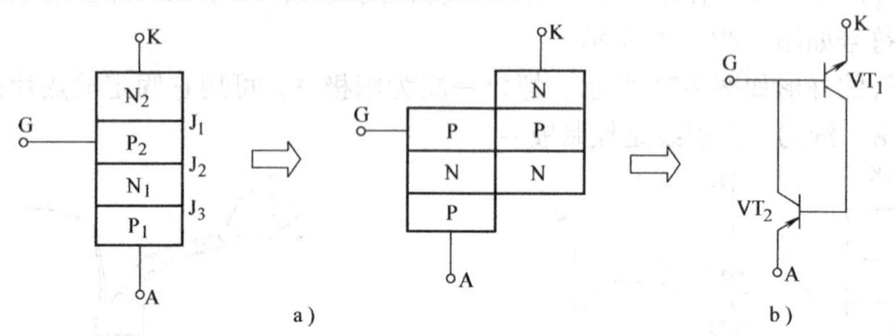

图7-23　晶闸管的等效电路

7.4.3　晶闸管的主要参数

要正确地选择晶闸管，就必须了解以下几个参数：

（1）正向重复峰值电压U_{DRM}

正向重复峰值电压U_{DRM}是指在控制极开路和正向阻断条件下，可以重复加在晶闸管上的正向峰值电压，此电压规定为正向转折电压的80%。

（2）反向重复峰值电压U_{RRM}

反向重复峰值电压U_{RRM}指在控制极开路和额定结温下，可以重复加在晶闸管的反向峰值电压，此电压规定为最高反向转折电压的80%。

（3）维持电流I_H

维持电流I_H是指在控制极开路，规定的环境温度和器件导通的条件下，保持晶闸管处于导通状态所需的最小正向电流。

（4）额定正向平均电流I_F

额定正向平均电流I_F是指在环境温度为+40°C、标准散热及器件导通的条件下，器件可连续通过的工频正弦半波（导通角>170°）电流的平均值。

【思考题7-4】

（1）晶闸管的导通条件和关断条件各为多少？

（2）用晶闸管等效电路图，分析控制极在晶闸管导通过程中起什么作用？

（3）晶闸管与二极管、晶体管有什么不同？

7.5　实训9　二极管和晶体管的简易测试

1. 实训目的

1）学会用万用表判断识别二极管和晶体管的引脚性能好坏。

2）会用万用表识别二极管和晶体管的性能好坏。

2. 实训原理

利用万用表识别二极管、晶体管器件的性能好坏及引脚，是电子爱好者所必备的基本技能。

（1）用万用表识别二极管的引脚

利用二极管具有单向导电性的特点，用万用表来判断其正极和负极。其方法如下：

1）判断二极管的正负极。将万用表拨到 $R\times100\Omega$ 或 $R\times1\text{k}\Omega$ 欧姆档。用黑表棒搭在二极管的一端，用红表棒搭在二极管的另一端，若电阻较小；再将黑表棒与红表棒的位置对调，若电阻较大。则电阻较小的为二极管加上正向电压，此时黑表棒搭接的端钮为二极管的P，即二极管的正极；红表棒搭接的端钮为二极管的 N，即二极管的负极。

2）二极管性能的好坏。若测量结果电阻全为 0，则说明二极管被击穿；测量结果电阻全为∞，则说明二极管被烧毁。若测量结果正常，但电阻的大小差不大，则说明二极管的单向导电性差。

（2）用万用表识别晶体管的引脚

下面以 NPN 型管子为例，介绍晶体管的简易测试。

1）判别基极。将万用表拨到 $R\times100\Omega$ 或 $R\times1\text{k}\Omega$ 欧姆档。如图 7-24 所示，假定任一引脚为基极，用黑表棒搭在其上，而用红表棒分别搭连另两个引脚，若阻值一大一小，则假定不对。再假定另一引脚为基极，直到用同样的方法测得两阻值均较小，则黑表棒所接的就是晶体管的基极。

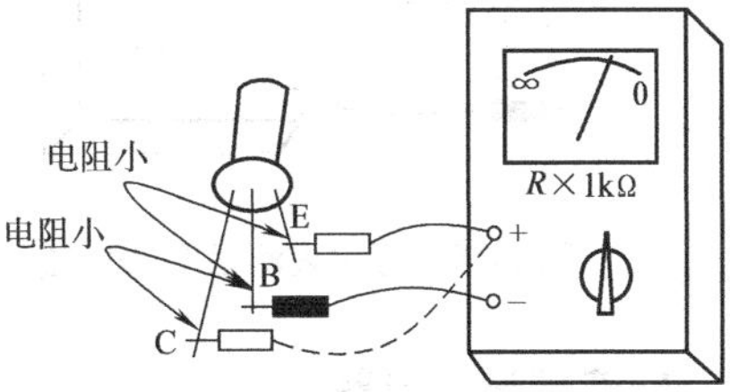

图 7-24　万用表判别基极

2）判断发射极与集电极。基极判断出来后，如图 7-25 所示，将万用表的两个表棒搭接到另外两个引脚上测试，用手摸住基极和假定的集电极，但两电极不能相碰，将表棒进行对调测试，如图 7-25a、b 所示，比较两次的阻值大小，则阻值小的一次测试中，黑表棒所接的引脚为集电极，另一引脚为发射极。

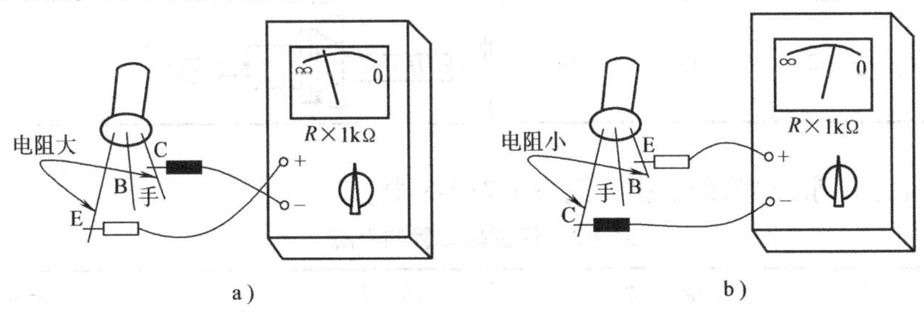

图 7-25　万用表判别集电极与发射极

a）错误　b）正确

对于 PNP 型晶体管，也采用同样的方法，只是以红表棒接假定的基极，测得两阻值均较小时，红表棒所接的引脚就是基极。判断发射极与集电极时，选阻值小的一次测试，红表棒所接的引脚为集电极，另一引脚为发射极。

（3）晶体管性能判别

1）穿透电流。如图 7-26 所示，选用万用表 $R\times1\text{k}\Omega$（或 $R\times100\Omega$）档，用黑、红表棒

分别搭接在集电极和发射极上测晶体管的反向电阻。较好的管子的反向电阻应大于 50kΩ，阻值越大，说明穿透电流越小，管子性能也就越好。若测量的阻值为 0，说明管子被击穿或引脚短路。

2）电流放大系数。用万用表置于 $R\times1\text{k}\Omega$（或 $R\times100\Omega$）电阻档，黑表棒接集电极，红表棒接发射极。在基极与集电极间接入 100kΩ 的电阻，如图 7-27 所示，则万用表的指针将向右偏转，偏转越大，说明 β 值越大。

3）稳定性能。在测试穿透电流的同时，用手捏住管壳，管子将受人体温度的影响，所测的反向电阻将减小。若万用表指针变化不大，则管子的稳定性较好；当万用表指针迅速右偏，说明管子稳定性较差。

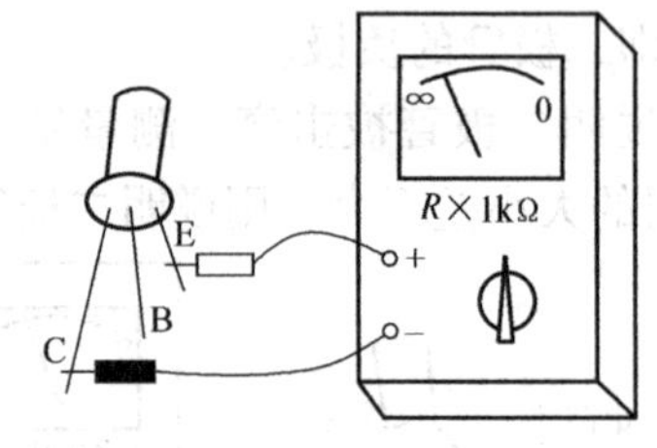

图 7-26　万用表测量穿透电流

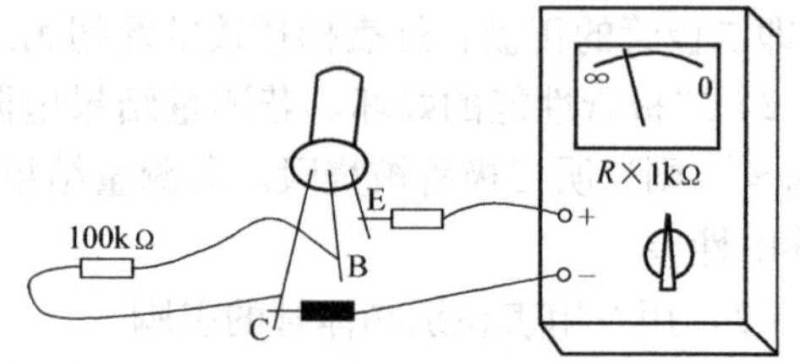

图 7-27　万用表测量电流放大倍数

3. 实训设备与器材

1）万用表 1 只。

2）二极管若干。

3）晶体管若干。

4. 实训内容

1）用万用表识别二极管的引脚，记录于表 7-2 中。

表 7-2　识别二极管的引脚

二　极　管	测量结果	二　极　管	测量结果
1——2	1：　　2：	1　2	1：　　2：

2）用万用表识别晶体管的引脚，记录于表 7-3 中。

表 7-3　识别晶体管的引脚

晶　体　管	测量结果	晶　体　管	测量结果
1　2　3	类型：　　材料： 引脚　1：　　2：　　3：	1　2　3	类型：　　材料： 引脚　1：　　2：　　3：

5. 分析与思考

1）为什么在测量二极管和晶体管时不采用 $R\times1\Omega$（或 $R\times10\text{k}\Omega$）档？

2）如何用万用表来判断硅管和锗管？

3）说明识别 PNP 型晶体管三个引脚的方法。

7.6 实训 10　常用电子仪器的使用

在设计电子电路或检修电子设备时常用信号发生器和示波器等电子仪器。了解它们的使用方法是必须的基本技能。下面以 XD—2 型低频信号发生器和 CA—8020 型示波器为例，说明它们的使用方法。

1. 实训目的

1）学会使用示波器来观察电子信号的波形。

2）会用示波器来测量信号的峰-峰值和交流电的频率和周期。

3）了解低频信号发生器和晶体管毫伏表的使用方法。

2. 实训说明

（1）XD—2 型低频信号发生器

图 7-28 所示为 XD—2 型低频信号发生器的面板图，其面板标志及功能说明见表 7-4。

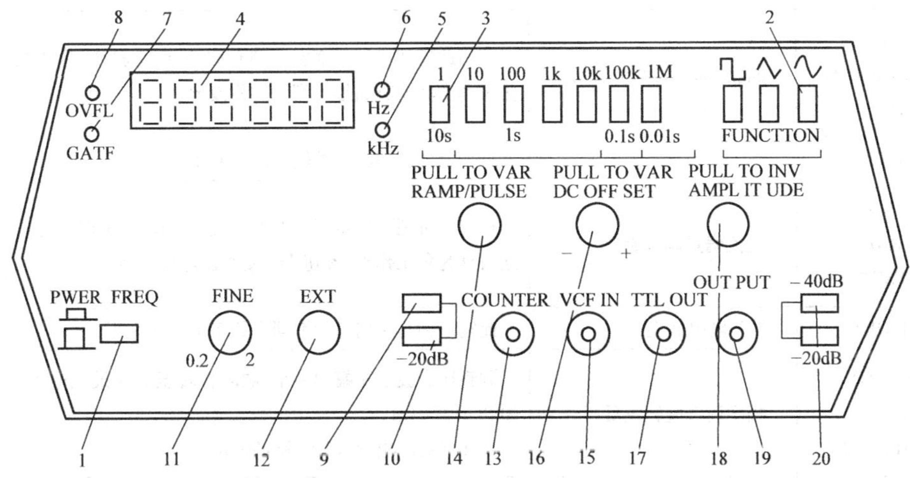

图 7-28　XD—2 型低频信号发生器面板图

表 7-4　XD—2 型低频信号发生器的面板功能说明

序号	面板标示	名　称	作　用
1	PWER	电源开关	按下开关则接通 AC 电源，同时频率计显示
2	FUNCTTON	波形选择按键	按下三只按键的任一只，输出其相对应的波形
3	1Hz ~ 1MHz 10 ~ 0.01s	频率范围按键及频率计闸门时基	选择所需频率范围按下其相对应的按键，由频率计 LED 显示的数值即为信号发生器的输出频率 当外测频率时可按下相对应闸门时基而决定计数频率及显示频率的分辨率
4	数字 LED	计频显示用 LED	所有内部产生频率或外测时的频率均由此 6 个 LED 显示
5	Hz	赫兹、指示频率单位	当按下 1、10、100 频率范围任一档按键时，则此 Hz 灯亮
6	kHz	千赫兹指示频率单位	当按下 1k、10k、100k、1M 频率范围任一档按键时，则此 kHz 灯亮
7	CATE	闸门时基指示灯	此灯闪烁代表频率计正在工作

（续）

序号	面板标示	名　称	作　用
8	OVFL	频率溢位指示灯	当频率超过6个LED所显示范围时,OVFL灯即亮
9	EXT	外测频率按键	将此开关按下,则可测出外接信号频率,不按时,则当内部频率计使用
10	-20dB	外测频率输入衰减器	当外测信号幅度大于10V时,请将此按键按下,以确保频率计性能稳定
11	PREQ	频率调整旋钮	此旋钮可以从设定的频率范围内,选择所需频率,直接从LED读出
12	FINE	频率微调旋钮	此旋钮有利于选择较精确的频率,它的频率变化范围仅为PREQ的1/5
13	CONETER	外测频率输入端	外测信号频率由此输入,其输入阻抗为1MΩ(最大输入为150V,最高频率为10MHz)
14	PULL TO VAR RAMP/ PULSE	斜波、脉冲波调节旋钮	拉出此旋钮可以改变波形的对称性,产生斜波、脉冲波,且占空比可调。将此旋钮推下则为对称波形
15	VCF IN	VCF输入端	外加电压控制频率的输入端(DC 0~5V)
16	PULL TO VAR DC OFFSET	直流偏置调节旋钮	拉出此旋钮可设定任何波形的直流工作点,顺时针为正工作点,逆时针为负工作点,旋钮推下则直流电位为零
17	TTL OUT	TTL输出插座	此输出为与主信号频率同步的TTL固定电平
18	PULL TO INV AMPLITUDE	幅度调节旋钮及反相开关	调整输出波形振幅的大小,顺时针转至底为最大输出;反之,有20dB衰减率量 将此开关拉出,则斜波、脉冲波反相
19	OUT PUT	输出端	输出波形由此端输出,其输出阻抗为50Ω
20	-20dB -40dB	输出衰减开关	按下其中一只,有20dB或40dB的衰减量,两只同时按下有60dB的衰减量

XD—2型低频信号发生器的使用方法如下：

1）正常工作波形。将“频率范围”按钮按上某档，同时将“波形选择”按钮按下某档时，输出端就会输出相应的波形，LED将显示对应的频率。

2）斜波（锯齿波）、脉冲波波形。当将斜波、脉冲波调整电位器拉出时，同时将“波形选择”按钮按下某档时，输出端则输出斜波或脉冲波，调节此电位器，波形占空比可调；将“AMPLTVDE”开关拉出，则斜波、脉冲波反相。

3）外测频率。将EXT按下，频测信号按至COVNTER选择闸门时间，此时显示即外测信号的频率，当超过六位LED指示值时，OVFL亮指示溢出，若输入信号峰-峰值大于10V时，按下衰减，最大输入为峰-峰值150V。

（2）CA—8020型示波器

图 7-29 所示为 CA—8020 型示波器的面板图。面板指示及各控制部件（旋钮等）的功能说明见表 7-5。

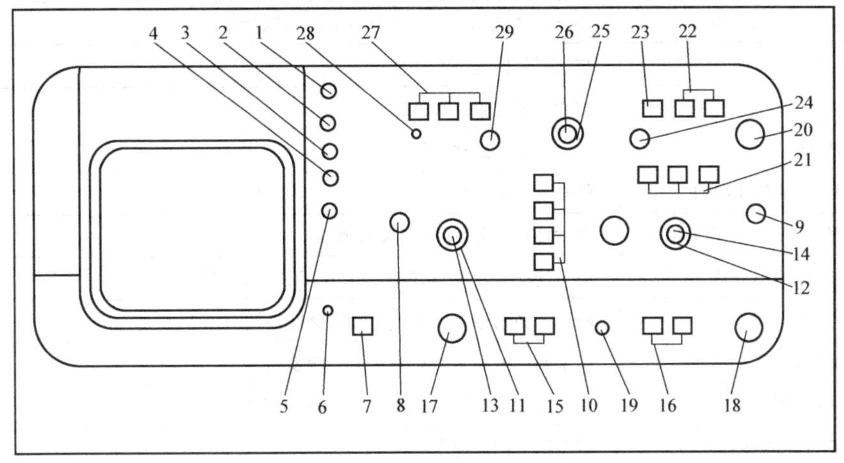

图 7-29 CA—8020 型示波器面板图

表 7-5 CA—8020 型示波器面板功能说明

序号	名 称	功 能
1	亮度(INTEN)	调节光迹的亮度
2	辅助聚焦(ASTIG)	与聚焦配合,调节光迹的清晰度
3	聚焦(FOCUS)	调节光迹的清晰度
4	迹线旋转(ROTATION)	调节光迹与水平刻度线平行
5	校正信号(CAL)	提供幅度为 0.5V,频率为 1kHz 的方波信号,用于校正 10:1 探极的补偿电容器和检测示波器垂直与水平的偏转因数
6	电源指示(POWER INDICATOR)	电源接通时,灯亮
7	电源开关(POWER)	电源接通或关闭
8	CH_1 移位(POSITION) PULL CH_1—X,CH_2—Y	调节通道 1 光迹在屏幕上的垂直位置用作 X-Y 显示
9	CH_2 移位(POSITION) PULL INVERT	调节通道 2 光迹在屏幕上的垂直位置在 ADD 方式时使 CH_1+CH_2 或 CH_1-CH_2
10	垂直方式(VERT MODE)	CH_1 或 CH_2;通道 1 或通道 2 单独显示 ALT:两个通道交替显示 CHOP:两个通道断续显示,用于扫速较慢时的双踪显示 ADD:用于两个通道的代数和
11	电压衰减器(VOL TS/div)	调节垂直偏转灵敏度
12	电压衰减器(VOL TS/div)	调节垂直偏转灵敏度
13	微调(VARIABAL)	用于连续调节垂直偏转灵敏度,顺时针旋足为校正位置调节垂直偏转灵敏度
14	微调(VARIABAL)	用于连续调节垂直偏转灵敏度,顺时针旋足为校正位置调节垂直偏转灵敏度
15	耦合方式(AC-DC-GND)	用于选择被测信号馈入垂直通道的耦合方式

（续）

序号	名　称	功　能
16	耦合方式(AC-DC-GND)	用于选择被测信号馈入垂直通道的耦合方式
17	CH_1 OR X	被测信号的输入插座
18	CH_2 OR Y	被测信号的输入插座
19	接地(GND)	与机壳相连的接地端
20	外触发输入(EXT INPUT)	外触发输入插座
21	内触电源(INT TRIG SOURCE)	用于选择 CH_1,CH_2 或交替触发
22	触发源选择(TRIG SOURCE)	用于选择触发源为 INT(内),EXT(外)或 LINE(电源)
23	触发极性(SLOPE)	用于选择信号的上升或下降沿触发扫描
24	电平(LEVEL)	用于调节被测信号在某一电平触发扫描
25	微调(VARIABLE)	用于连续调节扫描速度,顺时针旋足为校正位置
26	扫描速率(SEC/div)	用于调节扫描速度
27	触发方式(TRIG MODE)	常态(NORM):无信号时,屏幕上无显示;有信号时,与电平控制配合显示稳定波形 自动(AUTO):无信号时,屏幕上显示光迹;有信号时,与电平控制配合显示稳定波形 电视场(TV):用于显示电视场信号 峰值自动(P-P AUTO):无信号时,屏幕上显示光迹;有信号时,无须调节电平即能获得稳定波形显示
28	触发指示(TRIG'D)	在触发扫描后,指示灯亮
29	水平移位(POSITION)PNLL×10	调节迹丝在屏幕上的水平位置,拉出时扫描速度被扩展 10 倍

（1）仪表操作方法：

1）电源检查：本示波器电源电压为 220(1±10%)V，接通电源前，检查当地电源电压，如果不符合，则严禁使用！

2）面板一般功能检查：

①将有关控制件按表 7-6 置位。

表 7-6　示波器各控制件作用位置

控制件名称	作 用 位 置	控制件名称	作 用 位 置
亮度(INTEN)	居中	触发方式	峰值自动
聚焦(FOCUS)	居中	扫描速率 SEC/div	0.5ms
位移(CH_1,CH_2,X)	居中	极性(SLOPE)	正
垂直方式(MODE)	CH_1	触发源	INT
VOL TS/div	10mV	内触发源	CH_1
微调(VARIABLE)	校正位置	输入耦合	AC

②接通电源，电源指示灯亮，稍候预热，屏幕上出现光迹，分别调节亮度、聚焦、辅助聚焦、迹线旋转，使光迹清晰并与水平刻度平行。

③用 10:1 探极将校正信号输入至 CH_1 输入插座。

④调节 CH_1 移位与 X 移位，使波形与图 7-30 相符合。

⑤将探极换至 CH_2 输入插座，垂直方式置于 CH_2，内触发源置于 CH_2，重复④操作，得到与图 7-30 相符合的波形。

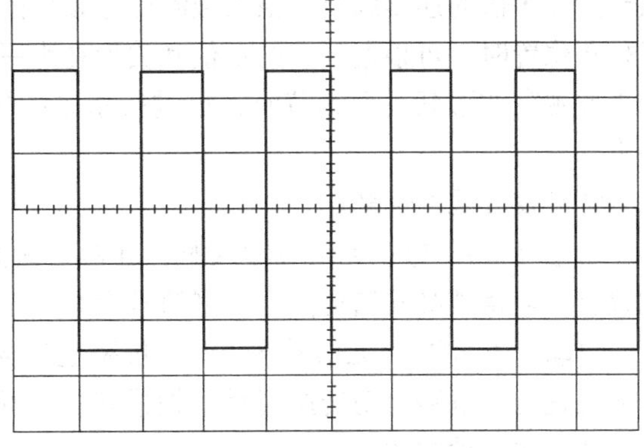

图 7-30　校正信号波形图

3）亮度控制：调节亮度电位器，使屏幕显示的光迹亮度适中。一般观察不宜太亮，以免荧光屏老化，高亮度的显示一般用于观察低频率的快扫描信号。

4）垂直系统的操作

①垂直方式的选择。当只观察一路信号时，将 MODE 开关置 CH_1 或 CH_2，此时被选中的通道有效，被测信号可以从该通道端口输入。当需要同时观察两路信号时，将 MODE 开关置交替 ALT，该方式使两个通道的信号被交替显示，交替显示的频率受扫描周期控制。当扫速低于一定频率时，交替方式显示会出现闪烁，此时应将开关置于断续 CHOP 位置。当需要观察两路信号代数和时，将 MODE 开关置于 ADD 位置，在选择这种方式时，两个的衰减设置必须一致，CH_2 移位处于常态时为 CH_1+CH_2，CH_2 移位拉出时（PULLINVERT）为 CH_1—CH_2。

②输入耦合的选择。

直流（DC）耦合：适用于观察包含直流成份的被测信号，如信号的逻辑电平、静态信号的直流电平的和，当被测信号的频率很低时，也必须采用这种方式。

交流（AC）耦合：信号中的直流分量被隔断，用于观察信号的交流分量，如观察较高直流电平上的小信号。

接地（GND）：通道输入端接地（输入信号断开），用于确定输入为零时光迹所处位置。

③电压衰减器的设定。电压衰减器从 0.2mV/div ~5V/div 按 1、2、5 进位分 9 档，微调顺时针旋足至校正位置时，根据开关的示值和波形在垂直轴方向上的距离读出被测信号的电压值。当采用 10∶1 探极时，需将电压值扩大 10 倍。

④垂直移位。可调整波形在垂直方向的位置，便于观察和读取电压。

5）触发源的选择：

①触发源的选择。当触发源开关置于电源触发 LINE，机内 50Hz 信号输入到触发电路。当触发源开关置于常态触发 NORM，有两种选择，一种是外触发 EXT，由面板上外触发输入插座输入触发信号；另一种是内触发 INT，由内触发源选择开关控制。

②内触发源选择。

CH_1 触发：触发源取自通道 1。

CH_2 触发：触发源取自通道 2。

VERT MODE 触发：触发源受垂直方式开关控制，当垂直方式开关置于 CH_1，触发源自动切换到通道；当垂直方式开关置于 CH_2，触发源自动切换到通道 2；当垂直方式开关置于 ALT，触发源与通道 1、通道 2 同步切换，在这种状态使用时，两个不相关的信号其频率不应相差很大，同时垂直输入耦合应置于 AC 触发方式应置于 AUTO 或 NORM。当垂直方式开关置于 CHOP 和 ADD 时，内触发源选择应置于 CH_1 或 CH_2。

6）水平系统的操作：

①扫描速度的设定。扫描范围从0.2μs/div～0.5s/div 按1、2、5进位分20档，微调提供至少2.5倍的连续调节，根据被测信号频率的高低，选择合适的档级，在微调顺时针旋足至校正位置时，可根据开关的示值和波形在水平轴方向上的距离读出被测信号的时间参数，当需要观察波形某一个细节时，可进行水平扩展×10，此时原波形在水平轴方向上被扩展10倍。

②触发方式的选择。

常态（NORM）：无信号输入时，屏幕上无光迹显示；有信号时，触发电平调节在合适位置上，电路被触发扫描。当被测信号频率低于20Hz时，必须选择这种方式。

自动（AUTO）：无信号输入时，屏幕上有光迹显示；一旦有信号输入时，电平调节在合适位置上，电路自动转换到触发扫描状态，显示稳定的波形。当被测信号频率高于20Hz时，常用这一种方式。

电视场（TV）：对电视信号中的场信号进行同步，在这种方式下，被测信号是同步信号为负极性的电视信号，如果是正极性，则可以由 CH_2 输入，借助于 CH_2 移位拉出（PULL-INVERT）把正极性转变为负极性后测量。

峰值自动（P-P AUTO）：这种方式同自动方式，但无须调节电平即能同步，它一般适于正弦波、对称方波或占空比相差不大的脉冲波。对于频率较高的测试信号，有时也要借助于电平调节，它的触发同步灵敏度要比“常态”和“自动”稍低一些。

③极性的选择（SLOPE）。用于调节被测试信号的上升或下降沿去触发扫描。

④电平的调置（LEVEL）。用于调节被测信号在某一合适的电平上启动扫描，当产生触发扫描后，TRIG'D 指示灯亮。

7）信号连接：

①探极操作。CA—8020示波器附件中有两根衰减比为10∶1和1∶1可转换的探极，为减少探极对被测电路的影响，一般作选用10∶1探极，此时探极的输入阻抗为1MΩ，16pF，因此在测量时要考虑探极对被测电路的影响和测试的准确性。

为了提高测量精度，探极上的接地和被测电路应尽量采用最短的连接，在频率较低、测量精度不高的情况下，可用前面板上接地端和被测电路地线连接，以方便测试。

②探极的调整。由于示波器输入特性的差异，在选用10∶1探极测试以前，必须对探极进行检查和补偿调节。

（2）测量方法

1）幅值的测量。峰-峰电压的测量步骤如下：

①将信号输入至 CH_1 或 CH_2 插座，将垂直方式置于被选用的通道。

②调置电压衰减器并观察波形，使被显示的波形在5格左右，将微调顺时针旋足（校正位置）。

③调整电平使波形稳定（如果是峰值自动，无须调节电平）。

④调节扫速控制器，使屏幕显示至少一个波形周期。

⑤调整垂直移位，使波形底部在屏幕中某一水平坐标上（见图7-31中B点）。

⑥调整水平移位，使波形顶部在屏幕中某一垂直坐标上（见图7-31中A点）。

⑦读出垂直方向A、B两点之间的格数。

⑧根据不同的探极比（10:1 或 1:1），按公式计算被测信号的峰-峰电压值（V）。

$$U_{P\text{-}P} = \text{A、B 两点垂直方向的格数(div)} \times \text{垂直偏转因数(V/div)} \times \text{探极比}$$

由峰-峰电压值（V）可计算交流电压的有效值 U，其关系如下：

$$U = \frac{V_{P\text{-}P}}{2\sqrt{2}}$$

例如，在图 7-31 中，测出 A、B 两点之间的垂直格数为 4 格，用 10:1 的探极的垂直偏转因数为 2V/div，则电压峰-峰值为

$$U_{P\text{-}P} = 4\text{div} \times 2\text{V/div} \times 10 = 80\text{V}$$

电压有效值为

$$U = \frac{80\text{V}}{2\sqrt{2}} = 14.1\text{V}$$

除峰-峰电压的测量外，还可以测量直流电压，将两个电压的幅值进行比较，进行代数叠加。

2）时间间隔的测量：

对于一个波形中两点间时间间隔的测量，可按下列步骤进行：

①将信号馈入 CH_1 或 CH_2 输入插座，设置垂直方式为被选通道。

②调整电平微调顺时针旋足（校正位置），调整扫速控制器，使屏幕上显示 1～2 个信号周期。

③分别调整垂直移位和水平移位，使波形中需测量的两点位于屏幕中央水平刻度线上。

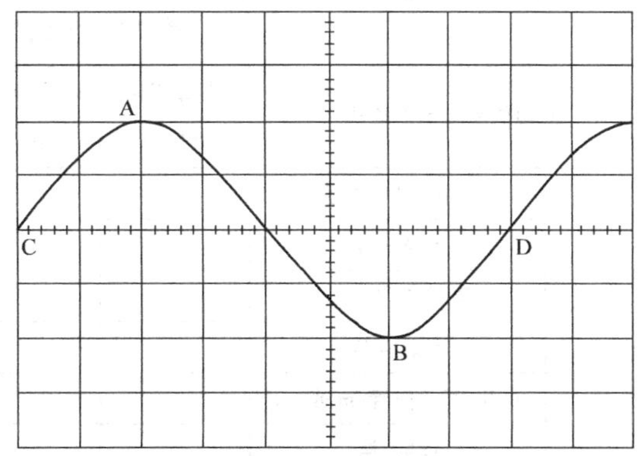

图 7-31　峰-峰值电压和时间间隔的测量

④测量图 7-31 中 C、D 两点之间的水平刻度，按下列公式计算时间间隔，即交流电压的周期

$$\text{时间间隔(s)} = \frac{\text{C、D 两点水平方向的格数(div)} \times \text{扫描时间因数(s/div)}}{\text{水平扩展倍数}}$$

例如，在图 7-31 中，测得 C、D 两点之间的水平距离为 8 格，扫描时间因数为 2μs/div，水平扩展为 1，则

$$\text{时间间隔} = \frac{8\text{div} \times 2\mu\text{s/div}}{1} = 16\mu\text{s}$$

3）周期和频率的测量

在图 7-31 的例子中，所测得的时间间隔即为该信号的周期 T，该信号的频率为 $f = 1/T$。例如，$T = 16\mu\text{s}$，则频率为

$$f = \frac{1}{T} = \frac{1}{16 \times 10^{-6}}\text{Hz} = 62.5\text{kHz}$$

除了上述测量外，还可以同时测量两个波形的时间差、相位差。

3. 实训设备与器材

1）XD—2 型低频信号发生器 1 台

2）CA—8020 型示波器 1 台

3）晶体管交流毫伏表 1 台

4. 实训内容

1）将低频信号发生器、交流毫伏表、示波器按图 7-32 所示进行接线。

2）接通电源，将低频信号发生器输出 1kHz、0.5V 的正弦波电压，用晶体管毫伏表进行验测，调节示波器的电压衰减器和扫描速率旋钮，使屏幕上出现 1～2 个左右的正弦波，然后将正弦波的电压峰-峰值和周期记录于表 7-7 中。

3）改变低频信号发生器的频率和输出电压，分别为 100Hz、1V；400Hz、2V；5kHz、3V；20kHz、4V，将测得的电压峰-峰值和周期，分别记录于表 7-7 中。

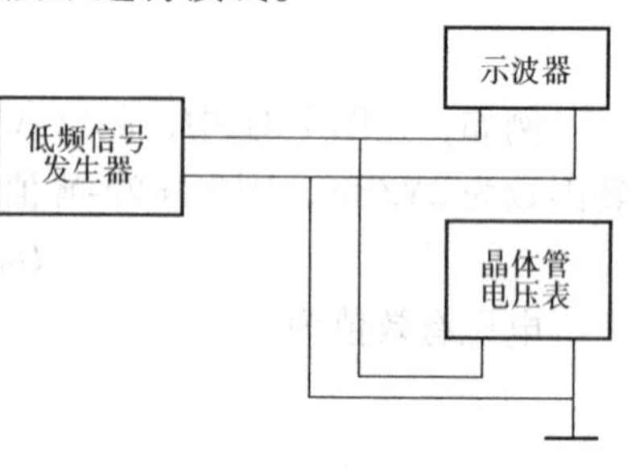

图 7-32　电子仪器的连接

表 7-7　实训 7 测量与计算值

低频信号发生器输出		频率/Hz	1000	100	400	5000	20000
		电压/V	0.5	1	2	3	4
电压	V/div 开关位置						
	读数/格						
	峰-峰值 V_{P-P}/V						
	有效值/V						
频率	*t*/div 开关位置/m 或 μs						
	读数/格						
	周期/m 或 μs						
	频率/Hz						

7.7　小结

1）本征半导体即为纯净半导体，在室温下，它内部具有自由电子和空穴两种载流子。

2）P 型半导体中多数载流子为空穴，少数载流子为电子；N 型半导体中多数载流子为自由电子，少数载流子为空穴。

3）PN 结是 P 型半导体和 N 型半导体接触面两边产生的内建电场（阻挡层）。它具有单向导向性。

4）二极管就是一个用管壳封装的一个 PN 结，则它也具有单向导电性。常用的有普通二极管、整流二极管、开关二极管、稳压二极管和光电二极管等。

5）晶体管是由 PNP 或 NPN 三层半导体组成的具有两个 PN 结的三端器件，它有三种工作状态：放大、截止、饱和。晶体管工作于放大状态时，具有电流放大作用，即有 $I_C = \beta I_B$。晶体管工作在饱和和截止状态时，可当开关管使用。

6）绝缘栅场效应晶体管是由绝缘栅极在电场作用下产生（或消除）导电沟道的半导体器件。它具有结构简单、输入电阻大、功耗低等特点，广泛应用于集成电路中。

7）晶闸管是 PNPN 四层三个 PN 结的三端半导体器件。它既具有单向导电的整流作用，又具有以弱电控制强电的开关作用，它的出现使半导体器件从弱电领域进入了强电领域。

7.8 习题

1. 什么是 PN 结？
2. 说明常用二极管的类型及应用。
3. 晶体管的电流放大条件是什么？它的电流放大作用是指什么？
4. 晶体管有哪三种工作状态？晶体管作为“开关”使用时工作在哪种工作状态？
5. 有一个晶体管接在电路中，测出它的三个引脚的电位分别为 -9V、-6V 和 -6.2V，试判别它的三个电极和管子的类型？
6. 场效应晶体管的导电沟道是指什么？绝缘栅场效应晶体管的类型及电路符号是什么？
7. 试用晶闸管的等效电路说明它的导通原理。
8. 晶闸管的单向导电性和二极管的有什么不同？

第 8 章　晶体管放大电路

本章要点

- 掌握晶体管放大电路的组成和放大作用
- 掌握共射放大电路的两种分析方法和各自分析的对象

8.1　单管放大电路的工作原理

8.1.1　放大电路的组成

由晶体管、电阻、电容、电源等元器件组成的放大电路，如图 8-1 所示。整个电路分成输入回路与输出回路两部分。1、1′端为放大电路的输入端，输入端接交流信号源 u_S。2、2′端为放大电路的输出端，输出端接负载电阻 R_L（扬声器、继电器线圈等）。电路中各元器件的作用如下：

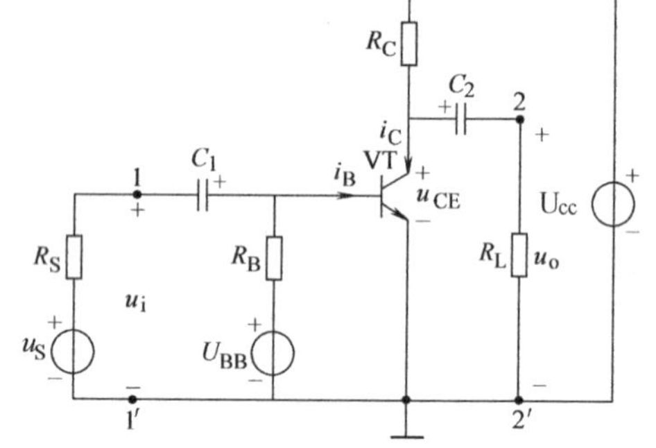

图 8-1　基本交流放大电路

1. 输入回路

信号源 u_S 和信号源内阻 R_S：它们的作用是给放大电路的输入端即晶体管的发射结提供一定频率和幅度的正弦交流信号电压 $u_{be}=u_i$。

（1）耦合电容 C_1

耦合电容 C_1 起隔直流通交流的作用。一方面隔断信号源和放大电路之间的直流通路；另一方面沟通信号源和放大电路之间的交流通路，保证交流信号毫无损失地加到放大电路的输入端，即对交流信号频率呈现的容抗近似为零，电容器可视为短路，因此 C_1 的取值为几微法到几十微法，常采用极性电容器。

（2）基极电源 U_{BB} 和基极偏置电阻 R_B

基极电源 U_{BB} 和基极偏置电阻 R_B 的作用是给发射结提供正向偏置电压，并给基极提供合适的偏置电流 I_B，使晶体管有合适的静态工作点。R_B 的取值通常为几十千欧到几百千欧。

2. 输出回路

（1）集电极电源 U_{CC} 和集电极负载电阻 R_C

电源 U_{CC} 除为输出信号提供能量外，还通过 R_C 给集电结提供反向偏置电压，使晶体管处于放大状态。U_{CC} 一般为几伏到几十伏。集电极电阻 R_C 可将集电极电流的变化变换为电压的变化，以实现放大电路的电压放大。R_C 的阻值一般为几千欧到几十千欧。

（2）耦合电容 C_2

C_2 的作用与 C_1 相似，一方面隔断放大电路与负载之间的直流通路，使晶体管的静态工作点不受影响；另一方面沟通放大电路与负载之间的交流通路，使放大电路的输出信号毫无损失地加到负载两端。

（3）负载电阻 R_L

实际电路中，负载电阻 R_L 为扬声器、继电器线圈的交流阻抗或后一级的放大电路，一般为几百欧到几千欧。

3. 晶体管 VT

晶体管 VT 具有电流放大作用，是放大电路中的核心器件。利用其电流放大作用可实现用输入端能量较小的信号去控制电源 U_{CC} 供给的能量，以在输出端获得一个能量较大的信号。这就是晶体管放大作用的实质，因此，晶体管还可被看成是一个控制器件。

4. 放大电路的简化

在图 8-1 电路中，用了两个直流电源 U_{BB} 和 U_{CC}。实际中可将 U_{BB} 省略，可把 R_B 改接到 U_{CC} 上，只要选择合适的 R_B，仍可保证发射结正偏、集电结反偏，使晶体管 VT 处于放大状态。

在放大电路中，通常把公共端接“地”，设其电位为零，作为电路中其他各点电位的参考点。同时为了简化电路，习惯上不再画 U_{CC} 的符号，而只在连接其正极的一端标出它对地的电位值 V_{CC} 和极性，如图 8-2 所示。如忽略电源内阻，则用 $+V_{CC}$ 表示 U_{CC}。

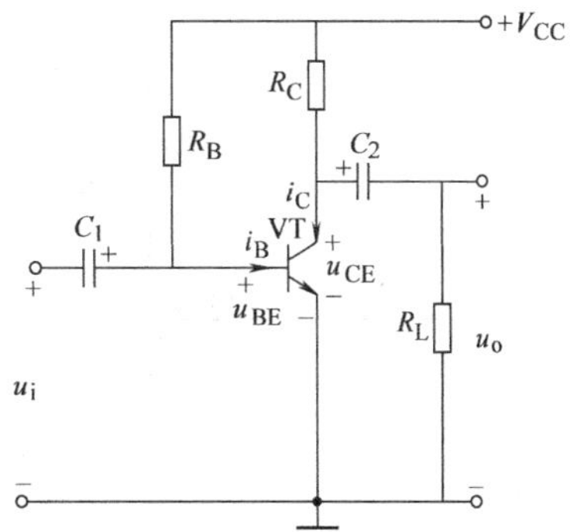

图 8-2　简化的基本交流放大电路

5. 放大电路中电压和电流符号的规定

在分析放大电路时，常常会遇到各种交直流分量，其名称、符号较多，为了便于表示，今列于表 8-1 中，以便区别。

表 8-1　放大电路中电压和电流的符号

名　　称	直　流　值	交流分量		总电压或总电流		直流电源	
		瞬时值	有效值	瞬时值	平均值	电压	电位
基极电流	I_B	i_b	I_b	i_B	$I_{B(AV)}$		
集电极电流	I_C	i_c	I_c	i_C	$I_{C(AV)}$		
发射极电流	I_E	i_e	I_e	i_E	$I_{E(AV)}$		
集-射极电压	U_{CE}	u_{ce}	U_{ce}	u_{CE}	$U_{CE(AV)}$		
基-射极电压	U_{BE}	u_{be}	U_{be}	u_{BE}	$U_{BE(AV)}$		
集电极电源						U_{CC}	V_{CC}
基极电源						U_{BB}	V_{BB}
发射极电源						U_{EE}	V_{EE}

对放大电路的工作情况可分为静态和动态两种状态来分析。静态是放大电路没有交流信号输入时的直流工作状态，其静态值（直流值）用 I_{BQ}、I_{CQ}、U_{BEQ}、U_{CEQ} 表示，由静态值在晶体管输入输出特性曲线上确定的点叫静态工作点，用 Q 表示。放大电路的工作状况与静态工作点的位置有很大关系。动态是放大电路有交流信号输入时的工作状态，这时可确定放

大电路的电压放大倍数 A_u、输入电阻 r_i 和输出电阻 r_o 等。下面分析静态工作点的设置。

8.1.2 静态工作点的设置

在图 8-2 中，如果去掉基极电阻 R_B 断开发射结直流偏压，如图 8-3 所示。在输入端之间加上正弦交流信号电压 u_i（C_1 的容抗很小，视为短路），只有在输入信号的正半周，而且信号电压大于发射结的死区电压时，发射结才正偏而导通，产生基极电流 i_B。在输入信号的负半周，发射结反偏截止，无基极电流，于是得到如图 8-4 所示的电流波形。显然此时基极电流的波形和输入信号 u_i 的波形大大不同，产生了严重失真。可见，不设置静态工作点，放大电路的波形失真很大。主要由晶体管发射结的单向导电性和输入特性的非线性产生。

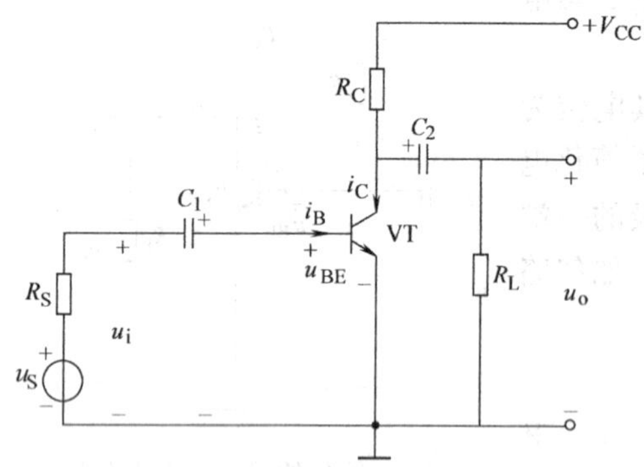

图 8-3 不设置静态工作点的放大电路

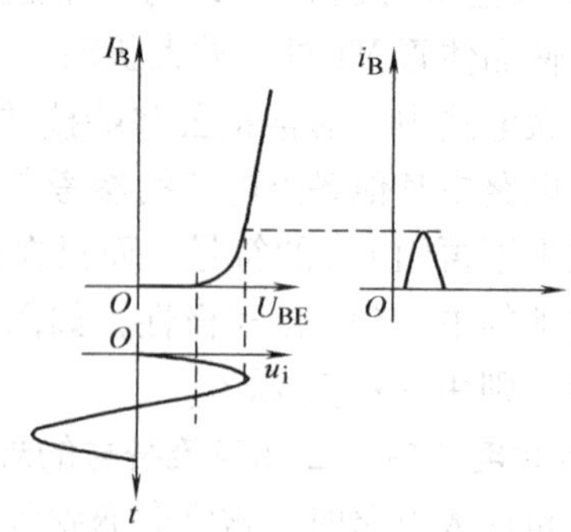

图 8-4 不设置静态工作点的输入信号波形

为了消除上述失真，必须在未加入交流信号之前先给晶体管发射结加上直流偏压 U_{BEQ}，使基极产生一个起始的直流电流 I_{BQ}。在 U_{BEQ}、I_{BQ} 的基础上输入交流电压 u_i，使 u_i 和 U_{BEQ} 一块叠加到发射结上，由 u_i 引起的基极电流 i_B 也叠加到直流电流 I_{BQ} 上，如图 8-5 所示。可见设置静态工作点 Q，使交流信号工作在输入特性曲线的线性部分，使 $U_{BEQ}+u_i$ 成为单向的脉动直流电压，而且大于死区电压。根据输入特性可找到 i_B 的变化规律与 u_{BE} 相同，为直流分量 I_{BQ} 与交流分量 i_B 的叠加。这样在 u_i 的整个周期内，晶体管都不会进入截止区，保证晶体管始终处于放大状态，并由 i_B 控制集电极电流 $i_C=\beta i_B$，从而避免了波形失真。

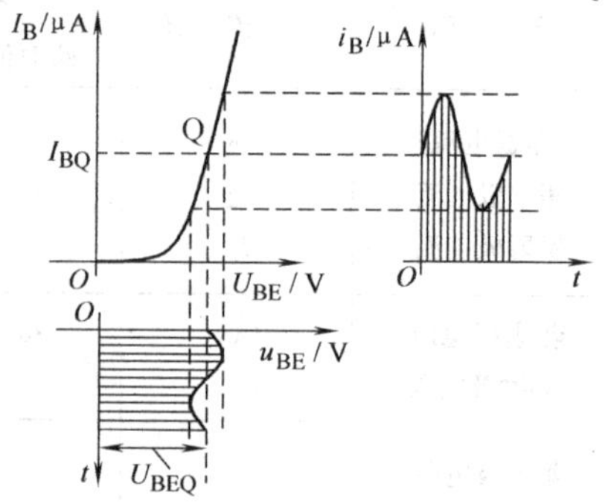

图 8-5 设置静态工作点时的输入信号波形

8.1.3 共发射极放大电路的工作原理

1. 静态分析

$u_i=0$ 时的工作状态称静态，这时电路中只有直流值，故电容 C_1、C_2 模拟开路，由此可将图 8-2 电路画成如图 8-6 所示的直流通路，在 $+V_{CC}$、R_B 和发射结构成的基极回路中

$$I_{BQ}=\frac{V_{CC}-U_{BEQ}}{R_B}\approx\frac{V_{CC}}{R_B} \tag{8-1}$$

对于硅管 $U_{BEQ}\approx0.7\text{V}$，由于 $U_{BEQ}\ll V_{CC}$，故可忽略不计。

此时

$$I_{CQ}=\beta I_{BQ}+I_{CEO}\approx\beta I_B\approx\beta I_{BQ} \tag{8-2}$$

在由 $+V_{CC}$、R_C 和晶体管集电极和发射极构成的 I_{CQ} 输出回路中，集-射极电压为

$$U_{CEQ}=V_{CC}-I_{CQ}R_C \tag{8-3}$$

由静态值 U_{BEQ}、I_{BQ} 和 U_{CEQ}、I_{CQ} 可分别在晶体管的输入、输出特性曲线上确定出相应的静态工作点 Q。

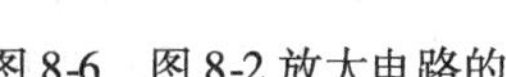

图 8-6　图 8-2 放大电路的直流通路

【例 8-1】 在图 8-6 所示电路中，已知 $V_{CC}=+12\text{V}$，$R_C=4\text{k}\Omega$，$R_B=300\text{k}\Omega$，$\beta=37.5$。估算放大电路的静态值，并判断管子是否处于放大状态。

解

$$I_{BQ}=\frac{V_{CC}-U_{BEQ}}{R_B}\approx\frac{V_{CC}}{R_B}=\frac{12\text{V}}{300\text{k}\Omega}=40\mu\text{A}$$

$$I_{CQ}\approx\beta I_{BQ}=37.5\times0.04\text{mA}=1.5\text{mA}$$

$$U_{CEQ}=V_{CC}-I_{CQ}R_C=12\text{V}-1.5\times4\text{V}=6\text{V}$$

集-基极电压

$$U_{CB}=U_{CEQ}-U_{BEQ}=6\text{V}-0.7\text{V}=5.3\text{V}$$

可见晶体管的集电结反向偏置、发射结正向偏置，处于放大状态。

2. 动态分析

动态时，交流信号电压 $u_i=U_{im}\sin\omega t$，如图 8-7a 所示，经 C_1 加到晶体管的发射结上，该交流电压 u_i 与直流电压 U_{BEQ} 叠加，为保证叠加后的总电压为正值、且大于发射结的死区电压，要求 $U_{BEQ}>U_{im}$，使发射结正偏导通。此时基极总电压为

$$u_{BE}=U_{BEQ}+u_i=U_{BEQ}+U_{im}\sin\omega t \tag{8-4}$$

相对应的波形如图 8-7b 所示，图中阴影部分为 u_{BE}，交变波形为 $u_i=u_{be}$。

此电压所产生的基极总电流 i_b 也为静态电流 I_{BQ} 与输入信号 u_i 引起的交流信号电流 i_b 的叠加，即

$$i_B=I_{BQ}+i_b=I_{BQ}+I_{Bm}\sin\omega t \tag{8-5}$$

相对应的波形如图 8-7c 所示。

当晶体管在放大状态时，集电极电流受基极电流的控制，即 $i_C=\beta i_B$，则有

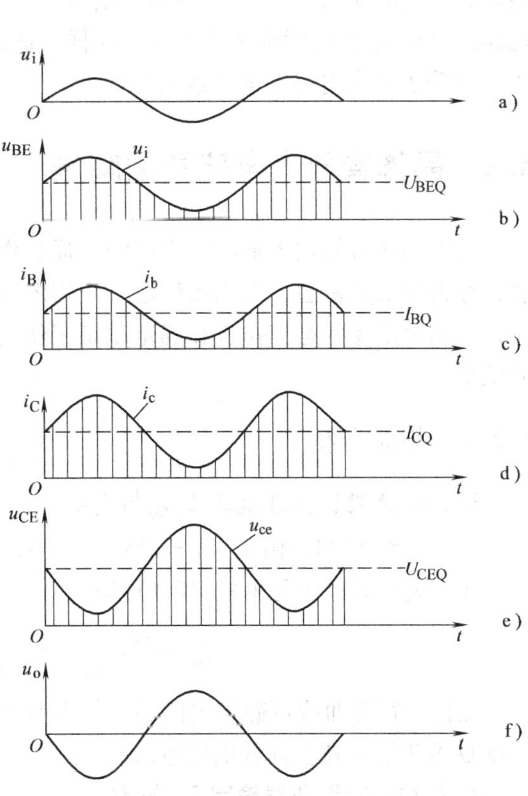

图 8-7　基本放大电路各极电压电流波形

$$i_C = \beta i_B = \beta(I_{BQ} + i_b)$$
$$= \beta I_{BQ} + \beta i_b = I_{CQ} + i_c = I_{CQ} + I_{Cm}\sin\omega t \tag{8-6}$$

相对应的波形如图 8-7d 所示，i_C 仍为静态电流 I_{CQ}与交流电流 i_c 的叠加。相应的集电极、发射极之间的电压为

$$u_{CE} = U_{CC} - i_C R_C = U_{CC} - (I_{CQ} + i_c) R_C$$
$$= (U_{CC} - I_{CQ} R_C) - i_c R_C = U_{CEQ} + u_{ce} \tag{8-7}$$
$$u_{CE} = -i_c R_C = -I_{Cm}\sin\omega t R_C$$
$$= I_{Cm} R_C \sin(\omega t - \pi) = U_{CEm}\sin(\omega t - \pi) \tag{8-8}$$

总电压 u_{CE}仍为静态电压 U_{CEQ}与交流电压 u_{ce}的叠加。当 i_C 增加时，u_{CE}减小；i_C 减小时，u_{CE}增大。相对应的波形如图 8-7e 所示。由于 C_2 的隔直流通交流作用，u_{CE} 中的直流电压 U_{CEQ}不能输出，只有放大后的交流电压 u_{ce}可以输出，即

$$u_o = u_{ce} = -i_c R_C = U_{cem}\sin(\omega t - \pi) \tag{8-9}$$

式中的负号表示 u_o 与 i_c、i_b、u_i 相位相反，相对应的波形如图 8-7f 所示。

综合上面的分析，可归纳出以下结论：

1）放大电路输入交流信号 u_i 时，u_{BE}、i_B、i_C 和 u_{CE}都是由静态直流分量和交流分量叠加而成的。由于各直流分量的值大于各交流分量的值，因而保证晶体管在整个交流信号周期内都处于线性放大状态。

2）在共射极放大电路中，输入信号电压 u_i、基极交流电流 i_b 与集电极交流电流 i_c 相位相同，而交流输出电压 u_o 则与输入信号 u_i 相位相反，这就是共射极放大电路的倒相作用。且输出电压 u_o 的幅度远远大于 u_i。这样，通过晶体管的电流放大作用 $i_c = \beta i_b$ 和集电极电阻 R_C，实现了放大电路的电压放大作用。

8.2 晶体管放大电路的图解法

利用晶体管的输入输出特性曲线，通过作图的方法，直观地分析放大电路工作性能的方法，称为图解分析法，简称图解法。应用图解法可使我们直观地看到交流信号放大传输的过程，正确地选择静态工作点和确定动态工作范围，估算电压放大倍数。这里只分析负载开路的状态。

8.2.1 静态分析

1. 从输入特性曲线确定 U_{BEQ}与 I_{BQ}

从图 8-8a 可知，由于 $V_{CC} = 12V$，大于晶体管的基极导通静态值 $U_{BEQ} = 0.7V$，故晶体管工作在放大状态，于是由式（8-1）得

$$I_{BQ} = \frac{V_{CC} - U_{BEQ}}{R_B} \approx \frac{V_{CC}}{R_B} = \frac{12V}{300k\Omega} = 40\mu A$$

在输入特性曲线可确定出静态工作点 Q 和 $U_{BEQ} = 0.7V$，如图 8-8b 所示。由图可知，工作点 Q 位于输入特性曲线的线性段。

2. 从输出特性曲线确定 I_{CQ}与 U_{CEQ}

由于 $I_{BQ} = 40\mu A$，则晶体管中的电流 I_C 和电压 U_{CE} 按 $I_{BQ} = 40\mu A$ 的输出特性曲线变化，

而晶体管外部的电路方程则为

$$U_{CE}=V_{CC}-I_CR_C$$

这是一个直线方程。在图中寻找两点：当 $I_C=0$ 时，$U_{CE}=V_{CC}=12V$，在横轴上的截距为12V；当 $U_{CE}=0$ 时，$I_C=V_{CC}/R_C=3mA$，在纵轴上的截距为3mA。连接图中该两点，即为上述方程的关系。可见，该直线由直流通路得出，且与集电极负载电阻 R_C 有关，故称为直流负载线。该直流负载线与晶体管 $I_{BQ}=40\mu A$ 输出特性曲线的交点 Q，称为放大电路的静态工作点。对应的静态值 $I_{CQ}=1.5mA$，$U_{CEQ}=6V$，如图 8-8c 所示。由图可知，由图解法得出的静态值与例 8-1 的计算值相同，且工作点 Q 位于输出特性曲线的放大区。

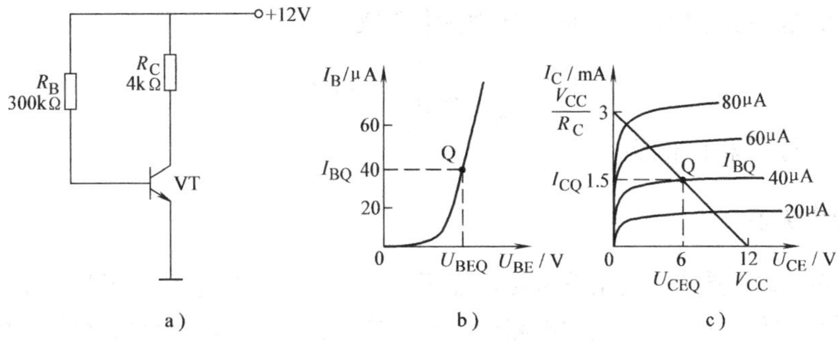

图 8-8 用图解法求放大电路的静态工作点

8.2.2 动态分析

1. 从输入特性曲线找 i_b 的变化规律

设输入信号 $u_i=0.02\sin\omega tV$，则晶体管发射结上的总电压 $u_{BE}=U_{BEQ}+u_i=0.7V+0.02\sin\omega tV$，在0.68～0.72V 之间变化，如图 8-9a 所示，由于晶体管工作在输入特性曲线的线性区，随着 u_{BE}的变化，工作点沿着 Q→Q_1→Q→Q_2→Q 往复变化，故 i_b 随 u_i 按正弦规律变化，变化范围为 20～60μA 之间，即 $i_b=20\sin\omega t\mu A$，如图 8-9b 所示。

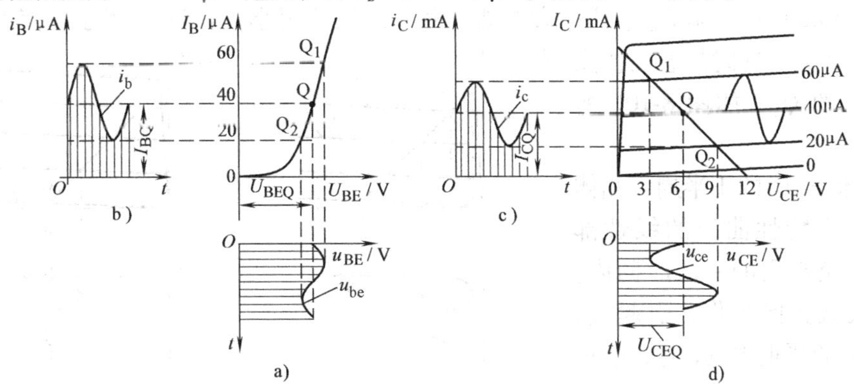

图 8-9 用图解法分析交流信号波形和电压放大倍数

2. 从输出特性曲线找 i_c 和 u_{ce}的变化规律

当 i_B 在 20～60μA 之间变化时，在输出特性上，晶体管即工作在 20～60μA 之间。输出端开路时，晶体管外部电路 i_C 与 u_{CE}的关系为 $u_{CE}=U_{CC}-i_CR_C$，其变化轨迹与直流负载线重合。在 $i_B=20\mu A$ 时，晶体管工作于 Q_2 点，$i_B=60\mu A$ 时，工作于 Q_1 点。随着 u_i 的变化，工作点仍沿着 $Q \to Q_1 \to Q \to Q_2 \to Q$ 的轨迹往复变化，这就找到了 i_C 与 u_{CE} 的变化规律。可见，放大电路只能在负载线上的 Q_1Q_2 段之间工作，其工作点沿着负载线在 Q_1 与 Q_2 之间移动，我们把 $Q_1 \sim Q_2$ 之间的范围称为动态工作范围。由此，我们可画出相应的 i_C 和 u_{CE} 的波形，如图 8-9c 所示。由图可知，i_C 的变化范围在 0.75 ~ 2.25mA 之间，因此 $i_c=0.75\sin\omega t \mathrm{mA}$。$u_{CE}$ 的变化范围在 3 ~ 9V 之间，如图 8-9d 所示，去除直流分量后，交流电压 u_{ce} 即为输出电压，即

$$u_o = u_{ce} = 3\sin(\omega t - \pi)\,\mathrm{V}$$

此时，放大电路对输入信号 u_i 的电压放大倍数为

$$A_u = \frac{U_{om}}{U_{im}} = \frac{-3}{0.02} = -150$$

式中负号说明 u_o 与 u_i 相位相反。

8.2.3 非线性失真

对放大电路的基本要求是输出信号尽可能不失真。实际电路中，由于静态工作点设置不合适或者输入信号幅度过大，使放大电路的工作范围超出了晶体管特性曲线的线性范围，这种失真称为非线性失真。非线性失真有截止失真和饱和失真两种情形。

1. 饱和失真

如果图 8-8a 中的电阻 R_B 取值过小时，将使 I_B 很大，$U_{CE} \approx 0$，$I_C \approx V_{CC}/R_C < \beta I_B$，静态工作点在直流负载线上的 Q_1 处，如图 8-10a 所示。则在输入信号 u_i 的正半周，晶体管进入饱和区工作，这时 i_C 接近最大值而不能随 i_B 的增大而成比例增大，引起 i_C-u_{CE} 波形的严重失真，i_C 正半周和 u_{CE} 负半周的顶部被削平，输出负半周严重失真的交流电压 u_o。这种失真是由于晶体管进入饱和区而引起的，称为饱和失真。

2. 截止失真

如果图 8-8a 中的电阻 R_B 取值很大或断开时，I_B 数值很小，导致 I_C 很小，而 $U_{CE}=V_{CC}-I_CR_C \approx V_{CC}$ 较大，这时静态工作点在负载线上的 Q_2，如图 8-10b 所示。

当输入信号 u_i 的正半周，晶体管工作在输入特性曲线的线性部分，而在 u_i 负半周的一段时间内，晶体管进入截止区工作，引起 i_B、i_C 和 u_{CE} 波形的严重失真，i_B、i_C 负半周和 u_{CE} 的正半周顶部被削平，输出正半周严重失真的交流电压 u_o，这种失真是由于晶体管进入截止区而引起的，称为截止失真。

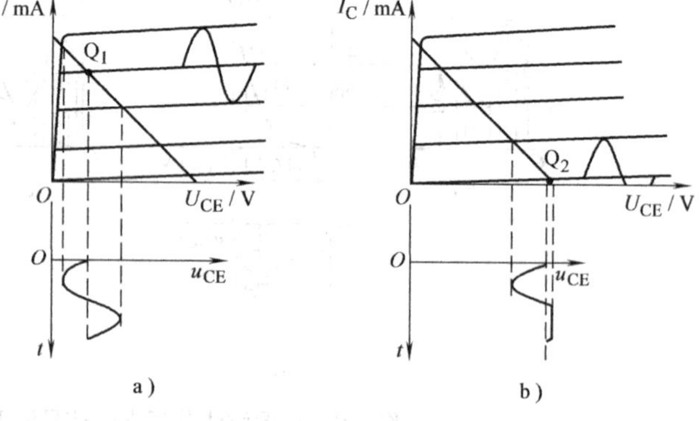

图 8-10　工作点不合适引起输出电压波形失真
a）饱和失真　b）截止失真

可见，要使放大电路不产生非线性失真，就必须有一个合适的静态工作点 Q，它应大致选在负载线的中点或 U_{CEQ} 的数值大致为电源电压的一半。此外，输入信号 u_i 的幅值不能过

大，以避免放大电路的动态工作范围超出特性曲线的线性范围。可以看出，图解法可以直观、形象地反映出放大电路的过程，但作图麻烦，只适用简单放大电路分析。在对复杂电路的分析计算时采取微变等效电路法。

【思考题 8-2】

(1) 什么是静态工作点？放大电路为什么要设置静态工作点？静态工作点、静态值的确定方法有哪两种？

(2) 改变 R_C 和 V_{CC} 对放大电路的直流负载线有什么影响？

(3) 在图 8-2 中，设 V_{CC} 和 R_C 为定值。

1) 当 I_B 增加时，I_C 是否成正比增加？最后接近何值？这时 U_{CE} 的大小如何？

2) 当 I_B 减小时，I_C 如何变化？最后达到何值？这时 U_{CE} 约等于多少？

(4) 在图 8-8 中，如果

1) R_C 不是 4kΩ，而是 40kΩ 或 0.4kΩ；

2) R_B 不是 300kΩ，而是 3kΩ 或 30kΩ，分别说明对静态工作点的影响，放大电路能否正常工作。

(5) 如在图 8-2 中 VT 采用 3DG6A，且当 $U_{CC}=18V$ 时，能否正常放大。

(6) 在图 8-2 中，电容器 C_1 和 C_2 两端的直流电压和交流电压应各等于多少？并说明其直流电压的极性。

(7) 在图 8-2 中，用直流电压测得集电极对“地”电压和负载电阻 R_L 上的电压是否一样？用示波器观察集电极对“地”的交流电压波形和集电极电阻 R_C 及负载电阻 R_L 上的交流电压波形是否一样？并分析原因。

(8) 图 8-1 所示电路中，输入合适的信号后用示波器观察，发现输出波形失真严重，当用直流电压表测量时，如果

1) 测得 $U_{CE}\approx V_{CC}$，试分析 VT 工作在什么状态，怎样调节 R_B 才能使电路正常工作。

2) 测得 $U_{CE}<U_{BE}$，则 VT 又工作在什么状态，怎样调节 R_B 才能使电路正常工作。

(9) 发现输出波形失真，是否说明静态工作点一定不合适？

8.3 晶体管放大电路的微变等效电路法

在定量分析放大电路的工作性能时，除采用图解法外，还可采用微变等效电路法。放大电路的微变等效电路是指把非线性器件晶体管线性化、等效为一个线性器件，把非线性器件晶体管组成的放大电路等效为一个线性电路。这样，可用求解线性电路的方法来分析计算晶体管放大电路。线性化的条件是晶体管在小信号微变量情况下工作，晶体管工作在特性曲线上的一个小范围内，此时静态工作点附近小范围内的曲线可近似为直线，可用线性电路器件来等效代替晶体管这个非线性器件。下面首先介绍晶体管的微变等效电路。

8.3.1 晶体管的微变等效电路

1. 晶体管输入端的等效电路

由于图 8-11a 中，VT 的输入特性曲线是非线性的，如图 8-11b 所示。当输入信号幅度很小时，在静态工作点 Q 附近的曲线工作段可视为直线。当 U_{CE} 为常数时，ΔU_{BE} 与 ΔI_B 的比值

$$r_{be} = \frac{\Delta U_{BE}}{\Delta I_b} = \frac{u_{be}}{i_b} \tag{8-10}$$

称为晶体管的输入电阻，它表示了晶体管的交流输入特性。在小信号情况下，r_{be}是常数，它表示了晶体管输入端 u_{be} 与 i_b 之间的线性关系。因此，晶体管的输入电路可用 r_{be}等效代替，如图 8-11c 所示。

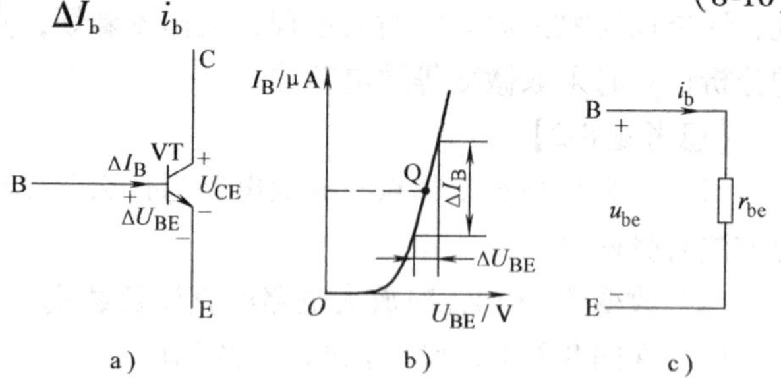

图 8-11　晶体管输入特性曲线的 r_{BE}

低频小功率晶体管的输入电阻可用下式估算

$$r_{be} = 300\Omega + (1+\beta)\frac{26\text{mV}}{I_{eq}} \tag{8-11}$$

式中　I_{eq}——发射极电流的静态值（mA）；

r_{be}——晶体管的输入电阻（Ω），它是动态电阻，一般为几百欧到几千欧，在手册中常用 h_{FE} 表示。

2. 晶体管输出端的等效电路

晶体管（见图 8-12a）的输出特性曲线如图 8-12b 所示，即晶体管工作在线性放大区时，其输出特性曲线可近似为一簇与横轴平行、等间隔的直线，则 ΔI_C 与 ΔI_B 的比值为

$$\beta = \frac{\Delta I_C}{\Delta I_B} = \frac{i_c}{i_b} \tag{8-12}$$

β 称为晶体管的电流放大系数。在小信号条件下，β 为一个常数。因此，晶体管的输出电路可用一个恒流源 $i_c = \beta i_b$ 代替，表示晶体管 i_c 受 i_b 控制的电流控制关系。β 值一般在 20～200之间，在晶体管手册中常用 h_{FE}表示。

由上分析可得晶体管的微变等效电路，如图 8-13 所示。

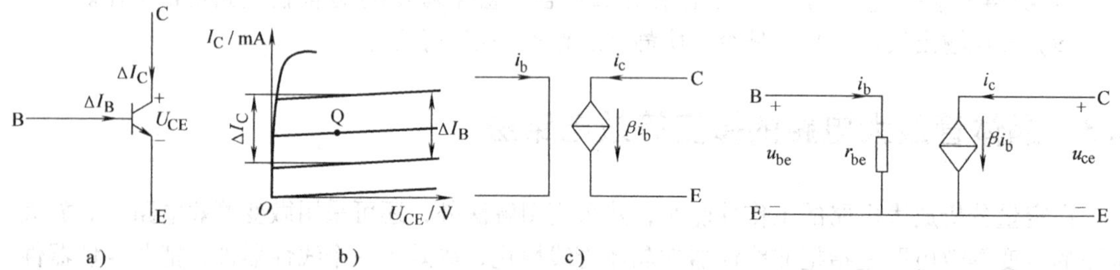

图 8-12　晶体管输出特性曲线的 β　　　图 8-13　晶体管及其微变等效电路

8.3.2　放大电路的微变等效电路

由晶体管的微变等效电路和放大电路的交流电路可得出放大电路的微变等效电路。画交流通路的原则是:

1）耦合电容 C_1 和 C_2，因容抗很小可视为短路。

2）电源 U_{CC}，因内阻很小，交流信号在电源内阻上产生的电压降很小，可视为短路。

由图 8-14a 的放大电路，可得图 8-14b 所示的交流通路。再在交流通路中把晶体管用其

微变等效电路代替，即得交流放大电路的微变等效电路，如图 8-14c 所示。电路中标出的电压和电流参考方向都是交流量。

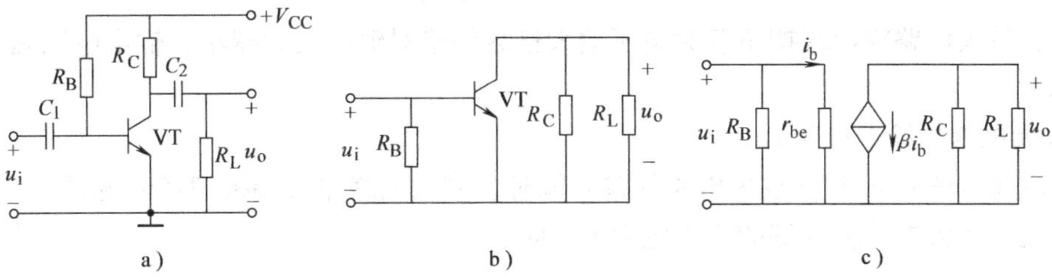

图 8-14　放大电路及其微变等效电路

8.3.3　放大电路主要性能参数的计算

1. 放大电路的放大倍数 A_u

由图 8-14c 列出输入电压与基极电流有效值的关系为

$$u_i = i_b r_{be}$$

输出电压与基极电流的关系为

$$u_o = -\beta i_b R_L'$$

式中交流等效负载电阻

$$R_L' = \frac{R_C R_L}{R_C + R_L}$$

故放大电路的电压放大倍数

$$A_u = \frac{u_o}{u_i} = -\beta \frac{R_L'}{r_{be}} \tag{8-13}$$

式中的负号表示输出电压 u_o 与输入电压 u_i 的相位相反。

当放大电路的输出端（未接 R_L）开路时，电压放大倍数为

$$A_u' = -\beta \frac{R_C}{r_{be}} \tag{8-14}$$

可见，放大电路接上负载时的电压放大倍数比开路时的电压放大倍数小，且 R_L 越小，则电压放大倍数越小。

【例 8-2】 在图 8-14a 电路中，$V_{CC} = +12\text{V}$，$R_C = 4\text{k}\Omega$，$R_B = 300\text{k}\Omega$，$\beta = 37.5$，$R_L = 4\text{k}\Omega$，求电压放大倍数 A_u。当负载开路时，求此时的电压放大倍数 A_u'。

解　在例 8-1 中已求出 $I_{CQ} = 1.5\text{mA} \approx I_{EQ}$

由式(8-11)，得

$$r_{be} = 300\Omega + (1+\beta)\frac{26}{I_{EQ}} = 967\Omega \approx 1\text{k}\Omega$$

故

$$A_u = -\beta \frac{R_L'}{r_{be}} = -37.5 \times \frac{2\text{k}\Omega}{1\text{k}\Omega} = -75$$

式中 $R_L' = R_C /\!/ R_L = 2\text{k}\Omega$。

当负载开路时，$R_L' = R_C$

$$A_u' = -\beta\frac{R_C}{r_{be}} = -37.5\times\frac{4\text{k}\Omega}{1\text{k}\Omega} = -150$$

可见，放大电路输出端按负载时电压放大倍数的绝对值将大大减小，输出电压幅度也将大大减小。

2. 放大电路的输入电阻 r_i

当交流输入信号 u_i 加到放大电路的输入端时，放大电路输入端模拟信号源的一个负载，这个电阻就是放大电路输入端的输入电阻 r_i，即

$$r_i = \frac{u_i}{i_i} \tag{8-15}$$

从图 8-15 得出

$$u_i = i_i r_i = \frac{u_S}{R_S + r_i}r_i = u_S - i_i R_S \tag{8-16}$$

可见，r_i 越大，信号源的负担越轻。同时信号源给放大电路输入端提供的电压 u_i 的数值就越大，信号源的利用率也就越高。因此，通常要求放大电路的输入电阻高一些。

从图 8-14c 的微变等效电路，可得出放大电路的输入电阻为

$$r_i = \frac{u_i}{i_i} = \frac{R_B r_{be}}{R_B + r_{be}} \approx r_{be} \tag{8-17}$$

其阻值较小。

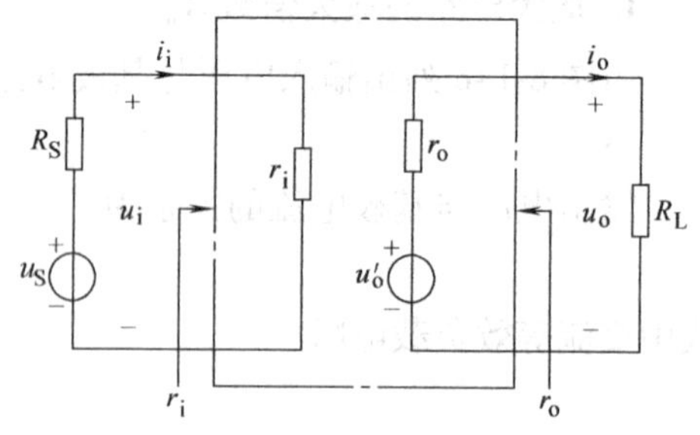

图 8-15　放大电路的输入电阻 r_i 和输出电阻 r_o

3. 放大电路的输出电阻 r_o

由于放大电路输出端向负载 R_L 提供交流输出电压，因此放大电路输出端可等效为一个电阻为 r_o 和一个开路电压为 u_o'的恒压源相串联的等效电压源，如图 8-15 所示。等效电源的内阻 r_o 也就是放大电路的输出电阻，u_o'是放大电路开路时的输出电压。由于输出电流 i_o 在 r_o 上产生电压降，因此 u_o 小于 u_o'。显然，r_o 越小，放大电路带负载后输出电压 u_o 下降幅度越小，即放大电路受负载影响越小、带负载的能力强。因此，通常要求放大电路的输出电阻越小越好。

根据戴维南定理，等效电源的内阻，即放大电路的输出电阻，应将信号源 e_S 短路、负载开路时求得，其等效电路如图 8-15 所示。此时 $u_S=0$，$i_b=0$，$\beta i_b=0$，从放大电路输出端看进去的一个电阻为

$$r_o = R_C \tag{8-18}$$

例 8-2 电路的输入、输出电阻分别为 0.967kΩ 和 4kΩ。因此，共射极交流放大电路的输入电阻较小、输出电阻较高，带负载的能力不强。

由此可见，放大电路的输入电阻、输出电阻都是对交流信号而言的交流电阻。

【思考题 8-3】

（1）在什么条件下晶体管可用微变等效电路来代替？

（2）电压放大倍数 A_u 是不是与 β 成正比？

（3）为什么说当β一定时，通过增大I_E来提高电压放大倍数是有限制的？（试从I_C和r_{be}两个物理量来说明。）

（4）能否用增大R_C来提高放大电路的电压放大倍数？当R_C过大时对放大电路的工作有何影响？（设I_B不变）

8.4 实训11 单管放大电路的制作与调试

1. 实训目的

1）掌握印制电路板的制作方法（刀刻法或腐蚀法）和电路的安装调试检测方法。

2）观察静态工作点和负载对放大电路输出波形、电压放大倍数的影响。

3）熟练掌握常用电子仪器的使用方法。

2. 工作原理

在图8-16电路中，当V_{CC}、R_C等参数确定后，调节偏置电阻R_B即电位器RP和偏置电流I_{BQ}可调整电路的静态工作点。R_B、I_{BQ}数值合适时，工作点Q处于放大区，使放大电路工作于线性放大状态。R_B过大、I_{BQ}过小时，工作点Q过低，会接近截止区而产生截止失真。R_B过小、I_{BQ}过大时，工作点Q过高，会接近饱和区而产生饱和失真。工作点是否合适，可通过测量U_{CEQ}的大小和观察U_o的波形分析确定。

工作点的测量可通过测量V_B、V_C、U_{BE}、U_{CE}、U_{RC}及计算电流I_C来确定。

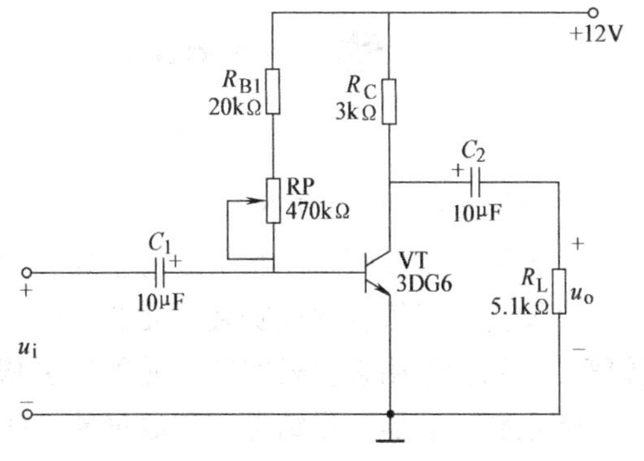

图8-16 单管放大的实训电路

放大电路放大倍数A_u的测量是在确定合适静态工作点的基础上，保证晶体管处于放大状态下得到的，即

$$A_u=\frac{U_o}{U_i}=-\beta\frac{R_L'}{r_{be}}$$

用毫伏表测出U_i、U_o的数值后可计算出电压放大倍数A_u。U_i、U_o的波形可用示波器观察。

3. 实训设备与器材

1）直流稳压电源1台。

2）低频信号发生器1台。

3）示波器1台。

4）晶体管毫伏表1台。

5）万用表1只。

6）敷铜板（面包板或空心铆钉板）1块。

7）电烙铁1把及焊锡丝若干。

8）微型电钻或小型台钻1台。

9）常用工具1套。

4. 实训步骤

（1）安装调试

1）用刀刻法或腐蚀法制作印制电路板（见图 8-17），并在相应位置上打孔、涂酒精松香溶液。

2）检测各元器件的好坏，按照图 8-17 安装各元器件。

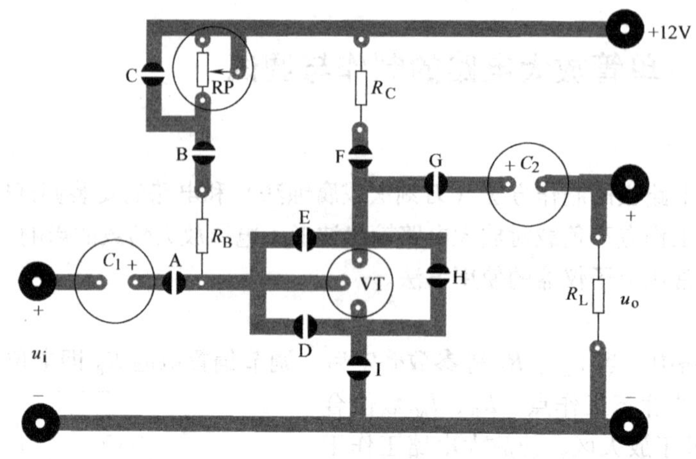

图 8-17　单管放大实训印制电路板图

3）装配工艺要求如下：

①电阻、二极管采用水平或直立式安装，贴紧印制电路板，电阻的色环方向应该一致。

②发光二极管直立式安装，元器件引脚下底面离印制电路板的距离为（6 ±2）mm；晶体管、晶闸管采用直立式安装，元器件引脚下底面离印制电路板的距离为（5 ±1）mm。

③电解电容器、涤纶电容器尽量插到底，元器件底面离印制电路板最高不得大于 4mm。瓷介电容器底面离印制电路板一般为 2 ~4mm。

④扳手开关用配套螺母安装，开关体在印制电路板的导电面，扳手在元器件面。

⑤微调电位器尽量插到底，不能倾斜，三只脚均需焊接。

⑥输入、输出变压器装配时紧贴印制电路板。

⑦集成电路、继电器、轻触式按钮开关底面与印制电路板紧贴。

⑧电源变压器可直接安装在印制电路板上，但一次侧与二次侧间必须绝缘。变压器一次侧面向印制电路板外侧，接电源线。

⑨插件装配美观、均匀、端正、整齐，不能歪斜，高矮有序。

⑩所有插入焊片孔的元器件引线及导线均采用直脚焊，剪脚留头在焊面以上(1 ±0.5) mm，焊点要求圆滑、光亮，防止虚焊、搭焊和散锡。

4）检查各元器件装配无误后，用烙铁将断口 A、B、F、G、I 连接好，接通直流电源 12V。

5）调整放大电路的静态工作点。调节电位器 RP，使晶体管的集-射极电压 $U_{CEQ}=5\sim7V$，并测量出 U_{BEQ}和 U_{RC}。断开电源后，用万用表欧姆档测量电阻 R_C，计算集电极电流 $I_C=U_{RC}/R_C$。

6）测量电压放大倍数。接上负载 R_L 时，给放大电路输入端输入 $f=1kHz$、$U_i=5mV$ 的正弦交流信号，用示波器观察输出波形，用毫伏表测量输出电压 U_o，计算有载放大倍数 A_u。

断开负载电阻 R_L 后，测量放大电路输出端开路时的 U_o，计算空载放大倍数 A'_u，记录于表 8-2 中。

（2）实训步骤（输出端开路）

1）用电烙铁将断口 C 封好，RP 被短路。用万用测量晶体管各极对地电压，判断晶体管的工作状态。输入 1 kHz、5mV 的交流信号，观察输出波形，测量输出电压 U_o，记录于表 8-2 中。

2）将断口 C、B 断开，使 RP 开路。重复上述步骤进行测量，记录于表 8-2 中。

表 8-2　静态工作点对放大倍数、输出波形的影响

工作状态		U_{CEQ}/V	U_o/mV	A_u	输出波形	波形分析
工作点过高						
工作点合适	R_L = 5.1kΩ					
	R_L 开路					
工作点过低						
发射结击穿						
发射结开路						
C、E 间开路						
调试中出现的故障及排除方法						

3）将断口 B、D 封好，晶体管发射结击穿短路。用万用表测量晶体管在路电阻值及测量 U_{BE}、U_{CE}，用示波器观察输出波形，然后将断口 D 焊开。

4）将断口 E 封好，模拟晶体管 C、B 击穿短路。重复上述步骤进行测量，然后将断口 E 焊开。

5）将断口 H 封好，模拟晶体管 C、E 之间击穿短路。重复上述步骤进行测量，然后将断口 H 焊开。

6）将断口 I 焊开，模拟晶体管 B、E 之间开路。重复上述步骤测量，然后将断口 I 焊好。

7）将断口 F 焊开，模拟晶体管 B、C 之间开路。重复上述步骤测量，然后将断口 F 焊好。

8）分别将断口 A、G 焊开，模拟放大电路输入端、输出端开路。重复上述步骤测量，然后将断口 A、G 焊好。

9）将以上有关制作、调试结果填入表 8-2 中。

5. 注意事项

1）不准带电拆接线路。

2）测量放大倍数时，各仪器的接地端应连接在一个公共接地端上，以防干扰。

6. 分析与思考

1）整理调试与实训数据，写出实训报告。

2）分析调整偏置电阻时，波形失真的变化情况。

8.5　实训 12　串联型稳压电源的制作与检测

1. 实训目的

1）掌握印制电路板的制作方法和电源的安装调试检测方法。

2）理解单相桥式整流电路和电容滤波电路的工作原理。

3）理解串联型直流稳压电源的组成和工作原理。

4）掌握稳压电源性能指标的测试方法，进一步掌握常用电子仪器的使用方法。

2. 工作原理

（1）整流、滤波电路的工作原理

在图 8-18 所示的电路中，二极管 $VD_1 \sim VD_4$ 组成桥式整流电路，电容 C_1、C_2、C_3 组成电容滤波电路。当变压器二次电压极性上正下负时，二极管 VD_1 和 VD_3 承受正向电压导通，VD_2 和 VD_3 承受反向电压而截止，电流通路为 a→VD_1→C_1→VD_3→b。当电压极性上负下正时，二极管 VD_1 和 VD_3 反向截止，VD_2 和 VD_4 正向导通，电流通路为 b→VD_2→C_1→VD_4→a。经电容 C_1 的充放电作用而产生上正下负的平滑直流电压，其数值约为 $1.2 \times 16V = 19.2V$。

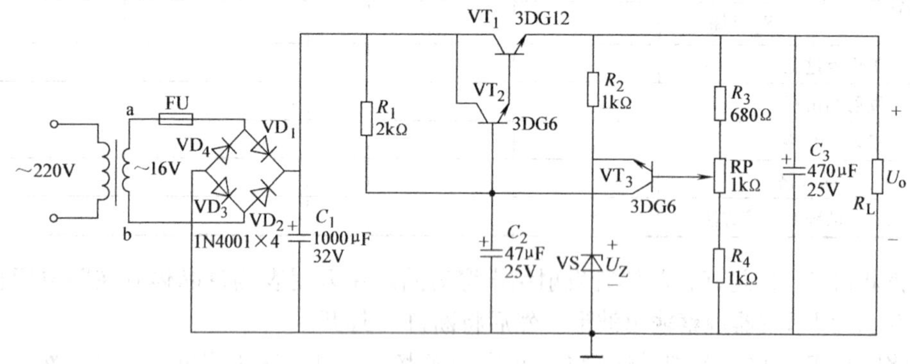

图 8-18　晶体管串联型稳压电源

（2）稳压电路的工作原理

稳压电路由以下四个环节组成：

1）取样环节。R_3、R_4 和 R_P 组成取样电路，它将输出电压 U_o 的一部分

$$U_f = U_Z + U_{BE3} = U_Z + 0.7 \tag{8-19}$$

取出送到比较放大管 VT_3 的基极。调节电位器 RP，可调节稳压电源直流输出电压 U_o 的大小。经计算，U_o 的变化范围为

$$\frac{R_3 + R_4 + R_P}{R_4 + R_P}(U_Z + 0.7) \sim \frac{R_3 + R_4 + R_P}{R_4}(U_Z + 0.7)$$

2）基准环节。由稳压管 VS 和稳压管的限流电阻 R_2 组成，稳压管上的电压 U_Z 是一个稳定性较高的直流电压即基准电压，加到比较放大管 VT_3 的发射极，作为比较的标准。

3）比较放大环节。由集电极负载电阻 R_1 和晶体管 VT_3 组成，取样电压 U_f 与基准电压 U_Z 在 VT_3 的发射结上比较后得到差值电压 U_{BE3}，即 $U_{BE3} = U_f - U_Z$。VT_3 将差值电压 U_{BE3} 放大去控制复合调整管 VT_1、VT_2 的状态。

4）调整环节。调整环节由偏置电阻 R_1 和工作于线性放大区的调整管 VT_1、VT_2 组成，调整管模拟一个可变电阻，其状态受放大管 VT_3 输出电压的控制，自动调整管压降 U_{CE1} 的大小，以保证输出电压稳定不变。因调整管与输出电压 U_o 串联，故称为串联型稳压电源。当输出电压 U_o 降低时，它的稳压过程为

$$U_o\downarrow \to U_f\downarrow \to U_{BE3}\downarrow \to I_{B3}\downarrow \to I_{C3}\downarrow \to U_{CE3}\uparrow$$

$$\uparrow U_o \leftarrow \downarrow U_{CE1} \leftarrow \uparrow I_{C1,2} \leftarrow \uparrow I_{B2} \leftarrow \uparrow U_{BE1,2}$$

当输出电压升高时，则稳压过程相反。

3. 实训设备与器材

1）万用表 1 只。

2）电烙铁 1 把。

3）小型台钻 1 台。

4）敷铜板（面包板或铆钉板）1 块。

5）电路元器件 1 套。

4. 实训内容

（1）安装调试

1）用刀刻法或腐蚀法制作印制电路板（见图 8-19），在相应位置上打孔、涂酒精松香溶液。

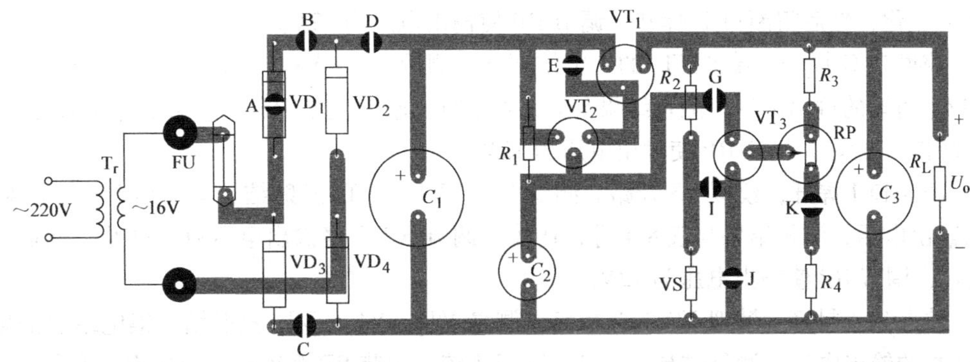

图 8-19　串联型稳压电源印制电路板图

2）检测各元器件好坏，按照图 8-19 安装各元器件，装配工艺如前所述。

3）检查各元器件装配无误后，用电烙铁将断口 B、C、D、G、I、K 各处焊好，接通 220V 交流电源后，用万用表测量 C_3 两端有无电压输出。

4）调节电位器 RP，测量输出电压是否变化，变化范围多大？

5）调节电位器 RP，空载时使输出电压为 12V，按表 8-3 中的内容检测电路有关数据并记入该表中。

表 8-3　稳压电路电压数据

输入端交流电压/V	C_1 两端电压/V	VT_1		VT_2		VT_3		稳压管 VS 两端电压/V	空载输出电压/V
		U_{BE}/V	U_{CE}/V	U_{BE}/V	U_{CE}/V	U_{BE}/V	U_{CE}/V		
晶体管工作状态									

6）空载时调节电位器 RP，使输出电压为 12V。然后分别接入 36Ω、24Ω 负载电阻，按

表 8-4 中的内容进行测量，将结果记入该表中。

7）将测量得到空载电压和接 R_L 的电压，按下式计算

$$稳压性能 = \frac{接 R_L 的电压 - 12V}{12V} \times 100\% \quad (8\text{-}20)$$

并将计算结果记入表 8-4 中。

表 8-4　稳压性能测试数据

输入交流电压/V	C_1 两端电压/V	U_{CE1}/V	U_{CE2}/V	U_{C3}/V	R_L/Ω	输出电压/V	稳压性能（%）
					∞		
					36		
					24		

（2）实训步骤

1）空载时用烙铁将断口 E 封好，模拟 VT_1 的集电结短路。测量 VT_1、VT_2、VT_3 发射结、集电结上的电压和 C_3 两端的输出电压，测量结果与表 8-4 进行比较。调节 RP 观察输出电压有无变化，然后将断口 E 焊开，调节 RP 使输出电压为 12V。

2）将断口 G 焊开，模拟 VT_3 的集电结开路。测量 VT_1、VT_2、VT_3 发射结、集电结上的电压和 C_3 两端的输出电压，测量结果与表 8-4 进行比较。调节 RP 观察输出电压有无变化。然后将断口 G 封好，调节 RP 使输出电压为 12V。

3）将断口 I 焊开，模拟 VS 开路。测量 VT_1、VT_2、VT_3 发射结、集电结上的电压和 C_3 两端的输出电压，测量结果与表 8-4 进行比较。调节 RP 观察输出电压有无变化。然后将断口 I 封好，调节 RP 使输出电压为 12V。

4）将断口 J 封好，模拟 VS 击穿短路。测量 VT_1、VT_2、VT_3 发射结、集电结上的电压和 C_3 两端的输出电压，测量结果与表 8-4 进行比较。调节 RP 观察输出电压有无变化。然后将断口 J 焊开，调节 RP 使输出电压为 12V。

5）将断口 K 焊开，模拟 RP 下端开路。测量 VT_1、VT_2、VT_3 发射结、集电结上的电压和 C_3 两端的输出电压，测量结果与表 8-4 进行比较。调节 RP 观察输出电压有无变化。然后将断口 K 封好，调节 RP 使输出电压为 12V。

5. 分析与思考

1）整理调试与实训数据，写出实训报告。

2）电阻 R_1 或 R_2 开路时，输出电压怎样变化？

3）稳压管 VS 极性装反时，输出电压怎样变化？

4）RP 上端或中心抽头断路时，输出电压怎样变化？

8.6　实训 13　集成稳压电源的制作与调试

1. 实训目的

1）掌握印制电路板的设计制作方法和电路的安装调试检测方法。

2）掌握输出电压固定三端集成稳压器的种类、型号、引脚排列及稳压电源电路。

3）掌握输出电压可调三端集成稳压器的种类、型号、引脚排列及稳压电源电路。

2. 工作原理

利用分立元器件组装的稳压电源，具有输出功率大、灵活、适用性强等优点，但存在体积大、焊点多、调试麻烦和可靠性差等弱点。随着电子电路集成化的发展和功率集成技术的提高，稳压电源中的调整环节、放大环节、基准环节、取样环节和启动保护电路等全部集成在一块半导体硅片上而形成集成稳压器。目前用得最广泛的是串联调整式的三端集成稳压器，分为固定输出三端稳压器和可调输出三端稳压器，它们的外形同晶体管相似，如图 8-20 所示。

（1）固定输出三端稳压器

这类稳压器输出电压有正、负之分。常用的 W78××系列稳压器输出固定正电压，有 5V、8V、12V、15V、18V 和 24V 等几种，此时 1 为输入端、2 为输出端、3 为公共端。例如，W7815 的输出电压为 15V，最高输出电压为 35V，最小输入、输出电压差为 2～3V，最大输出电流为 2.2A。W79××系列稳压器输出固定负电压，此时 1 为公共端、2 为输出端、3 为输入端，其参数与 W78××系列基本相同。

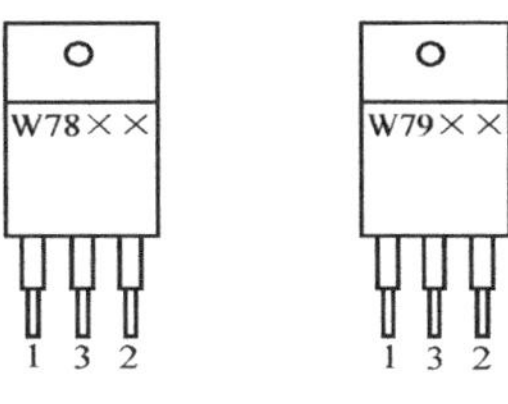

图 8-20　三端稳压器

（2）可调输出三端稳压器

这类稳压器输出的可调电压也有正负之分。常用的 W117/W217/W317 稳压器输出可调的正电压，此时 1 为调整端、2 为输入端、3 为输出端，其输出电压为 1.25～37V 连续可调。W137/W237/W337 稳压器输出可调的负电压，此时 1 为调整端、2 为输出端、3 为输入端，其输出电压为 -1.2～-37V 连续可调，最大输出电流为 1.5A。

三端集成稳压器内部电路设计完善，辅助电路齐全，只需连接很少外围元器件就能构成一个完整的稳压电源，并可以实现提高输出电压、扩展输出电流以及输出电压可调等多种功能。下面介绍几种常见的应用电路。

（3）输出固定电压的稳压电源

图 8-21 是由 W7812 组成的 12V 稳压电源，它可作为小屏幕黑白电视机的直流电源。220V 交流电压经电源变压器降压并经整流滤波后，输出 19V 的直流电压，此电压除供电视机伴音功放外，主要作为稳压器的输入电压，经 W7812 稳压后输出 12V 的稳定电压作为电视机各部分电路的工作电压。图中 C_2 用于消除输入端接线较长而引起的自激振荡，C_3 用于消除电路的高频噪声。

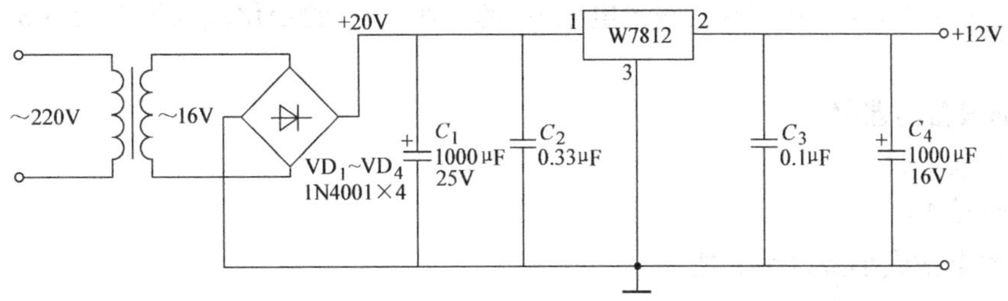

图 8-21　W7812 组成的 12V 稳压电源

（4）输出正负电压的稳压电源

在一些电子调和设备中，常常需要同时由正负电压的双向直流稳压电源供电，此时可用输出正电压的 W78××系列和输出负电压的 W79××系列组成，其电路如图 8-22 所示。从图中可以看出，变压器和整流滤波电路由两个电源共用，变压器二次侧中心抽头接地。

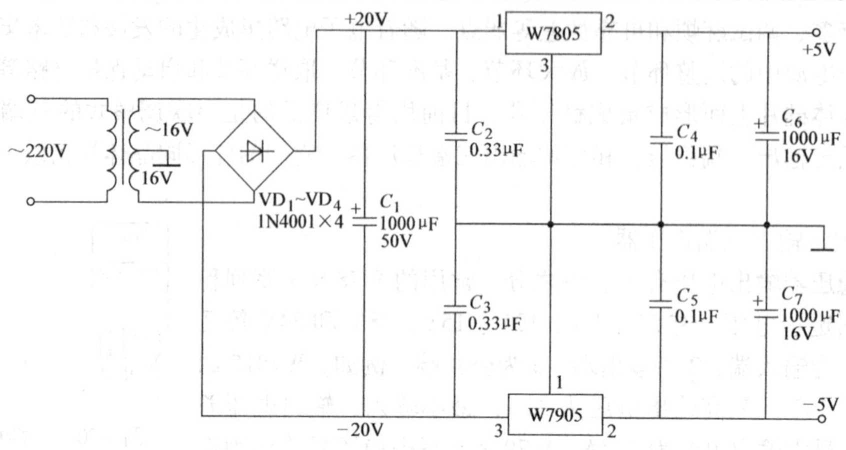

图 8-22　输出正负电压的稳压电源

（5）输出电压可调的稳压电源

由 W117（W317）三端可调集成稳压器组成的稳压电源电路如图 8-23 所示。

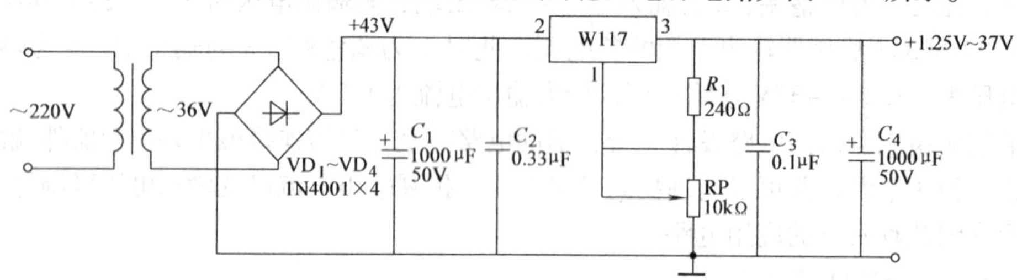

图 8-23　W117 组成的可调稳压电源

图 8-23 中 R_1 两端的电压即 3 与 1 之间的基准电压为 1.25V，输出电压 U_o 可表示为

$$U_o = 1.25\left(1 + \frac{R_P}{R_1}\right)\mathrm{V} \tag{8-21}$$

可见，调节电位器 RP 可改变输出电压 U_o 的大小，U_o 的变化范围为 1.25～37V 连续可调。

3. 实训设备与器材

1）万用表 1 只。

2）电烙铁 1 把。

3）微型电钻或小型台钻 1 把。

4）敷铜板或空心铆钉板（面包板）1 块。

5）电路元器件 1 套。

4. 实训内容

1）利用 Protel 软件画出电路图 8-21 和图 8-23，并将其转换成印制电路板图，印制电路板图可参考图 8-24。然后用腐蚀法制作印制电路板，并在相应位置上打孔、涂抹酒精松香溶液。

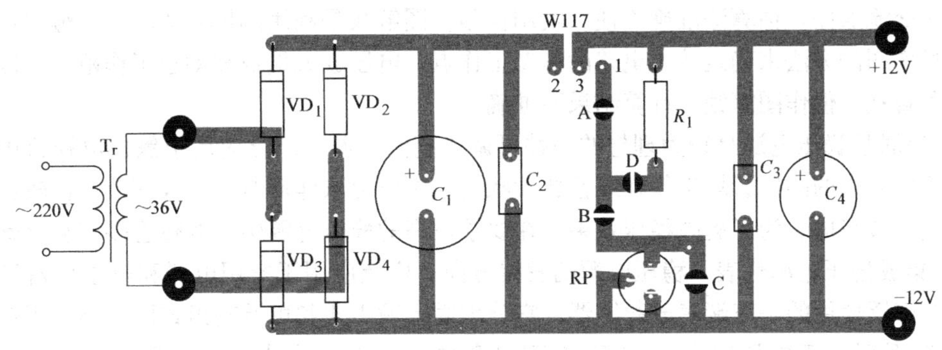

图 8-24　集成稳压电源印制电路板图

2）检测各元器件好坏，参照图 8-24 安装各元器件，分别安装图 8-21 和图 8-23 的稳压电源，装配工艺如前所述。

3）检查各元器件装配无误后，用电烙铁将断口 A、B、C 封好、将电路接成固定电压输出的稳压电源，用万用表测量 C_1、C_3 两端电压的大小是否分别为 19V 和 12V。将断口 C 焊开，测量 C_3 两端电压是否为 12V。

4）用电烙铁将断口 A、B、D 封好，将电路接成输出电压可调的稳压电源，用万用表测量 C_1 两端的电压是否为 43V。调节电位器 RP，测量输出电压的变化范围是否在 1.25 ~ 37V 之间。用电烙铁分别将断口 A、B、D 焊开，调节电位器 RP，测量输出电压是否可调、变化范围有多少伏。

5. 分析与思考

1）整理调试数据，写出实训报告。

2）调试输出电压可调的稳压电源时，若将断口 C 封好，输出电压有多少伏。

8.7　小结

1）在组成放大电路时，直流电源应保证晶体管发射结正偏、集电结反偏，晶体管处于放大状态。同时必须设置合适的静态工作点，保证在整个信号周期内晶体管导通，以减小非线性失真。

2）放大电路未输入交流信号时的工作状态称为静态。静态时晶体管上的电压、电流值（U_{BEQ}、I_{BQ}、U_{CEQ}、I_{CQ}）称为静态值。静态值对应着晶体管输入、输出特性曲线上的某一点称为静态工作点，设置合适的静态工作点可保证放大电路工作在线性放大区。放大电路输入交流信号时的工作状态称为动态。由动态工作范围可确定放大电路的电压放大倍数 A_u、输入电阻 r_i 和输出电阻 r_o 等。

3）放大电路放大作用的实质是基极对集电极的控制作用，即在输入端加一个能量较小的交流信号，通过晶体管基极电流去控制集电极电流，并通过集电极电阻 R_C 将电流放大转换成电压放大，从而将直流电源的能量转化成一个能量较大的信号提供给负载。

4）放大电路可分解为直流通路和交流通路。放大电路的分析方法有图解法和估算法两种。在估算分析法中，计算静态工作点时用直流通路，计算电压放大倍数、输入电阻和输出电阻时用交流通路。估算法准确方便，实用性强。图解法是利用晶体管的输入、输出特性曲线，通过作图的方法来确定放大电路的静态工作点、电压放大倍数和动态工作范围，因而图解法形象直观，但作图繁锁、计算结果不准确。

5）串联型稳压电源是较为理想的一种可调式直流电源，广泛应用于黑白电视机中。串联型稳压电源中的晶体管均工作在线性放大状态，主要由取样环节、基准环节、比较放大环节和调整环节组成。为了提高稳压效果，在要求较高的稳压电源中，调整管多用复合管。

6）集成稳压电源代表了稳压电源的发展方向，广泛应用于家用电器和电子仪器等设备中。目前广泛使用的是三端集成稳压器，它分为固定输出式和可调输出式两大类。固定输出式以 W78 系列（正电压输出）、W79 系列（负电压输出）为代表，可调输出式以 W117、W317 为代表。

8.8 习题

1. 图 8-25a 所示电路中，已知 $+V_{CC} = +12V$，$R_C = 3k\Omega$，$R_B = 300k\Omega$，晶体管 VT 的 $\beta = 50$。求：

（1）试用直流电路估算各静态值 I_B、I_C、U_{CE}；

（2）如晶体管输出特性如图 8-25b 所示，试用图解法求放大电路的静态工作点；

（3）在静态时（$u_i = 0$）C_1 和 C_2 上的电压各为多少？并标出极性。

2. 电路如图 8-25a 所示。试分析：

（1）如改变 R_B，使 $U_{CE} = 3V$，试用直流通路求 R_B 的大小；

（2）如改变 R_B，使 $I_C = 1.5mA$，R_B 又等于多少？

（3）分别用图解法求上述两种情况的静态工作点。

3. 图 8-25a 所示电路中，若 $+V_{CC} = +10V$，$\beta = 40$，求：$U_{CE} = 5V$，$I_C = 2mA$ 时的 R_C 和 R_B。

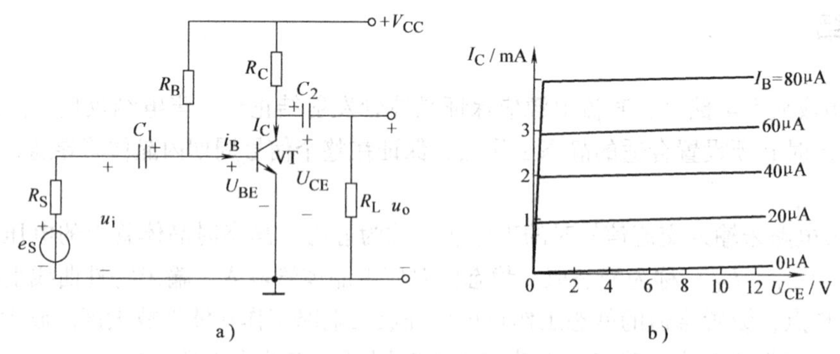

图 8-25　习题 1 图

4. 在图 8-26 所示电路中，晶体管是 PNP 型锗管，则

（1）V_{CC}和 C_1、C_2 的极性如何考虑？请在图上标出；

（2）设 $V_{CC} = -12V$，$R_C = 3k\Omega$，$\beta = 75$，如果要将静态值 I_C 调到 1.5mA，问 RP 应调到多大。

（3）在调静态工作点时，如不慎将 RP 的电阻值调到零，对晶体管有无影响？为什么？通常采取何种措施来防止这种情况？

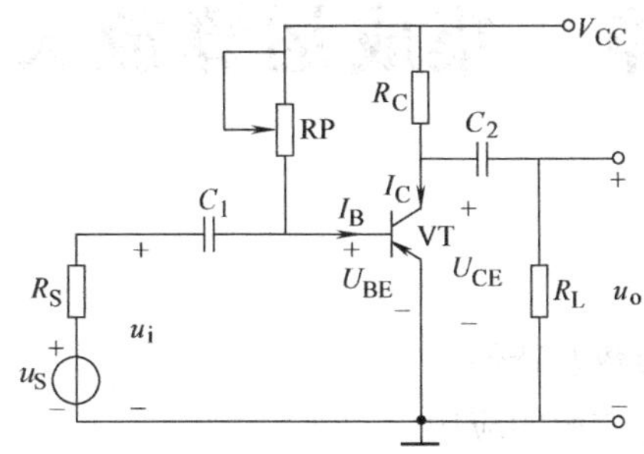

图 8-26　习题 4 电路

5. 试判断图 8-27 中各个电路能不能放大交流信号，为什么？

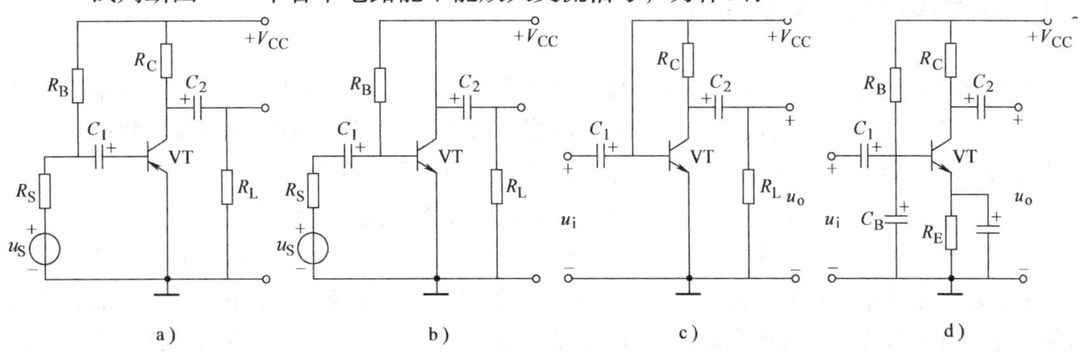

图 8-27　习题 5 电路

6. 图 8-25a 所示电路中，设 $r_{BE}=0.8\text{k}\Omega$，$\beta=50$，利用微变等效电路求：

（1）输出端开路时的电压放大倍数 A'_u；

（2）输出端接上 $R_L=6\text{k}\Omega$ 时的电压放大倍 A_u；

（3）放大电路的输入电阻 r_i 和输出电阻 r_o。

7. 图 8-25a 电路中，$+V_{CC}=+12\text{V}$，已知晶体管的 $\beta=40$，$I_C=1\text{mA}$。求：$|A_u|\geqslant100$ 时的 R_C、R_B、U_{CE}。

8. 单管放大电路如图 8-28 所示。已知 $\beta=50$，$r_{be}=1.6\text{k}\Omega$，$U_i=10\text{mV}$。求：

（1）画出放大电路的直流通路，计算静态值；

（2）画出放大电路不接负载电阻时的微变等效电路，计算电压放大倍数 A'_u、输出电压有效值 U_o、输入电阻 r_i 和输出电阻 r_o；

（3）画出接入负载电阻 $R_L=5.1\text{k}\Omega$ 时的微变等效电路，计算电压放大倍数 A_u。

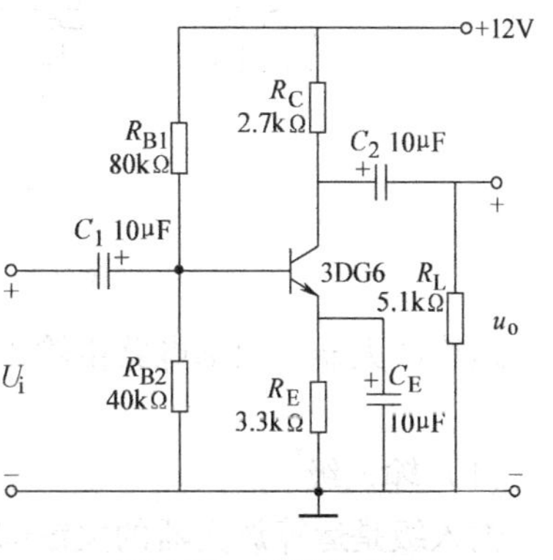

图 8-28　习题 8 电路

9. 串联型稳压电源主要由哪几个环节组成？调整管如何使输出电压稳定？

10. 画出串联型稳压电源的电路图，说明各主要元器件的作用，分析 $U_o\uparrow$ 时的稳压过程。

第 9 章　集成运算放大电路

本章要点

- 集成运算放大器主要参数及特性
- 集成运算放大器在运算方面的应用
- 集成运算放大器在波形变换与信号产生方面的应用

9.1　集成运算放大器简介

集成运算放大器是一种放大倍数很高且可以放大直流信号的多级放大器，简称集成运算放大器或运算放大器。它将放大电路中的二极管、晶体管、电阻、电容和导线等集中制作在一小块硅片上，封装成一个整体的电子器件，称为集成电路（IC）。

按其功能的不同，集成电路可分为模拟集成电路和数字集成电路两类。

模拟集成电路的种类很多，有集成运算放大器、集成功率放大器、集成高频放大器、集成中频放大器和集成稳压器等。由于运算放大器具有体积小、重量轻、价格低、使用可靠、灵活方便、通用性强等优点，因此在检测、自动控制、信号产生与信号处理等许多方面获得了广泛应用。

9.1.1　集成运算放大器的组成

集成运算放大器的外形和图形符号如图 9-1a、b 所示。它有两个输入端 IN－、IN＋和一个输出端 OUT。图中标有“－”的输入端，称为反相输入端，输入信号由此端加入时，输出信号与输入信号相位相反；标有“＋”的输入端，称为同相输入端，输入信号由此端加入时，输出信号与输入信号相位相同。

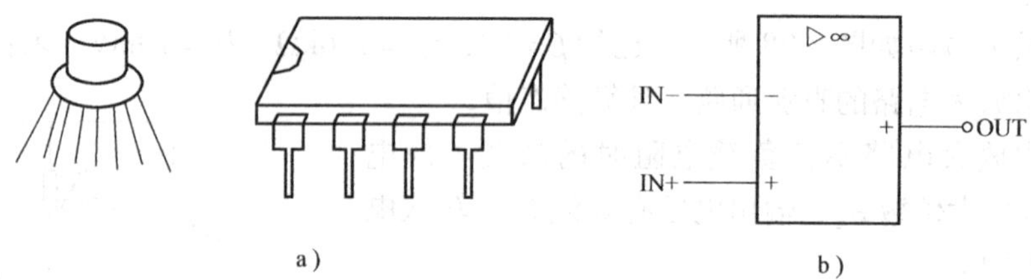

图 9-1　集成运算放大器的外形和图形符号

运算放大器的内部电路由输入级、中间级、输出级和偏置电路四部分组成，如图 9-2 所示。

（1）输入级

输入级是运算放大器的关键部分，一般由差动放大电路组成。它的输入电阻很高，能有效地放大有用（差模）信号，抑制干扰（共模）信号。

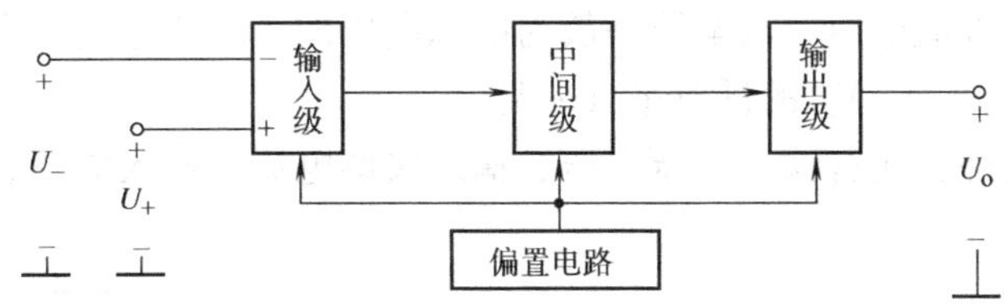

图 9-2 运算放大器的内部电路框图

（2）中间级

中间级一般由共发射极放大电路构成，能提供足够的电压放大倍数。

（3）输出级

输出级一般由互补对称式电路构成，使运算放大器的输出电阻很低，能输出较大的功率推动负载。

（4）偏置电路

偏置电路为运算放大器中各电路提供所需的偏置电流。

应用和选择时，常把运算放大器看作一个具有一定功能的整体，对其内部的电路不作深入了解。但必须掌握它的外部特性、各引脚的功能并了解它的性能参数。

9.1.2 运算放大器的主要参数和工作特点

1. 集成运算放大器的主要参数

集成运算放大器的参数是反映其性能优劣的指标，是正确选择和使用集成运算放大器的依据。

（1）开环电压放大倍数 A_{uo}

开环是指输出端与输入端之间无任何电路元件连接时放大电路的工作状态。开环电压放大倍数是衡量运算放大器运算精度的参数。它是在输出端开路时，运算放大器加标称电源电压，输出电压与两个输入端信号电压之差的比值，称为开环电压放大倍数，也称差模电压放大倍数。A_{uo}值越高，运算精度就越高。集成运算放大器的 A_{uo}值可达几万至几十万，理想的开环电压放大倍数视为∞，如图 9-3a 所示。

（2）开环差模输入电阻 r_{id}

开环差模输入电阻 r_{id}是衡量运算放大器从信号源取用电流大小的参数。r_{id}越大，从信号源取用的电流越小，运算精度越高。集成运算放大器的 r_{id}值一般在几十千欧以上，如图 9-3b 所示。

（3）开环输出电阻 r_o

开环输出电阻 r_o 是衡量运算放大器带负载能力的参数。输出电阻 r_o 越小，集成运算放大器带负载的能力就越强，一般为几百欧，如图 9-3c 所示。

（4）共模抑制比 K_{CMR}

共模抑制比是衡量运算放大器抑制干扰信号能力大小的参数。K_{CMR}数值越大，抑制干扰的能力越强。一般运算放大器的 K_{CMR}达几十万以上。

（5）最大输出峰-峰电压 U_{OPP}

最大输出电压是指运算放大器加上标称电源电压、输出端开路时，运算放大器能输出的基本上不失真的最大峰值电压。其电压一般为电源电压的 ±70% 左右。即输出 $+0.7V_{CC}$ 的高电平（$+V_{OH}$）或输出 $-0.7V_{EE}$ 的低电平（$-V_{OL}$）。

除上述主要参数外，还有输入失调电压、输入失调电流、输入失调温漂电压、输入失调温漂电流等参数。

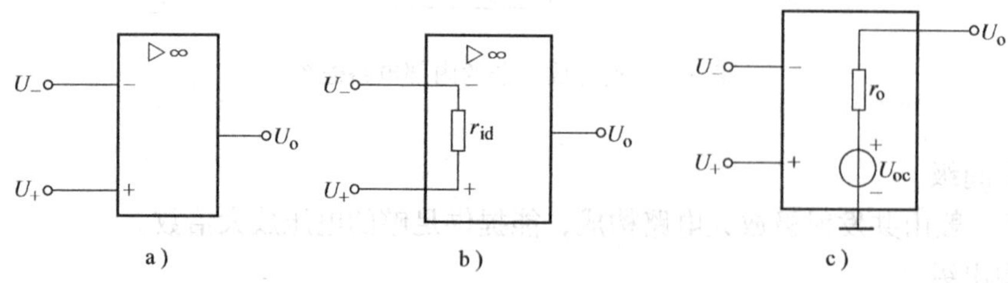

图 9-3 运算放大器的 A_{uo}、r_{id} 和 r_o 参数

2. 运算放大器的工作特点

运算放大器在线性区运用时，通常将放大器的输出信号通过电路元器件反送到反相输入端，因输出端与反相输入端的相位相反，使整个放大电路构成一个闭合电路，这种形式的连接称为具有负反馈的闭环工作状态，简称闭环；作非线性运用时，常工作在无负反馈的开环工作状态（开环）或输出信号通过电路元件反送到同相输入端，称正反馈的工作状态。

（1）运算放大器在线性工作时的特点

1）由于运算放大器的开环差模输入电阻 r_{id} 很大，因此两个输入端之间的电流很小，可认为近似等于零，两输入端可视为断路，称为“虚断”，即

$$i_i = 0 \tag{9-1}$$

这是运算放大器线性工作的第一个基本特点。

2）由于开环放大倍数 A_{uo} 很高，因此 $U_+ \approx U_-$，两输入端间可视为短路，称为“虚短”，即

$$U_+ \approx U_- \tag{9-2}$$

这是运算放大器线性工作的第二个基本特点。

运用式（9-1）与式（9-2），可以比较容易地分析和理解由运算放大器组成的基本运算电路。

（2）运算放大器在非线性工作时的特点

运算放大器在非线性工作时，输出电压与输入电压之间不再满足上述线性关系，即

$$U_o \neq A_{uo}(U_+ - U_-) \tag{9-3}$$

在开环的情况下，因 A_{uo} 很大，只要两个输入端之间存在很小的电压时，输出端的电压就会达到 $+V_{OH}$ 或 $-V_{OL}$。

当 $U_+ > U_-$ 时，输出高电平 $+V_{OH}$ 或 $+V_{CC}$ 的 70%；当 $U_+ < U_-$ 时，输出低电平 $-V_{OL}$ 或 $-V_{EE}$ 的 70%。

其输出电压与输入电压的关系，称电压传输特性，如图 9-4 所示。

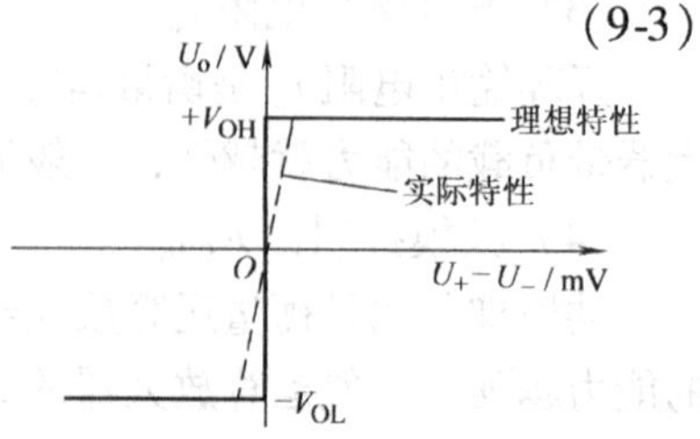

图 9-4 运算放大器的电压传输特性

【思考题9-1】

（1）运算放大器由哪些部分组成？

（2）运算放大器在线性和非线性工作时各有什么特点。

9.2 基本运算电路

用运算放大器实现的基本运算有比例、加减、积分、微分、对数、指数、乘法和除法等。进行运算时，输出量一定要反映输入量的某种运算结果，即输出电压要在一定的范围内变化，所以运算放大器必须工作在线性区。本节主要介绍比例、加减运算电路。

9.2.1 反相比例运算电路

输入信号加在反相输入端的电路称为反相运算电路。

图9-5是反相比例运算电路。输入信号 U_i 经电阻 R_1 加到 IN－端，而 IN＋端经电阻 R_2 接地。为使放大器工作在线性区，在运算放大器的 OUT 端与 IN－端之间接有反馈元件 R_F，由于两端的电压极性相反，故称这种连接为负反馈。因电路成闭合回路，故称闭环。对应的闭环电压放大倍数 A_{uf}，为

$$A_{uf}=\frac{U_o}{U_i}$$

由前述两个基本特点可知

$$U_+\approx U_-=0$$

与

$$I_i=0$$

即

$$I_1=I_F$$

则

$$\frac{U_- - U_o}{R_F}=\frac{U_i-U_-}{R_1}$$

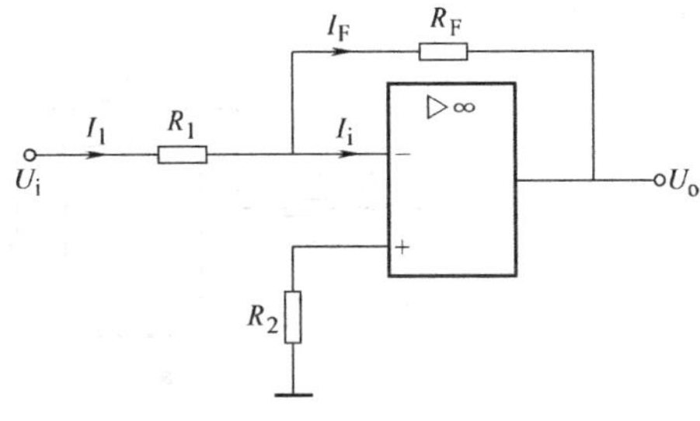

图9-5　反相比例运算电路

所以反相比例运算电路的输出电压为

$$U_o=-\frac{R_F}{R_1}U_i \tag{9-4}$$

闭环电压放大倍数为

$$A_{uf}=\frac{U_o}{U_i}=-\frac{R_F}{R_1} \tag{9-5}$$

式（9-4）表明，输出电压 U_o 与输入电压 U_i 之间存在着比例运算关系，比例系数由阻值 R_F 与 R_1 的比值确定，与运算放大器本身的参数无关。改变 R_F 与 R_1 比值，可使 R_F 与 R_1 获得不同的比例，实现比例运算，且闭环电压放大倍数 A_{uf} 总为负值，说明 U_o 与 U_i 总是反相。

图9-5电路中，同相输入端接有电阻 R_2，其阻值对运算结果没有影响，为提高运算放大器输入级的对称性。故在同相输入端接有电阻 R_2，称为平衡电阻。通常取 $R_2=R_1/\!/R_F$。

如果 $R_F=R_1$，则 $U_o=-U_i$，即

$$A_{uf}=\frac{U_o}{U_i}=-1 \tag{9-6}$$

这时输出电压与输入电压大小相等、相位相反，这时运算放大器称为反相器。

在反相比例运算电路中输入信号由反相端输入，同相端接地，即 $U_+=0$，$U_-\approx 0$，说明反相端电位为“地”电位，称为“虚地”。

必须指出：在反相比例运算电路中，因 $U_-\approx 0$，故电路的 r_i 由电阻 R_1 的大小来决定，考虑到信号源内阻和保证放大电路的稳定性，A_{uf}不能过大，一般取 200 ~ 500，R_1 不能取得很小，一般在 2 ~ 10kΩ 之间。

【例 9-1】 图 9-5 电路中，已知 $U_i=-1V$、$R_F=20k\Omega$、$R_1=2k\Omega$。求 U_o。

解 由式（9-4）得

$$U_o=-\frac{R_F}{R_1}U_i=-\frac{20}{2}\times(-1)V=10V$$

9.2.2 同相比例运算电路

输入信号加在同相输入端的电路称为同相比例运算电路。

图 9-6a 是同相比例运算电路，由图可看出输入信号从运算放大器 IN + 端输入，因 U_o 与 U_i 同相位，故称为同相比例运算电路。为使运算放大器工作在线性区，在电路的输出端通过反馈电阻 R_F 加到 IN 端实现负反馈。因 $U_+=U_i\neq 0$，而 $U_-\approx U_+$，故此时反相输入端不再称为“虚地”。

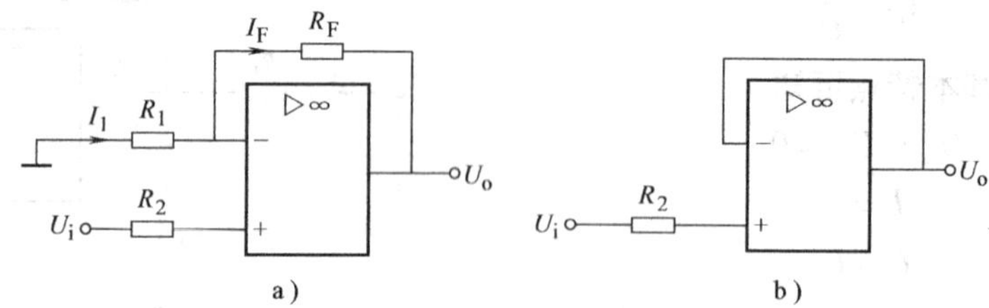

图 9-6 同相比例运算电路

由运算放大器的两个基本工作特点可知

$$U_-\approx U_+$$

$$I_i=0$$

所以

$$\frac{U_o}{R_1+R_F}=\frac{U_i}{R_1}$$

则电路的输出电压为

$$U_o=\left(1+\frac{R_F}{R_1}\right)U_i \tag{9-7}$$

即闭环电压放大倍数为

$$A_{uf}=\frac{U_o}{U_i}=1+\frac{R_F}{R_1} \tag{9-8}$$

可见，A_{uf}也与放大器本身参数无关，而与 R_F/R_1 的比值有关。式中 A_{uf}总为正值，表明 U_o 与 U_i 同相。且 A_{uf}总是大于 1，这一点与反相比例运算不同。

必须指出：在同相比例运算电路中输入电阻因通过运算放大器的输入电阻 r_{id} 接地，故很大，R_1 的大小对信号源影响不大，但如果太小，当 R_F 用得很小时，会影响输出电压的变化。

上述电路中，若反馈电阻 R_F 为零，即将输出端直接连到反相输入端，则

$$A_{uf}=\frac{U_o}{U_i}=1 \tag{9-9}$$

这是同相运算电路的一个实例，称为电压跟随器，如图 9-6b 所示。

【例 9-2】 图 9-6a 电路中，已知 $U_i=1V$，$R_F=20k\Omega$，$R_1=2k\Omega$，最大输出电压 $U_{opp}=\pm12V$。求 U_o。

解 由式（9-6）可得

$$U_o=\left(1+\frac{R_F}{R_1}\right)U_i=\left(1+\frac{20}{2}\right)\times1V=11V$$

因 $U_o<U_{opp}$，故工作在线性区。

9.2.3 加减运算电路

1. 加法运算电路

在反相输入端增加若干个输入信号组成的电路，就构成反相加法运算电路，如图 9-7 所示。

因反相输入端为“虚地”，故得

$$I_{11}=\frac{U_{i1}}{R_{11}}$$

$$I_{12}=\frac{U_{i2}}{R_{12}}$$

$$I_F=\frac{-U_o}{R_F}=I_{11}+I_{12}=\frac{U_{i1}}{R_{11}}+\frac{U_{i2}}{R_{12}}$$

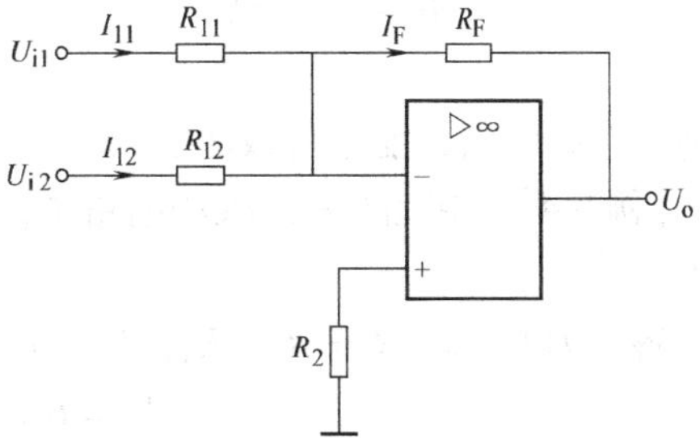

图 9-7 加法运算电路

于是，输出电压为

$$U_o=-\left(\frac{R_F}{R_{11}}U_{i1}+\frac{R_F}{R_{12}}U_{i2}\right) \tag{9-10}$$

当 $R_{11}=R_{12}=R_1$ 时，式（9-10）可写为

$$U_o=-\frac{R_F}{R_1}(U_{i1}+U_{i2}) \tag{9-11}$$

当 $R_{11}=R_{12}=R_F$ 时，则

$$U_o=-(U_{i1}+U_{i2}) \tag{9-12}$$

由以上三式可见，加法运算电路的输出电压与各输入电压之间存在着线性组合关系，与放大器本身参数无关，实现了加法运算。

【例 9-3】 在图 9-7 的反相加法器电路中，若 $R_{11}=5k\Omega$，$R_{12}=10k\Omega$，$R_F=20k\Omega$，$U_{i1}=1V$，$U_{i2}=2V$，最大输出电压 $U_{opp}=\pm12V$。求输出电压 U_o。

解 由式（9-9）可求出

$$U_o=-\left(\frac{R_F}{R_{11}}U_{i1}+\frac{R_F}{R_{12}}U_{i2}\right)=-\left(\frac{20}{5}\times1+\frac{20}{10}\times2\right)V=-8V$$

因 $U_o<U_{opp}$，故电路工作在线性区，可实现反相加法运算。

如果在图 9-7 电路的输出端再接一个反相器，就可消去负号，实现加法运算。

$$U_o = -(-8)\text{V} = 8\text{V}$$

2. 减法运算电路

减法运算电路如图 9-8 所示，减法运算电路的两个输入端都有信号输入，它在测量和控制系统中应用很广。

由图 9-8 可知

$$U_- \approx U_+ = \frac{R_3}{R_2 + R_3} U_{i2}$$

$$\frac{U_{i1} - U_o}{R_1 + R_F} = \frac{U_{i1} - U_-}{R_1}$$

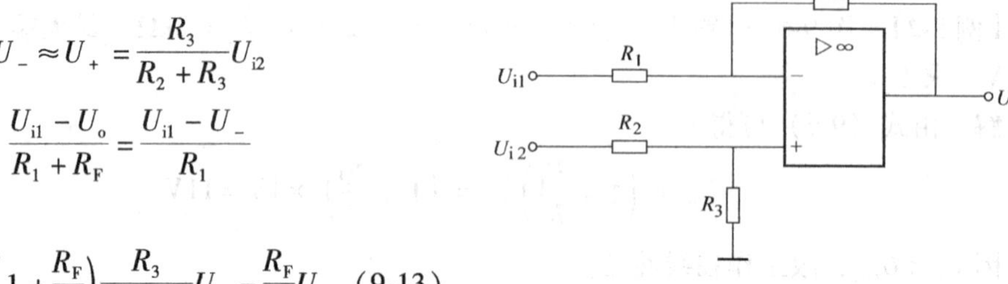

图 9-8　减法运算电路

故得

$$U_o = \left(1 + \frac{R_F}{R_1}\right)\frac{R_3}{R_2 + R_3} U_{i2} - \frac{R_F}{R_1} U_{i1} \quad (9\text{-}13)$$

当 $R_1 = R_2$、$R_F = R_3$ 时，式（9-13）为

$$U_o = \frac{R_F}{R_1}(U_{i2} - U_{i1}) \quad (9\text{-}14)$$

可见输出电压与两个输入电压的差值成正比。

若 $R_F = R_1 = R_2 = R_3$，则

$$U_o = U_{i2} - U_{i1} \quad (9\text{-}15)$$

成为一个减法器，能进行减法运算。

【例 9-4】 在图 9-8 的减法电路中，设 $R_F = R_1 = R_2 = R_3$，$U_{i1} = 3\text{V}$，$U_{i2} = 1\text{V}$。求输出电压 U_o。

解　因有 $R_F = R_1 = R_2 = R_3$，故由式（9-15）得

$$U_o = U_{i2} - U_{i1} = (3 - 1)\text{V} = 2\text{V}$$

集成运算放大器除能实现比例、加法、减法等运算外，还能实现乘法、除法、指数、对数、微分和积分等多种运算。因此可用来构成模拟电子计算机或实现某种算术运算关系的控制。目前，集成运算放大器已成为电子技术领域中一种通用型器件，只要选择合适的器件，并配以适当的输入和反馈电路，就能用来完成多种功能。可应用于信号的放大、运算、处理及各种波形的产生与变换等，使用起来非常方便。

实现上述各种运算放大器的集成电路有单运算放大器电路 μA741，如图 9-9a 所示（图中 NC 表示空）；双运算放大器电路 F353，如图 9-9b 所示；四运算放大器电路 F4156，如图 9-9c 所示。它们的电源电压均为 ±15V。

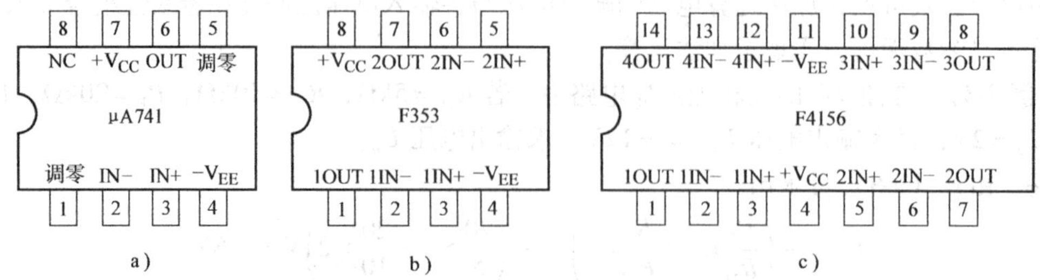

图 9-9　常用集成运算放大器引脚图

【思考题9-2】

(1) 什么叫“虚地”? 因 $U_+=U_-=0$, 即 IN_- 与 IN_+ 同电位且等于0V, 那么工作时, 能否把 IN_- 与 IN_+ 地用导线连接起来, 为什么?

(2) 什么叫“虚断”? 因运算放大器中 $I_i=0$, 即因 IN_- 与 IN_+ 中无电流, 那么工作时, 能否把 IN_- 或 IN_+ 断开。为什么?

(3) 用三只电阻 (10kΩ、11kΩ、110kΩ) 和一只集成运算放大器可构成反相比例电路或同相比例电路, 要求两输入端的电阻值相等。试画出电路图, 标出各参数, 并分别求出它们的电压放大倍数。

9.3 电压比较器

电压比较器是用来比较输入信号和参考信号大小, 并将比较结果在输出端输出的电路。这种电路的运算放大器工作在无负反馈的非线性区, 即在开环状态下运行, 因运算放大器的开环放大倍数很高, 故只要在输入端有一个非常微小的差值信号, 就会使输出电压达到极限值, 即输出高电平或低电平, 可作为一种数字量。它常用于模拟电路和数字电路的连接, 称为接口电路。常用的有电平电压比较器、滞回比较器和窗口比较器三种。这里只介绍前两种电压比较器。

9.3.1 电平比较器

图9-10a是一种电平比较电路。参考电压为 $+U_T$, 加在同相输入端, 输入电压 U_i 加在反相输入端, 电路工作在开环状态。当 $U_i<U_T$ 时, U_o 输出高电平 $+V_{OH}$; 当 $U_i>U_T$ 时, U_o 输出低电平 $-V_{OL}$。在 U_T 处出现由高电平跳变为低电平或由低电平跳变为高电平。其输出电压与输入电压的关系, 称为传输特性, 如图9-10b所示。

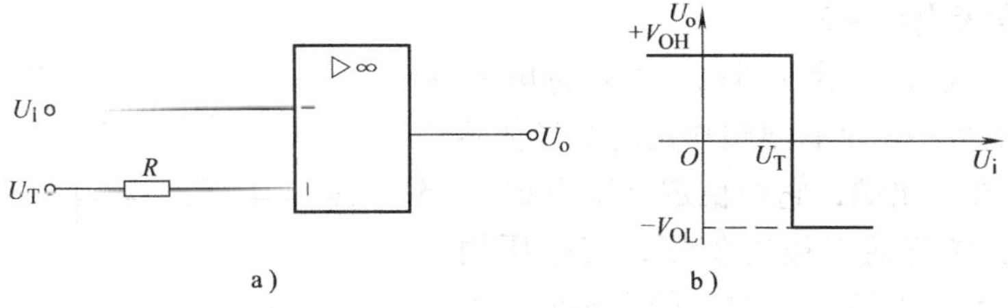

图9-10 电平比较器

假如为 $U_T=0V$, 即同相输入端接地, 电路如图9-11a所示, 称过零电平比较器。当 $U_i<0V$ 时, 电压比较器输出高电平; 当 $U_i>0V$ 时, 电压比较器输出低电平。当 U_i 由负值变为正值时, 输出电压由高电平跳变为低电平; 当 U_i 由正值变为负值时, 输出电压由低电平跳变为高电平。电路的传输特性, 如图9-11b所示。

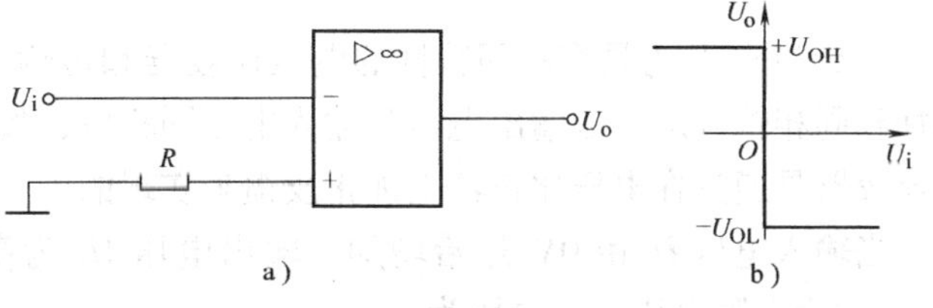

图9-11 过零电平比较器

为了将输出电压限制在某一特

定值，以与数字电路的电平相配合。当信号在反相输入端输入时，可在电平比较器的输出端与反相输入端之间跨接一个双向稳压管进行限幅，电路和传输特性如图 9-12a、b 所示；当信号从同相输入端输入，则可在输出端接一个双向稳压管进行双向限幅，电路和传输特性如图 9-12c、d 所示。

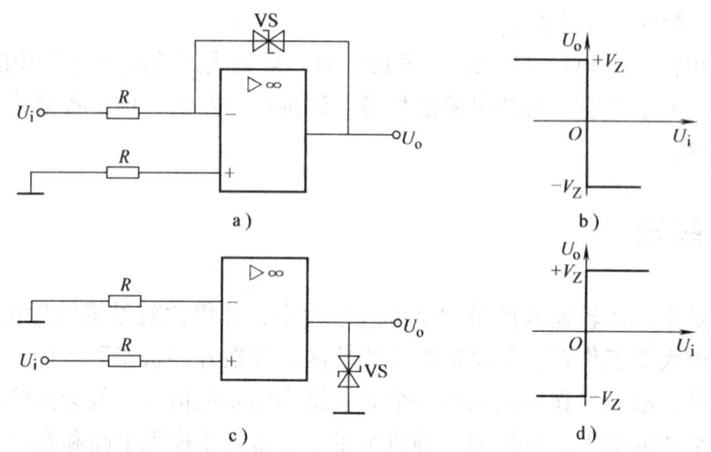

图 9-12　有限幅的过零电平比较器

这种过零电平比较器还可以将正弦波电压变换为矩形波电压。

【例 9-5】 设计一个简单的电压比较器，要求如下：

（1）$U_T = +2V$；

（2）输出低电平约为 $-6V$，输出高电平为 $+0.7V$ 左右；

（3）当输入电压大于 $+2V$ 时，输出为低电平。

解　因当输入电压大于 $+2V$ 时，输出为低电平。故输入信号应加在反相输入端，则同相输入端为参考电压 $+2V$。

又因输出低电平约为 $-6V$，输出高电平为 $+0.7V$ 左右。故可采用具有限幅作用的半导体器件硅稳压管 VS 接在输出端，它的稳定电压为 6V。当输出高电平时，作普通二极管使用，其电压约为 0.7V，输出电压为 $+0.7V$；当输出低电平时，作稳压管使用，稳定电压为 6V，输出电压为 $-6V$。故电路如图 9-13 所示，满足提出的设计要求。

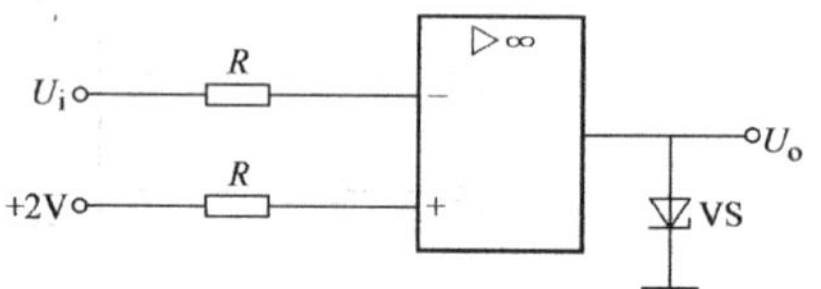

图 9-13　例 9-5 的电压比较器

9.3.2　滞回电压比较器

图 9-14a、b 为具有滞回特性的电压比较器和传输特性。电路中将输出电压通过电路元件加到同相输入端，因输出电压与输入电压同相位，故称这种连接形式为正反馈。可见，滞回比较器是通过在电压比较器上加正反馈来实现的。

当输入电压 U_i 由 0V 开始增加，输出电压 U_o 为高电平 $+V_{OH}$，此时 IN+ 端的电压为 U_{TH}，称为上限电压，其电压为

$$U_{TH}=\frac{+V_{OH}-U_R}{R_1+R_2}R_1+U_R \tag{9-16}$$

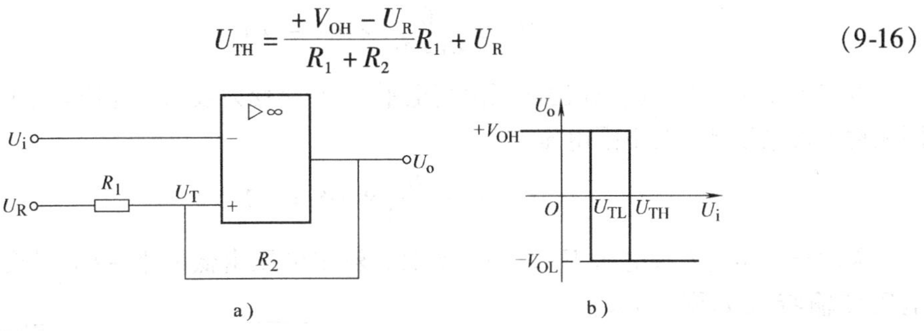

图 9-14 滞回电压比较器

在 $U_i<U_{TH}$时，输出电压为高电平 $+V_{OH}$，故 U_{TH}不变，输出保持高电平。当输入电压逐渐上升到 $U_i>U_{TH}$时，输出电压 U_o 由高电平 $+V_{OH}$跳变为低电平 $-V_{OL}$，此时 IN + 端的电压由 U_{TH}变为 U_{TL}，称为下限电压，其电压为

$$U_{TL}=\frac{-V_{OL}-U_R}{R_1+R_2}R_1+U_R \tag{9-17}$$

当 U_i 继续增加时，由于 U_i 更大于 U_{TL}，输出低电平保持不变。

值得指出的是：由式（9-15）和式（9-16）可见，当输入电压 U_i 下降时，因 $U_{TL}<U_{TH}$，故输入电压下降到 $U_i=U_{TH}$时，输出仍为低电平 $-V_{OL}$，只有当输入电压 U_i 下降到 $U_i<U_{TL}$时，输出电压 U_o 才从低电平 $-V_{OL}$跳变为高电平 $+V_{OH}$。

可见，在滞回电压比较器中，当 U_i 上升到 $U_i>U_{TH}$时，U_o 从 $+V_{OH}$跳变为 $-V_{OL}$；当 U_i 下降到 $U_i<U_{TL}$时，U_o 从 $-V_{OL}$跳变为 $+V_{OH}$，U_T 由 U_{TL}跳变为 U_{TH}。

电路的传输特性如图 9-14b 所示。由图可见，其传输特性与铁磁材料的磁滞回线相似，故该电路称为滞回电压比较器。

滞回电压比较器当输入信号因受干扰或其他原因发生变化时，只要变化值不超过上下限电压范围，输出电压就不会发生变化，提高了电路的抗干扰能力。

滞回电压比较器常用于使正弦波和三角波变成方波的场合。

采用普通运算放大器作电压比较器时，输出高电平和低电平会受电源电压的影响，故在输出要加稳压器件，为使电压比较器能与数字电路很好配合，采用了专用的电压比较器集成电路。有 J631 单电压比较器，CB75339 四电压比较器，它们的外引脚如图 9-15 所示。

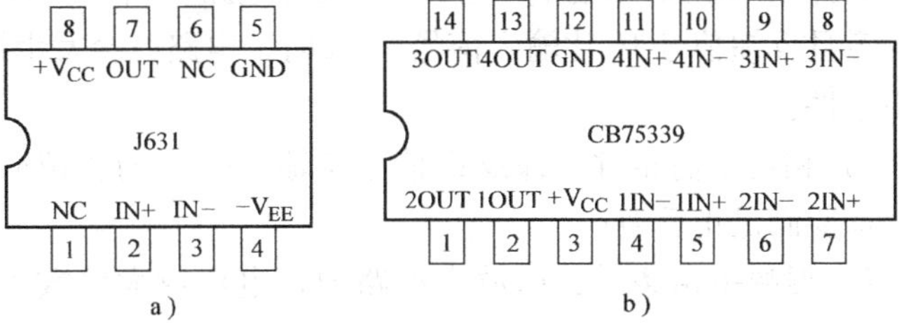

图 9-15 常用电压比较器引脚图

【例 9-6】 试求图 9-16a 所示电压比较器的上、下限电压，并画出它的传输特性。

解 由电路可知，当反相输入端电压低于同相输入端电压时，输出电压为被双向稳压管钳位的高电平 ±6V，此时同相输入端电压即为上限电压

$$U_{TH} = \frac{6}{30 + 10} \times 10V = +1.5V$$

故当 $U_i > +1.5V$ 时，输出电压由高电平 +6V 跳变为被双向稳压管钳位的低电平 -6V，同相输入端电压跳变为下限电压

$$U_{TL} = \frac{-6}{30 + 10} \times 10V = -1.5V$$

因此当反相输入端电压 $U_i < +1.5V$ 时，输出电压由低电平 -6V 跳变为高电平 +6V。电压传输特性如图 9-16b 所示。

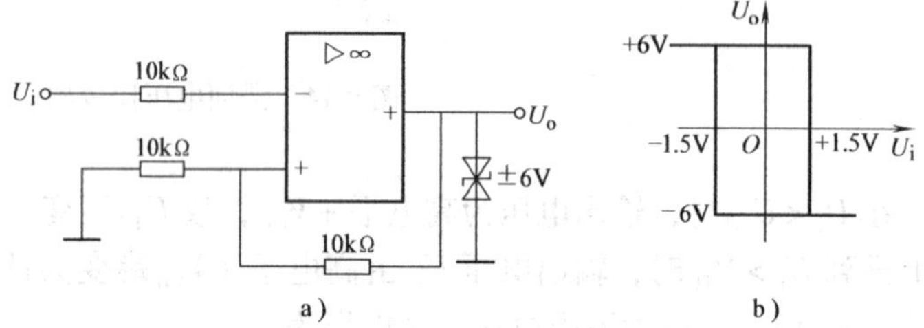

图 9-16　例 9-6 的电路图和传输特性

【思考题 9-3】

（1）电压比较电路中的集成运算放大器工作在什么状态？它的输出有哪两个状态？

（2）不论哪种电压比较器均可采用同相输入和反相输入两种接法，若希望 u_i 足够高时输出电平为低电平，则应采用什么输入接法？若希望 u_i 足够低时输出电平为低电平，则应采用什么输入接法？

9.4　振荡电路

振荡电路在测量、自动控制、通信、无线电广播和遥控等许多技术中得到广泛的应用。振荡电路是在无信号输入时，自动产生周期信号的电路。它根据产生波形的不同有正弦波振荡、方波振荡和三角波振荡等电路。根据反馈电路中的元件不同，有 *LC* 振荡器、*RC* 振荡器和晶体振荡器等。

9.4.1　振荡电路原理

图 9-17 是构成振荡电路的框图。图中 A 是放大电路，对输入信号起放大作用，F 是由反馈元件组成的反馈电路，组成一个闭环电路。当反馈信号 U_f 与输入信号 U_i 同相，即相位差为零且反馈信号 U_f 比输入信号 U_i 大时，电路就会发生振荡，为此一个振荡电路必须满足如下条件：

1）相位平衡条件，即反馈信号与输入信号的相位应同相位，即要满足正反馈；

2）振幅平衡条件，即放大电路闭环电压放大倍数大于或等于 1。

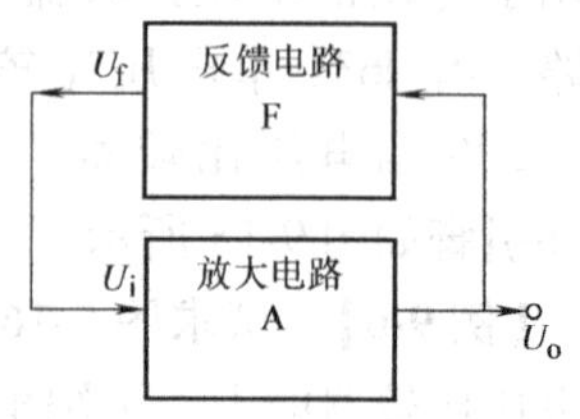

图 9-17　振荡电路的框图

当振荡电路要产生某一特定频率的正弦波电压时，在振荡电路中还必须有一个选择该频率的电路，称选频网络。

采用运算放大器组成的振荡电路，在频率不超过几百 kHz 时，常采用由 *RC* 构成的振荡电路。

9.4.2 RC 正弦波振荡电路

RC 正弦波振荡电路有移相式和文氏电桥式振荡电路，常见的是 RC 文氏电桥式正弦波振荡电路。它主要采用 RC 串并联电路作为选频和反馈电路。因此先了解 RC 串并联电路的特性，再分析 RC 文氏电桥式正弦波振荡电路。

1. RC 串并联电路的选频特性

图 9-18 为一个 RC 串并联电路，它由电阻 R_1 和电容 C_1 相串联电路与电阻 R_2 与电容 C_2 并联电路的组合所组成。假定电路的输入电压 u_o 为幅值恒定、频率可调的正弦信号。

当输入信号 u_o 的频率 f 足够低时，因 $1/\omega C_1 >> R_1$，$1/\omega C_2 >> R_2$，故可得到低频等效电路和相量图，如图 9-19a、b 所示。可见 $\dot{U}_f$ 超前 $\dot{U}_o$ 接近 90°，且 $\dot{U}_f$ 很低。随着 $\dot{U}_o$ 频率的逐渐增高，$\dot{U}_f$ 逐渐增高，且 $\dot{U}_f$ 超前 $\dot{U}_o$ 的角度逐渐减小。

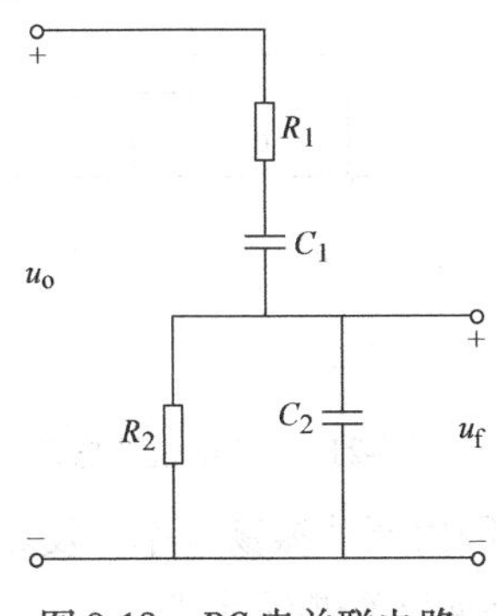

图 9-18 RC 串并联电路

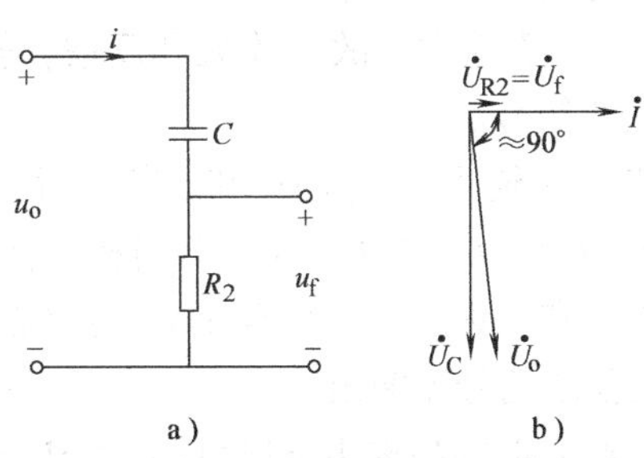

图 9-19 RC 串并联电路的低频等效电路

当输入信号 u_o 的频率 f 足够高时，因 $1/\omega C_1 << R_1$，$1/\omega C_2 << R_2$，故可得到高频等效电路和相量图，如图 9-20a、b 所示。可见 $\dot{U}_f$ 滞后 $\dot{U}_o$ 接近 90°，且 $\dot{U}_f$ 仍很低。随着 $\dot{U}_o$ 频率的逐渐降低，$\dot{U}_f$ 逐渐增高，且 $\dot{U}_f$ 滞后 $\dot{U}_o$ 的角度逐渐减小。

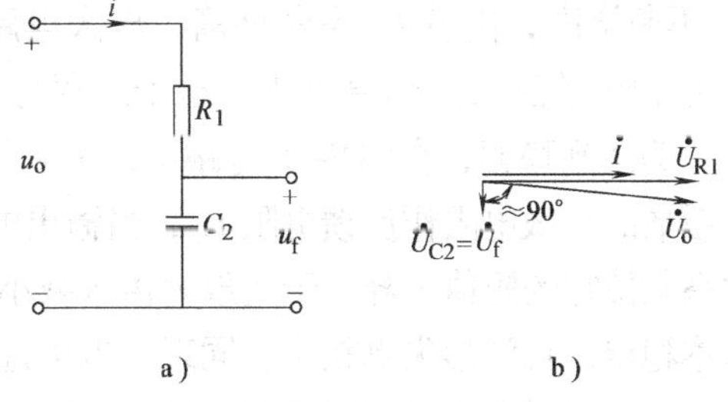

图 9-20 RC 串并联电路的高频等效电路

当输入信号 u_o 的频率 f 由 0 ~ ∞ 时，$\dot{U}_f$ 由比 $\dot{U}_o$ 超前 90°连续变化到滞后 90°，其中必有一个频率（设它为 f_o）为 $\dot{U}_f$ 与 $\dot{U}_o$ 同相位，即 $\dot{U}_f$ 与 $\dot{U}_o$ 相位差等于零，且 $\dot{U}_f$ 值最高。它对应的频率由理论分析得

$$f_o = \frac{1}{2\pi\sqrt{R_1 C_1 R_2 C_2}}$$

为了简便，通常取 $R_1 = R_2 = R$，$C_1 = C_2 = C$，此时上式化简为

$$f_o = \frac{1}{2\pi RC} \tag{9-18}$$

此时 $\dot{U}_f$ 与 $\dot{U}_o$ 的有效值关系为

$$\frac{\dot{U}_f}{\dot{U}_o}=\frac{1}{3} \tag{9-19}$$

2. *RC* 正弦波振荡电路

图 9-21 所示电路为 *RC* 正弦波振荡电路。图中放大电路由运算放大器组成，反馈电路由具有选频特性的 *RC* 串并联电路组成。由于反馈电路在 $f=f_o$ 时，其输出电压 U_F 与输入电压 U_o 同相位，为满足相位条件，把 *RC* 串并联电路的输出电压 U_F 接到运算放大器的同相输入端；为满足振幅条件，因 $f=f_o$ 时，$U_f/U_o=1/3$，必须使运算放大器的放大倍数 $A_{uf}\geqslant 3$，从而组成了同相比例放大电路。

当从 IN + 输入 $f=f_o$ 的正弦波信号 U_i 时，经同相比例放大和正反馈，放大后的 $f=f_o$ 的输出信号 $U_o>U_i$，且同相位。由于反馈电路是具有选频特性的 *RC* 串并联电路，对 $f=f_o$ 的反馈信号 U_F 与 U_o 同相位，且 $U_F=U_o/3$ 最大，故再放大和反馈，输出一个很大的正弦波信号。

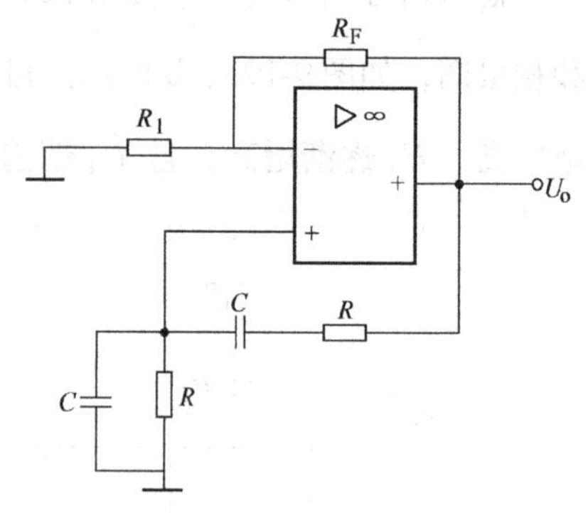

图 9-21　*RC* 正弦波振荡电路

当 IN + 输入 $f\neq f_o$ 的正弦波信号时，*RC* 串并联电路对 $f\neq f_o$ 的 U_F 与 U_o 不仅不同相，而且 $U_F>>U_i$，经再放大和反馈后，输出电压 U_o 越来越小，故对 $f\neq f_o$ 的正弦波信号无输出。

电路的振荡频率由反馈电路进行计算，为能在一定范围内调节振荡频率，反馈电路中的电阻 *R* 常采用可调电阻器，电容 *C* 采用不同的电容量用转换开关进行调节。

然而，$f=f_o$ 的信号电压 U_o 是从很微弱开始逐渐增高，当增高到一定值时，必然会进入运算放大器的非线性区，无法得到正弦波信号。因此一开始，放大倍数 A_{uf} 必须大于 3，使 U_o 不断增高，随着 U_o 不断增高，放大电路的 A_{uf} 必须由大于 3 逐渐降低到等于 3。从而得到 $f=f_o$ 稳定的正弦波信号电压，这个过程称为稳幅。

为达到稳幅，在图 9-21 电路中，常采用改变 R_F/R_1 的比值来实现稳幅。例如，选择负温度系数的热敏电阻作反馈电阻 R_F，当输出电压增加使 R_F 的功耗增大，它的温度上升，其负温度系数使它的阻值下降，于是放大倍数减小，使输出电压下降。如果参数合适，可使输出电压基本稳定，且波形失真较小。同理，也可选择正温度系数的热敏电阻作电阻 R_1，实现稳幅。

该正弦波振荡电路由于采用了运算放大器，故最高振荡频率一般为 10 ~ 100kHz。如果要提高振荡频率则需采用 *LC*、晶体正弦波振荡电路。

【例 9-7】 已知图 9-21 所示电路中，$R=10\sim100\text{k}\Omega$，$C=0.1\mu\text{F}$，$R_F=20\text{k}\Omega$。试求：

（1）该振荡电路的频率范围？

（2）为输出较理想的正弦波电压，R_1 应如何选择。

解　振荡电路的频率范围可由式（9-17）得

下限频率为

$$f_{o1}=\frac{1}{2\pi RC}=\frac{1}{2\times3.14\times10\times10^3\times0.1\times10^{-6}}\text{Hz}=159\text{Hz}$$

上限频率为

$$f_{o2}=\frac{1}{2\pi RC}=\frac{1}{2\times3.14\times100\times10^{3}\times0.1\times10^{-6}}\text{Hz}=1.59\text{Hz}$$

电路 R_1 由同相比例运算的放大倍数为 3 求得

$$A_{uf}=1+\frac{R_F}{R_1}$$

故
$$R_1=\frac{R_F}{A_{uf}-1}=\frac{20}{3-1}\text{k}\Omega=10\text{k}\Omega$$

为了达到稳幅作用，R_1 应取 9.1kΩ 具有正温度系数的热敏电阻。

9.4.3　方波振荡电路

方波振荡电路由滞回电压比较器和 RC 充放电电路组成。

1. *RC* 充放电电路

图 9-22 是 RC 串联电路加上跃变电压时的充放电电路图。

（1）充电过程

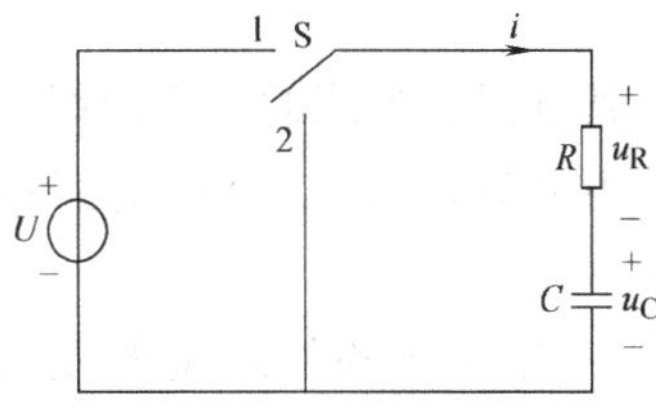

图 9-22　RC 充放电电路

开关 S 在 2 位置时，电容 C 的电压经过电阻 R 放电后，电容 C 的电压 $u_C=0$。开关 S 由 2 转换到 1 位置时，RC 串联电路与一个恒定电压为 U 的电压源接通，如图 9-23a所示，由于电容 C 的电压不能跃变，即 $u_C=0$V，C 相当于短路，电阻电压 $u_R=U$，电路中电流 $i=U/R$ 达最大。随后 u_C 由 0V 开始上升，u_R 由 U 开始下降，电流 i 由 U/R 开始减小。直到 u_C 上升到 U，u_R 下降为 0V，i 减小为 0 为止。此整个过程称电容器的充电过程，简称充电。

上述变化过程由基尔霍夫电压定律得

$$U=u_R+u_C=Ri+u_C \tag{9-20}$$

由理论分析可得：

电容元件 C 电压的变化为

$$u_R=U(1-e^{-\frac{t}{\tau}}) \tag{9-21}$$

充电电路中电流的变化为

$$i=\frac{U}{R}e^{-\frac{t}{\tau}} \tag{9-22}$$

电阻元件 R 电压的变化为

$$u_R=Ue^{-\frac{t}{\tau}} \tag{9-23}$$

式中　τ——电路的时间常数（s），$\tau=RC$。

RC 充电电路在开关换接电路后，电压、电流的变化曲线如图 9-23b 所示。

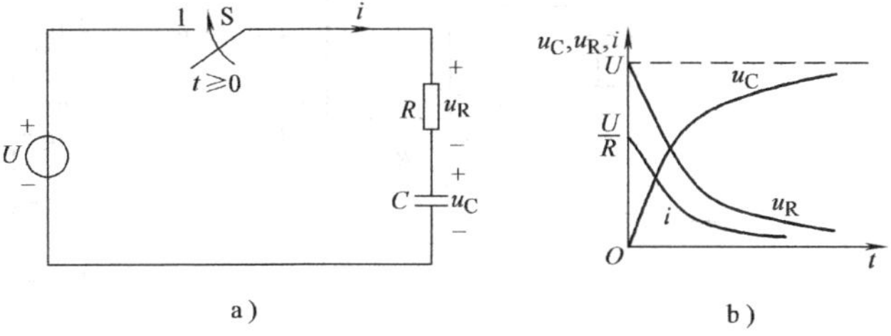

图 9-23　RC 充电等效电路和电压、电流的变化曲线

（2）放电过程

电容电压 u_C 到达 U 后，再将开关 S 由 1 合到 2 位置，使 RC 串联电路脱离电源并短路，

如图 9-24a 所示。由于电容已储有能量，但因电容 C 的电压不能跃变，$u_C = U$。电容 C 的电压全部加在电阻两端，$u_R = -U$，电路中电流 $i = -U/R$；随后 u_C 由 U 开始下降，u_R 由 $-U$ 开始下降，电流 i 由 $-U/R$ 开始减小。直到 u_C 下降到 0V 时，u_R 下降为 0V，i 减小为 0 为止。此整个过程称电容器的放电过程，简称放电。

上述变化过程由基尔霍夫电压定律得

$$0 = u_R + u_C = Ri + u_C \tag{9-24}$$

由理论分析可得：

电容元件 C 的电压

$$u_C = Ue^{-\frac{t}{\tau}} \tag{9-25}$$

放电电路中的电流

$$i = -\frac{U}{R}e^{-\frac{t}{\tau}} \tag{9-26}$$

电阻元件 R 的电压

$$u_R = -Ue^{-\frac{t}{\tau}} \tag{9-27}$$

其电压、电流的变化曲线如图 9-24b 所示。

由上分析可见，RC 电路中电压和电流的变化为：

1）电路中各物理量的变化规律都按指数规律变化；

2）各物理量变化的快慢由充电电路和放电电路的时间常数 $\tau = RC$ 决定。

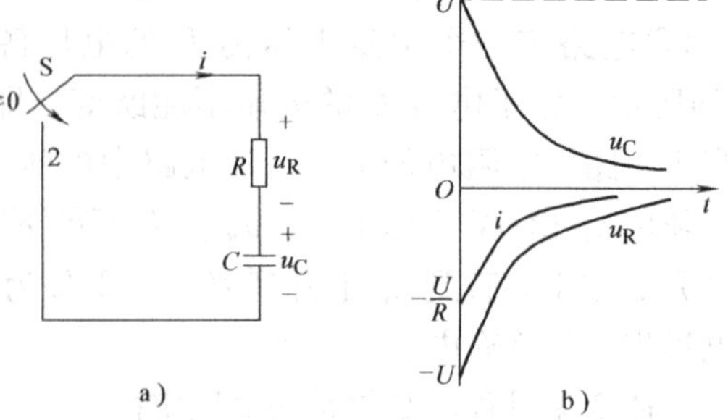

图 9-24　RC 放电等效电路和电压、电流的变化曲线

2. 方波振荡电路

应用滞回电压比较器（施密特电路），可以产生方波输出电压。图 9-25a 是方波振荡电路。与滞回电压比较器不同的是在反相输入端与输出端之间接电阻 R，在反相输入端与地之间接电容 C。

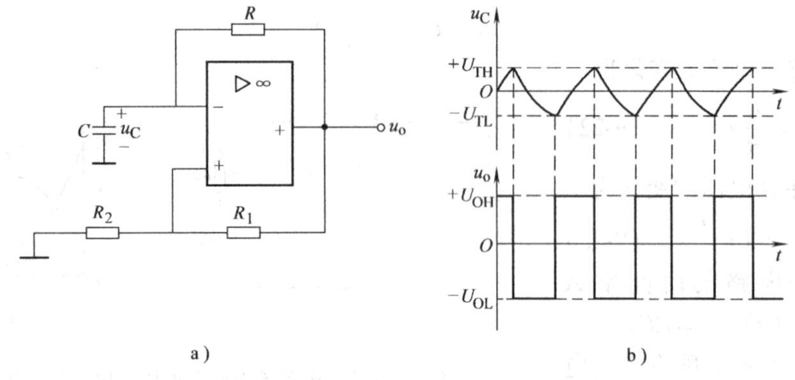

图 9-25　方波振荡电路

设电路的输出电压 u_o 为高电平 $+V_{OH}$，则由滞回电压比较器可知，同相输入端的电压上限电压 U_{TH} 为

$$U_{TH} = \frac{+V_{OH}}{R_1 + R_2}R_2 \quad (9\text{-}28)$$

此时 $+V_{OH}$ 经电阻 R 对电容 C 充电，由于电容电压 u_C 不能跃变，u_C 从 0V 开始逐渐升高，随着时间的增加，u_C 升高到 $u_C > U_{TH}$ 时，输出电压 u_o 由 $+V_{OH}$ 跳变为低电平 $-V_{OL}$，此 $-V_{OL}$ 又使同相输入端电压变为下限电压 U_{TL}

$$U_{TL} = \frac{-V_{OL}}{R_1 + R_2}R_2 \quad (9\text{-}29)$$

由于 u_o 跃变为 $-V_{OL}$，原来充电的电容 C，经电阻 R 向输出端放电，并反向充电，电容 C 的电压极性由正值下降到 $u_C < -U_{TL}$ 时，u_o 从 $-U_{TL}$ 跳变为 $+V_{OH}$ 高电平，电容 C 又进行充电，如此循环在输出端输出一个方波的电压，波形如图 4-25b 所示。

该振荡电路的频率由电路的时间常数 $\tau = RC$ 来决定。当 τ 值越大时，则电容 C 充放电的时间越长，振荡频率越低；反之，τ 值越小，振荡频率越高。

【思考题 9-4】

（1）正弦波振荡电路有哪几部分组成？而方波振荡电路又有哪几部分组成？

（2）试说明产生自激振荡必须满足哪些条件？

9.5 实训 14 用运算放大器构成的运算电路

1. 实训目的

1）了解集成运算放大器的外形及各引脚的功能。

2）学习应用运算放大器组成比例、加法、减法等基本运算电路的方法和技能。

3）学习查阅电子手册的方法。

4）学会正确使用集成运算放大器的方法。

2. 运算放大电路原理

运算放大器是构成各种数学运算器的基础，也是构成许多自动控制系统和测量装置的基础单元。目前应用的运算放大器都是各种规格、型号的集成电路，它是实用性最强的电子器件之一。

根据运算放大器开环放大倍数 A_{uo} 很大（一般 $10^2 \sim 10^6$），及输入电阻 r_{id} 很高（一般为数十兆欧）的特性，可推出在线性区工作的两条重要的结论：

$$U_+ \approx U_-$$

$$I_i = 0$$

由此可得到各运算电路的运算关系式：

1）反相比例运算电路

$$U_o = -\frac{R_F}{R_1}U_i$$

2）同相比例运算电路

$$U_o = 1 + \frac{R_F}{R_1}U_i$$

3）反相加法运算电路

$$U_o = -\left(\frac{R_F}{R_{11}}U_{i1} + \frac{R_F}{R_{12}}U_{i2}\right)$$

4）减法运算电路

$$U_o = \left(1+\frac{R_F}{R_1}\right)\frac{R_3}{R_2+R_3}U_{i1} - \frac{R_F}{R_1}U_{i2}$$

3. 实训仪器及设备

1）直流稳压电源（双路输出）1台。

2）模拟电子电路实训板1块。

3）万用表1只。

4）μA741集成电路1块。

5）电子元器件若干。

4. 实训内容及步骤

μA741各引脚功能及其引脚排列如图9-26a、b所示。

（1）反相比例运算实训电路

按图9-27接好实训电路，从反相输入端分别输入 $U_i=1V$、$U_i=-3V$ 的直流电压，测量并计算输出电压 U_o，记入表9-1中。

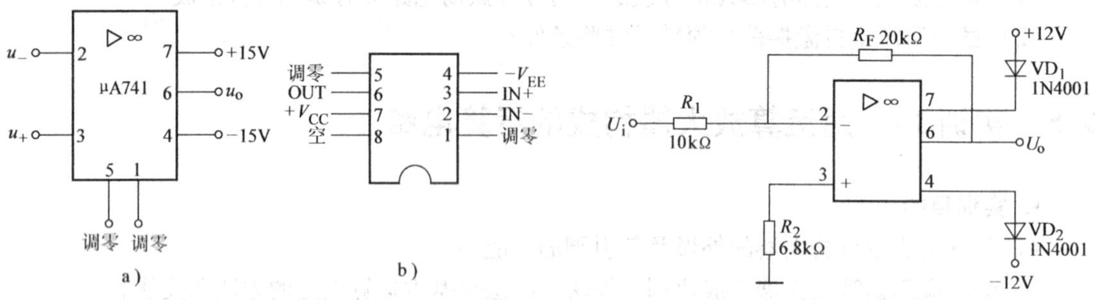

图9-26　μA741引脚功能及其引脚排列图　　　　图9-27　反相比例运算实训电路

表9-1　反相比例运算

电路参数	U_i/V	测量值 U_o/V	计算值 U_o/V
$R_1=10k\Omega$ $R_2=6.8k\Omega$ $R_F=20k\Omega$	$U_i=1$		
	$U_i=-3$		

（2）反相加法运算实训电路

按图9-28接好线路，接通电源，按图9-28要求，同时输入 $U_{i1}=1V$、$U_{i2}=-2V$ 的直流电压，用万用表测量相应的输出电压 U_o，并进行计算，记入表9-2中。

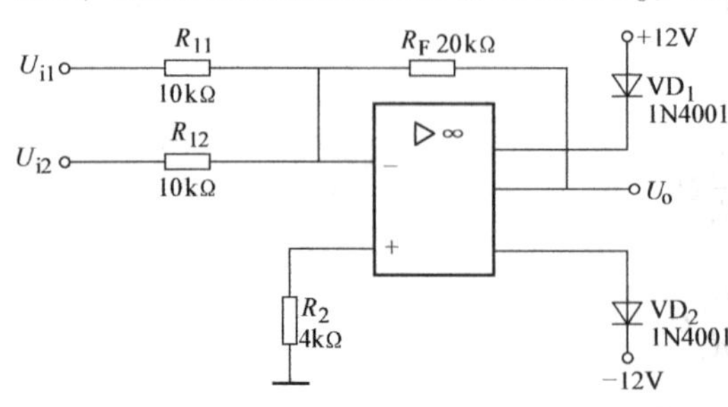

图9-28　反相加法运算实训电路

表9-2　反相加法运算

电路参数	U_i/V	测量值 U_o/V	计算值 U_o/V
$R_{11}=R_{12}=10k\Omega$ $R_2=4k\Omega$ $R_F=20k\Omega$	$U_{i1}=1$ $U_{i2}=-2$		

（3）同相比例运算实训电路

按图 9-29 接好电路，在同相输入端分别输入 $U_i = 1\text{V}$、$U_i = -3\text{V}$ 的直流电压，测量和计算相对应的输出电压 U_o，记入表 9-3 中。

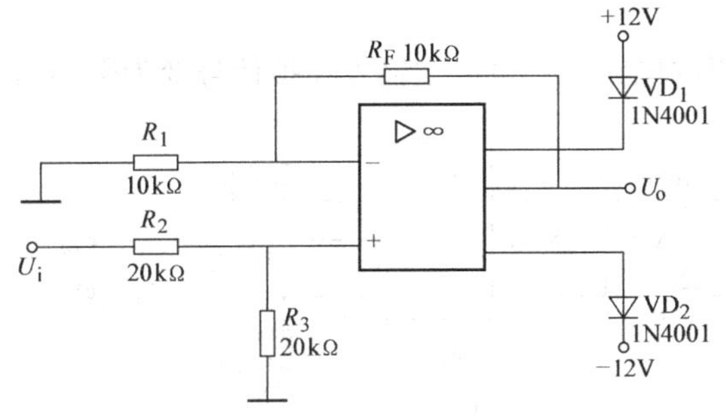

图 9-29　同相比例运算实训电路

表 9-3　反相比例运算

电 路 参 数	U_i/V	测量值 U_o/V	计算值 U_o/V
$R_1 = R_F = 10\text{k}\Omega$	$U_i = 1$		
$R_2 = R_3 = 20\text{k}\Omega$	$U_i = -3$		

（4）减法运算电路

按图 9-30 所示连接好电路，从反相端输入电压 $U_{i1} = 1\text{V}$，从同相端输入电压 $U_{i2} = 3\text{V}$，测量并计算相应的输出电压 U_o，记入表 9-4 中。

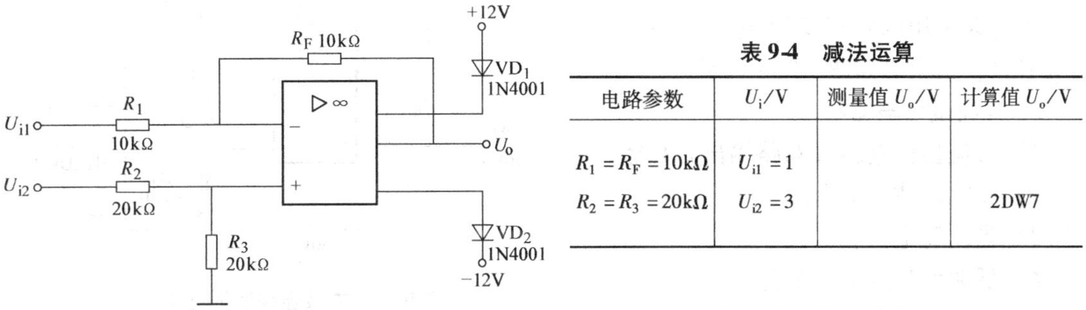

表 9-4　减法运算

电路参数	U_i/V	测量值 U_o/V	计算值 U_o/V
$R_1 = R_F = 10\text{k}\Omega$	$U_{i1} = 1$		
$R_2 = R_3 = 20\text{k}\Omega$	$U_{i2} = 3$		2DW7

图 9-30　减法运算实训电路

5. 注意事项

1）为保证运算精度，运算电路中应采用精密电阻，碳膜电阻的电阻值以实测为准。

2）在实训过程中，为既可靠又方便的取得信号源电压，故采用从信号源电压中进行分压，获得所需输入各信号。

3）拆接元件时必须切断电源，不可带电操作。

6. 分析与思考

1）在反相比例运算电路中，为什么测量输入电压的大小与运算放大器接入与否有关?

2）试分析反相比例运算与同相比例运算输出电压与输入电压的关系。

3）为什么在运算放大器的正负电源输入端接入两个二极管 VD_1、VD_2?

9.6　实训 15　由运算放大器构成的电压比较电路

1. 实训目的

1）熟悉集成运算放大器的外形结构及各引线的功能。

2）学习应用集成运算放大器组成的滞回电压比较器接线和方法。

3）学习应用滞回电压比较器组成方波振荡电路的方法。

4）掌握常用电子测量仪器的使用。

2. 实训电路和原理

电压比较器是用来比较输入电压和参考电压的电路。它可以把输入模拟信号变为数字信号。该电路的工作特点是运算放大器工作开环放大状态，即在非线性区工作。当加到反相输入端的电压比加到同相输入端的电压高时输出低电平；反之，当加到反相输入端的电压比加到同相输入端的电压低时输出高电平。

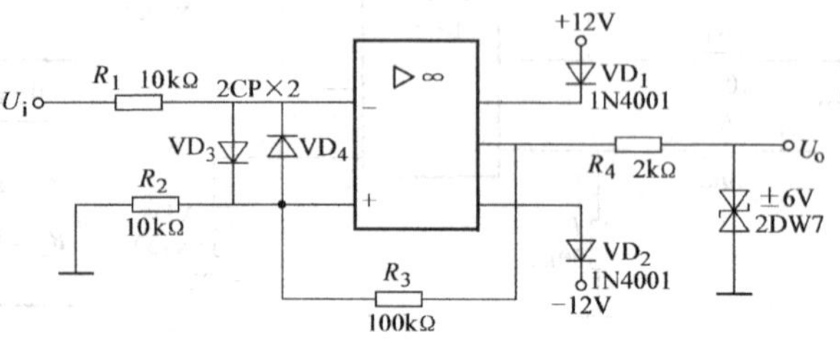

图 9-31　滞回电压比较器实训电路

（1）滞回电压比较电路

电路如图 9-31 所示。

（2）方波振荡电路

实训电路如图 9-32 所示。

本实训采用的集成运算放大电路仍采用 μA741，其引脚如图 9-25a 所示。

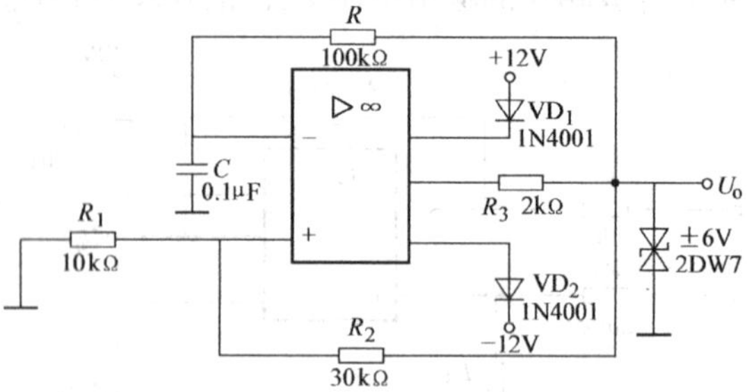

图 9-32　方波振荡实训电路

3. 实训设备与器材

1）直流稳压电源（双路输出）1 台。

2）双踪示波器 1 台。

3）晶体管毫伏表 1 台。

4）低频信号发生器 1 台。

5）模拟电子电路实训板 1 块。

4. 实训内容

（1）滞回电压比较器

1）将各元器件和导线等按图 9-31 所示电路连接好并检查。

2）按图 9-33 所示电路连接好各仪器。

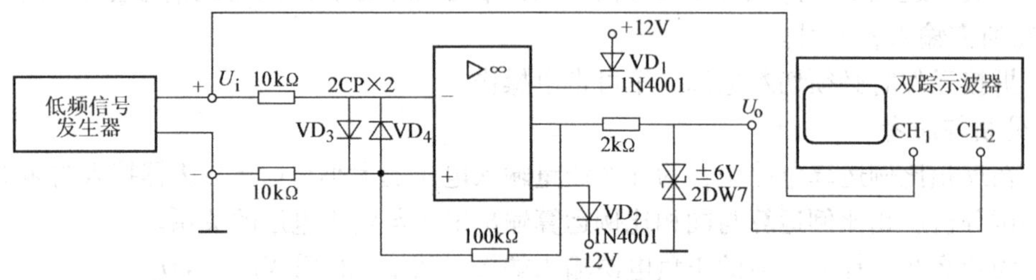

图 9-33　滞回电压比较器的测试电路

3）将低频信号发生器的输出频率调整为 1kHz，电压为 2V，输出波形为三角波。

4）检查电路无误后，接上直流稳压电源、低频信号发生器和双踪示波器的电源。在输入端和输出端观察双踪示波器的波形，并画在表 9-5 中。

5）将低频信号发生器的输出电压逐渐降低，注意观察输出电压波形的变化。判断输入电压的上限电压和下限电压值。

（2）方波振荡器

1）将各元器件和导线等按图 9-32 所示电路连接好并检查。

2）在图 9-32 所示电路的输出端连接上双踪示波器。

3）接上直流稳压电源和双踪示波器的电源。在输出端观察双踪示波器的波形，画在图 9-34中。

表 9-5　电压比较器输入与输出波形

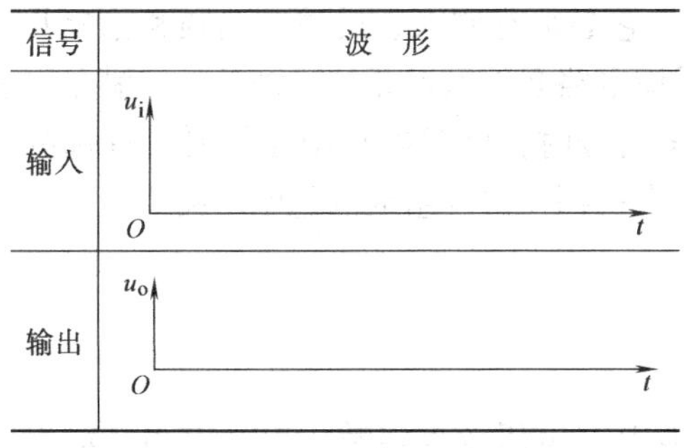

信号	波　形
输入	u_i, O, t
输出	u_o, O, t

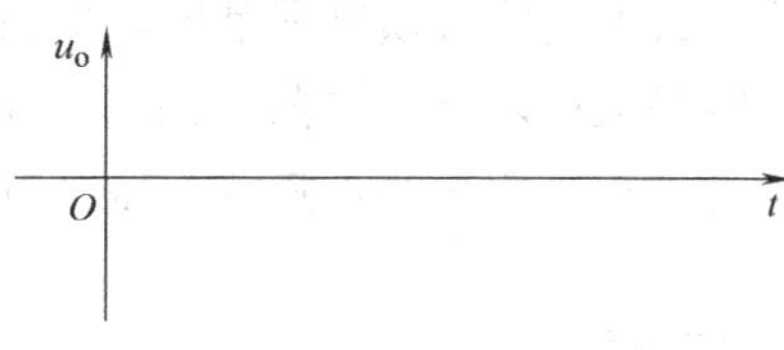

图 9-34　方波振荡电路的输出电压波

5. 注意事项

1）拆接元器件时必须切断电源，不可带电操作。

2）在实训过程中，要正确使用各种仪器。

6. 分析与思考

1）图 9-31 所示电路中，当在同相输入端 10kΩ 接地端改接入一正电压或负电压时，输入信号电压与输出电压之间有什么不同？

2）图 9-31 所示电路中，为什么要在反相输入端串入一个电阻 R_1？

3）图 9-31 和图 9-32 所示电路中，为什么在输出端接上一个 ±6V 的双向稳压管，并串入一个 2kΩ 的电阻？

4）在图 9-31 所示电路中的两个输入端之间，为什么要并联上两个正反向连接的二极管 VD_3、VD_4？而在图 9-32 电路中却不接入这两个二极管？

9.7　小结

1）集成运算放大器由输入级、中间放大级和输出级组成。

2）集成运算放大器在闭环运行时，工作在线性区，其特点为：

①输入电压相等，即 $u_+ \approx u_-$；

②输入电流为零，即 $I_i = 0$。

3）集成运算放大器在开环运行时，工作在非线性区，其特点为：

① 当反相输入端电压高于同相输入端电压时，输出低电平 $-V_{OL}$；

② 当反相输入端电压低于同相输入端电压时，输出高电平 $+V_{OH}$。

4）集成运算放大器在加很深负反馈工作时，可以作比例、加减等运算。

反相比例运算时的电压放大倍数为

$$A_{uF}=-\frac{R_F}{R_1}$$

同相比例运算时的电压放大倍数为

$$A_{uF}=1+\frac{R_F}{R_1}$$

但集成运算放大器工作时应注意输出电压不允许超过输出电压的峰-峰值。

5）集成运算放大器在开环运行或正反馈时，可以作电压比较电路使用。它在检测、模拟信号与数字信号的连接和信号的变换中应用很广。

6）集成运算放大器可作信号产生的振荡电路，它必须有放大、反馈、选频和稳幅几部分组成。放大电路必须要满足振幅平衡条件，而反馈电路必须满足相位平衡条件。满足以上条件，电路就可以产生振荡。当要产生正弦波振荡信号时，反馈电路中还需要具有选频特性。为得到失真较小的正弦波，振荡电路中还必须有稳幅元器件组成的稳幅电路。

9.8 习题

1. 运算放大器的主要组成是怎样的？它在性能上（电压放大倍数、输入电阻、输出电阻以及线性工作时）有哪些重要的特点？

2. 图 9-35 所示反相比例运算电路中，既然 $U_-\approx0$，那么将该反相输入端真正接地能否正常工作？$I_-=0$，那么将该反相输入端引线断开能否正常工作？为什么？

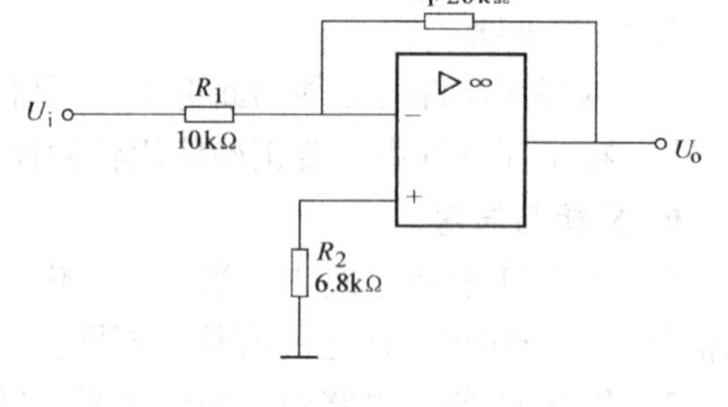

图 9-35　习题 2 电路

3. 一铜-康铜热电偶将温度变为电压的温度传感器，它有两个端钮，当铜-康铜热电偶的两个端钮有 1℃的温度差时，便在该热电偶两端产生 40μV 左右的电位差，即电压。试画出一个温度差为 10℃时、输出电压为 40mV 的反相比例运算电路，并求当 $R_1=10\text{k}\Omega$ 时 R_F 的电阻值。

4. 一硅光电池当光照射到硅光电池时，它产生 0.6V 的电压；当无光照射时，电压为 0V。试画出一个用同相比例运算电路组成一输出电压为 6V 的测量电路，并求当 $R_F=91\text{k}\Omega$ 时 R_1 的电阻值。

5. 图 9-36 所示为减法运算电路，已知 $U_{i1}=-1\text{V}$，$U_{i2}=2\text{V}$，$U_{i3}=-4\text{V}$，$U_{i4}=4\text{V}$。求输出电压 U_o。

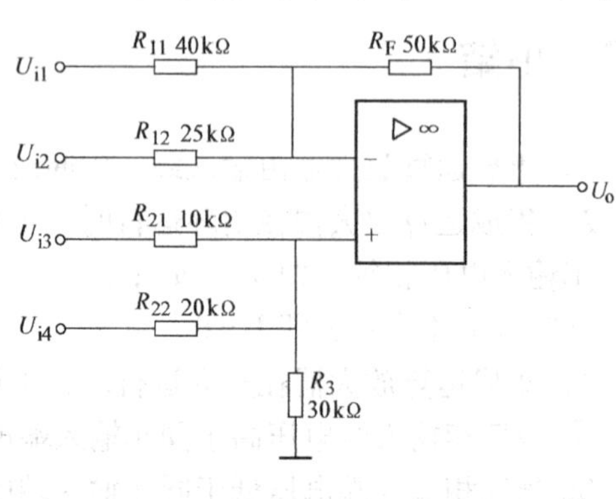

图 9-36　习题 5 电路

6. 一个控制系统的输出电压 U_o 与温度信号 U_{i1}、流量信号 U_{i2}、压力信号 U_{i3} 的关系为

$$U_o=-4U_{i1}-8U_{i2}-U_{i3}$$

试确定反相加法运算电路中各输入电阻 R_{11}、R_{12}、R_{13} 的阻值。（设反馈电阻 $R_F=200\text{k}\Omega$）

7. 图 9-37 所示是应用运算放大器测量电

压的原理电路，共有 10V、50V、100V、250V、500V 五种量程，输出端接有满量程 5V、500μA 的电压表。试计算电阻 $R_{11} \sim R_{15}$的阻值。

8. 图 9-38 所示是应用运算放大器测量电阻的原理电路，输出端接有满量程 5V、500μA 的电压表。当电压表指示为 4V 时，试计算被测电阻 R_F 的电阻值。

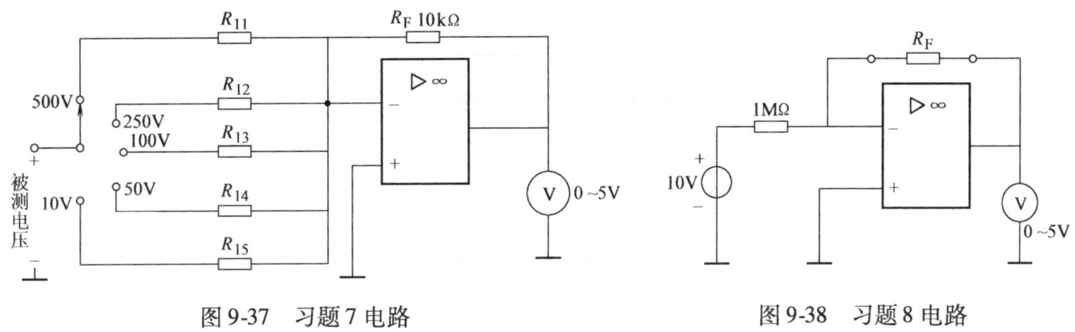

图 9-37　习题 7 电路　　图 9-38　习题 8 电路

9. 图 9-39 所示是应用运算放大器测量电流的原理电路，共有 5mA、500μA、100μA、50μA、10μA 五种量程，输出端接有满量程 5V、500μA 的电压表。试计算电阻 $R_{F1} \sim R_{F5}$的阻值。

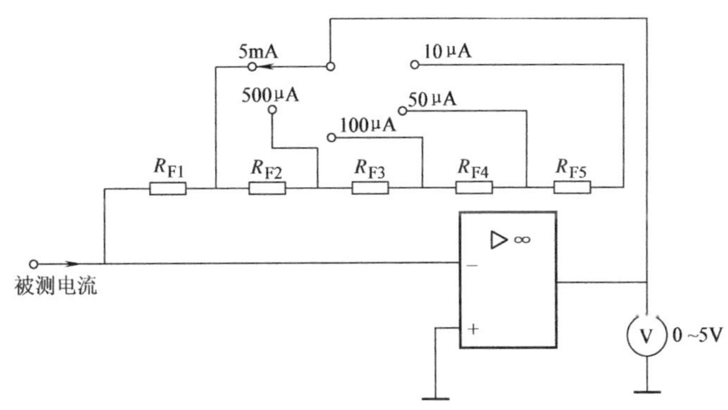

图 9-39　习题 9 电路

10. 试求图 9-40 所示电路中电压比较器的上下限电压，并画出它的传输特性。

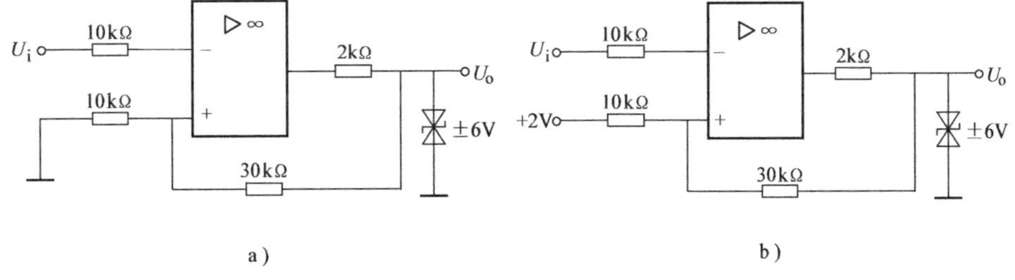

图 9-40　习题 10 电路

11. 图 9-41 所示电路中，已知 $R = 5 \sim 50\text{k}\Omega$，$C = 1\mu\text{F}$。试求：

（1）振荡电路的频率范围？

（2）当电路中 $R_1=10\text{k}\Omega$，为输出较理想的正弦波电压，应选择怎样的 R_F。

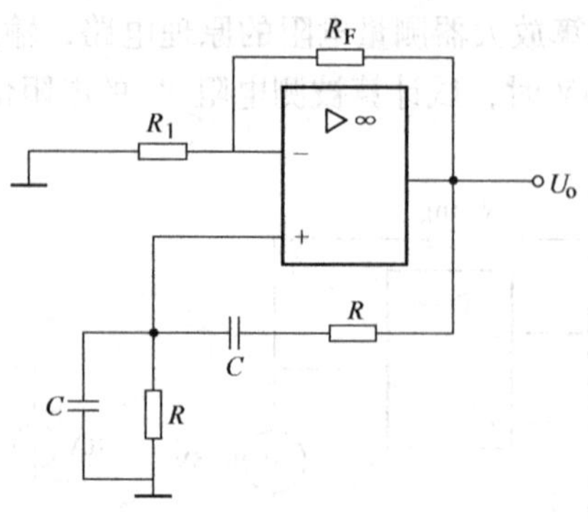

图 9-41　习题 11 电路

第 10 章　门电路和组合逻辑电路

本章要点

- 基本门电路的逻辑关系
- OC 门、三态门的逻辑关系和应用
- 集成组合逻辑电路（编码器、译码器、加法器、数据选择器、数值比较器）的逻辑关系及应用

10.1　概述

数字电子电路传输的信号是脉冲信号，它的信号是一种跃变的电压或电流信号，且持续时间极为短暂。在传输中的输出信号与输入信号波形的种类很多，如矩形波、尖顶波、锯齿波、梯形波等。在图 10-1 所示的矩形脉冲中，A 称为脉冲幅度，t_p 称为脉冲宽度，T 称为脉冲重复周期，每秒交变周数 f 称为脉冲重复频率，脉冲宽度 t_p 与脉冲周期 T 之比称为占空比。脉冲由低电平跃变为高电平的一边称为脉冲的上升沿，脉冲由低电平跃变为高电平的一边称为脉冲的下降沿。

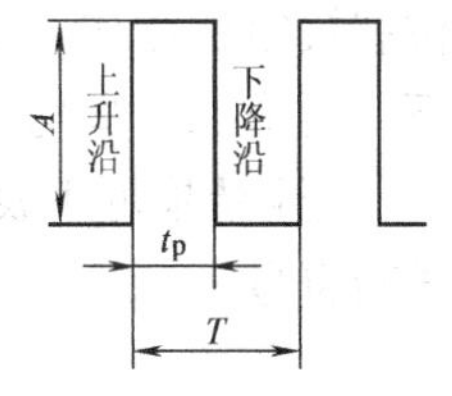

图 10-1　矩形脉冲

产生、变换、传送、控制、记忆、计数和运算等脉冲信号的电路，称脉冲电路。因电路中输出信号与输入信号之间具有一定的逻辑关系，故也称逻辑电路。

在数字电路中的信号通常用最简单的数字“1”与“0”表示，这两个数字可以用脉冲的“有”与“无”，高电平“H”与低电平“L”来代表，从而把脉冲和数字联系在一起。若规定：以“1”表示高电平“H”，以“0”表示低电平“L”，称这种规定为正逻辑。反之，若规定：以“0”表示高电平“H”，以“1”表示低电平“L”，称为负逻辑。本书均采用正逻辑。

数字电路和模拟电路都是电子技术的基础，二者的工作状态不同，数字电路是利用电子器件工作在非线性区的特性所形成的电子电路。例如，晶体管工作在截止和饱和两种状态，时而从截止跃变到饱和，时而又从饱和跃变到截止，所以数字电路又称开关电路。

数字电路中的信号是靠脉冲的有无、宽度、频率来表达的，各种干扰与噪声，只对脉冲的幅度有一定影响，一般不至于影响脉冲的有无。使数字电路具有精度高、速度快、抗干扰能力强等优点，因此在自动控制、计算机技术、雷达、电视、遥测遥控等许多方面获得日益广泛的应用。

数字电路研究的重点是单元电路之间信号的逻辑关系，而不是脉冲的波形，因此，数字电路中具有脉冲形式的信号，常称为数字信号。数字信号反映了一些离散、不连续的量，称为数字量或数字数据。而在模拟放大电路中处理的交、直流信号，反映了连续的量，称为模拟量或模拟数据。

10.2 门电路

门电路是数字电路中最基本的单元电路，它的输入信号与输出信号之间存在一定的逻辑关系，故称为逻辑电路。逻辑是指输入与输出具有一定的因果关系。而门电路在满足一定条件时，允许信号通过，否则就不能通过，起着“门”的作用，故常称为逻辑门电路。

门电路可以用二极管、晶体管等分立元器件组成，也可以用集成电路实现。当用集成电路实现时，称集成门电路。

10.2.1 基本门电路

基本的门电路有“与”门、“或”门、“非”门等。

1. “与”门电路

“与”门的逻辑关系是：只有当每个输入端都有规定的信号输入时，输出端才有规定的信号输出。图 10-2a 是用二极管组成的“与”门电路。不难分析，只要 A，B 两个输入端至少有一个为 0V 的低电平“0”时，就至少有一个二极管 VD_1 或 VD_2 优先导通，输出端 Y 点电位就被钳位在 0V，即输出为低电平“0”；只有当两个输入端都为 3V 的高电平“1”的条件下，两个二极管均同时导通，则两个二极管正极电位为 3V，故 Y 点输出为 3V 高电平“1”。上述结果可用表 10-1 表示，称为逻辑状态表或逻辑真值表。图 10-2b 是“与”门电路的逻辑符号。

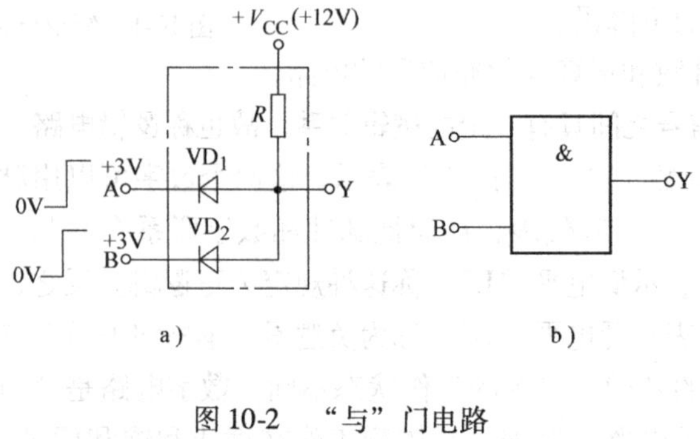

图 10-2 “与”门电路

表 10-1 “与”逻辑真值表

A	B	Y
0	0	0
0	1	0
1	0	0
1	1	1

“与”逻辑关系又称为逻辑乘，其表达式为

$$Y = AB \tag{10-1}$$

对照表 10-1，逻辑乘的基本运算如下：

$$0\times0=0 \qquad 0\times1=0 \qquad 1\times0=0 \qquad 1\times1=1$$

“与”门电路的输入端可以不止两个，其逻辑关系可总结为：“见 0 出 0，全 1 出 1”。目前常用的“与”门集成电路有 74LS08，其外引脚和逻辑符号如图 10-3a、b 所示。

2. “或”门电路

“或”门的逻辑关系是：只要几个输入端中有一个输入端有规定的信号输入时，输出端就有规定的信号输出。图 10-4a 是用二极管组成的“或”门电路。可分析得出，当输入端中至少有一个是 3V 高电平“1”时，就至少有一个二极管优先导通，输出端 Y 就被钳位在 3V 高电平“1”；当所有的输入端都是 0V 低电平“0”时，所有的二极管均同时导通，输出端 Y 才输出 0V 低电平“0”。真值表见表 1-2。图 10-4b 所示是“或”门的逻辑符号。

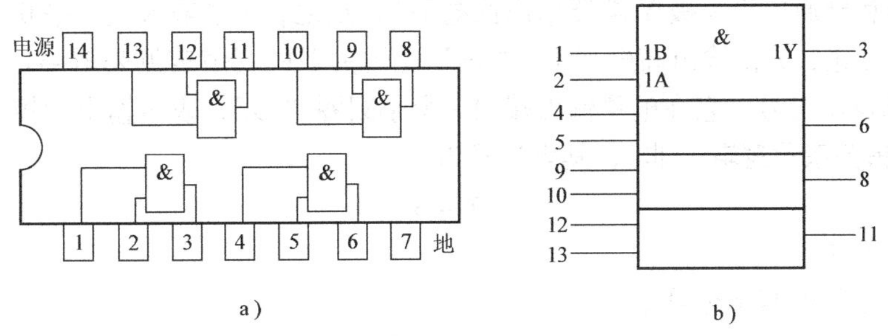

图 10-3　74LS08 四 2 输入“与”门

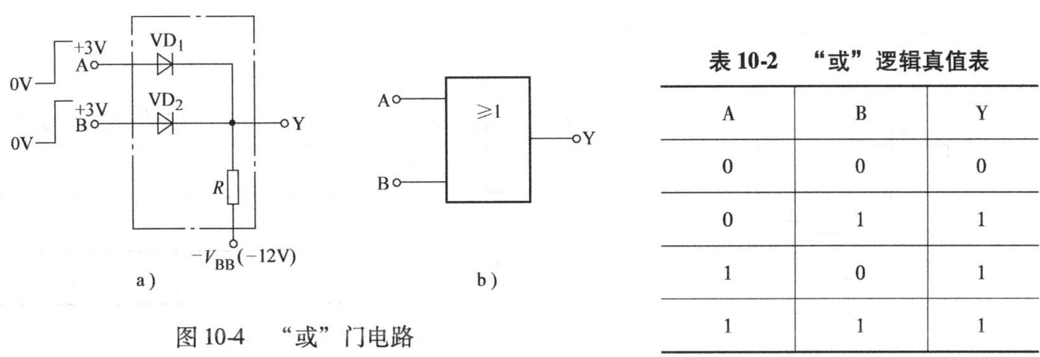

图 10-4　“或”门电路

表 10-2　“或”逻辑真值表

A	B	Y
0	0	0
0	1	1
1	0	1
1	1	1

“或”逻辑关系又称逻辑加，其表达式为

$$Y = A + B \tag{10-2}$$

对照表 10-2，逻辑加的基本运算如下：

$$0+0=0 \qquad 0+1=1 \qquad 1+0=1 \qquad 1+1=1$$

“或”门逻辑关系可总结为：“见 1 出 1，全 0 出 0”。

常用的 74LS32“或”门集成电路，它的内部有四个二输入的“或”门电路。其外引脚和逻辑符号如图 10-5a、b 所示。

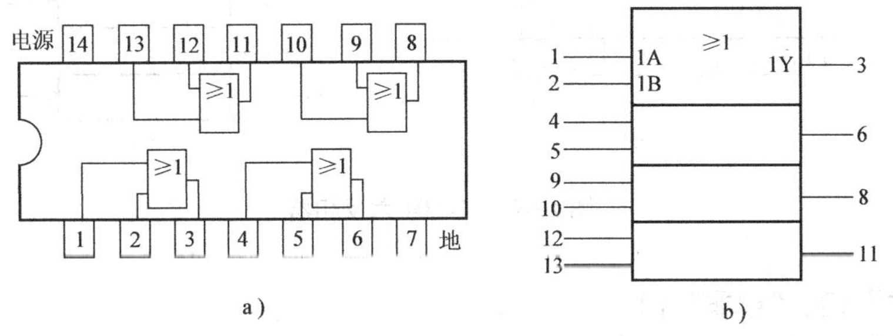

图 10-5　74LS32 四 2 输入“或”门

3. “非”门电路

“非”门电路是一种单端输入、单端输出的逻辑电路。“非”门的逻辑关系是：输入低电平0时，输出高电平1；输入高电平1时，输出低电平0。图10-6a所示是用晶体管构成的“非”门电路，又称反相器或缓冲器。若电路参数选择合适，当基极A端输入高电平“1”时，晶体管饱和导通，集电极Y端便输出低电平0；反之，A端输入低电平0时，晶体管因发射结反偏而截止，Y便输出高电平1。“非”逻辑关系的真值表见表10-3。图10-6b所示是“非”门的逻辑符号，它在电路输出端加一个小圆圈“○”，表示输出为相反的状态。

“非”逻辑关系称逻辑“非”，其表达式为

$$Y=\overline{A} \tag{10-3}$$

读作：Y等于A非。

逻辑“非”的基本运算是：

$$\overline{0}=1 \qquad \overline{1}=0$$

“非”门逻辑关系可总结为：“0非出1，1非出0”。

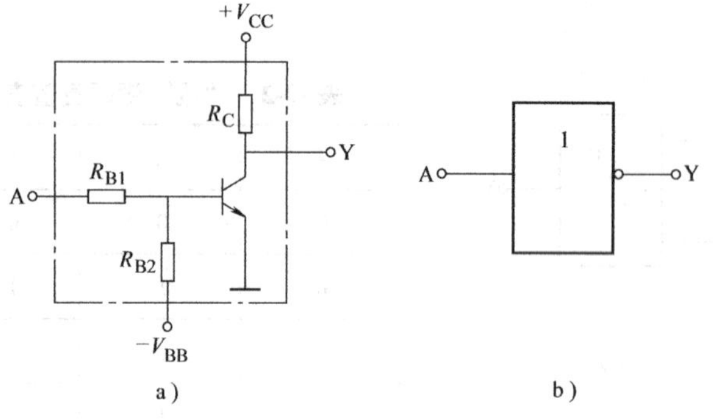

表10-3 “非”逻辑真值表

A	Y
0	1
1	0

图10-6 “非”门电路

常用的“非”门电路有74LS04，它由六个“非”门电路组成。其外引脚和逻辑符号如图10-7a、b所示。

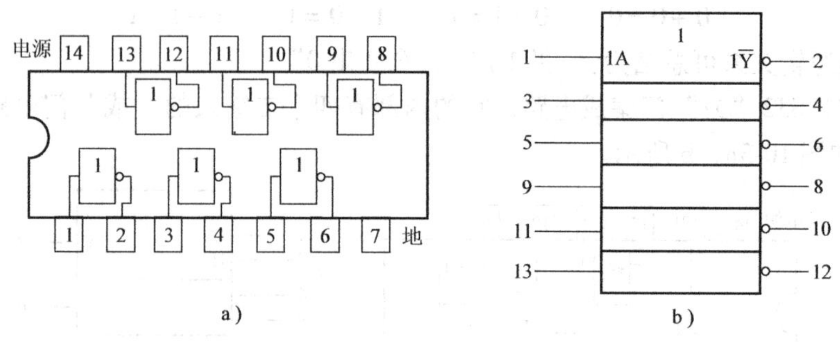

图10-7 74LS04六反相器

4. “与非”门、“或非”门

(1)“与非”门电路

在一个“与”门的输出端再接一个“非”门，使“与”门的输出反相，就组成了“与非”门。“与非”门的逻辑符号如图 10-8 所示。和“与”门逻辑符号不同的是在电路输出端加一个小圆圈“○”。

“与非”门逻辑表达式为

$$Y = \overline{AB} \qquad (10\text{-}4)$$

“与非”门逻辑关系总结为：“见 0 得 1，全 1 得 0”。

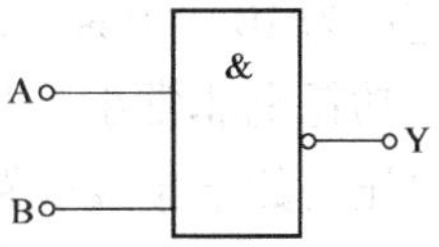

图 10-8 “与非”门逻辑符号

常用的集成“与非”门电路有 74LS00，它内部有四个“与非”门电路。它的外引脚和逻辑符号如图 10-9a、b 所示。

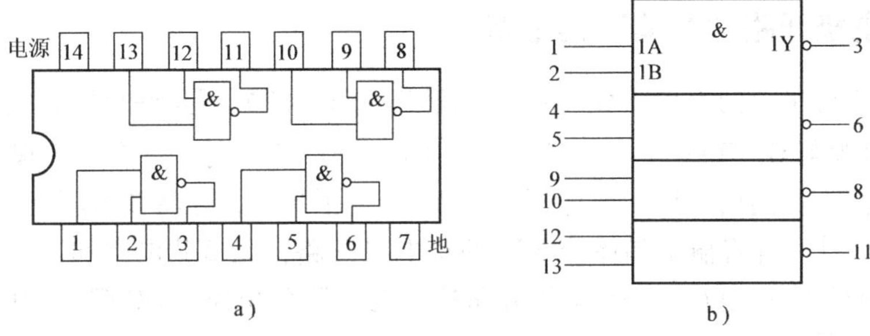

图 10-9 74LS00 四 2 输入“与非”门

（2）“或非”门电路

在一个“或”门的输出端再接一个“非”门，使“或”门的输出反相，就组成了“或非”门。“或非”门逻辑符号如图 10-10 所示。“或”门和“与非”门的逻辑符号相似，在门电路的输出端加一个小圆圈“○”。

“或非”门逻辑表达式为

$$Y = \overline{A + B} \qquad (10\text{-}5)$$

“或非”门逻辑关系总结为：“见 1 得 0，全 0 得 1”。

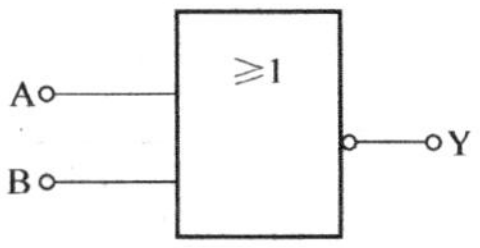

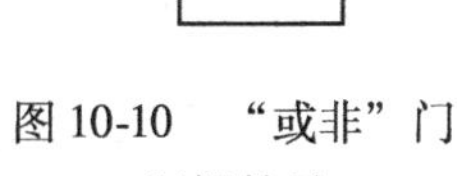

图 10-10 “或非”门逻辑符号

常用的集成“或非”门电路有 74LS02，它内部有四个“或非”门电路。它的外引脚和逻辑符号如图 10-11a、b 所示。

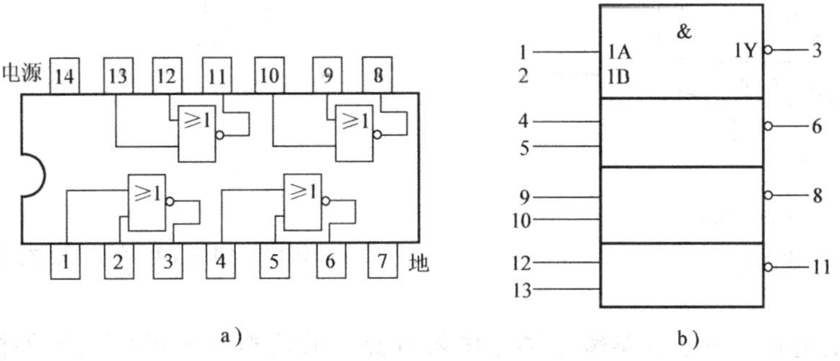

图 10-11 74LS02 四 2 输入“或非”门

必须指出：在数字电路中，门电路用得非常多。但由晶体管与二极管组成的门电路的制作复杂、成本较高，且不可能制成小型的，因而大多使用集成门电路。

在集成门电路中，有以晶体管为中心制成的 TTL 型和以场效应晶体管为中心制成的 CMOS 型。

TTL 型数字集成电路，其标准电源电压是 +5V，每块集成电路功耗为 50 ~ 100mW、工作速度为 10 ~ 20ns（$1ns = 10^{-9}s$）。CMOS 型数字集成电路的电源电压可在 3 ~ 18V 之间使用，功耗也非常小，为 0.01 ~ 0.1mW，但工作速度比 TTL 慢，约 100ns，因此对于使用低电源电压的数字集成电路，应用 CMOS 型数字集成电路比较有利。

集成门电路种类非常多，除“与”门、“或”门、“非”门、“与非”、“或非”门等电路外，还可由它们组成其他各种逻辑门电路，而集成“与非”门、“或非”门的应用更广泛。

10.2.2 集电极开路“与非”门电路

两个 TTL“与非”门电路（G_1、G_2）的输出端 Y_1 与 Y 不允许直接并接在一起，如图 10-12 所示。因为若 G_1 门的 Y_1 为“1”，G_2 门的 Y_2 为“0”时，将有一个很大的电流 i_o 从 G_1 门的 VT_4 流到 G_2 门的 VT_3，此 i_o 不仅使 Y_2 的电平抬高，还将使 G_2 门因功耗过大而损坏。为此专门设计一种将输出晶体管 VT_3 的集电极开路，无负载电阻和不接电源，使输出端可相互连接的 TTL 门电路——集电极开路的“与非”门电路（OC 门），其内部电路示意图和逻辑符号如图 10-13a、b 所示。

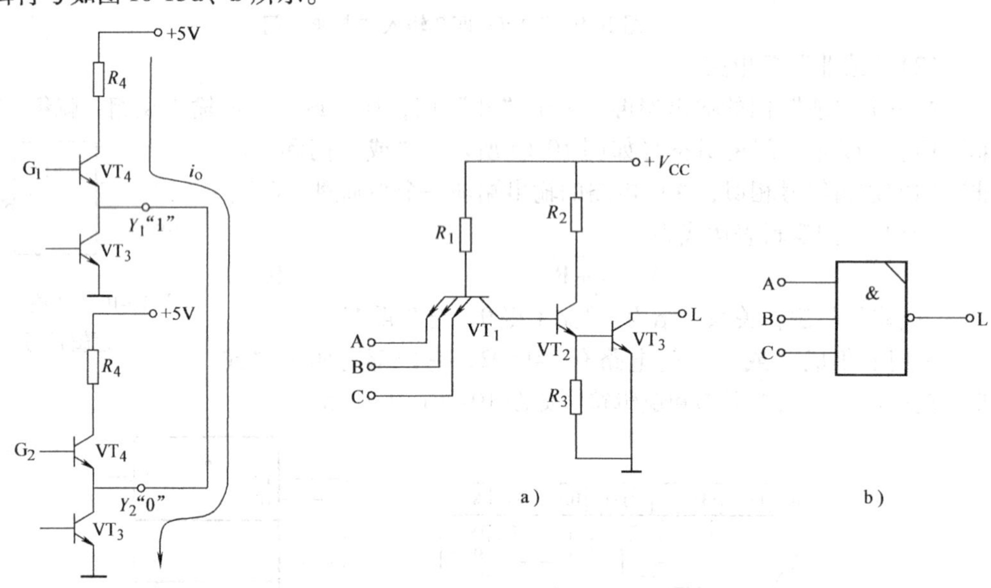

图 10-12 两个门输出端直接相连的电路

图 10-13 OC 门电路和逻辑符号

OC 门在使用时，由于电路输出端集电极开路，故需要在它的输出端外接电阻 R_P 及外接电源 E_P，如图 10-14 所示。

OC 门可实现“线与”逻辑、逻辑电平的转换及总线传输。实现“线与”逻辑时，用导线将两个或两个以上的 OC 门输出端连接在一起，其总的输出为各个 OC 门输出的逻辑“与”，这种用导线连接而实现的逻辑与就称作为“线与”。图 10-15a 所示为两个 OC 门用导线连接，实现“线与”逻辑的电路图，实现的逻辑关系为：

$L = L_1L_2$，门 G_1 输出 L_1 和门 G_2 输出 L_2 的输出表达式

$$L_1 = \overline{A_1 A_2} \qquad L_2 = \overline{B_1 B_2}$$

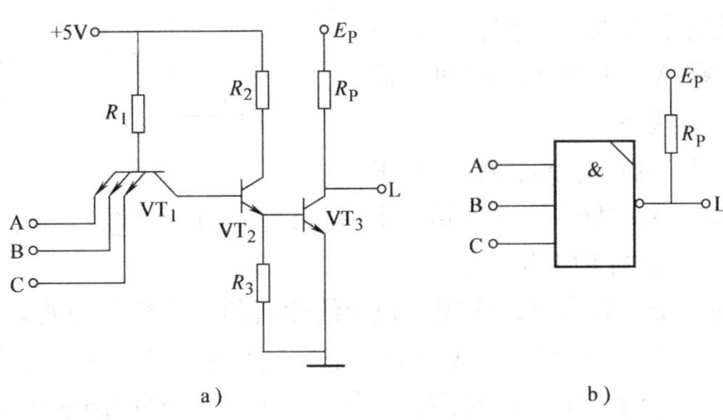

图 10-14　OC 门输出端外接电阻 R_P 及电源 E_P

总输出 L 为两个 OC 门单独输出 L_1 和 L_2 的“与”，其输出表达式为

$$L = L_1 L_2 = \overline{A_1 A_2}\ \overline{B_1 B_2}$$

从总的输出逻辑关系式可见，OC 与非门的“线与”可用来实现输入、输出之间的“与或非”逻辑功能。

图 10-15b 所示为 OC 门用导线连接的等效逻辑电路图，导线的连接相当于一个将两个“与非门”输出 L_1 和 L_2，再加一个“与门”，相当于用导线替代“与门”，故称“线与”。

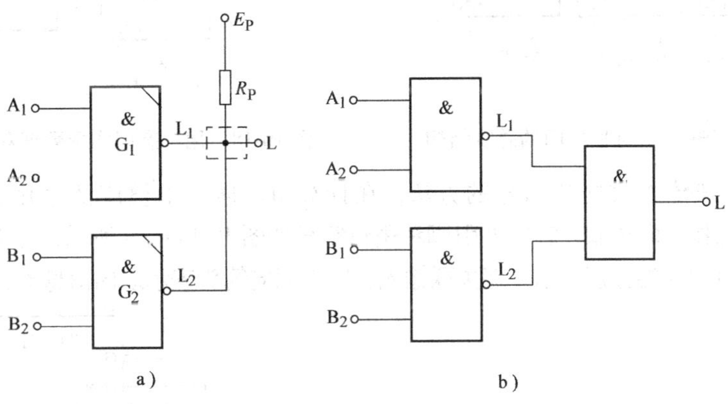

图 10-15　“线与”逻辑电路

a）逻辑图　b）等效逻辑图

10.2.3　三态输出“与非”门电路

三态输出“与非”门电路（简称三态门）是在“与非”门电路的基础上增加了控制端和控制电路而构成的。它的输出端除出现高低电平外，还可以出现第三种状态——高阻状态。

图 10-16 所示是三态输出“与非”门电路的逻辑符号。图中 EN 端称为控制端或使能端，并在输出端处加一个“▽”，以便和“与非”门区别。

图 10-16a 电路中，当控制端 C = 1 时，三态门的输出状态决定于输入端 A、B 的状态，实现“与非”逻辑关系，即全“1”出“0”，见“0”出“1”，此时电路处于工作状态。当 C = 0 时，不管输入端 A、B 的状态如何，输出端都开路而处于高阻状态。

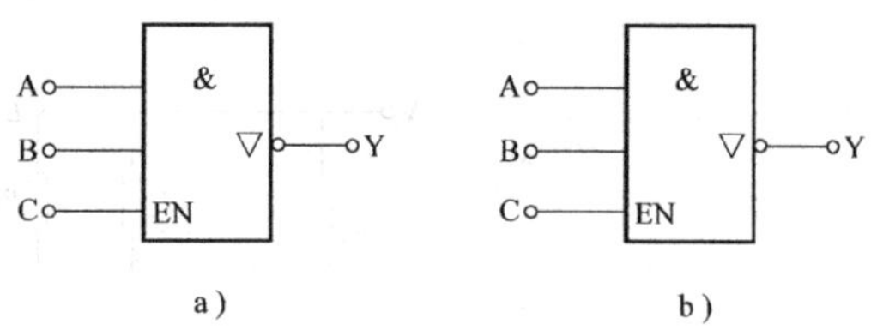

图 10-16　TTL 三态输出“与非”门电路的逻辑符号

由于电路结构不同，也有当控制端为高电平时出现高阻状态，而在控制端低电平时电路处于工作状态的三态门电路，如图 10-16b 所示。

三态门最重要的一个用途是可以实现一根导线轮流传送几个不同的数据或控制信号，如图 10-17 所示，这根导线称为总线。只要让各三态门的控制端 EN 轮流处于高电平“1”，即任何时间只能有一个三态门处于工作状态，而使其余三态门的控制端为低电平“0”，均处于高阻状态。这样，总线就会轮流接受各三态门的输出。

图 10-18 是利用三态门实现数据双向传输的电路。当 C = 1 时，三态门 G_1 工作而三态门 G_2 为高阻态，数据 D_0 经三态门 G_1 反相为$\overline{D_0}$后送到总线上去。当 C = 0 时，G_2 工作而三态门 G_1 为高阻态，总线上的数据 D_1 经三态门 G_2 反相后为$\overline{D_1}$从输出端送出。

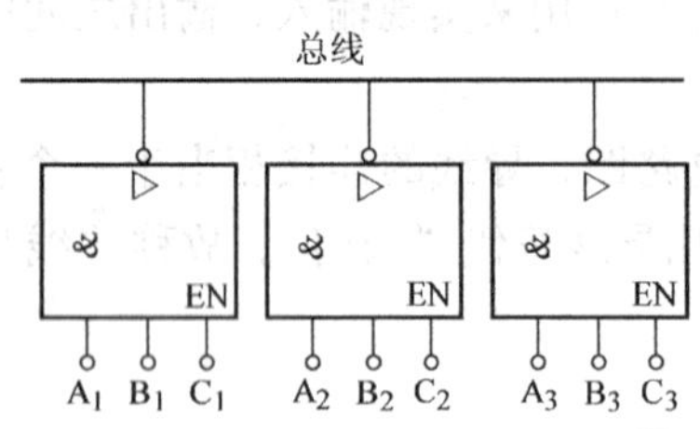

图 10-17　三态输出“与非”门的总线结构

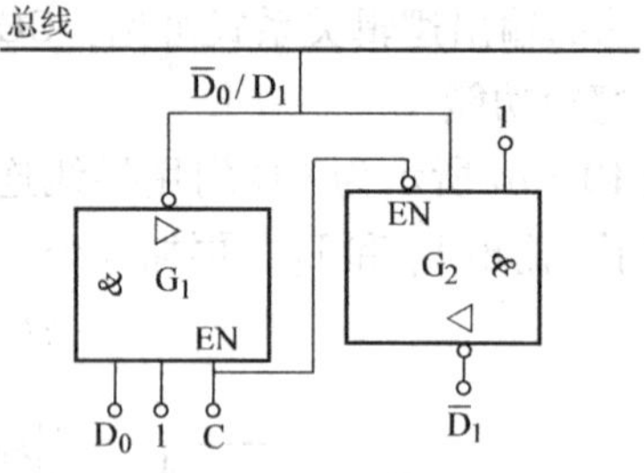

图 10-18　用三态门实现数据双向传输的电路

这种用总线来传送数据或信号的方法，在计算机、通信中被广泛采用。例如，可以用 74LS245 集成电路作双向传输，它的外引脚和逻辑符号如图 10-19a、b 所示，图 b 中 G 表示与关联输入、1EN2、1EN3 端分别表示使能关联输入，图中双向箭头表示双向信息流、GND 为接地。

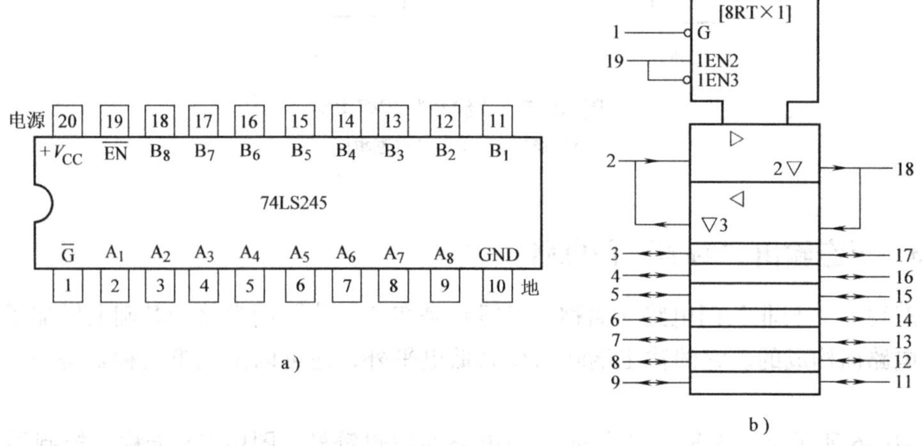

图 10-19　74LS245 八总线收发器（三态）

该八总线收发器中，当引脚 1 为低电平 0 时，允许信号进行双向传输，当引脚 1 为高电平 1 时，不允许信号进行双向传输；在当引脚 1 为低电平 0 时，且引脚 19 为高电平 1 时，信号从引脚 2→引脚 18，3→17，…，9→11 传输；在当引脚 1 为低电平 0 时，且引脚 19 为低电平 0 时，信号从引脚 18→引脚 2，17→3，…，11→9 传输，从而实现了双向传输。

10.3 组合逻辑电路

由门电路组合而成，其任何时刻的输出仅与该时刻的输入组合有关，而与原来输出状态无关的逻辑电路称为组合逻辑电路，简称组合电路。它有各种编码器、译码器、加法器等电路。

10.3.1 编码器

用数字、文字或符号来表示某一对象或信号的过程，称为编码。例如，装电话要电话号码，寄信要邮政编码等。

由于文字、符号和十进制数码的编码难于用电路来实现。在数字电路中，一般采用二进制编码。二进制只有“0”和“1”两个数码，可以把若干个“0”和“1”按一定规律编排起来组成不同的代码（二进制数）来表示某一对象或信号。一位二进制代码有“0”和“1”两种，可以表示两个信号；两位二进制代码有 00、01、10、11 四种，可以表示四个信号；n 位二进制代码有 2^n 种，可以表示 2^n 个信号，这种二进制编码在电路上容易实现。

1. 三位二进制（8 线—3 线）编码器

74LS148 集成 8 线—3 线优先编码器的外引脚如图 10-20 所示。它有 8 个不同的输入信号$\overline{I_0}$、$\overline{I_1}$、$\overline{I_2}$、$\overline{I_3}$、$\overline{I_4}$、$\overline{I_5}$、$\overline{I_6}$、$\overline{I_7}$，根据 $2^n=8$，$n=3$，则输出信号为三位二进制代码$\overline{Y_2}$、$\overline{Y_1}$、$\overline{Y_0}$，图中 $\overline{S}$ 为允许编码控制端，$\overline{S}=0$ 时允许编码；$\overline{S}=1$ 时不允许编码。Y_S 为使能输出端，$Y_S=1$ 时允许输出；$Y_S=0$ 时不允许输出，$\overline{Y_{EX}}$为优先编码输出端，它按输入端优先级最高的优先编码，当有两个或更多个数码输入时，总是按出现的最高级数码编码。如出现$\overline{I_7}=0$，则无论$\overline{I_6}\sim\overline{I_0}$中哪个为 0 时，因$\overline{I_7}$优先级最高，此时优先编码器只按$\overline{I_7}=0$ 编码，编码器输出为 $Y_3=1$、$Y_2=1$、$Y_1=1$ 的反码，即$\overline{Y_2}$、$\overline{Y_1}$、$\overline{Y_0}$为 000。其功能表见表 10-4。

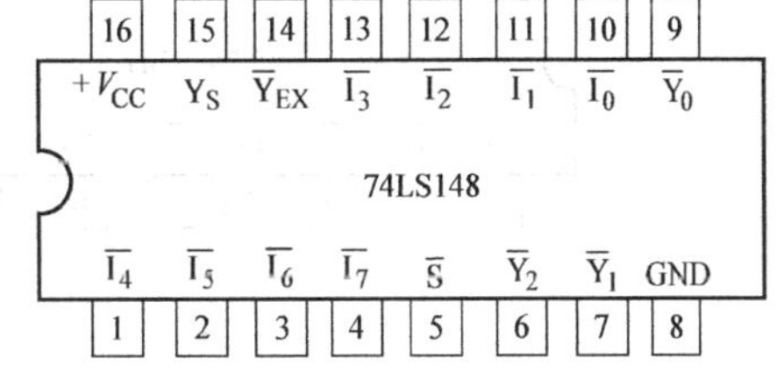

图 10-20 74LS148 集成 8 线—3 线编码器

表 10-4 74LS148 功能表

输入									输出				
$\overline{S}$	$\overline{I_0}$	$\overline{I_1}$	$\overline{I_2}$	$\overline{I_3}$	$\overline{I_4}$	$\overline{I_5}$	$\overline{I_6}$	$\overline{I_7}$	$\overline{Y_2}$	$\overline{Y_1}$	$\overline{Y_0}$	$\overline{Y_{EX}}$	Y_S
1	×	×	×	×	×	×	×	×	1	1	1	1	1
0	1	1	1	1	1	1	1	1	1	1	1	1	0
0	×	×	×	×	×	×	×	0	0	0	0	0	1
0	×	×	×	×	×	×	0	1	0	0	1	0	1

（续）

输入									输出				
$\overline{S}$	$\overline{I_0}$	$\overline{I_1}$	$\overline{I_2}$	$\overline{I_3}$	$\overline{I_4}$	$\overline{I_5}$	$\overline{I_6}$	$\overline{I_7}$	$\overline{Y_2}$	$\overline{Y_1}$	$\overline{Y_0}$	$\overline{Y_{EX}}$	Y_S
0	×	×	×	×	×	0	1	1	0	1	0	0	1
0	×	×	×	×	0	1	1	1	0	1	1	0	1
0	×	×	×	0	1	1	1	1	1	0	0	0	1
0	×	×	0	1	1	1	1	1	1	0	1	0	1
0	×	0	1	1	1	1	1	1	1	1	0	0	1
0	0	1	1	1	1	1	1	1	1	1	1	0	1

注：×表示任意态。

2. 二-十进制（10 线—4 线）编码器

二-十进制编码器是将十进制的十个数码 0、1、2、3、4、5、6、7、8、9 编成二进制代码的电路。输入 0 ~ 9 十个数码，输出对应的二进制代码，因 $2^n \geqslant 10$，n 常取 4，故输出为四位二进制代码。这种二进制代码又称二-十进制代码，简称 BCD 码。常用的 BCD 码为 8421BCD 码。集成 10 线—4 线优先编码器为 74LS147 实现了这种编码，引脚和逻辑符号如图 10-21a、b 所示。逻辑功能见表 10-5，由表可见，$\overline{I_9}$输入优先级最高，$\overline{I_1}$输入优先级最低，如当$\overline{I_9}=0$时，则不管其余$\overline{I_8} \sim \overline{I_1}$有无输入，编码器均按$\overline{I_9}$输入编码，输出为 9 的 8421BCD 码的反码 0110。

当$\overline{I_1} \sim \overline{I_9}$均为 1，即无输入信号时，编码器输出$\overline{Y_3} \sim \overline{Y_0}$为 0000 的反码 1111。

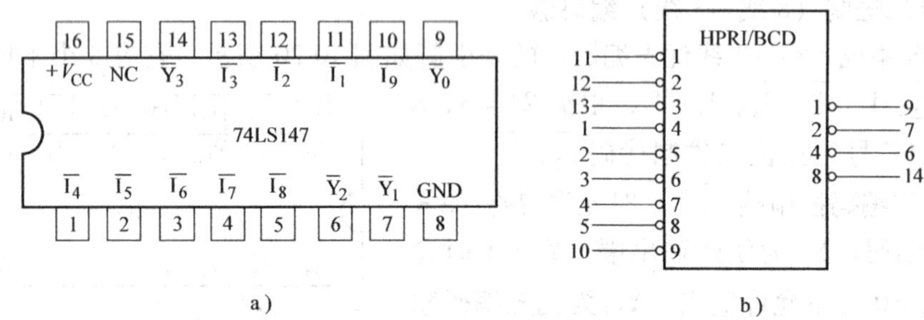

图 10-21　74LS147 10 线—4 线优先编码器

表 10-5　74LS147 功能表

输入									输出			
$\overline{I_1}$	$\overline{I_2}$	$\overline{I_3}$	$\overline{I_4}$	$\overline{I_5}$	$\overline{I_6}$	$\overline{I_7}$	$\overline{I_8}$	$\overline{I_9}$	$\overline{Y_3}$	$\overline{Y_2}$	$\overline{Y_1}$	$\overline{Y_0}$
1	1	1	1	1	1	1	1	1	1	1	1	1
×	×	×	×	×	×	×	×	0	0	1	1	0
×	×	×	×	×	×	×	0	1	0	1	1	1
×	×	×	×	×	×	0	1	1	1	0	0	0
×	×	×	×	×	0	1	1	1	1	0	0	1
×	×	×	×	0	1	1	1	1	1	0	1	0
×	×	×	0	1	1	1	1	1	1	0	1	1
×	×	0	1	1	1	1	1	1	1	1	0	0
×	0	1	1	1	1	1	1	1	1	1	0	1
0	1	1	1	1	1	1	1	1	1	1	1	0

10.3.2 译码器与数字显示

译码是将二进制代码作为输入信号，按其编码时的原意转变为对应的输出信号或十进制数码。

1. 二进制译码器

（1）二位二进制译码器

二位二进制译码器是一种能把二进制代码的各种输入状态变换为对应输出信号的电路。图10-22所示电路是由“与非”门电路组成的二位二进制（2线—4线）译码器。由图可得二位二进制译码器的状态表，见表10-6。

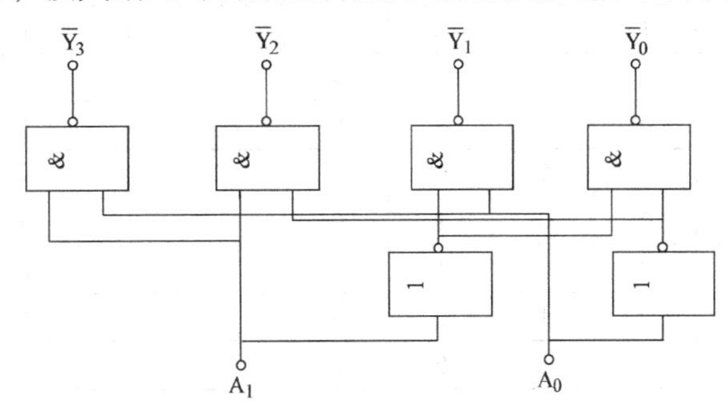

图10-22 二位二进制（2线—4线）译码

表10-6 二位二进制译码器状态表

输入		输出			
A_1	A_0	$\overline{Y_3}$	$\overline{Y_2}$	$\overline{Y_1}$	$\overline{Y_0}$
0	0	1	1	1	0
0	1	1	1	0	1
1	0	1	0	1	1
1	1	0	1	1	1

（2）集成二进制译码器

1）三位二进制译码器：

图10-23a、b所示是74LS138三位二进制（3线—8线）译码器的引脚和逻辑符号。图中$A_2 \sim A_0$为输入端，$\overline{Y_0} \sim \overline{Y_7}$为输出端。$S_A$、$\overline{S_B}$、$\overline{S_C}$为输入使能端，当$S_A = 1$、$\overline{S_B} + \overline{S_C} = 0$时，译码器处于工作状态进行译码，并根据输入状态，在相应的输出端输出信号；当不满足上述条件时，输出端无信号输出。其功能见表10-7。

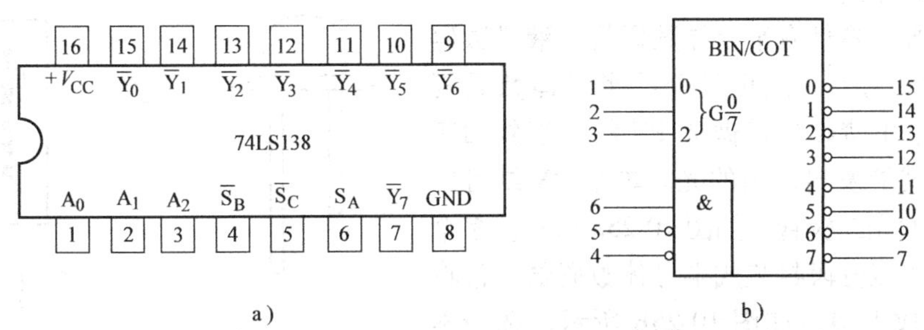

图10-23 74LS138 3线—8线译码器

表 10-7　74LS138 3 线—8 线译码器功能表

输　入					输　出							
S_A	$\overline{S_B}+\overline{S_C}$	A_2	A_1	A_0	$\overline{Y_0}$	$\overline{Y_1}$	$\overline{Y_2}$	$\overline{Y_3}$	$\overline{Y_4}$	$\overline{Y_5}$	$\overline{Y_6}$	$\overline{Y_7}$
×	1	×	×	×	1	1	1	1	1	1	1	1
0	×	×	×	×	1	1	1	1	1	1	1	1
1	0	0	0	0	0	1	1	1	1	1	1	1
1	0	0	0	1	1	0	1	1	1	1	1	1
1	0	0	1	0	1	1	0	1	1	1	1	1
1	0	0	1	1	1	1	1	0	1	1	1	1
1	0	1	0	0	1	1	1	1	0	1	1	1
1	0	1	0	1	1	1	1	1	1	0	1	1
1	0	1	1	0	1	1	1	1	1	1	0	1
1	0	1	1	1	1	1	1	1	1	1	1	0

2）8421BCD 码二-十进制（4 线—10 线）74LS42 译码器：

图 10-24a、b 所示是 74LS42 译码器的引脚图和逻辑符号。该译码器是将 8421BCD 码进行译码的电路，当输入信号 $A_3A_2A_1A_0$ 为 0000 ~ 1001 的 8421BCD 码时，输出端$\overline{Y_0}$ ~ $\overline{Y_9}$中，对应有一个输出为 0，其余为高电平 1；当 $A_3A_2A_1A_0$ 输入 1011 ~ 1111 时，输出端均处于无效状态，即均悬空，则$\overline{Y_0}$ ~ $\overline{Y_9}$全为高电平（自动拒绝伪码功能）。

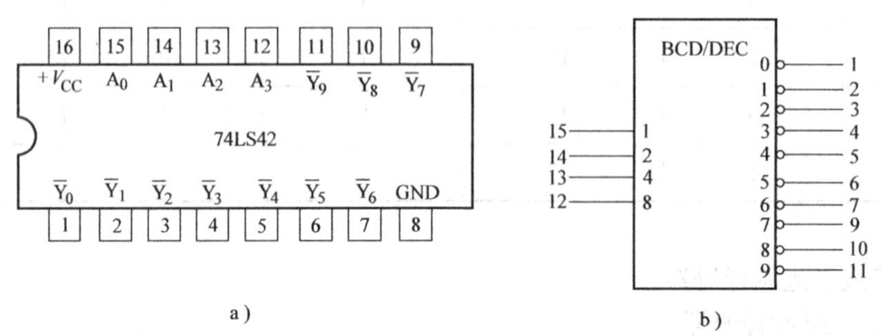

图 10-24　74LS42 集成 4 线—10 线译码器

2. 十进制译码显示器

在数字仪表、计算机和其他数字系统中，常常需要把测量数据和运算结果用十进制数来显示。这就需用译码显示器把二-十进制代码转换成能显示的十进制数。

常用的显示器件有半导体数码管、液晶数码管和荧光数码管等。这里只介绍半导体数码管 LED。它常采用磷砷化镓做成 PN 结，当外加正向电压时，就能发出清晰的光。单个 PN 结可以封装成一个发光二极管，如图 10-25a 所示。多个发光二极管可以分段封装成半导体数码器，常将十进制数分成七段，如图 10-25b 所示。选择不同段的发光，可以显示不同的字形。如当 a、b、c、d、e、f、g 段全发光时，显示出 8；b、c 段

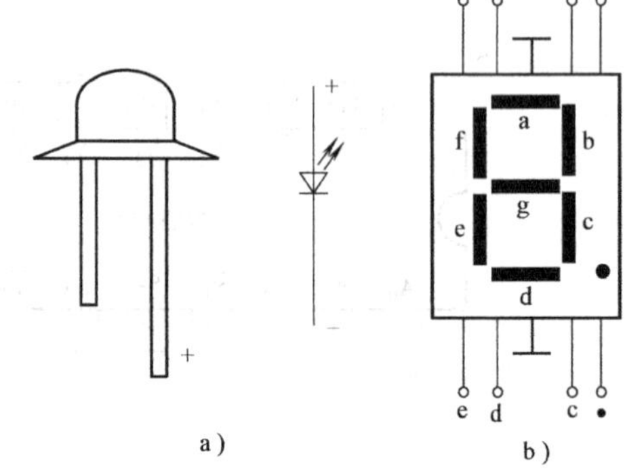

图 10-25　半导体发光管和共阴极七段数码管

发光时，显示数字 1 等。发光二极管的工作电压为 1.5 ~ 3V，工作电流为几毫安到几十毫安，寿命很长。

驱动七段半导体数码管的集成电路有 74LS249 4 线—7 线译码/驱动器，其外引脚如图 10-26 所示。图中 A_3 ~ A_0 为信号输入端，a ~ g 为信号输出端。$\overline{LT}$为试灯（各发光段）输入控制端，$\overline{BI}$为灭灯输入控制端，$\overline{BO/BI}$为动态灭灯输入/输出控制端。当$\overline{LT}$ = 1、$\overline{BO/BI}$ = 1 时，根据 8421BCD 输入的编码，输出数码管相应的各段信号，点亮各段发光管，显示 0 ~ 9 十个数。其功能见表 10-8。

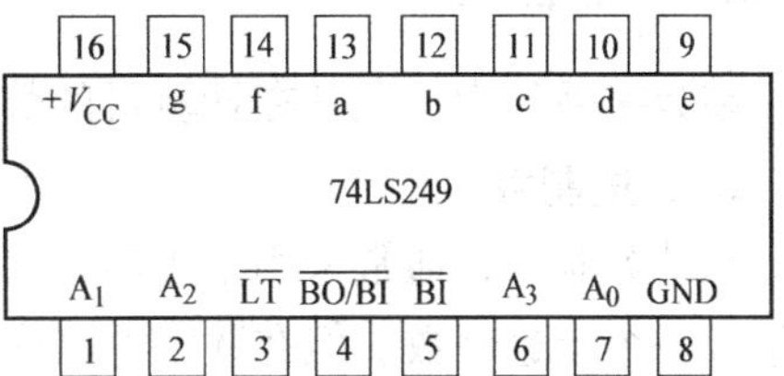

图 10-26 74LS249 集成 4 线—7 线译码/驱动器

半导体数码管中七个发光二极管有共阴极和共阳极两种接法，如图 10-27a、b 所示。共阴极数码管中，当某一段接高电平时，该段发光；共阳极数码管中，当某一段接低电平时，该段发光。因此使用哪种数码管一定要与使用的七段译码显示器相配合。

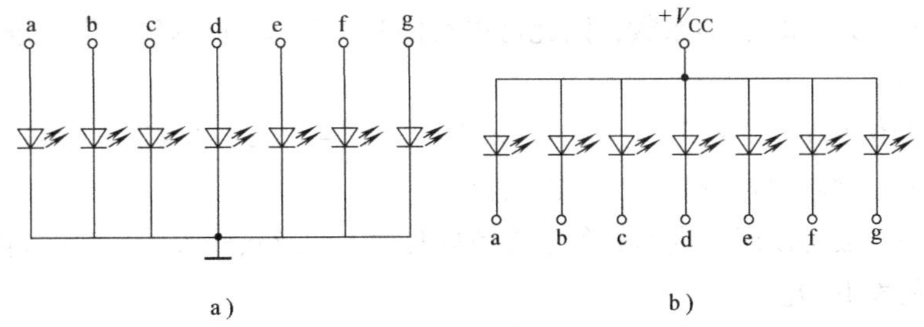

图 10-27 半导体数码管两种接法

表 10-8 74LS249 4 线—7 线译码/驱动器功能表

输入							输出							显示
$\overline{LT}$	$\overline{BI}$	A_3	A_2	A_1	A_0	$\overline{BO/BI}$	a	b	c	d	e	f	g	
1	1	0	0	0	0	1	1	1	1	1	1	1	0	0
1	×	0	0	0	1	1	0	1	1	0	0	0	0	1
1	×	0	0	1	0	1	1	1	0	1	1	0	1	2
1	×	0	0	1	1	1	1	1	1	1	1	0	1	3
1	×	0	1	0	0	1	0	1	1	1	0	0	1	4
1	×	0	1	0	1	1	1	0	1	1	0	1	1	5
1	×	0	1	1	0	1	0	0	1	1	1	1	1	6
1	×	0	1	1	1	1	1	1	1	0	0	0	0	7
1	×	1	0	0	0	1	1	1	1	1	1	1	1	8
1	×	1	0	0	1	1	1	1	1	0	0	1	1	9
1	×	1	1	1	1	1	1	1	1	1	1	1	1	暗
0	×	×	×	×	×	1	1	1	1	1	1	1	1	8
×	×	×	×	×	×	1	0	0	0	0	0	0	0	暗
1	0	0	0	0	0	0	0	0	0	0	0	0	0	暗

10.3.3 加法器

在数字系统中，尤其在计算机的数字系统中，二进制加法器是基本部件之一。

1. 二进制数

在计数制中，通常采用十进制，它用 0、1、2、3、4、5、6、7、8、9 十个数码来表示，并组成一个十进制数。但在数字电路中，为了与电路的两个状态“0”与“1”相对应，常采用二进制，它只有 0 和 1 两个数码。

二进制不同于十进制，它不仅数码个数不同，而且进位的规则也不同。十进制是“逢十进一”，即 $9+1=10$，可以写作 $10=1\times10^1+0\times10^0$，其中 0 是 10^0 位的系数，1 是 10^1 位的系数。就是说，十进制是以 10 为底的计数制。每个数码处于不同位数时，它代表的数值不同。例如 3467 可写为

$$(3467)_{10}=3\times10^3+4\times10^2+6\times10^1+7\times10^0$$

二进制是“逢二进一”，即 $1+1=10$（读作“壹零”，它不是十进制中的“拾”），其中 0 是 2^0 位的系数，1 是 2^1 位的系数，因此可以写作 $10=1\times2^0+0\times2^0$，即二进制是以 2 为底的计数制。例如

$$(110110)_2=1\times2^5+1\times2^4+0\times2^3+1\times2^2+1\times2^1+0\times2^0=(54)_{10}$$

这样，就将一个二进制数转换为一个十进制数。

可见，同一个数可以用二进制数和十进制数两种不同形式来表示。二进制数码与十进制数码的对照表见表 10-9。

表 10-9 二进制数码与十进制数码对照表

十进制	0	1	2	3	4	5	6	7	8	9
二进制	0000	0001	0010	0011	0100	0101	0110	0111	1000	1001

由上可见，一个二进制数可以转换为一个十进制数，那么一个十进制数又如何转换为二进制数呢？它可以采用一种“除 2 取余”的方法求得，即将一个十进制数不断地除 2，直至商为 0，取出每次的余数，然后将最后一次的余数顺序向前推到第一次的余数，排列起来组成一串二进制数，即为由十进制数转换得到的二进制数。例如，十进制数 54 可用如下方法求得它的二进制数。

2 |54 …… 0 ↑
2 |27 …… 1
2 |13 …… 1
2 |6 …… 0
2 |3 …… 1
2 |1 …… 1
0

所以

$$(54)_{10}=(110110)_2$$

2. 全加器

在进行数据运算时，需要对多位二进制数相加，而数字电路中的运算是一位一位进行的。因此需要把某一位的A和B两个待加数相加，还要与低位的进位数CI相加，这样才在本位得到一个和数S，并产生一位向高位的进位数CO。这种加法称为“全加”，实现这种逻辑功能的电路称为全加器。逻辑符号如图10-28所示，其逻辑状态表见表10-10。

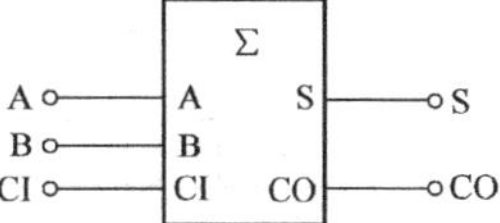

图10-28　一位二进制全加器逻辑符号

表10-10　全加器逻辑状态表

输　入			输　出	
A	B	CI	S	CO
0	0	0	0	0
0	0	1	1	0
0	1	0	1	0
0	1	1	0	1
1	0	0	1	0
1	0	1	0	1
1	1	0	0	1
1	1	1	1	1

为提高加法器的运算速度，可采用超前进位的全加器74LS283，其外引脚和逻辑符号如图10-29a、b所示。该电路中只要分别接上四位二进制的被加数A和加数B，并接入最低位输入数CI_0，则S_3、S_2、S_1、S_0得到两四位二进制数的和数，并由CO_3得到向高位的进位数。

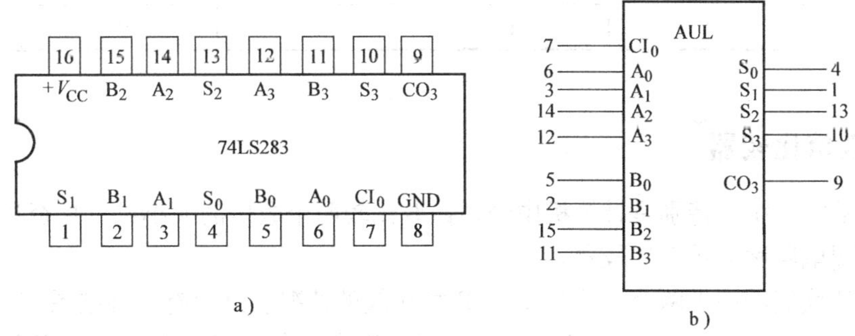

图10-29　74LS283四位超前进位全加器

10.3.4　数据选择器

在数字信号的传送过程中，有时需要从很多个数字信号中将其中一个需要的信号挑选出来，这就要用到选择数据的逻辑电路，叫数据选择器。

图10-30a、b所示是8选1数据选择器/多路转换器74LS151的引脚图和逻辑符号图。图中$\overline{EN}$为使能端，当$\overline{EN}=1$时，无论输入端的状态如何，电路不工作，输出端Y为0；当

$\overline{EN}=0$ 时，电路根据输入端 A_0，A_1，A_2 的状态，在数据 D_0，D_1，…，D_7 中选出对应的信号传输到输出端 Y。其功能见表 10-11。

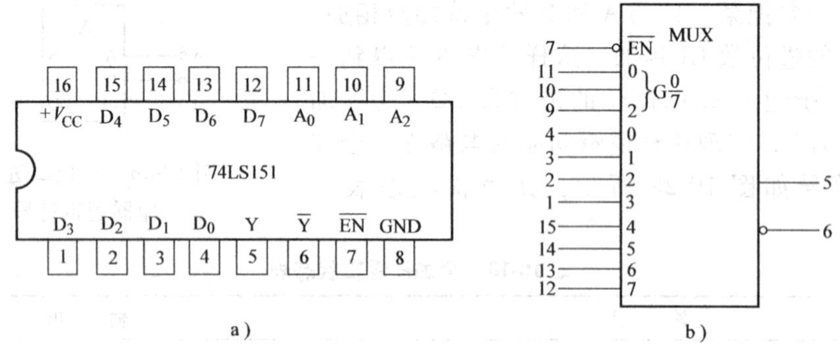

图 10-30　74LS151 8 选 1 数据选择器

表 10-11　74LS151 8 选 1 数据选择器/多路转换器功能表

使　能	选 择 输 入			输　出	
$\overline{EN}$	A_2	A_1	A_0	Y	$\overline{Y}$
1	×	×	×	0	1
0	0	0	0	D_0	$\overline{D_0}$
0	0	0	1	D_1	$\overline{D_1}$
0	0	1	0	D_2	$\overline{D_2}$
0	0	1	1	D_3	$\overline{D_3}$
0	1	0	0	D_4	$\overline{D_4}$
0	1	0	1	D_5	$\overline{D_5}$
0	1	1	0	D_6	$\overline{D_6}$
0	1	1	1	D_7	$\overline{D_7}$

10.3.5　数值比较器

在一些数字系统，特别是计算机中经常需要比较两个数值的大小或者是否相等。完成这一功能的逻辑电路称为数值比较器。

首先，让我们看一下两个一位数 A 和 B 相比较的情况。这时有三种结果。

1）A > B：只有当 A = 1、B = 0 时，语句 A > B 才为真（即 $A\overline{B}=1$），可用与门来实现。

2）A < B：只有当 A = 0、B = 1 时，语句 A < B 才为真（即 $\overline{A}B=1$），也可用与门来实现。

3）A = B：只有当 A = B = 0 或 A = B = 1 时，A = B 才为真（即 $A\oplus B=1$），所以可用同或门或者异或非门来实现。

如果要比较两个多位二进制数 A 和 B，则必须自高向低逐位比较。下面我们讨论 74LS85 四位数字比较器，其引脚和逻辑符号如图 10-31a、b 所示。表 10-12 是四位二进制数值比较器的简化真值表。

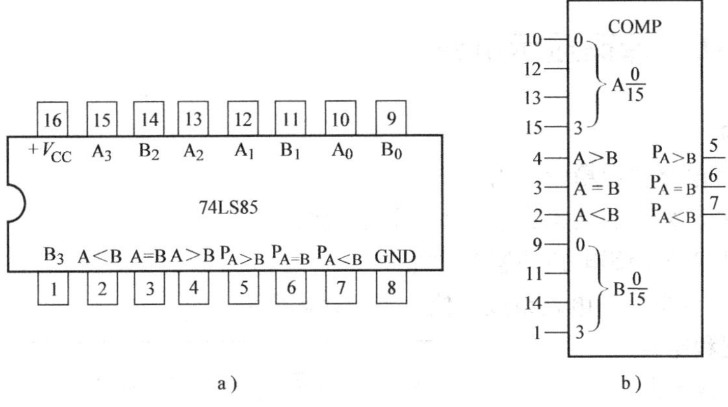

图 10-31　74LS85 四位数值比较器的外引脚和逻辑符号

表 10-12　四位二进制数值比较器简化真值表

比较输入				级联输入			输出		
A_3　B_3	A_2　B_2	A_1　B_1	A_0　B_0	$A>B$	$A<B$	$A=B$	$P_{A>B}$	$P_{A<B}$	$P_{A=B}$
1　0	×　×	×　×	×　×	×	×	×	1	0	0
0　1	×　×	×　×	×　×	×	×	×	0	1	0
$A_3=B_3$	1　0	×　×	×　×	×	×	×	1	0	0
$A_3=B_3$	0　1	×　×	×　×	×	×	×	0	1	0
$A_3=B_3$	$A_2=B_2$	1　0	×　×	×	×	×	1	0	0
$A_3=B_3$	$A_2=B_2$	0　1	×　×	×	×	×	0	1	0
$A_3=B_3$	$A_2=B_2$	$A_1=B_1$	1　0	×	×	×	1	0	0
$A_3=B_3$	$A_2=B_2$	$A_1=B_1$	0　1	×	×	×	0	1	0
$A_3=B_3$	$A_2=B_2$	$A_1=B_1$	$A_0=B_0$	1	0	0	1	0	0
$A_3=B_3$	$A_2=B_2$	$A_1=B_1$	$A_0=B_0$	0	1	0	0	1	0
$A_3=B_3$	$A_2=B_2$	$A_1=B_1$	$A_0=B_0$	0	0	1	0	0	1

【例 10-1】　用两个 74LS85 四位数字比较器比较两个八位数的大小。

解　为了比较两个八位二进制数的大小，可将两个 74LS85 四位数字比较器级联起来使用。图 10-32 所示是其连线图，低四位的比较结果 $P_{A>B}$、$P_{A<B}$、$P_{A=B}$连到高四位比较器级联输入端 $A>B$、$A<B$、$A=B$。两个输入八位数码同时加到比较器的输入端，比较的结果由高四位数字比较器的输出端输出。

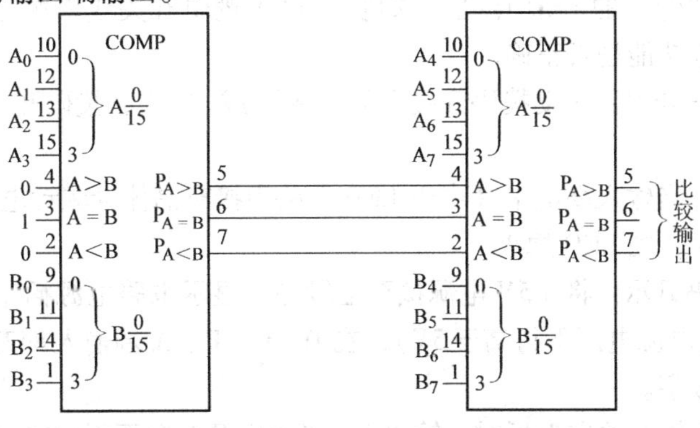

图 10-32　两个 74LS85 构成的八位数值比较器

10.4 实训 16 译码显示电路

1. 实训目的

1）学会数字电路实训箱的使用。

2）掌握各种双列直插式集成电路各引脚的数法。

3）熟悉 74LS138 译码电路的逻辑功能。

4）能应用“与非”门电路组成二位二进制译码电路。

2. 实训原理和电路

（1）数字电路实训箱

1）数字电路实训箱的配置：

NET-IF 数字电路实训箱面板布置如图 10-33 所示。

图 10-33 NET-IF 数字电路实训箱面板布置图

该实训箱有 40 脚可变（集成电路）IC 插座 2 个，16 脚 IC 插座 6 个，14 脚 IC 插座 6 个，电阻、电容插座 12 对，晶体管插座 2 个，电位器插座 3 组，8421 拨码开关 2 位，8421BCD 译码显示 2 位，LED 状态显示 10 位，输入逻辑开关 10 位，逻辑测验笔 1 个，单次脉冲开关 1 个、连续脉冲源 1 个。

2）数字电路实训箱使用说明：

直流稳压电源调到一定的数值（TTL 集成电路的电源电压为 5V；CMOS 集成电路的电源电压为 5～15V）后，接到电源接线柱，单次脉冲、连续脉冲的发光二极管 LED 点亮。

按动单次脉冲开关，即产生一个阶跃脉冲，并由 LED 指示其状态为 0 或 1，连续脉冲由波段开关粗调，电位器细调阶跃脉冲的重复频率，其频率范围为：

H：80Hz～1kHz

L：5～100Hz

逻辑笔：当输入为高电平时，逻辑笔指示“高”的 LED 点亮（红色）；当输入为低电平时，逻辑笔指示“低”的 LED 点亮（绿色）。可用逻辑开关或单次脉冲输出引至逻辑笔输入端，观察逻辑笔功能是否正确。

8421BCD 码拨码开关：按动拨码开关上的“+”或“-”，拨码开关的十进制数字作递增或递减。

LED 状态显示：当输入高电平（由于 LED 电路中接有晶体管驱动电路）时，则 LED 点亮；当输入低电平时，则 LED 熄灭。

8421BCD 码译码显示：将 +5V 电源接至七段译码显示电路电源插座中（由于译码显示电路为 74LS248，故电源电压不得高于 5V），在 D、C、B、A 端输入 8421BCD 码，则数码管显示相应的十进制数字。

逻辑开关：当逻辑开关向上扳时，输出 1；当逻辑开关向下扳时输出 0。

电源接线柱：可将训练时用的正、负电源可用导线引至电源接线柱中备用输入插座V+、V-。

RC 元件和晶体管插座：可将二极管、晶体管、电阻、电容等分立元器件根据引脚粗细插入实训箱“1”和“10”号的元件插座和晶体管插座中。

电位器插座：可将 10kΩ、47kΩ、100kΩ 三个实心电位器分别插入插座中。

（2）实训电路

74LS138 TTL 型集成电路是三位二进制译码逻辑电路，其引脚排列如图 10-23a 所示。实训电路如图 10-34 所示。

当逻辑开关 K_3、K_2、K_1 向上拨时，输出为高电平 1；向下拨时，输出为低电平 0。这样，K_3、K_2、K_1 就出现八种不同的组合。三个开关的输出分别作为 74LS138 的输入信号，加到引脚 1、2、3。当三个逻辑开关全部向上拨时，输出为 111，于是 74LS138 引脚 7 输出低电平，相应的 LED 熄灭；其他引脚 15、14、13、12、11、10、9 输出高电平，相应的 LED 点亮。

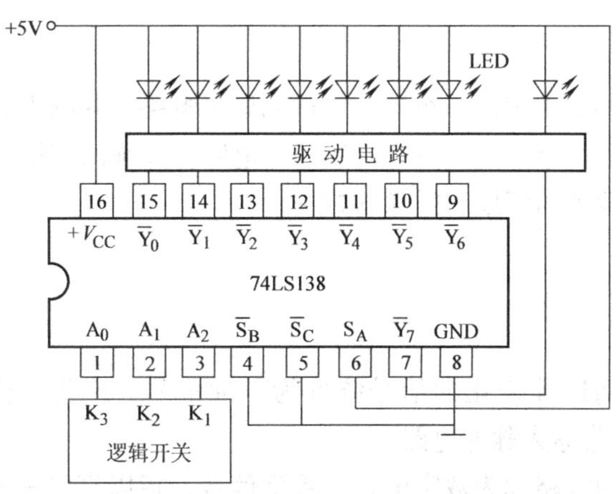

图 10-34　74LS138 集成译码器实训电路接线图

为使 74LS138 能正常工作，引脚 6 应接高电平，故电路中接到电源（也可将此引脚悬空），引脚 4、5、8 接低电平，故电路中接地。电源由引脚 16 加入。

3. 实训设备与器材

1）NET-IF 数字电路实验箱 1 个。

2）直流稳压电源 1 台。

3）74LS138 3 线—8 线译码器 1 片。

4）万用表 1 只。

4. 实训步骤

1）按图 10-34 接好电路。

2）将直流稳压电源输出电压调到 5V，加到实训箱的电源插座中，并注意电源的正负。

3）按下列顺序将各拨码开关向上或向下拨动，使开关输出 000、001、010、011、100、101、110、111 等不同状态，将 LED 点亮和熄灭的状态转换为逻辑值 1 和 0，记录于表10-13 中。

表 10-13　74LS138 3 线—8 线译码器实训记录

输　入			输　出							
A_2	A_1	A_0	$\overline{Y_0}$	$\overline{Y_1}$	$\overline{Y_2}$	$\overline{Y_3}$	$\overline{Y_4}$	$\overline{Y_5}$	$\overline{Y_6}$	$\overline{Y_7}$
0	0	0								
0	0	1								
0	1	0								
0	1	1								
1	0	0								
1	0	1								
1	1	0								
1	1	1								

5. 分析与思考

1）用 74LS00 和 74LS04 组成一个二位二进制译码电路，并画出其接线图。

2）用 74LS138 组成一个二位二位二进制译码电路，并画出其接线图。

3）归纳在实训中遇到的问题和排除的方法。

10.5　小结

1）凡不具有随时间连续变化的信号统称为脉冲信号。产生、变换、放大、整形、控制、测量脉冲信号的电路称为脉冲电路。

2）研究数字信号的电路称为数字电路，数字信号是指以高电平和低电平，用 1 和 0 两个二进制数字量的信号，因此数字信号是一种矩形波信号。

3）数字电子电路与模拟电子电路的不同之处见表 10-14。

表 10-14　数字电子电路与模拟电子电路的比较

电　路	模拟电路	数字电路
工作信号	模拟信号（连续的）	数字信号（断续的）
电路主要功能	放大作用	算术运算、逻辑运算
研究主要问题	放大性能	逻辑功能
基本单元电路	放大器	门电路、触发器
分析工具	图解法、微变等效电路法	逻辑代数、真值表、卡诺图
晶体管工作状态	放大状态	饱和或截止状态

4）逻辑门电路是构成数字电路的基本单元电路。最基本的门电路有“与”、“或”、“非”门。由这些基本门电路组成的常用逻辑电路有“与非”、“或非”门电路。它们的逻辑关系见表 10-15。

表 10-15　门电路的逻辑关系

逻辑门			与	或	非	与非	或非
逻辑符号			&	≥1	1	&	≥1
逻辑式			$Y=AB$	$Y=A+B$	$Y=\overline{A}$	$Y=\overline{AB}$	$Y=\overline{A+B}$
真值表	A	B	Y	Y	Y	Y	Y
	0	0	0	1	1	1	0
	0	1	0	0	1	1	0
	1	0	0	0	0	1	0
	1	1	1	0	0	0	1

5）TTL 集成“与非”门电路是应用最广泛的逻辑电路，它的逻辑功能是“见 0 出 1，全 1 出 0”。

6）OC 门可用来实现“线与”逻辑、逻辑电平的转换及总线传输。

7）三态输出“与非”门电路是一种用来实现总线传输信号的电路，它可以在总线上轮流传送许多不同的数据或信号，也可以对总线上的数据或信号进行双向传输。

8）将若干个 0 和 1 按一定规律编排组合后，组成不同的二进制代码，用来表示各种信息或操作，这一过程称编码。用门电路实现编码的电路称编码器。常用的有二进制编码器和二-十进制 8421BCD 码编码器，在数字电路中常采用集成电路来实现编码。

9）将二进制代码的特定含义转换成相应输出状态的过程称为译码。实现这种功能的电路称译码器。它把一组二进制代码作为输入，在输出端只有相应的一个有输出。常用的译码器有二进制译码器，二-十进制译码器和七段数码译码器。它可以用二极管“与”门组成，也可用集成“与非”门电路组成。

10）加法器是数据算术运算中的基本逻辑电路。

11）数据选择器是能从多路数据中选择一路进行传输的逻辑电路。它能将同时输入（并行输入）的二进制代码转换成逐个输出（串行输出）的二进制代码，称作 N－1 选择器。

10.6　习题

1. 已知 A、B、C 的波形如图 10-35 所示。试分析 Y_1、Y_2、Y_3、Y_4 的输出波形。

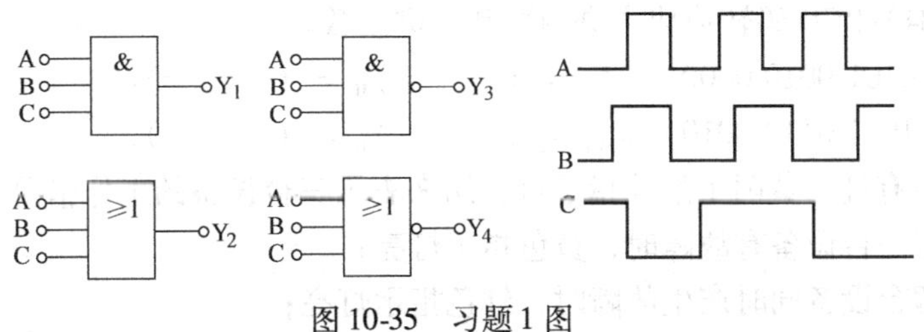

图 10-35　习题 1 图

2. 试写出图 10-36 所示电路中 Y_1、Y_2 的逻辑表达式。

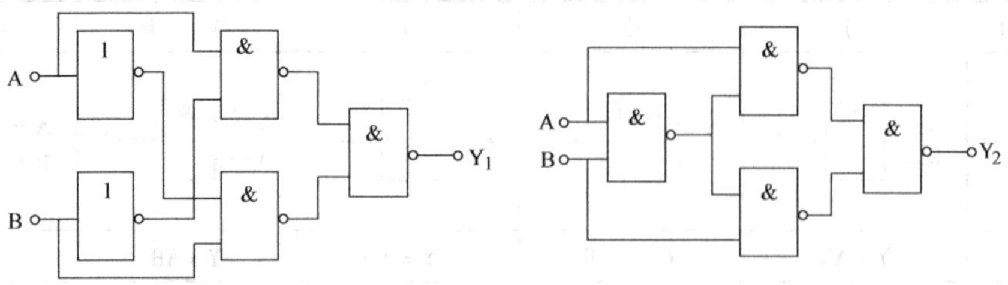

图 10-36 习题 2 电路

3. 在图 10-37 所示逻辑电路中，当输入变量 A、B、C、D 取何种组合时，$Y_1 = Y_2 = Y_3 = 1$。

4. 在图 10-38 所示逻辑电路中，试分析在哪些输入情况下，输出 $Y = 1$。

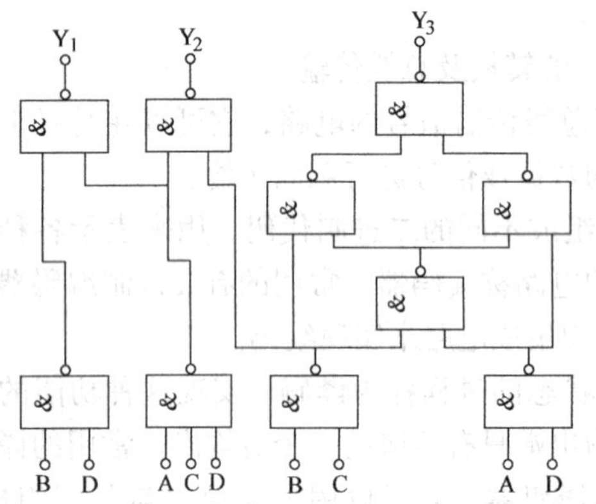

图 10-37 习题 3 电路

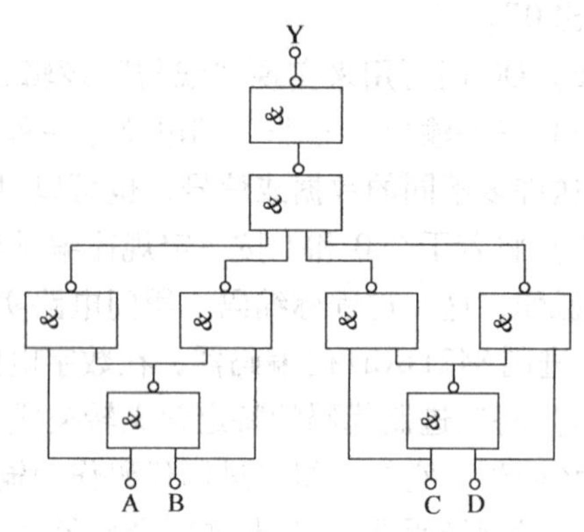

图 10-38 习题 4 电路

5. 将下列二进制数转换成十进制数和 8421BCD 码。

（1）$(1000101)_2$ = （ $)_{10}$ = （ $)_{8421BCD}$

（2）$(10000001)_2$ = （ $)_{10}$ = （ $)_{8421BCD}$

6. 将下列十进制数转换成二进制数和 8421BCD 码。

（1）$(3412)_{10}$ = （ $)_2$ = （ $)_{8421BCD}$

（2）$(6541)_{10}$ = （ $)_2$ = （ $)_{8421BCD}$

7. 将下列 8421BCD 码转换成十进制数和二进制数。

（1）$(1000\ 0101\ 0010\ 0000)_{8421BCD}$ = （ $)_{10}$ = （ $)_2$

（2）$(0001\ 1001\ 0110\ 0010)_{8421BCD}$ = （ $)_{10}$ = （ $)_2$

8. 某实验室有红、黄两个故障指示灯，用来表示三台设备的工作情况：

（1）当只有一台设备有故障时，黄色指示灯亮；

（2）当有两台设备同时产生故障时，红色指示灯亮；

（3）当三台设备都出现故障时，红色和黄色指示灯都亮。

试设计一个控制灯亮的逻辑电路。（设 A、B、C 为三台设备的故障信号，有故障时为 1，正常工作时为 0；Y_1 表示黄色指示灯，Y_2 表示红色指示灯，灯亮为 1，灯灭为 0）。

9. 图 10-39 所示是两处控制照明灯的电路，单刀双掷开关 A 安装在一处，B 安装在另一处，两处都可以控制电灯，试画出使灯亮的真值表和用“与非”门电路组成的逻辑电路。（设表示灯亮，表示灯灭；A = 1 表示开关向上扳，A = 0 表示开关向下扳；B = 1 表示开关向上扳，B = 0 表示开关向下扳。）

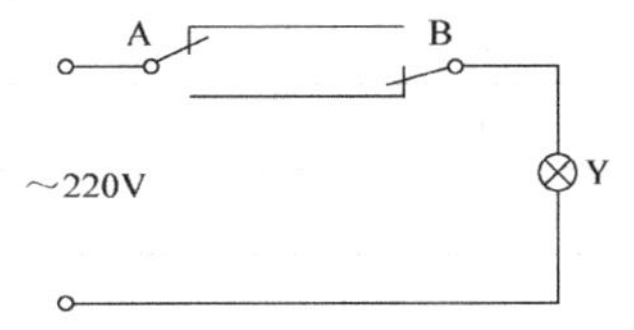

图 10-39　习题 9 电路

10. 某车间有 A、B、C、D 四台电动机，控制要求：

（1）A 电动机必须开机；

（2）其他三台电动机中至少有两台电动机开机。

如不满足上述要求，则指示灯熄灭。设指示灯点亮为 1，熄灭为 0。电动机的开机信号通过某种装置送到各自的输入端，使输入端为 1，否则为 0。试用“与非”门组成点亮指示灯的逻辑电路图。

11. 图 10-40 所示是一密码锁控制电路。开锁条件是：拨对密码，钥匙插入锁眼将开关 S 闭合。当两个条件同时满足时，开锁信号为 1，将锁打开。否则，报警信号为 1，接通警铃。试分析密码 ABCD 是多少？

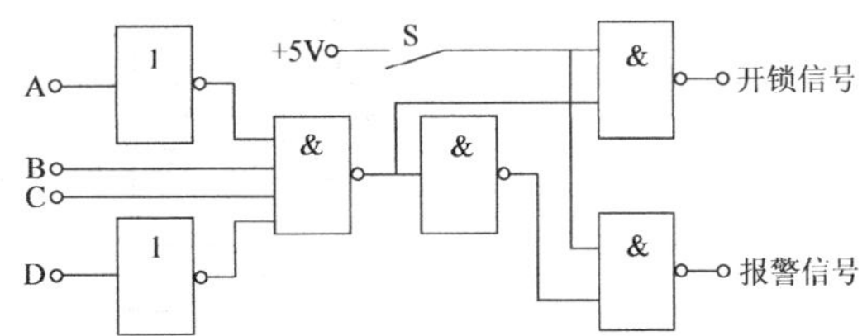

图 10-40　习题 11 电路

12. 图 10-41 是 74LS253 双 4 选 1 数据选择器（三态）中的一个数据选择器。图中 $1D_3 \sim 1D_0$ 是数据输入端，A_1、A_0 是地址输入端，1EN 是选通端或称使能端；1Y 是输出端，该电路的功能见表 10-16。试说明该数据选择器的 4 选 1 的工作情况。

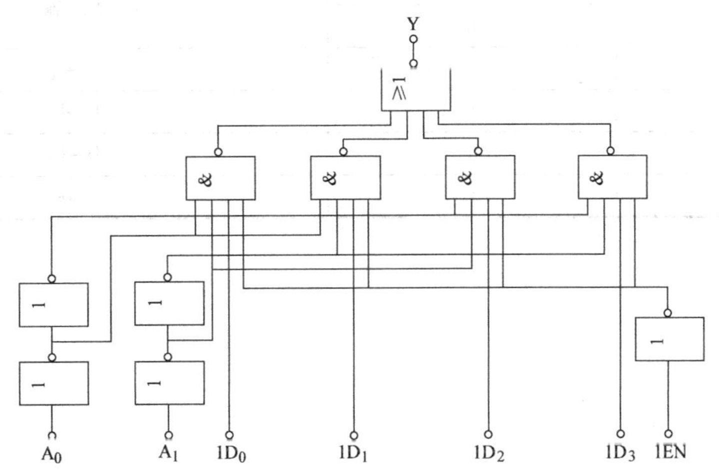

图 10-41　习题 12 电路

表 10-16 74LS253 双 4 选 1 数据选择器（三态）功能表

地址输入		使能	输出
A_1	A_0	1EN	1Y
×	×	1	0
0	0	0	$1D_0$
0	1	0	$1D_1$
1	0	0	$1D_2$
1	1	0	$1D_3$

13. 数据分配器是能将一路输入数据在多路输出的逻辑电路。图 10-42 是一个四路数据分配器。D 是数据输入端，A 和 B 是分配输入端。表 10-17 是该数据分配器的功能表。试分析说明其工作原理。

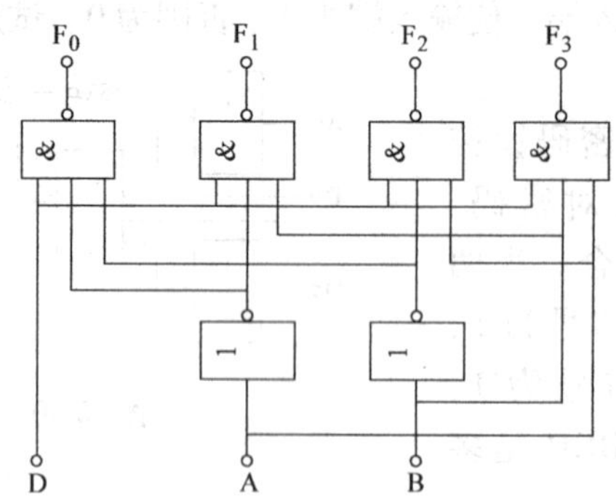

图 10-42 习题 13 电路

表 10-17 习题 13 数据分配器功能表

输入		分配输出
A	B	
0	0	$D \to F_0$
0	1	$D \to F_1$
1	0	$D \to F_2$
1	1	$D \to F_3$

第 11 章　触发器和时序逻辑电路

本章要点

- 基本时序逻辑单元电路（RS、JK、D）触发器的逻辑功能
- 由基本时序单元电路组成计数器的逻辑电路和常用的集成计数器的应用
- 由基本时序单元电路组成寄存器的逻辑电路和常用的集成寄存器的应用

11.1　集成触发器

在数字系统中，为了能实现按一定程序进行运算，需要“记忆”功能。但门电路及其组成的组合逻辑电路中，输出状态完全是由当时输入状态的组合来决定的，与原来的状态无关，不具有“记忆”功能。而触发器及其组成的时序逻辑电路就具有“记忆”功能。它的输出状态不仅决定于当时的输入状态，而且还与原来的状态有关，即具有“记忆”功能。

最常用的是双稳态触发器，它有“0”和“1”两种稳定输出状态，当输入某种触发信号时，它由原来的稳定状态翻转为另一种稳定状态；无信号触发时，它保持原稳定状态。因此，触发器是储存数字信号的基本单元电路。

触发器按稳定工作状态可分为双稳态触发器、单稳态触发器和无稳态触发器（多谐振荡器）等。双稳态触发器按逻辑功能可分为 RS 触发器、JK 触发器和 D 触发器等；按结构可分为主从型触发器和维持阻塞型触发器等。

11.1.1　RS 触发器

1. 基本 RS 触发器

图 11-1a 是基本 RS 触发器的逻辑电路，它由两个“与非”门 G_1、G_2 互相交叉耦合组成，$\overline{R_D}$、$\overline{S_D}$是两个直接触发输入端，Q、$\overline{Q}$是基本 RS 触发器的两个互补输出端，一个为“1”另一个为“0”。我们规定“与非”门 G_2 输出端 Q 的状态为触发器 F 的状态，即当 Q = 1，$\overline{Q}$ = 0 时，称触发器 F 为“1”状态；当 Q = 0，$\overline{Q}$ = 1 时，称触发器 F 为“0”状态。

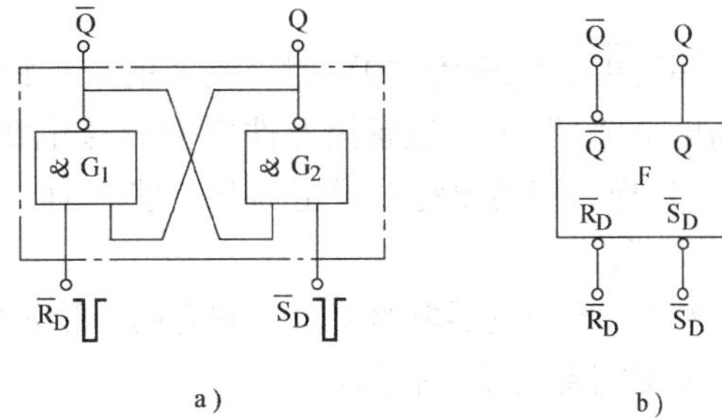

图 11-1　基本 RS 触发器

基本 RS 触发器输出与输入的逻辑关系分如下四种情况：

（1）$\overline{R_D} = \overline{S_D} = 1$

触发器的输出将与原来状态有关，如果原状态为 $Q = 1(\overline{Q} = 0)$，则 G_1 门输入全为“1”，

故输出 $\overline{Q}=0$，使 $Q=1$；如果原状态为 $Q=0(\overline{Q}=1)$，则 G_2 门输入全为“1”，故 $\overline{Q}=0$，使 $\overline{Q}=1$。由此可见，触发器具有两种稳定状态，体现了触发器的“记忆”功能。

（2）$\overline{R_D}=0,\overline{S_D}=1$

$\overline{S_D}=1$，就是将$\overline{S_D}$端悬空；$\overline{R_D}=0$，就是在$\overline{R_D}$端加一负脉冲。由于 G_1 门的一个输入端为“0”，故 G_1 门的输出端 $\overline{Q}=1$；而 G_2 门的输入端全是“1”，故输出 $Q=0$。说明当$\overline{R_D}$端加负脉冲时，F 处于“0”状态。这种状态称为置“0”和复位。

（3）$\overline{R_D}=1,\overline{S_D}=0$

因 G_2 门中有一个输入端为“0”，故 $Q=1$，而 G_1 门输入端全是“1”，故 $\overline{Q}=0$。说明当$\overline{S_D}$端加负脉冲时，F 处于“1”状态。触发器处于“1”状态。这种状态称为置“1”或置位。

（4）$\overline{R_D}=\overline{S_D}=0$

G_1、G_2 两门都有为“0”的输入端，所以它们的输出 $\overline{Q}=1$、$Q=1$。这就达不到 Q 与 $\overline{Q}$ 的状态互补的逻辑要求，不满足双稳态条件。一旦$\overline{R_D}$、$\overline{S_D}$同时变为“1”时，F 的状态将取决于偶然因素，或为 $Q=0$（$\overline{Q}=1$）；或为 $Q=1$（$\overline{Q}=0$）。因此，这种情况在使用中应禁止出现。

基本 RS 触发器的逻辑符号如图 11-1b 所示，图中$\overline{R_D}$、$\overline{S_D}$的下标“D”表示直接输入，“非”表示触发信号低电平有效，故$\overline{R_D}$称直接置“0”端或直接复位端，$\overline{S_D}$称直接置“1”端或直接置位端，逻辑符号中的小圆圈表示“非”，在输出端 $\overline{Q}$ 端加小圆圈“○”。

综上分析，可列出基本 RS 触发器的逻辑功能见表 11-1。

表 11-1　基本 RS 触发器逻辑功能表

输　入		输　出	
$\overline{R_D}$	$\overline{S_D}$	Q^{n+1}	功能说明
1	1	Q^n	不变
1	0	1	置 1
0	1	0	置 0
0	0	×	禁止

因为$\overline{R_D}$、$\overline{S_D}$全为“0”时，是 F 的禁止状态，所以在无信号输入时，$\overline{R_D}$、$\overline{S_D}$平时都应接在高电平“1”上（通常因器件内部已接电源，输入端不接地就相当于接高电平，称为悬空）。这样，当需要将 F 设定为某一状态时，可在$\overline{R_D}$或$\overline{S_D}$端加一低电平“0”，使 F 置“0”或置“1”。

基本 RS 触发器电路简单，它有两个稳定状态，故可用来储存一位二进制数码，常用它来组成更完善的双稳态触发器。

常用的集成基本 RS 触发器电路有 TTL 型四 R-S（锁存器）74HC279 和 CMOS 型 CC4043 等电路。

2. 同步 RS 触发器

在数字电路中，为使多个相关的触发器同时工作，因此必须引入同步信号或称时钟脉冲信号，用 CP 表示，这种触发器称为同步触发器。

图 11-2a 是同步 RS 触发器的逻辑电路，它在基本 RS 触发器前加入由两个“与非”门 G_3、G_4 作导引门。R、S 端为信号（数据）输入端，CP 端称时钟脉冲控制端。电路输出状态由 R，S 决定，但必须在 CP 的作用下，才能使触发器翻转，即触发器与时钟脉冲同步地工作，故称同步（钟控）RS 触发器。同步 RS 触发器的时钟脉冲 CP 一般采用正脉冲，它在两个时钟脉冲的间歇内，CP = 0 时，G_3、G_4 门的输出都为“1”，不受 R、S 的影响，触发器维持原状态（用 Q^n 表示）。也就是说，在 CP = 0 时间内，R、S 的状态改变不会影响 G_3、G_4 门的输出，称导引门被封锁。当在时钟脉冲作用期间（CP = 1）导引门畅通，将 R、S 的状态导引至基本 RS 触发器，这时 F 的状态就由 R、S 来决定。它的逻辑符号如图 11-2b 所示。逻辑功能表见表 11-2，表中 Q^n 表示 CP 作用前 F 的状态，称初态；Q^{n+1} 表示 CP 作用后 F 的状态，称次态。

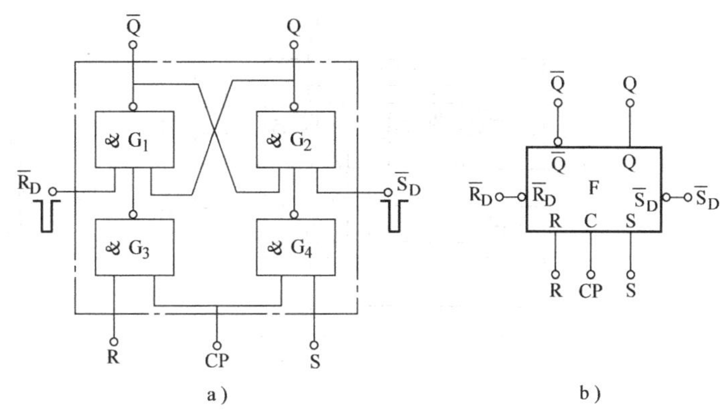

图 11-2 同步 RS 触发器

表 11-2 同步 RS 触发器逻辑功能表

输入		输出	功能说明
R	S	Q^{n+1}	
0	1	1	置 1
1	0	0	置 0
0	0	Q^n	保持
1	1	×	禁止

由表 11-2 可见，R、S 全是“1”的输入组合是应当禁止的，因为当 CP = 1 时，若 R = S = 1，则导引门 G_3、G_4 均输出“0”态，致使 $Q = \overline{Q} = 1$，当时钟脉冲过去之后，触发器恢复成何种稳态是随机的。在同步 RS 触发器中，通常仍设有直接复位端 $\overline{R_D}$ 和直接置位端 $\overline{S_D}$，$\overline{R_D}$、$\overline{S_D}$ 只允许在时钟脉冲的间歇期内使用，使用时采用负脉冲，使触发器 Q 置“1”或置“0”，以实现清零或置数，使之具有指定的初始状态。不用时“悬空”，即高电平。R、S 端称同步输入端，触发器的状态由 CP 脉冲来决定。

同步 RS 触发器结构简单，但存在两个严重缺点：一是会出现不确定状态；二是触发器在 CP 持续期间，当 R、S 的输入状态变化时，会造成触发器翻转，产生误动作，导致触发器的最后状态无法确定。

11.1.2 主从型 JK 触发器

主从型 JK 触发器的逻辑电路如图 11-3a 所示，其逻辑符号如图 11-3b 所示。它由两级同步 RS 触发器组成，前级称主触发器 F_1，后级称从触发器 F_2，主从型 JK 触发器状态为 F_2 的状态，并将后级输出反馈到前级输入，以消除不确定状态。

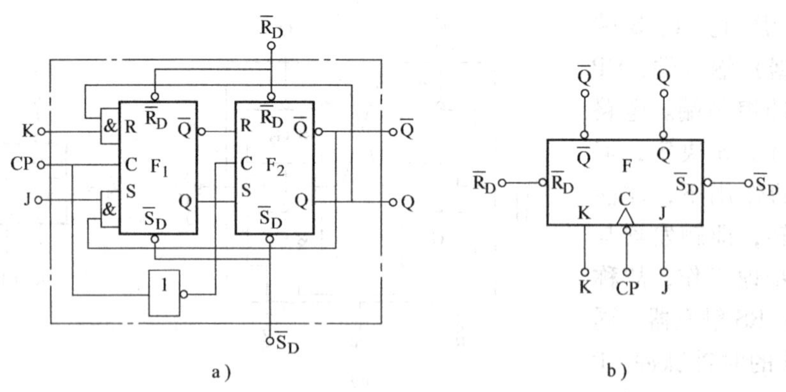

图 11-3　主从型 JK 触发器

在两个 RS 触发器时钟脉冲输入端之间接一个“非”门，其作用是使主、从触发器的时钟脉冲极性相反。CP 为 JK 触发器时钟脉冲输入端，J、K 为控制输入端。F_1 有两个 S 端，一个接从 F_2 的 $\overline{Q}$，一个是 J 信号输入，两个信号为“与”关系，即 $S = J\overline{Q}$；R 端也有两个输入，一个接从触发器的 Q，一个就是 K 信号输入，两个信号也是“与”关系，即 $R = KQ$。

时钟脉冲作用期间，$CP = 1$，$\overline{CP} = 0$，从 F_2 被封锁，F_2 保持原状态，即 Q 在脉冲作用期间不变；F_1 则类似同步 RS 触发器那样工作，但是它没有不确定状态，这是因为：从输出反馈到输入的 Q 和 $\overline{Q}$ 总有一个为“0”，即 $S = J\overline{Q}$，$R = KQ$，故即使输入端 $J = K = 1$，F_1 的 S 与 R 不可能同时为“1”，这就消除了主触发器的不确定状态。当时钟脉冲过去后，CP 由高电平变为低电平时，$CP = 0$，$\overline{CP} = 1$，F_1 被封锁，F_2 畅通，将 F_1 的状态，移入 F_2 中，使 F_2 状态与 F_1 相同，触发器的逻辑功能见表 11-3。

表 11-3　JK 触发器的逻辑功能表

输　入		输　出	功 能 说 明
J	K	Q^{n+1}	
0	1	0	置 0
1	0	1	置 1
0	0	Q^n	保持
1	1	$\overline{Q^n}$	(翻转)计数

可见，这种 JK 触发器的工作是分两步完成的，$CP = 1$ 时，Q 不变，只有 F_1 按 JK 触发器功能表工作，当 CP 下降沿到达时，才将 F_1 的输出状态传送到 F_2 的输出端，Q 从原状态 Q^n 变为新状态 Q^{n+1}。就是说，在 CP 由“0”变为“1”（上升沿）时，JK 触发器只把输入信号 J、K 状态接收进来而不翻转，一定要等到 CP 由“1”再回到“0”（下降沿）时，JK 触发器的 Q 状态才由 J、K 状态决定输出状态，进行翻转。此时虽然 Q 的状态改变了，因 CP 为“0”，F_1 被封锁，Q 不变，解决了多次翻转问题。

为克服上述缺点，常采用边沿触发的边沿型 JK 触发器和维持阻塞型 D 触发器。

11.1.3　边沿型 JK 触发器

边沿触发器是利用电路内部的速度差来克服“空翻”现象的时钟触发器。它的触发方式为边沿触发，通常为下降沿触发方式，即输入数据仅在时钟脉冲的下降沿这一“瞬间”起作用。在图 11-4b 所示的逻辑符号中，CP 输入端用小圆圈表示低电平有效，加一全三角形符号来表示边沿触发，则 CP 表示为下降沿触发。

JK 触发器是应用最广的基本“记忆”部件，用它可以组成多种具有其功能的触发器和数字器件。集成 JK 触发器有各种型号和规格，常用的有 74HC73A、74HC107A、74HC76A、等 TTL 触发器；CC4027、CC4013 等 CMOS 触发器。

图 11-4a、b 所示是 T078 单 JK 触发器的引脚和逻辑符号，图中 $J=J_1J_2J_3, K=K_1K_2K_3$，有两个下降沿触发的时钟脉冲控制端 $\overline{CP_1}$、$\overline{CP_2}$。集成 JK 触发器还有 74HC73ATTL 双 JK 触发器（带清零）和 CC4027CMOS 双 JK 触发器（带清零和置位）等。

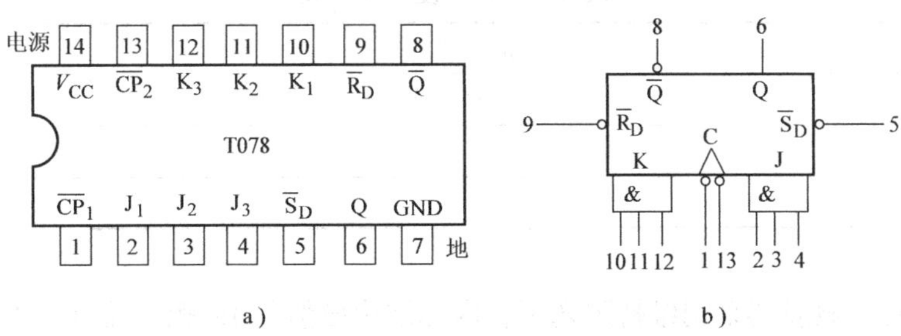

图 11-4　T078 单 JK 触发器

【例 11-1】 JK 触发器输入端的波形如图 11-5 所示。其直接输入端 $\overline{R_D}=\overline{S_D}=1$，求输出端 Q 的状态波形（初始状态 Q = 1）。

解　在 CP 下降沿时输入数据 J、K 起作用，输出端 Q 的状态如何变化，则取决于它们的功能表，即得图 11-5 中的 Q 波形。

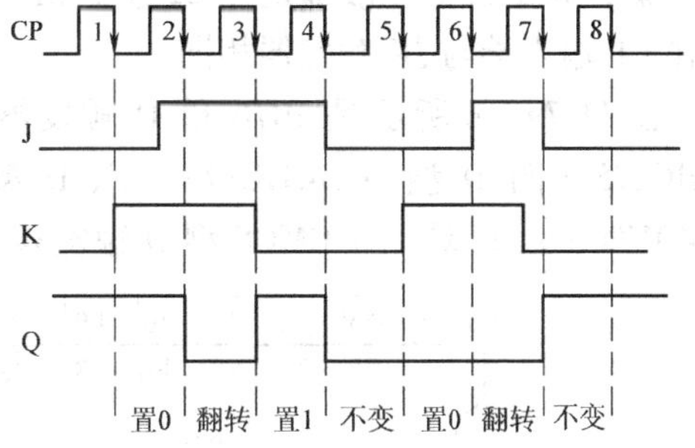

图 11-5　例 11-1 波形图

11.1.4　D 触发器

JK 触发器有两个信号输入端，需要两个控制信号。而有时为了某种用途，只需一个控制信号即可实现触发器的触发翻转功能。它可以在 JK 触发器两个输入端的基础上增加一些门电路来实现，将控制信号直接加到 J 端，并同时通过“非”门电路加到 K 端。时钟脉冲 CP 经“非”门加到 JK 触发器的 CP 端，就组成了上升沿触发的 D 触发器，如图 11-6a 所示，也是一种应用很广的触发器。

D 触发器的逻辑功能是：当 D = 0，即 J = 1、K = 0，CP 上升沿到来时，不论触发器的原状态如何，Q = 0；当 D = 1 时，CP 触发后，Q = 1。可见，D 触发器在 CP 时钟脉冲上升沿到来时，其输出端 Q 的状态将由输入端 D 的状态决定。逻辑符号如图 11-6b 所示，因 CP 输入端处无小圆圈，故为上升沿触发。逻辑功能见表 11-4。

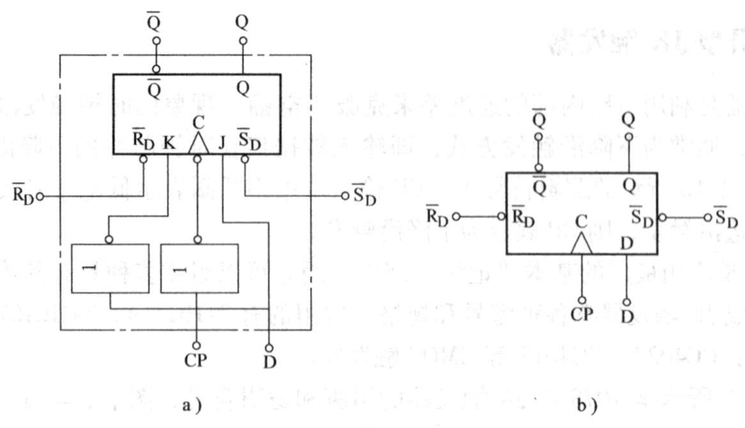

图 11-6 D 触发器

表 11-4 D 触发器真值表

输　入	输　出	功 能 说 明
D^n	D^{n+1}	
0	0	置 0
1	1	置 1

实际应用的 D 触发器采用维持阻塞型，内部结构虽然与 JK 触发器有所不同，但同样解决了多次翻转问题和不确定状态。D 触发器的状态只取决于 CP 到来之前 D 输入端的状态，它必须等到 CP 脉冲上升沿到来时，才能传送到触发器的输出端。这表明 D 触发器具有延迟作用，故 D 触发器也称延迟触发器。

集成 D 触发器一般都是在 CP 上升沿触发。也有采用下降沿触发的 D 触发器，其图形符号在 CP 输入端与 JK 触发器相同。

图 11-7a、b 所示是 T076 单 D 触发器的引脚和逻辑符号。还有 74HC74（双 D 型）；74HC175（四 D 型）；74HC174（六 D 型）等 TTL 型 D 触发器。CC4013（四 D 型）、CC40174（六 D 型）等 CMOS 型 D 触发器。

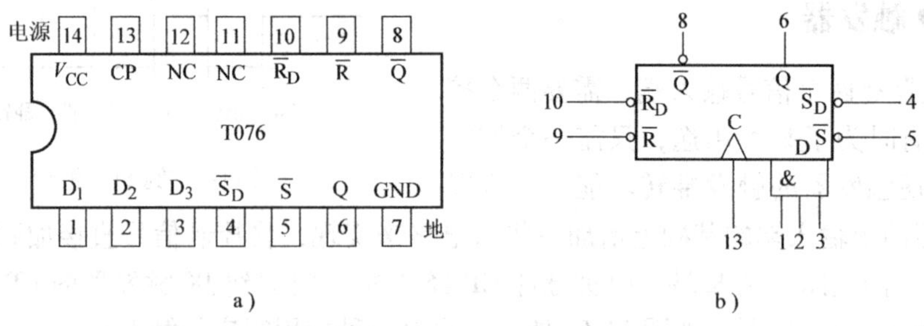

图 11-7 T076 单 D 触发器

【例 11-2】 图 11-6b 所示 D 触发器的输入端波形如图 11-8 所示。其 $\overline{R_D}=\overline{S_D}=1$，求 D 触发器输出端 Q 的波形（初始状态 Q = 0）。

解 根据 D 触发器真值表。确定时钟脉冲 CP 由低电平上升到高电平时，输入端 D 的状态，将 D 端的状态传送到 Q 端，故 Q 端的波形如图 11-8 所示。

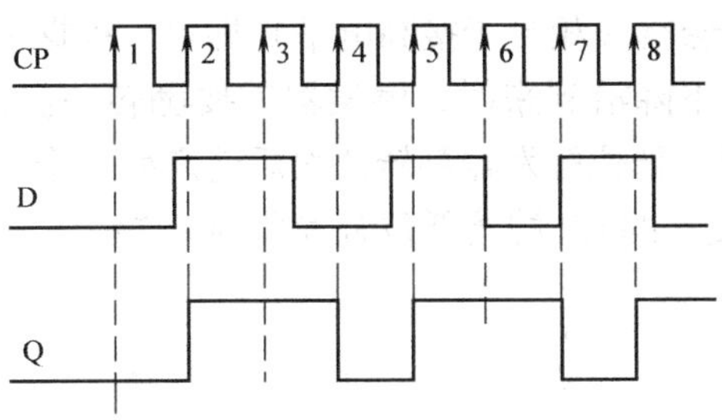

图 11-8　例 11-2 图

11.2　计数器

在电子计算机和数字逻辑系统中，计数器是重要的基本部件，它能累计和寄存输入脉冲的数目。计数器应用十分广泛，它不仅可用来计数，还可用作数字系统中的定时电路和执行数字运算等。因此，各种数字设备中，几乎都要用到计数器。

计数器的种类很多，按运算方法分为加法计数器、减法计数器和可逆计数器；按进位制分为二进制计数器、二-十进制计数器、*N* 进制计数器等。

这里讨论最常用的二进制加法计数器和二-十进制加法计数器。

11.2.1　二进制计数器

由于双稳态触发器有“1”和“0”两个状态，所以一个双稳态触发器可以表示一位二进制数。如果要表示 *N* 位二进制数，就得用 *N* 个触发器。

四位二进制加法计数器的逻辑功能见表 11-5。

表 11-5　四位二进制加法计数器的逻辑功能表

计数脉冲数	CP	二进制数				十进制数
		Q_3	Q_2	Q_1	Q_0	
0		0	0	0	0	0
1	↓	0	0	0	1	1
2	↓	0	0	1	0	2
3	↓	0	0	1	1	3
4	↓	0	1	0	0	4
5	↓	0	1	0	1	5
6	↓	0	1	1	0	6
7	↓	0	1	1	1	7
8	↓	1	0	0	0	8
9	↓	1	0	0	1	9
10	↓	1	0	1	0	10
11	↓	1	0	1	1	11
12	↓	1	1	0	0	12
13	↓	1	1	0	1	13
14	↓	1	1	1	0	14
15	↓	1	1	1	1	15
16	↓	0	0	0	0	0

图 11-9 所示是由 JK 触发器组成的四位二进制加法计数器。JK 触发器作计数触发器使用时，只要将 J、K 输入端悬空（相当于接高电平）即可。根据 JK 触发器状态表，J = K = 1 时，每当一个时钟脉冲 CP 下降沿到来时，触发器就要翻转一次，即由 0 翻转为 1，或从 1 翻转为 0，实现了计数触发。低位触发器翻转两次后就产生一个下降沿的进位脉冲，使高位触发器翻转，所以高位触发器的 CP 端接低位触发器的 Q 端。

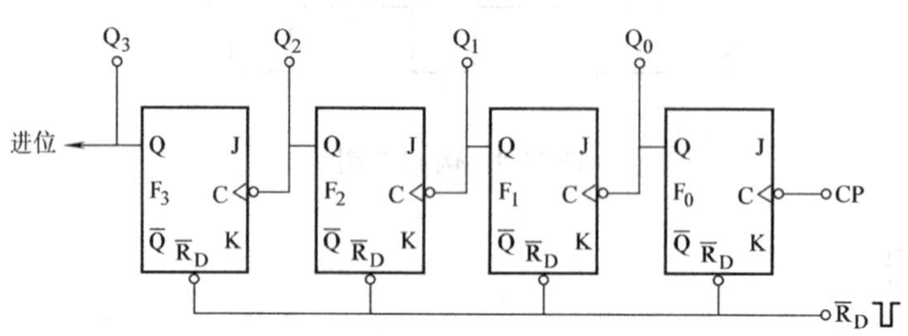

图 11-9 JK 触发器组成的四位二进加法制计数器

假设四个 JK 触发器在 CP 作用前，在直接置“0”端$\overline{R_D}$加入一负脉冲，则各触发器初态均为“0”，计数器为 0000 状态。第一个计数脉冲结束时，触发器 F_0 翻转为“1”，其 Q_0 输出端由“0”翻转为“1”，$Q_0 = CP_1$，故 CP 为上升沿，因而触发器 F_1 不会翻转，计数器状态为 0001。

第二个计数脉冲结束时，F_0 翻转由“1”变为“0”，Q_0 输出由“1”翻转为“0”，即作为第二个 JK 触发器的 CP 脉冲，使 F_1 转为“1”。Q_1 由“0”翻转为“1”，不会引起触发器 F_2 翻转；触发器 F_3 也不会翻转。计数器状态为 0010。

第三个脉冲结束时，F_0 翻转为“1”，F_1、F_2、F_3 都不翻转。计数器状态为 0011。

第四个脉冲结束时，F_0 翻转为“0”，使 F_1 也翻转。F_1 翻成“0”后又使 F_2 翻成“1”。F_3 不翻转。计数器状态为 0100。

如此继续下去，可得该四位二进制计数器的波形如图 11-10。这种计数器由于计数脉冲不是同时加到各触发器的 CP 端，而只加到最低位触发器，其他各位触发器则由相邻低位触发器的进位脉冲来触发，因此它们状态的变换有先有后，称“异步”计数，故这种计数器的速度较慢。

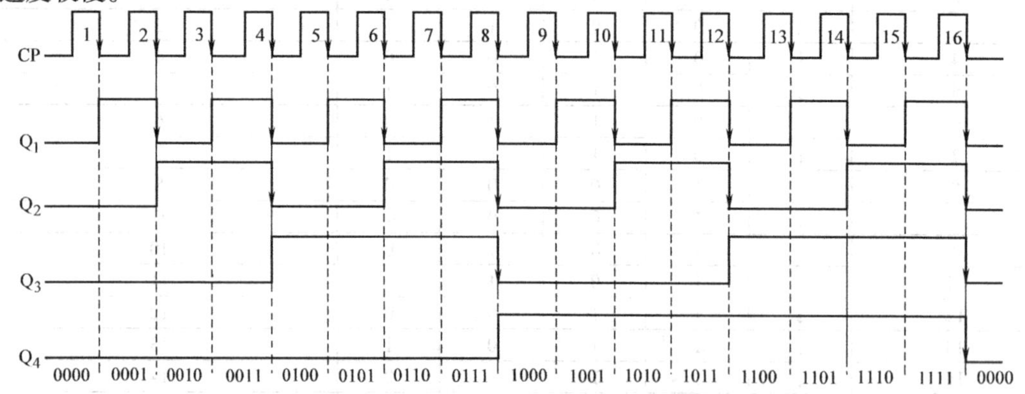

图 11-10 四位二进制加法计数器波形图

图 11-11 所示是用上升沿触发的 D 触发器构成的异步四位二进制减法计数器。其工作原理，可自行分析。

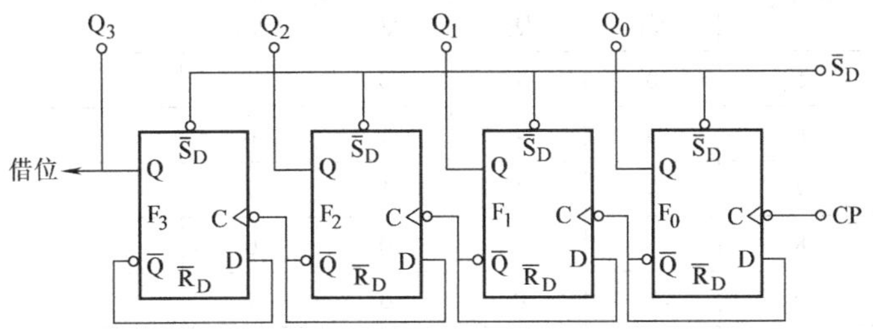

图 11-11　由 D 触发器构成四位二进制减法计数器

常用的二进制计数器有 74HC161A、74HC163A 四位二进制计数器，74HC169A、74HC191、74HC193 四位二进制同步可逆计数器等 TTL 集成二进制计数器和 CC4016、CC4520、CC40161、CC40193 等 CMOS 集成二进制计数器。图 11-12 所示是 74HC163 四位二进制同步计数器的引脚图。图中 Q_{CC}是向高位的输出端；$\overline{CR}$为直接清零端；$\overline{LD}$为数据置入控制端，低电平有效；E_P、E_T 为高电平有效的使能三态控制端；CP 为上升沿触发时钟脉冲端；$D_3 \sim D_0$ 为预置数输入端。

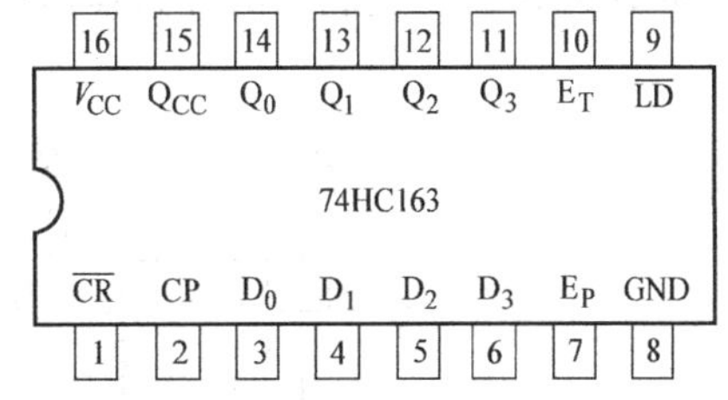

图 11-12　74HC163 四位二进制同步计数器

11.2.2　二-十进制加法计数器

二-十进制加法计数器，简称十进制计数器。大家习惯于用十进制计数和运算。在数字式仪表中，为了显示读数的方便，常采用十进制计数器。

用二进制代码表示十进制数的方法，称为二-十进制代码，也称 BCD 代码。BCD 码中最常用的一种是 8421BCD 代码，简称 8421 码，它可由四位二进制代码来实现。

四位二进制计数器可计 16 个脉冲数，即有十六个稳定的电路状态，但十进制只需要十个电路状态，因此在四位二进制计数器的基础上，需要设法去掉六个电路状态，就可满足要求。实现 8421BCD 码的十进制加法计数器的真值见表 11-6。它在 0000 ~ 1001 计数满 9 个后，再加一个“1”时，必须让它翻转到 0000 状态，即跳过 1010、1011、1100、1101、1110、1111 六个状态，并向高位产生一个进位信号。

表 11-6　二-十进制 8421BCD 码加法计数真值表

二进制数	脉冲数	8421 码(电路状态)				十进制数
		Q_3	Q_2	Q_1	Q_0	
0000	0	0	0	0	0	0
0001	1	0	0	0	1	1
0010	2	0	0	1	0	2
0011	3	0	0	1	1	3
0100	4	0	1	0	0	4

（续）

二 进 制 数	脉冲数	8421码(电路状态)				十 进 制 数
		Q_3	Q_2	Q_1	Q_0	
0101	5	0	1	0	1	5
0110	6	0	1	1	0	6
0111	7	0	1	1	1	7
1000	8	1	0	0	0	8
1001	9	1	0	0	1	9
0000	10	0	0	0	0	10

图 11-13 所示是由 JK 触发器构成的 8421BCD 码十进制加法计数器的逻辑图。

8421BCD 码十进制加法计数器由四个主从 JK 触发器组成。每个触发器的电路特点是：

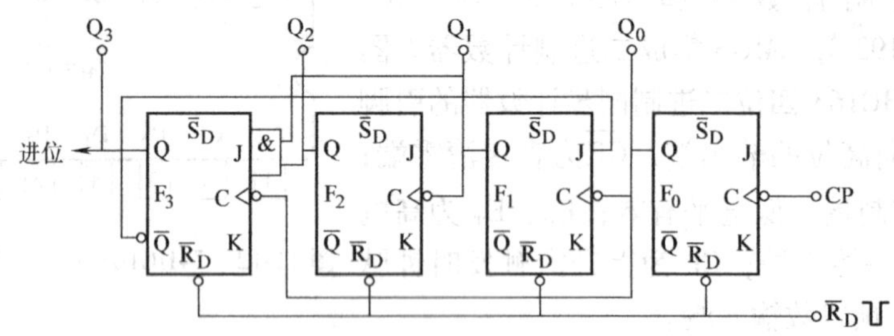

图 11-13　由 JK 触发器构成的十进制加法计数器逻辑图

1）第一位和第三位触发器的 $J_0=K_0=1$，$J_2=K_2=1$，都具有计数功能，它们在 CP 及 Q_1 的下降沿到来时，实现翻转。

2）第二位触发器 F_1 的 $J_1=\overline{Q_3}$，当$\overline{Q_3}=1$ 时，在 Q_0 由 1 变 0 时，F_1 的翻转；当$\overline{Q_3}=0$ 时，F_1 置 0；

3）第四位触发器 $J_3=Q_1Q_2$，$CP_3=Q_0$。当 $Q_1=Q_2=1$，且 Q_0 由 1 变 0 时，F_3 才能翻转；当 $Q_1=Q_2=0$ 时，F_3 置 0。

下面分析该计数器的工作原理。

计数前在$\overline{R_D}$端加一个负脉冲，使各触发器为 0000 状态。在 F_3 翻转之前，即计数到 1000 以前，F_2、F_1、F_0 都处于计数触发状态。其工作原理与二进制计数器相同。

当第八个 CP 脉冲到来后，F_0 由 1 变 0，Q_0 输出的负跳变使 F_1 由 1 变 0；Q_1 的负跳变又使 Q_2 也由 1 变 0，Q_2 的负跳变又使 Q_3 也由 1 变 0；在 Q_0 输出的负跳变时，因$J_3=Q_1Q_2=1$，故使 Q_3 由 0 变 1，这时计数器变成 1000 状态。

第九个 CP 脉冲使 F_0 翻转，计数器为 1001 状态。第 10 个 CP 脉冲输入后，Q_0 由 1 翻转到 0，并送给 F_1、F_3 的 CP 端为一个下降沿信号。F_1 因 $J_1=\overline{Q_3}=0$，故 F_1 置 0 而状态不变；F_3 则因 $K_3=1$，$J_3=Q_1Q_2=0$，Q_3 由 1 翻转到 0。于是计数器由 1001 回到 0000 状态。实现了二-十进制的计数。此时 Q_3 输出一个由 1 变 0 的下降沿进位时钟脉冲。

常用的集成十进制计数器有 74HC160A、74HC162A、74HC190、74HC192、74HC290 等

TTL 型和 CC4017、CC4029、CC4510、CC40160、CC40162 等 CMOS 型。图 11-14 所示是 74HC162A 的外引脚图。

11.2.3 *N* 进制加法计数器

图 11-15 所示是 74HC161 四位二进制同步计数器的引脚图。图中 Q_{CC}是向高位进位的输出端；$\overline{CR}$为异步清零端；$\overline{LD}$为数据置入控制端，低电平有效；P、T 为高电平有效的使能三态控制端；CP 为上升沿触发时钟脉冲端；$D_3 \sim D_0$ 为预置数输入端。表 11-7 为 74HC161 集成电路的功能表。

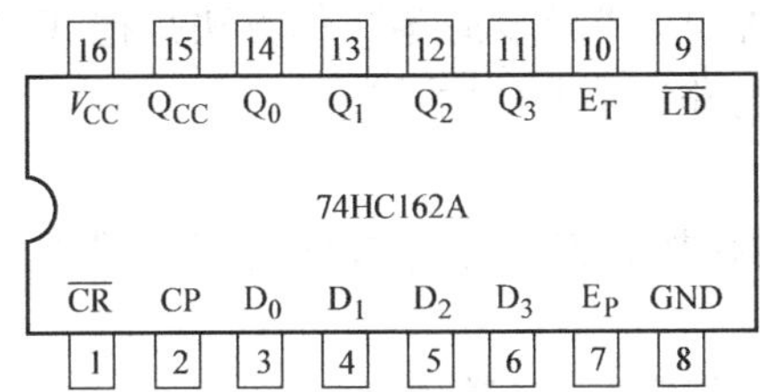

图 11-14 74HC162A 四位十进制同步计数器

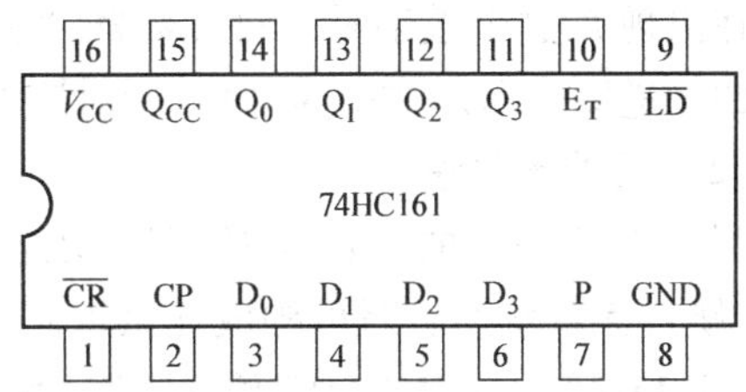

图 11-15 74HC161 四位二进制同步计数器

表 11-7 74HC161 的功能表

状 态	输 入									输 出			
功 能	$\overline{CR}$	$\overline{LD}$	T	P	CP	D_3	D_2	D_1	D_0	Q_3^{n+1}	Q_2^{n+1}	Q_1^{n+1}	Q_0^{n+1}
清 零	0	×	×	×	×	×	×	×	×	0	0	0	0
置 数	1	0	×	×	↑	d_3	d_2	d_1	d_0	d_3	d_2	d_1	d_0
计 数	1	1	1	1	↑	×	×	×	×	计 数			
保 持	1	1	0	×	×	×	×	×	×	保 持			
	1	1	×	0	×	×	×	×	×				

74HC161 集成计数器是四位二进制计数器，也就是模 $M=16$ 的计数器，运用这个芯片也可构成任意进制计数器，其方法有四种，现介绍其中的两种。

(1) 反馈复位法

利用 74HC161 的“异步清零”功能，使计数器在按自然态序计数的过程中“异步清零”，跳过无效状态，就可构成任意进制计数器。

【例 11-3】 运用“反馈复位法”，用 74HC161 构成五进制计数器。

解 因为五进制计数器的有效状态为 0000、0001、0010、0011、0100，如果能设法使输出为 0101（分析一下，为什么不是 0100?）时，让计数器回到 0000 状态，就构成了五进制计数器。

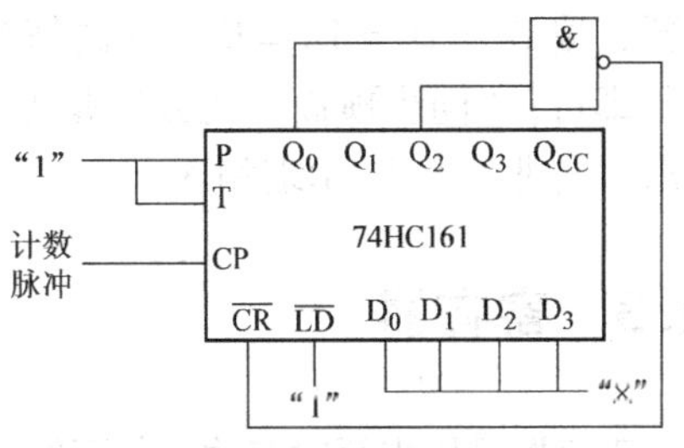

图 11-16 用反馈复位法构成的五进制计数器逻辑图

当输出为 0101 时，即 $Q_3Q_2Q_1Q_0=0101$ 时，$Q_2=Q_0=1$，把 Q_2 和 Q_0 经“与非”后再与$\overline{CR}$相接，就可

得到图 11-16 所示用“反馈复位法”构成的 5 进制计数器电路图。

图中，$P=T=\overline{LD}=1$，是 74HC161 进入计数状态的必要条件，D_3、D_2、D_1、D_0 预置数据输入端对电路工作没有影响，可接任意值。计数器从 0000 开始计数，直到 0100 时，$\overline{CR}$ 为“1”，因此计数器可以正常计数。当计数器计到 0101 时，$\overline{CR}=0$，输出被立即清零，又开始从 0000 计数。

须特别注意，由于是“异步清零”，0101 这个状态是一闪而过，不是一个有效状态，只能算是一个干扰。

结论：用“反馈复位法”可以构成任意进制计数器；如构成的计数器为 N 进制计数器，只需在出现 N 这个数字时，对计数器“异步清零”即可。“异步清零”的方法是把 N 这个数字的二进制表示形式中为“1”所对应的输出经“与非”后与$\overline{CR}$端相连。

（2）反馈预置法

利用 74HC161 的“同步预置”功能，使计数器在按自然态序计数的过程中“同步预置”，跳过无效状态，就可构成任意进制计数器。

【例 11-4】 运用“反馈预置法”，用 74HC161 构成五进制计数器。

解 因为五进制计数器的有效状态为 0000、0001、0010、0011、0100，如果能设法使输出为 0100（分析一下，为什么不是 0101？）时，让计数器回到 0000 状态，就构成了五进制计数器。

当计数器输出为 0100 时，即 $Q_3Q_2Q_1Q_0=0100$ 时，$Q_2=1$，把 Q_2 反相后接到$\overline{LD}$，就可得到图 11-17 所示的用“反馈预置法”构成的五进制计数器逻辑图。

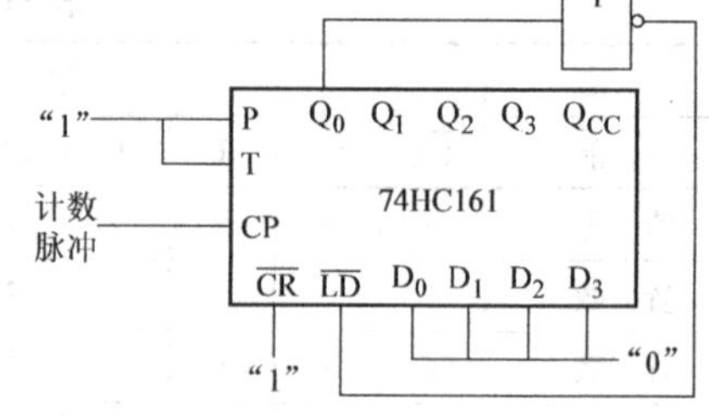

图 11-17 74HC161 用反馈预置法构成的五进制计数器逻辑图

图中，$P=T=\overline{LD}=1$，是 74HC161 进入计数状态的必要条件，D_3、D_2、D_1、D_0 预置为 0000。计数器从 0000 开始计数，直到 0011，$\overline{LD}$始终为“1”，因此计数器可以正常计数。当计数器计到 0100 时，$\overline{LD}=0$，当又一个 CP 脉冲到来时，输出被置为 0000，又开始从 0000 计数。

须特别注意，与“异步清零”不同，当$\overline{LD}=0$，预置操作并不立即进行，而是要再来一个 CP 脉冲才进行，因此 0100 这个状态是一个有效状态，用“反馈预置法”构成的计数器没有干扰输出。

结论：用“反馈预置法”可以构成任意进制计数器；如构成的计数器为 N 进制计数器，在预置端 $D_3=D_2=D_1=D_0=0$ 的情况下，只需在出现 $N-1$ 这个数字时对计数器“同步预置”即可；“同步预置”的方法是把 $N-1$ 这个数字的二进制表示形式中为“1”所对应的输出“与非”后与$\overline{LD}$端相连。

11.3 寄存器

寄存器是用来暂时存放参与运算的数据和运算结果的逻辑电路。一个触发器只能寄存一位二进制数，要存放多位数时，就得用多个触发器。常用的有四位、八位、十六位等寄存器。

寄存器存放数码的方式有并行和串行两种。并行方式就是数码各位从各对应位同时输入到寄存器中；串行方式就是数码从一个输入端逐位输入到寄存器中。

从寄存器取出数码的方式也有并行和串行两种。在并行方式中，被取出的数码各位在对应于各位的输出端上同时出现；而在串行方式中，被取出的数码在一个输出端逐位出现。

寄存器常分为数码寄存器和移位寄存器两种，区别在于有无移位功能。

11.3.1 数码寄存器

数码寄存器具有寄存数码和清除数码的功能。图 11-18 所示是一种四位二进制数码寄存器。设输入的二进制数为 1011。在“寄存指令”（正脉冲）来到之前，先将基本 RS 触发器清零，使 F_3、F_2、F_1、F_0 的输出为 0000。因“寄存指令”未到，故 G_3、G_2、G_1、G_0 四个“与非”门的输出全为 1。当“寄存指令”来到时，由于第四、第二、第一位数码输入为 1，G_3、G_1、G_0“与非”门的输出均为 0，使触发器 F_3、F_1、F_0 置 1，而第三位数码输入为 0，G_2 的输出仍为 1，故 F_2 的状态不变，仍保持 0。于是将数码 1011 存放到基本 RS 触发器的输出端。若要取出该数码时，可给“与非”门 G_7、G_6、G_5、G_4“取出指令”（正脉冲），则各位数码就在 $Q_3 \sim Q_0$ 输出端上取出。在未给“取出指令”时，$Q_3 \sim Q_0$ 端均为“0”。这种寄存数据的方式为并行输入，输出数据的方式为并行输出。

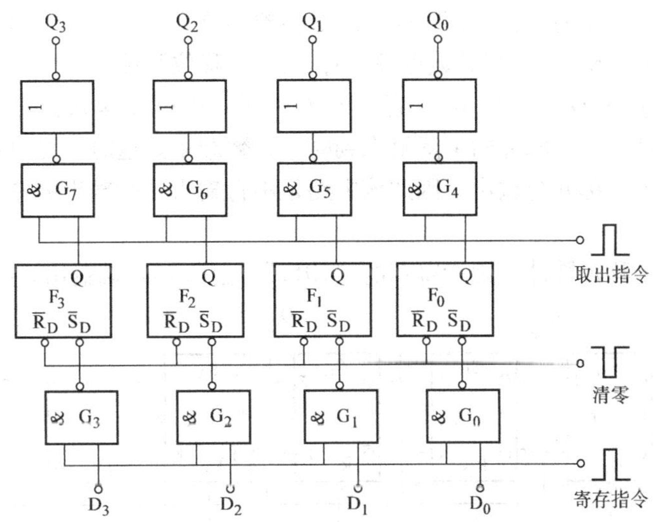

图 11-18 四位二进制数码寄存器

图 11-19 所示是由 D 触发器（上升沿触发）组成的四位数码寄存器，其工作情况可自行分析。

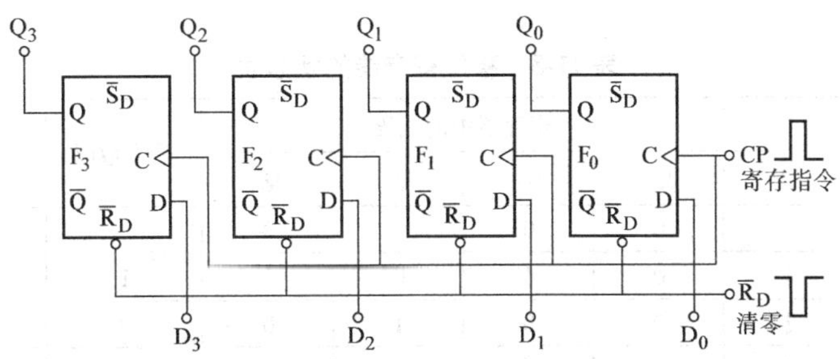

图 11-19 D 触发器组成的四位数码寄存器

上述两种都是并行输入并行输出的寄存器。常用的数码寄存器集成电路有 74HC173、74HC299 等 TTL 型和 CC4076、CC40105、CC40208 等 CMOS 型集成电路。图 11-20 所示是 74HC173 四位 D 型寄存器（三态）的外引脚图。图中$\overline{S_1}$、$\overline{S_2}$为寄存器输入输出操作选择；$\overline{E_A}$、$\overline{E_B}$为低电平有效控制端，CR 为清零端（高电平时实现清零），$D_3 \sim D_0$ 为数据输入端；$Q_3 \sim Q_0$ 为数据输出端。

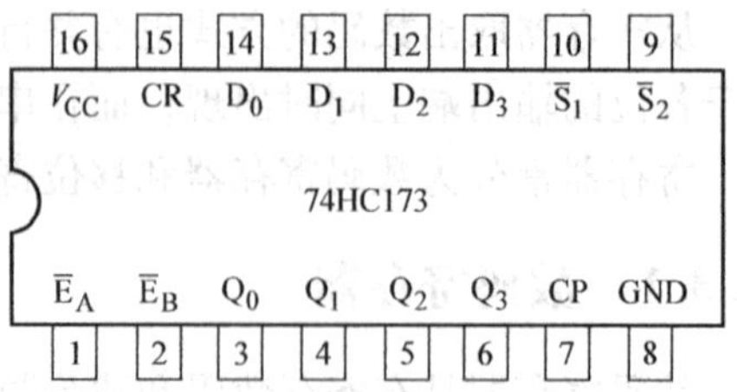

图 11-20　74HC173 四位 D 型寄存器（三态）

11.3.2　移位寄存器

移位寄存器不仅能存放数码而且有移位功能。所谓移位是每来一个移位脉冲（时钟脉冲）时，触发器的状态便向右或向左移一位，也就是寄存器的数码可以在移位脉冲的控制下依次进行移位。移位寄存器在计算机中应用广泛。

图 11-21 所示是由 JK 触发器组成的四位左移移位寄存器。F_0 接成 D 触发器，数码由 D 端输入。设寄存的二进制数为 1011，按移位脉冲（即时钟脉冲）的工作节拍从低位到高位依次串行送到 D 端。工作前先清零。开始时 D = 1，第一个移位脉冲的下降沿来到时使触发器 F_0 置 1，$Q_0 = 1$，其他仍保持“0”状态，寄存器为 0001。于是 F_2 的 $J_1 = Q_0$，$K_1 = \overline{Q_0}$，F_2、F_3 的 $J_2 = K_2 = J_3 = K_3 = 0$，接着数据 D = 0，第二个移位脉冲 CP 的下降沿来到时，F_0 置“0”，F_1 置“1”，Q_2 和 Q_3 仍为“0”，寄存器为 0010。以后过程见表 11-8，移位一次，存入一个新数码，直到第四个脉冲的下降沿来到时，存数结束。这时，可以从四个触发器的 Q 端同时得到数码输出，称并行输出。因此该电路是串行输入并行输出的左移寄存器。真值表见表 11-8。

如果再经过四个移位脉冲，则所寄存的“1011”逐位从 Q_3 端输出，称串行输出。

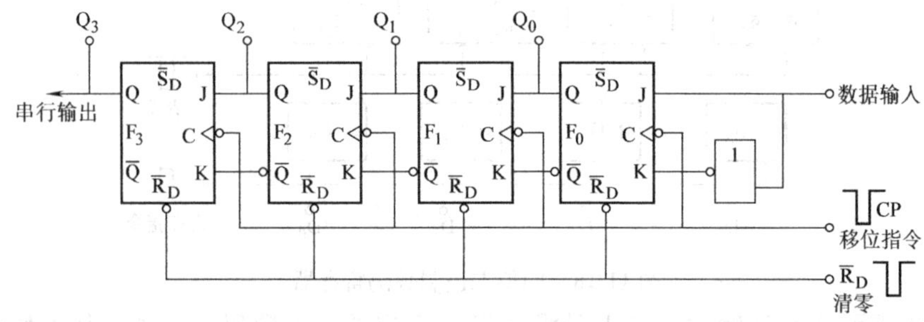

图 11-21　JK 触发器组成的四位左移移位寄存器

表 11-8　移位寄存器的状态表

移位脉冲数		寄存器中的数码				输入数码	移位过程
脉冲	CP	Q_3	Q_2	Q_1	Q_0		
0		0	0	0	0		清零
1	↓	0	0	0	1	1	左移一位
2	↓	0	0	1	0	0	左移二位
3	↓	0	1	0	1	1	左移三位
4	↓	1	0	1	1	1	左移四位

常用的移位寄存器有 74HC91、74HC95、74HC164、74HC165、74HC166 等 TTL 型和 CC4014、CC4015、CC4021 等 CMOS 型集成电路。图 11-22 所示为 74HC165 八位移位寄存器（并入串出）的外引脚图。图中 SH 为移位控制端，$\overline{LD}$为置入控制端，D_{SR}为右移并行数据输入控制端，$D_7 \sim D_0$ 为触发器并入输入端，Q_7 为串行输出端。

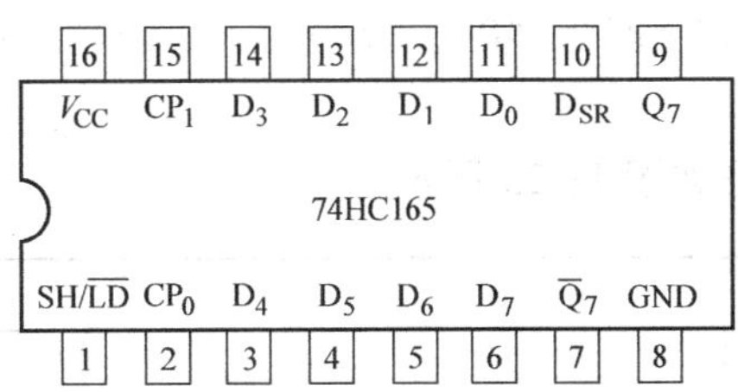

图 11-22　74HC165 入位移位寄存器（并入串出）

11.4　实训 17　二进制加法计数器

1. 实训目的

1）掌握二进制加法计数器的工作原理

2）学会用 74HC163 集成触发器组成二进制加法计数器的接线。

3）熟悉二进制加法计数器的逻辑功能。

2. 实训电路和原理

所谓计数，就是统计脉冲的个数，计数器就是实现“计数”的逻辑部件。计数器的应用十分广泛，它不仅用来计数，也可用作分频、定时等。

计数器由双稳态触发器组成，但在实际工程应用中，直接选用集成计数器产品，74HC163 是具有同步清零功能的可预置四位二进制同步计数器，该实训中采用了 74HC163 集成电路。其外引脚排列如图 11-12 所示，表 11-9 为 74HC163 集成电路的功能表。

表 11-9　74HC163 的功能表

状　态	输　入									输　出			
功　能	$\overline{CR}$	$\overline{LD}$	E_T	E_p	CP	D_3	D_2	D_1	D_0	Q_3^{n+1}	Q_2^{n+1}	Q_1^{n+1}	Q_0^{n+1}
清　零	0	×	×	×	↑	×	×	×	×	0	0	0	0
置　数	1	0	×	×	↑	d_3	d_2	d_1	d_0	d_3	d_2	d_1	d_0
计　数	1	1	1	1	↑	×	×	×	×	计　数			
保　持	1	1	0	×	×	×	×	×	×	保　持			
	1	1	×	0	×	×	×	×	×				

由表 11-9 可知 74HC163 具有以下逻辑功能：

1）$\overline{CR}-0$，不论其他输入端为何状态，输出均为“0”——清零状态，见表 11-9 中第一行。

2）$\overline{CR}=1$，$\overline{LD}=0$：在 CP 上升沿时，将 D_3、D_2、D_1、D_0 端的数据 d_3、d_2、d_1、d_0 同时输入到各触发器输出端 Q_3、Q_2、Q_1、Q_0——置数状态，见表 11-9 中第二行。

3）$\overline{CR}=\overline{LD}=1$，若 $E_P=E_T=1$，CP 有上升沿脉冲输入时，实现同步二进制加法计数——计数状态，见表 11-9 中第三行。

4）$\overline{CR}=1$，$\overline{LD}=0$，若 $E_P \cdot E_T=0$，计数器保持原状态——保持状态，见表 11-9 中第四行。

Q_{CC}为向高位的进位端，在平时为“0”，仅当 $E_P=E_T=1$，且 $Q_3=Q_2=Q_1=Q_0=1$ 时，才输出“1”。

74HC163 逻辑功能的波形如图 11-23 所示。

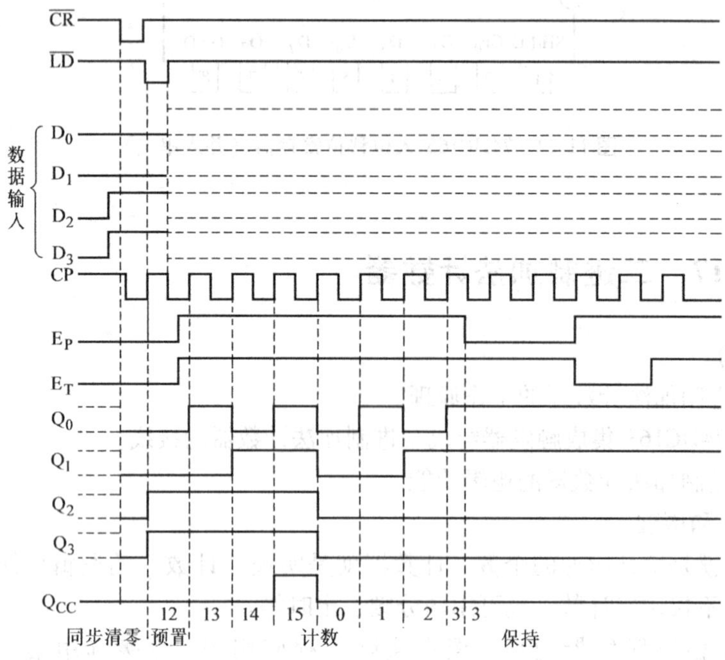

图 11-23　74HC163 逻辑功能的波形图

3. 实训设备与器材

1）NET—IF 型数字实训箱 1 个。

2）直流稳压电源 1 台。

3）74HC163 集成电路 1 片。

4）连接导线若干。

4. 实训内容和步骤

1）将 74HC163 插入实训箱 IC 空插座中，按图 11-24 接线。引脚 16 接电源 +5V，引脚 8 接地，D_3、D_2、D_1、D_0 接四个拨动开关作输入数据，Q_{CC}、Q_3、Q_2、Q_1、Q_0 接五只 LED 发光二极管，置数控制端$\overline{LD}$，清零控制端$\overline{CR}$，分别接逻辑开关 K_1、K_2；E_T、E_P 分别接二个逻辑开关，K_3、K_4；CP 接单次脉冲。

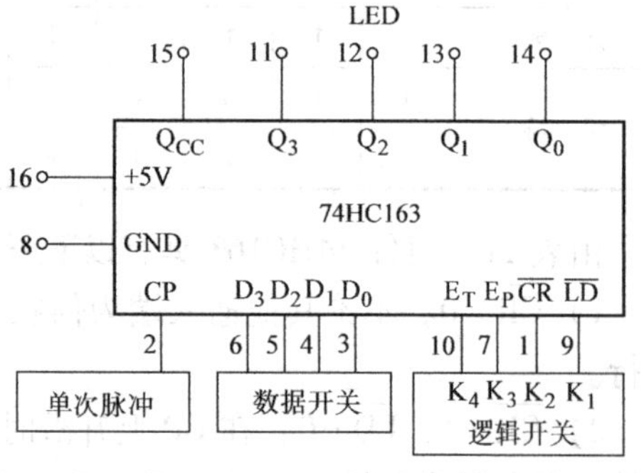

图 11-24　74HC163 的实训电路接线图

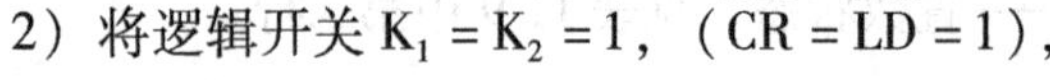
2）将逻辑开关 $K_1=K_2=1$，($\overline{CR}=\overline{LD}=1$)，

$K_3=K_4=1(E_T=E_P=1)$，则 74HC163 处于加法计数器工作状态。这时，按动单次脉冲按钮开关，输入时钟脉冲 CP，则 LED 显示十六进制计数状态，即从 0000→0001→…→1111 进行顺序计数，当计数器为 1111 时，同时 Q_{CC}为 1，点亮接在 Q_{CC}端的 LED 发光二极管，再按一次单次脉冲按钮开关输入 CP，则计数器翻到 0000。

3）将 CP 接到单次脉冲的导线切断，而连接到连续脉冲输出端时，可看到二进制计数器连续翻转的情况。

5. 分析与思考

1）画出 74HC163 实现计数的逻辑波形图。

2）试从电子器件手册中查找 74HC293 的引脚功能表，并用它来实现二进制计数器。

3）能否在 74HC163 集成计数器的基础上增加一些门电路实现二-十进制计数。

11.5 小结

1）触发器在某时刻的输出不仅与该时刻的输入状态有关，而且与触发器原来的输出状态有关，因此具有“记忆”功能。再与门电路组合，可进行算术运算、逻辑判断。

2）各常用触发器的逻辑功能见表 11-10。

表 11-10 触发器比较

逻辑功能描述	触发器										
	基本 RS			同步 RS			JK			D	
逻辑符号	图 11-1b			图 11-2b			图 11-3b			图 11-6b	
功能表	$\overline{R_D}$	$\overline{S_D}$	Q	R	S	Q^{n+1}	J	K	Q^{n+1}	D^n	Q^{n+1}
	1	1	Q	0	0	Q^n	0	0	Q^n	0	0
	1	0	1	0	1	0	0	1	0		
	0	1	0	1	0	1	1	0	1	1	1
	0	0	×	1	1	×	1	1	$\overline{Q^n}$		
特点	两个输入端在低电平时，输出端状态变化。但不允许输入全为 0；否则，会造成不定状态			R、S 和 CP 在高电平时，输出端状态变化。但有不定状态，且会出现空翻现象			CP 在时钟脉冲下降沿时输出端状态变化。无不定状态和空翻现象			CP 在时钟脉冲上升沿时输出端状态变化。无不定状态和空翻现象	

3）计数器由多个触发器组合而成，它具有记录脉冲个数的特点。常见的有二进制计数器、十进制计数器以及其他进制计数器（如三进制、八进制、十六进制等）。常采用波形图和功能表来分析计数器的逻辑功能。

4）数码寄存器具有对数码寄存的记忆功能，寄存数的工作方式常采用并行输入，并行输出。

5）移位寄存器除有寄存数码的功能以外，还具有移位功能，它可以对数码进行左移或右移。从输入数据的方式来看，可以串行输入，也可以并行输入；从输出数据的方式来看，可以串行输出，也可以并行输出。

11.6 习题

1. 时序逻辑电路有哪些特点？
2. 触发器的特点和基本功能是什么？
3. 图 11-25 所示，设各触发器初态均为“0”。在 CP 脉冲作用下，试画出 Q 端的波形。

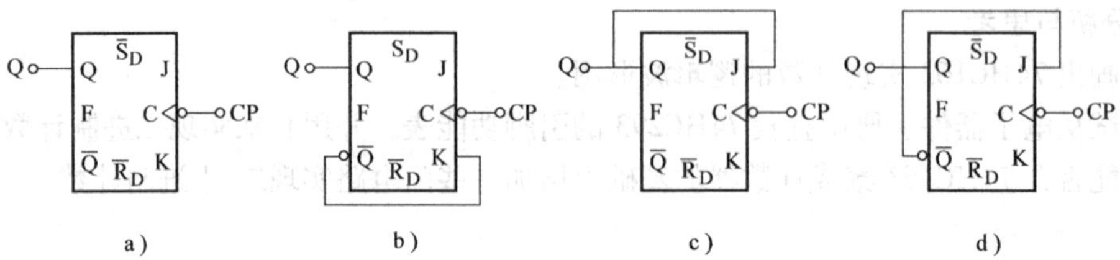

图 11-25 习题 3 电路

4. 试分析图 11-26 所示电路是几进制计数器，并画出其波形图。

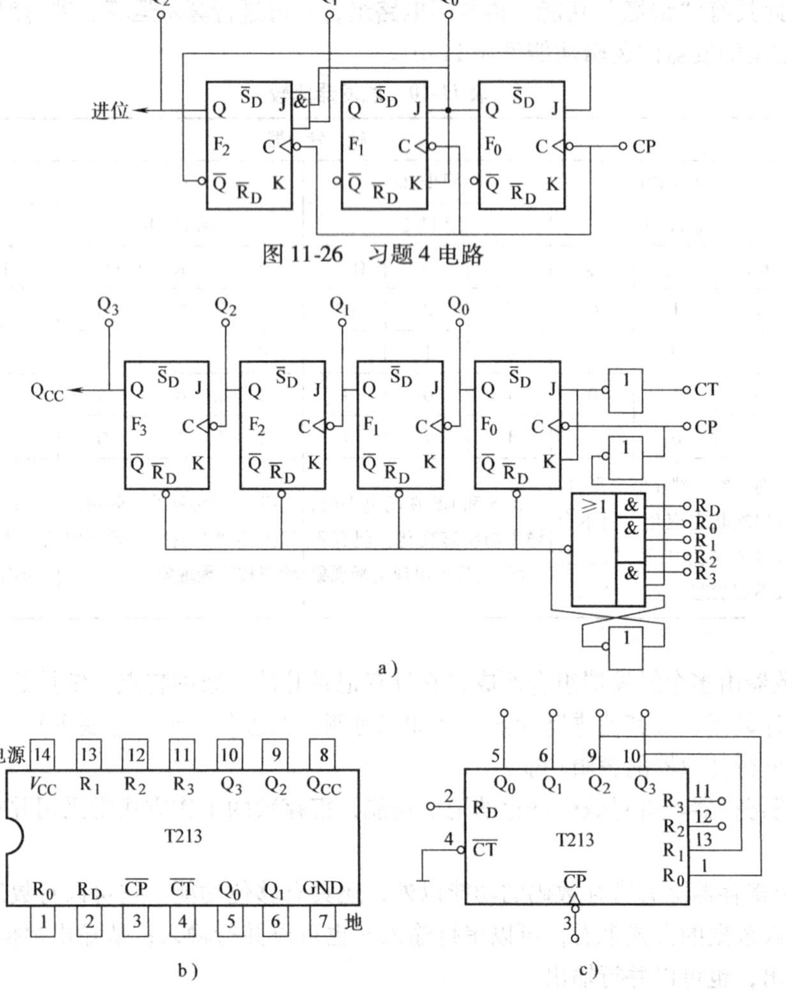

图 11-27 习题 5 电路

5. 图 11-27a、b 所示是由 R_1、R_2、R_3、R_4 的组合来实现清零控制的二至十六任意进制集成计数器 T213 的内部逻辑电路和引脚图，试分析图 11-27c 是几进制计数器。

6. 用反馈复位法将 T213 分别连接为五、八、十一进制计数器。

7. 用反馈预置法将 T213 分别连接为六、十、十三进制计数器。

8. 图 11-28 所示是二-五-十进制异步的 T4290 计数器逻辑图，试说明该计数器的工作原理。

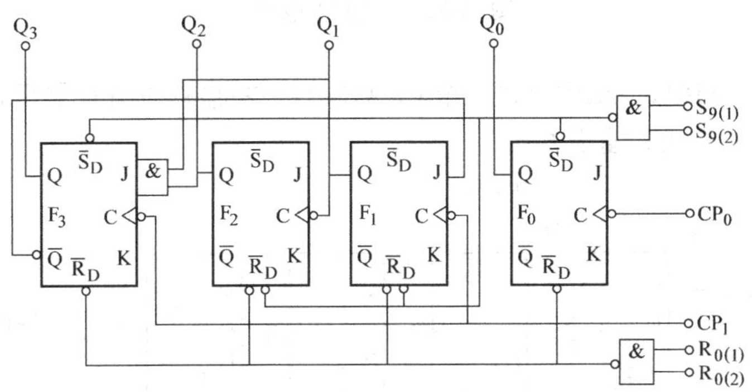

图 11-28　习题 8 电路

9. 图 11-29 所示是用 T4290 集成电路组成的计数器电路。试分析指出是几进制计数器。

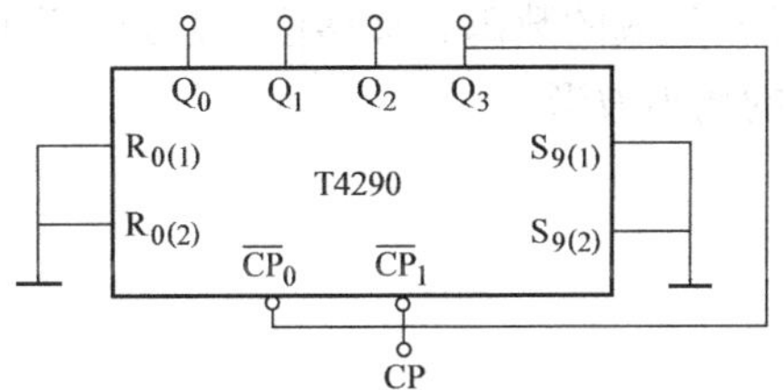

图 11-29　习题 9 电路

10. 用 JK 触发器和 D 触发器组成的数码寄存器如图 11-30 所示。试说明它们存入数码的原理。

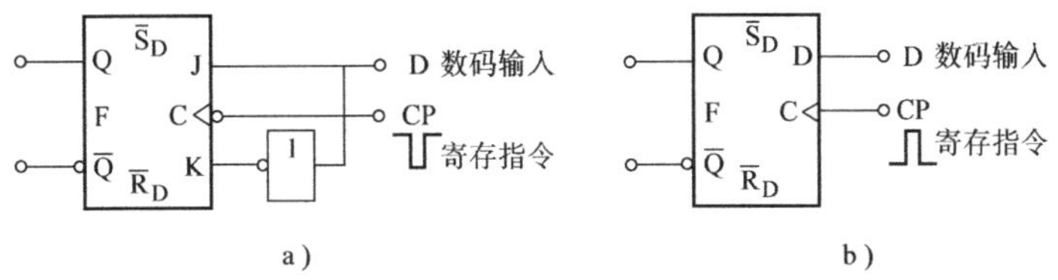

图 11-30　习题 10 电路

11. 图 11-31 所示的移位寄存器中，设触发器初态为 $Q_3Q_2Q_1Q_0=1000$，输入数码 1001，当输入四个 CP 脉冲后，串行输出的数码为多少，寄存器的状态如何？并判断数码的移动方向。

12. 图 11-32 所示是一个由四位 D 触发器组成的左移移位寄存器，设原存数为 1101，送

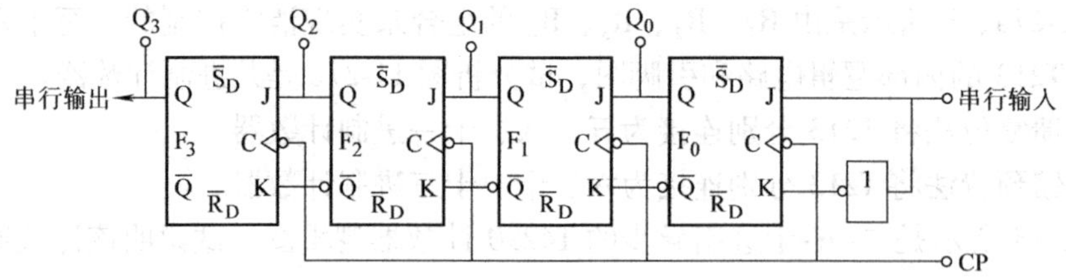

图 11-31　习题 11 电路

入数据是 $D_3D_2D_1D_0=1011$，试问经过三个 CP 脉冲后，左移移位寄存器里存放的是什么数？并分析该电路的输入方式和输出方式。

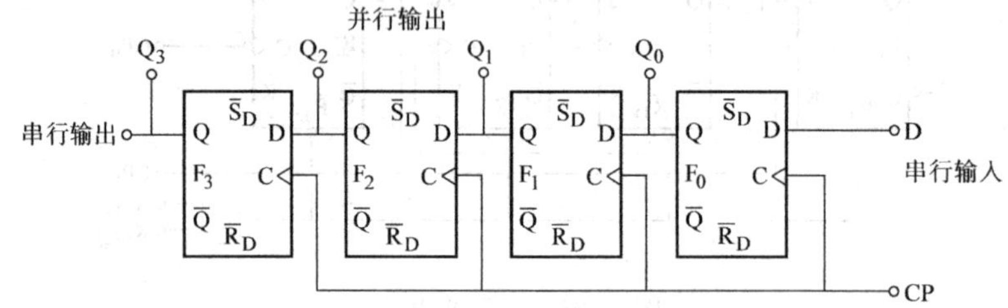

图 11-32　习题 12 电路

13. 试画出用四个 D 触发器组成的数码右移移位寄存器。设原存数为 1000，待输入数码为 1001，并画出四个触发器的输出波形。

第12章　集成555定时器

本章要点

● 集成555定时器的逻辑功能及其应用

12.1　集成555定时器简介

集成555定时器是一种多用途的单片集成电路，利用它能方便地组成施密特触发器、单稳态触发器和多谐振荡器。由于使用灵活、方便，因而集成555定时器在波形的产生与变换、测量与控制、家用电器、电子玩具等许多领域中都得到应用。

集成555定时器是把模拟电子电路和数字电子电路结合在一起的器件。集成555定时器的内部结构如图12-1a所示。它由两个电压比较器C_1和C_2、一个由“与非”门组成的基本RS触发器F、一个集电极开路的放电管VT以及三个5kΩ电阻串联组成的分压器构成。它的引脚如图12-1b所示。各引脚的功能为引脚1接地端、引脚2低触发端、引脚3输出端、引脚4复位端、引脚5控制电压输入端、引脚6高触发端、引脚7放电端、引脚8电源$+V_{CC}$端。

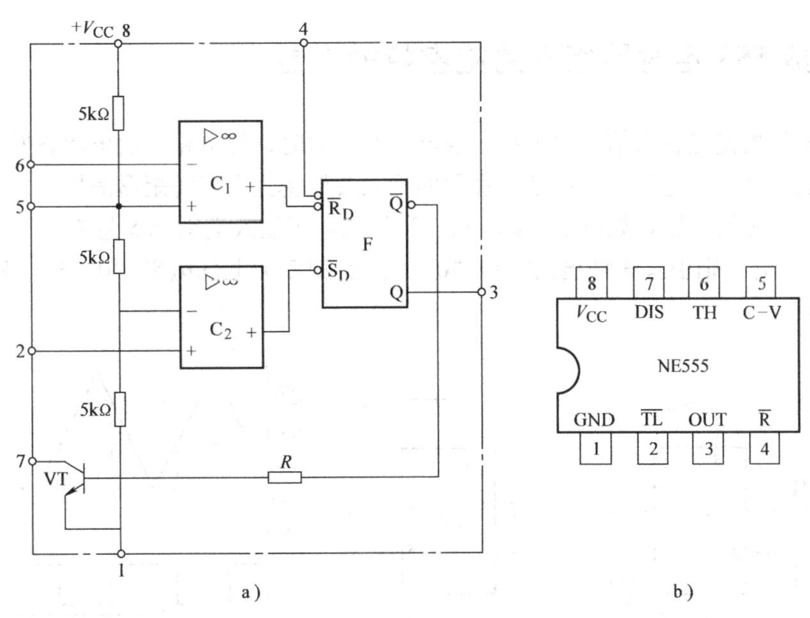

图12 1　集成555定时器

引脚6是电压比较器C_1的反相输入端，称高触发端，用TH标注，引脚2是电压比较器C_2的同相输入端，称低触发端，用$\overline{TL}$标注。C_1和C_2的参考电压由电源V_{CC}经三个5kΩ

电阻分压给出。在控制电压输入端引脚 5 悬空，外接 0.01μF 电容到引脚 1 时，高触发端的参考电压为 $V_{TH}=2V_{CC}/3$，低触发端的参考电压为 $V_{TL}=V_{CC}/3$。如果控制电压输入端引脚 5 外接固定电压 U_{C-V} 或接一电阻时，则 $V_{TH}=U_{C-V}$，$V_{TL}=U_{C-V}/2$。

当引脚 6 电压高于 V_{TH}，引脚 2 电压高于 V_{TL} 时，电压比较器 C_1 的输出低电平 0、电压比较器 C_2 的输出高电平 1，基本 RS 触发器 F 被置 0，Q 输出为 0，于是引脚 3 输出为 0；当引脚 6 电压低于 V_{TH} 时，电压比较器 C_1 的输出为 1，引脚 2 电压低于 V_{TL} 时，电压比较器 C_2 的输出为 0，基本 RS 触发器 F 置 1，引脚 3 输出为 1；当引脚 6 电压低于 V_{TH} 时，电压比较器 C_1 的输出为 1，引脚 2 电压高于 V_{TL} 时，电压比较器 C_2 的输出为 1，基本 RS 触发器保持原状态，引脚 3 输出不变。

引脚 3 输出为"1"时，放电管 VT 截止；引脚 3 输出为"0"时，放电管 VT 导通。故引脚 7 可为外接电容提供一个放电电路。

集成 555 定时器的功能见表 12-1。

表 12-1　集成 555 定时器功能表

输　入			输　出	
V_{TH}	V_{TL}	R	OUT	VT
×	×	0	0	导通
$>2V_{CC}/3$	$>V_{CC}/3$	1	0	导通
$<2V_{CC}/3$	$>V_{CC}/3$	1	不变	不变
×	$<V_{CC}/3$	1	1	截止

12.2　集成 555 定时器组成的施密特触发器

施密特触发器是当输入信号电平高于或低于某一值时，使电路的输出状态发生变为高电平或低电平的一种逻辑电路，它可把不规则的输入波形变为良好的矩形信号。

集成 555 定时器的原理如图 12-2a 所示。当控制电压输入端引脚 5 悬空时，在引脚 6 加上高电平"1"时，则引脚 3 输出低电平"0"；当引脚 2 加上低电平"0"时，则引脚 3 输出高电平"1"。

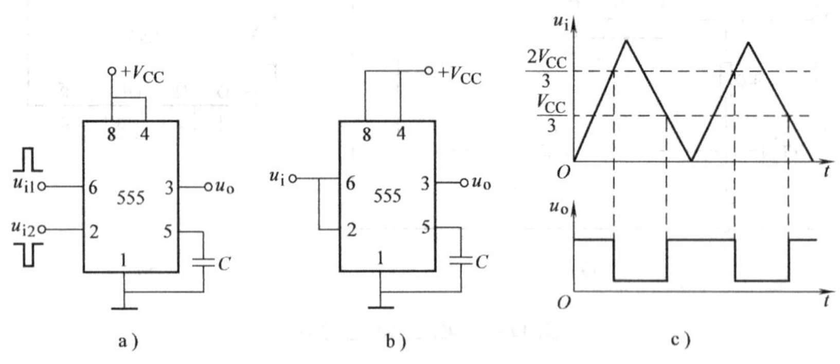

图 12-2　集成 555 定时器组成的施密特触发器

图 12-2b 所示是用集成 555 定时器组成施密特触发器的原理图，图中将引脚 6 和 2 相连。输入信号 u_i 为一三角波信号，当 $u_i \geqslant 2V_{CC}/3$ 时，引脚 3 输出为“0”；当 $u_i \leqslant V_{CC}/3$ 时，引脚 3 输出为“1”。于是从引脚 3 就得到方波输出信号。该电路的输入、输出波形如图 12-2c所示。

当电压控制端引脚 5 电压 U_{C-V} 不悬空，而在引脚 5 与引脚 1 间接入一个可调电阻时，可以用来调节高低触发电压的范围。

这种施密特触发器在脉冲电路中常用作波形的变换、波形的整形和脉冲幅度的鉴别。

12.3 集成 555 定时器组成的单稳态触发器

单稳态触发器是只有一个稳定状态的电路。利用集成 555 定时器组成的单稳态触发器，如图 12-3a 所示。它将引脚 6 和 7 相连后，一路通过外接电阻 R 接电源，另一路通过电容 C 接地。引脚 2 作为低于 $V_{CC}/3$ 的信号输入端，这样就组成了单稳态触发器。

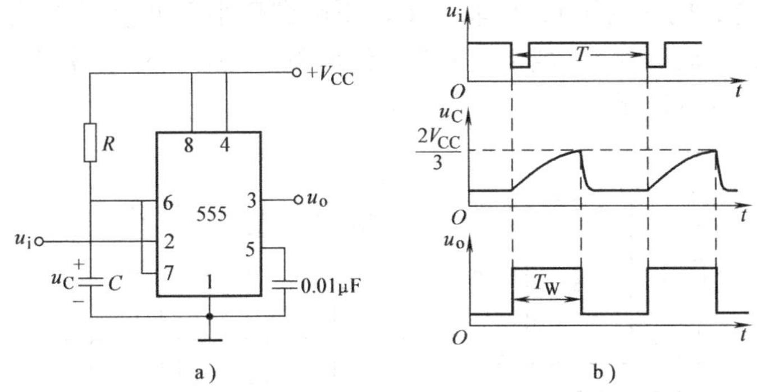

图 12-3　由集成 555 定时器组成的单稳态触发器

当电压控制端引脚 5 悬空时，接上电源后，由于电容 C 无电压，引脚 6 的触发电压低于 $2V_{CC}/3$，电压比较器 C_1 输出高电平 1；无触发脉冲输入时，引脚 2 电压高于 $V_{CC}/3$，电压比较器 C_2 输出高电平 1。此时基本 RS 触发器保持原状态，但输出端究竟为 1 还是 0，无法确定。当输出端为 0 时，放电管 VT 导通，电容 C 被短接，输出端保持 0；当输出端为 1 时，放电管 VT 截止，电源经 R 对电容 C 充电，电容电压上升，当升到稍大于 $2V_{CC}/3$ 时，电压比较器 C_1 输出低电平 0，使集成 555 定时器输出低电平 0，放电管 VT 导通，电容通过放电管迅速放电，又使 C_1 输出高电平 1，基本 RS 触发器输出保持原状态 0。因此在未输入触发信号时，引脚 3 输出为低电平 Q = 0 的稳态。

当引脚 2 外加低于 $V_{CC}/3$ 的负跳变触发脉冲 u_i 时，使 RS 触发器 F 翻转为 Q = 1，同时使放电管 VT 截止。电源 V_{CC} 通过 R 向电容 C 充电，当 u_c 电压上升到高电平触发电压 $2V_{CC}/3$ 时，使触发器复位，Q = 0，放电管 VT 导通，同时电容 C 通过放电管 VT 迅速放电。由于比较器 C_2 的低电平触发端引脚 2 未接在电容 C 上，因此电容 C 的放电不影响 RS 触发器 F 的状态。输出端保持为低电平，即 Q = 0，可见在输入触发脉冲后，集成 555 定时器输出为 1 的状态为一个暂态。

当低电平触发端引脚 2 再加一负跳变的触发脉冲时，又重复上述过程，波形如图 12-3b

所示。

单稳态触发器输出电压从 Q = 1 到 Q = 0 的时间由电容 C 的电压从零上升到 $2V_{CC}/3$ 的时间来决定。从理论分析可得这段时间称暂态时间，为

$$T_W = 1.1RC \tag{12-1}$$

单稳态触发器可以作脉冲整形、延时和定时用。

12.4 集成 555 定时器组成的多谐振荡器

用集成 555 定时器组成的多谐振荡器电路，如图 12-4a 所示。电路中把引脚 6 与引脚 2 相连后，一路通过电容 C 接地，另一路经 R_1、R_2 串联后接电源 V_{CC}，引脚 7 接到 R_1 和 R_2 的分压处，引脚 4 与引脚 8 接电源 V_{CC}。

由图可见，接通电源 V_{CC}后，该电源经电阻 R_1 和 R_2 对电容 C 充电，当电容电压 u_c 上升到略高于 $2V_{CC}/3$ 时，引脚 3 由高电平 1 翻转为低电平 0。放电管 VT 导通，电容 C 通过电阻 R_2 和放电管 VT 放电，电容电压 u_c 下降。当 u_c 下降到略小于 $V_{CC}/3$ 时，引脚 3 由低电平 0 翻转为高电平 1，此时放电管 VT 截止，电源又经电阻 R_1 和 R_2 对电容 C 充电，如此重复上述过程，波形如图 12-4b 所示。

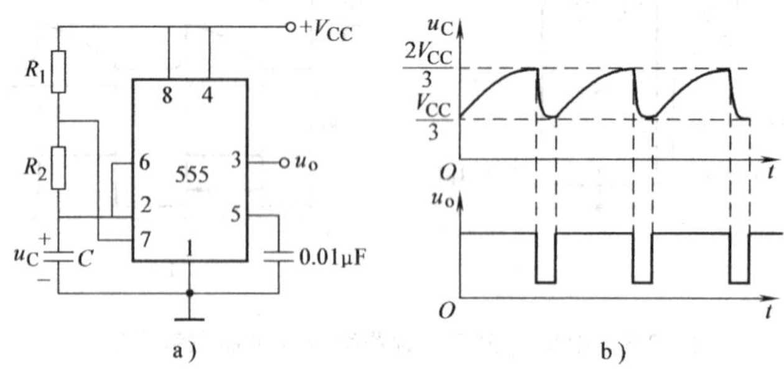

图 12-4 集成 555 定时器组成的多谐振荡器

输出端从高电平 1 变为低电平 0 的时间由 R_1、R_2、C 充电电路中的 u_C 从 $V_{CC}/3$ 上升到 $2V_{CC}/3$ 的时间决定；从低电平 0 变为高电平 1 的时间则由 R_2、C 通过放电管 VT 放电电路中的 u_C 从 $2V_{CC}/3$ 下降到 $V_{CC}/3$ 的时间决定。

从理论分析可得：输出端从高电平 1 变为低电平 0 所需的时间为 $0.7(R_1+R_2)C$；从低电平 0 变为高电平 1 所需的时间为 $0.7R_2$，则方波周期为

$$T = 0.7(R_1 + 2R_2)C \tag{12-2}$$

12.5 实训 18 集成 555 定时器的应用

1. 实训目的

1）熟悉集成 555 定时器外引脚的功能。

2）能应用集成 555 定时器组成施密特触发器、单稳态触发器电路和多谐振荡器电路。

3）能用示波器来观察施密特触发器的输入与输出电压波形，说明电路的功能。

2. 实训电路和原理

1）图 12-5 所示是用集成 555 定时器组成施密特触发器的实训电路。当引脚 5 悬空，输入电压 $u_i > 2V_{CC}/3$ 时，引脚 3 输出低电平 0；输入电压 $u_i < V_{CC}/3$ 时，引脚 3 输出高电平 1。当引脚 5 与引脚 1 之间接入电阻，输入电压 u_i 高于引脚 5 电压时，引脚 3 输出低电平 0；输入电压 u_i 低于引脚 5 电压的 1/2 时，引脚 3 输出高电平 1。

2）图 12-6 所示是用集成 555 定时器组成单稳态触发器的电路。当输入电压 $u_i < V_{CC}/3$ 时，引脚 3 由低电平 0 跃变为高电平 1，此时电源通过电阻 R 向电容 C 充电，电容 C 的电压 u_C 由 0V 开始上升，当上升到 $u_C > 2V_{CC}/3$ 时，引脚 3 由高电平 1 翻转为低电平 0，此时电容 C 通过集成 555 定时器内的放电管 VT 迅速放电。因电容 C 未接在低电平触发端上，故电容 C 的放电对触发器的状态无影响。

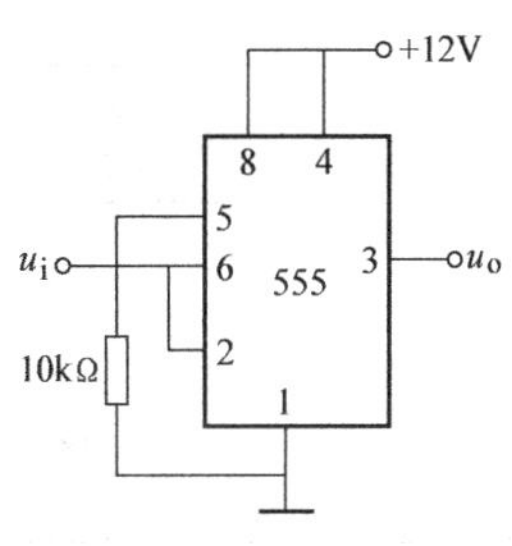

图 12-5　集成 555 定时器组成的施密特触发器实训电路

电路的暂态时间为 1.1RC。由发光二极管 LED 点亮的时间来表示输出高电平的时间。

3）图 12-7 所示是用集成 555 定时器组成的多谐振荡器实训电路。接通电源后，电容 C 通过电阻 R_1、R_2 对电容 C 充电，u_C 由 0V 开始上升，当 $u_C > 2V_{CC}/3$ 时，引脚 3 由高电平 1 翻转为低电平 0。这时电容 C 通过电阻 R_2 和放电管 VT 放电，电容 C 的电压下降，下降到 $u_C < V_{CC}/3$ 时，引脚 3 由低电平 0 翻转高电平 1，因放电管 VT 截止，电容 C 又通过电源和电阻 R_1、R_2 充电，重复上述过程。在输出端产生一个连续的方波脉冲信号。

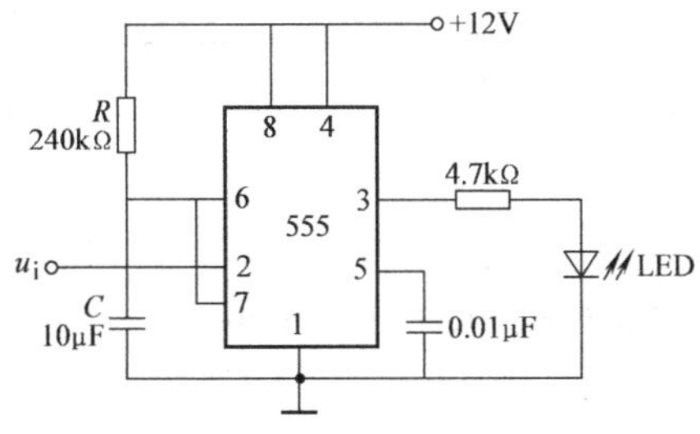

图 12-6　集成 555 定时器组成的单稳态触发器实训电路

电容 C 的充电时间为 $0.7(R_1+R_2)C$，放电时间为 $0.7R_2C$。LED 亮的时间表示引脚 3 高电平 1 的时间，LED 灭的时间表示引脚 3 低电平 0 的时间，由发光二极管从开始点亮到再次点亮的时间表示输出方波脉冲的重复周期。

3. 实训设备与器材

1）NET—IF 型数字电子技术实验系统 1 个。

2）直流稳压电源 1 台。

3）集成 555 定时器集成电路 1 片。

4）低频信号发生器 1 台。

5）双踪示波器 1 台。

6）晶体管毫伏表 1 台。

7）电阻、电容、发光二极管等元器件若干。

8）连接导线若干。

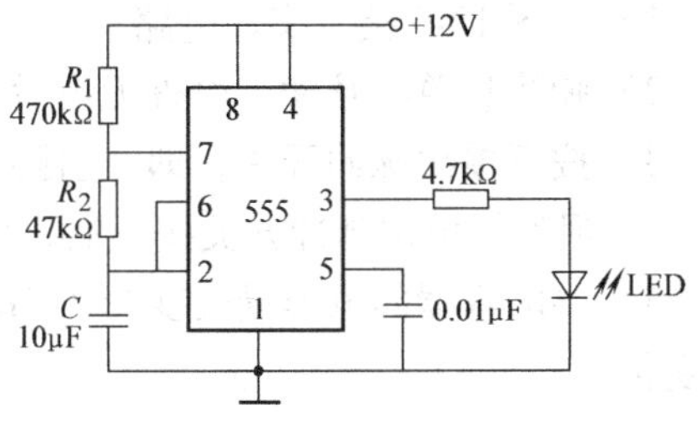

图 12-7　集成 555 定时器组成的多谐振荡器实训电路

4. 实训内容与步骤

（1）集成 555 定时器组成的施密特触发器

1）按图 12-5 接好实训电路，10kΩ 电阻暂不接入，即引脚 5 断开。

2）按图 12-8 所示电路把测量仪器和设备等进行接线。

3）把低频信号发生器的频率调到 1kHz，波形为正弦波，电压输出为 10V，用晶体管毫伏表进行检测。

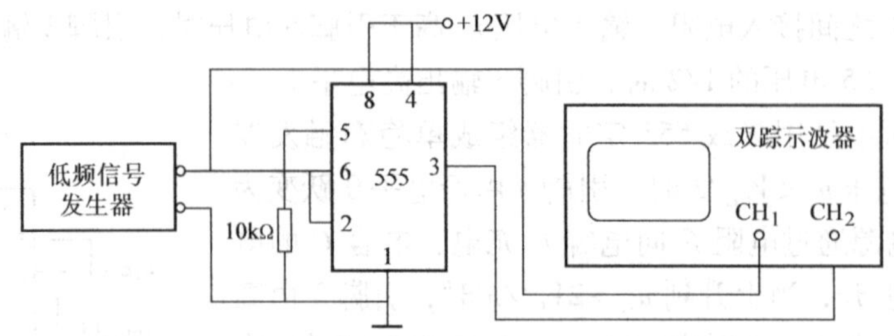

图 12-8　集成 555 定时器组成的施密特电路测试电路

4）检查无误后，接入直流电源电压 12V。

5）观察双踪示波器的输入、输出波形，并记录于表 12-2 中。

6）在引脚 5 与引脚 1 之间接入 10kΩ 电阻，再观察双踪示波器的输入、输出波形，并记录于表 12-2 中。

表 12-2　施密特触发器的波形

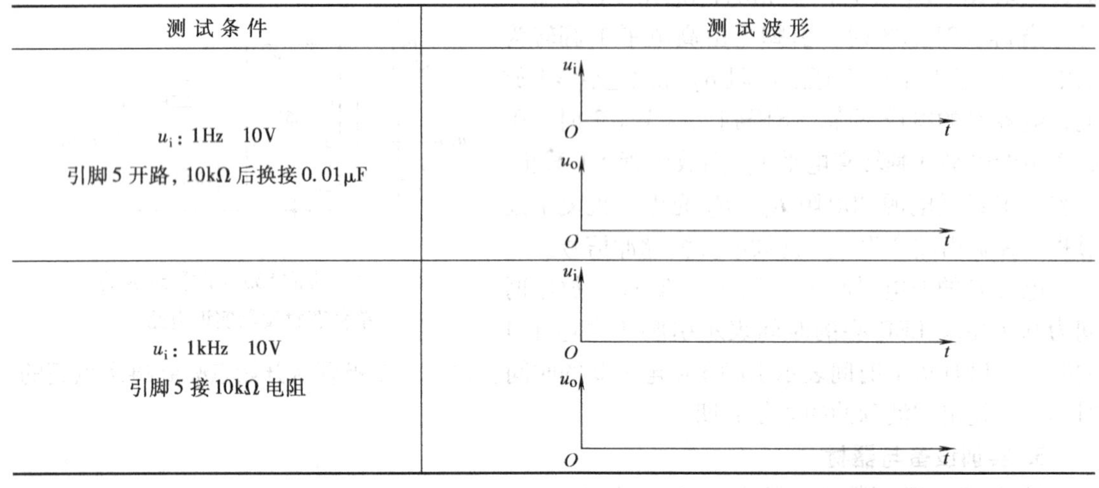

测 试 条 件	测 试 波 形
u_i：1Hz　10V 引脚 5 开路，10kΩ 后换接 0.01μF	u_i O t u_o O t
u_i：1kHz　10V 引脚 5 接 10kΩ 电阻	u_i O t u_o O t

（2）集成 555 定时器组成的单稳态触发器

1）按图 12-6 接好实训电路。

2）脚接到单次脉冲，检查无误后接入直流电源电压 12V，LED 应不亮。

3）按下单次脉冲开关，即在引脚 2 输入一个低电平。

4）观察从单次脉冲开关按下后，LED 由亮到灭的时间。

5）将电容器的电容量改变为 4.7μF，按下单次脉冲开关，观察 LED 由亮到灭的时间有何变化。

（3）集成 555 定时器组成的多谐振荡器

1）按图 12-7 接好实训电路。

2）检查无误后接入直流电源电压 12V。

3）观察 LED 由亮到灭的时间及由灭到亮的时间。

4）将电容器的电容量改变为4.7μF，观察LED由亮到灭的时间及由灭到亮的时间有何变化。

5. 分析与思考

1）画出施密特触发器的输入输出波形。

2）分别说明单稳态触发器和多谐振荡器改变电容前后发光二极管由亮到暗的时间有什么不同？

3）举例说明集成555定时器在整形、延时、振荡等方面的应用。

12.6 小结

集成555定时器集成电路是应用较多的电子器件，它只要外接少量的电阻、电容元件，有时还需要接少量的二极管和晶体管，就可以组成施密特触发器、单稳态触发器和多谐振荡器等单元电路。分析这些单元电路时，当引脚6的电压高于$2V_{CC}/3$时，引脚3输出为“0”。此时放电端引脚7相当于接地端；当引脚2的电压低于$V_{CC}/3$时，引脚3输出为“1”。根据组成电路的形式不同，它可以作波形变换、整形、延时、定时和产生矩形波等。

12.7 习题

1. 画出由集成555定时器组成的多谐振荡器、单稳态触发器和施密特触发器。

2. 图12-9所示是由集成555定时器组成的施密特触发器电路，当$V_{CC}=9V$、控制电压端引脚5电压为5V时。试问：高触发端引脚6的电压和低触发端引脚2的电压各为多少？

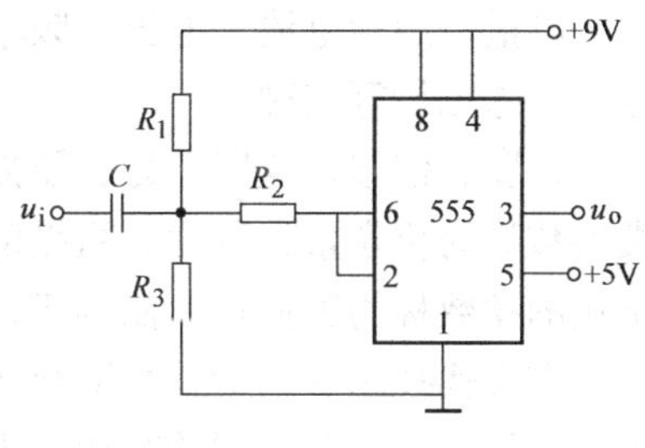

图12-9 习题2电路

3. 图12-10是一个防盗报警电路，a，b两端被一细铜丝接通，此铜丝置于认为盗窃者必经之处。当盗窃者闯入室内将铜丝碰断后，扬声器即发出报警声。试问集成555定时器应接成何种电路？并说明本报警器的工作原理。

4. 图12-11所示是一简易触摸开关电路，当手摸金属片时，发光二极管亮，经过一定时间，发光二极管熄灭。试说明该电路是什么电路，并估算发光二极管能亮多长时间？

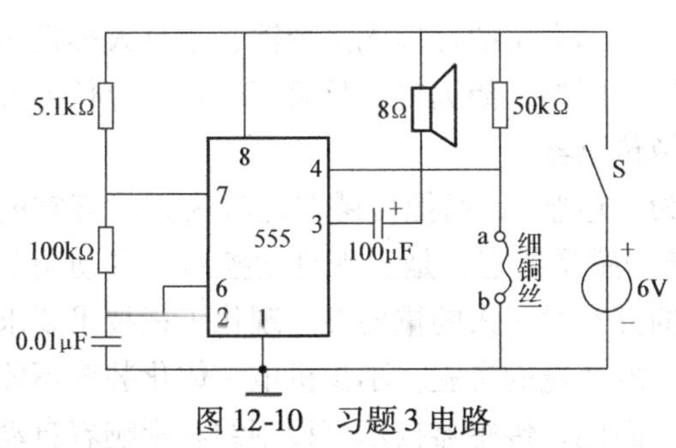

图12-10 习题3电路

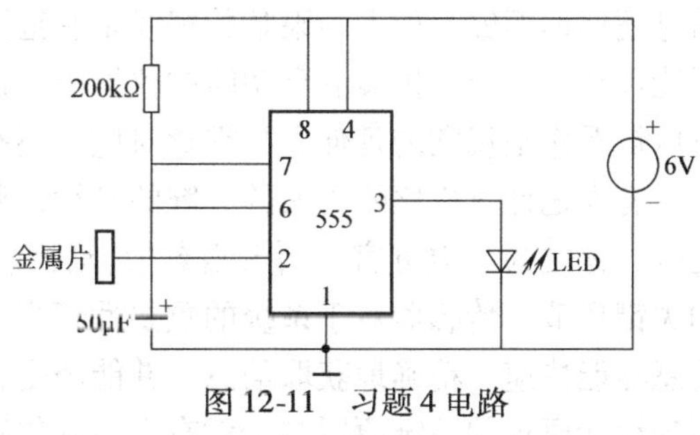

图12-11 习题4电路

第 13 章　非电量的测量——传感器简介

本章要点

- 压力传感器的结构、工作原理和应用
- 位移传感器的结构、工作原理和应用
- 温度传感器的结构、工作原理和应用
- 光电传感器的结构、工作原理和应用

13.1　传感器概述

13.1.1　传感器

在现代工业生产中，为了检查、监督和控制某个生产过程或运动对象，使它们处于所要求工作状况的最佳状态，就必须掌握描述它们特性的各种参数，例如就要测量这些参数的大小、方向、变化、速度等。这些参数就其电学特征来分，可分为电量和非电量。

电量一般指电流、电压、频率和脉冲等；非电量种类很多，通常有物理量、化学量、工业量、感觉量等四种。

长度、位移、速度、力、压力、加速度、温度等参数统称为物理量；浓度、组成成分这类参数称为化学量；硬度、粗糙度、粒度、纸浆的打浆度等不能作为单一的物理量而使之数量化的参数称为工业量；依赖于人的感觉的检测量称为感觉量，如纺织品的“手感”等。

在现代技术中电量是最适合于传输、转换、处理和定量计算的参数，特别是在电子计算机飞速发展、普及应用的时代，人们总是力图把被测量通过传感器转换成电量进行处理。

传感器是一种能感受规定的被测量，并以一定的精度按照一定规律将被测量转换为易于处理和测量的某种输出信号（一般为电信号）的器件或装置。

人是通过眼、耳、鼻、舌、身五种器官来感知、接收外界信息的，并把这些信息转换为生物电，通过神经传给大脑以指挥人的行为。人类在认识和改造自然中认识到仅靠五官获取信息还远远不够，如人的眼睛的视线是有范围的，太远太小的目标无法看清，于是人类发明了能代替并补充、扩展五官功能的仪器——传感器，例如，望远镜、显微镜、雷达等仪器都可以被看作是视觉的延伸。与视觉对应的还有光敏传感器。

有人把计算机比喻为人的大脑的延续，称之为“电脑”；而把传感器比喻为人的五官的延续，称之为“电五官”。传感器是自动控制系统的感受器官，是实现自动控制、自动调节的关键环节。传感器对于系统的重要性相当于人的五官对于人的重要性。现代工程技术要求传感器能快速、精确地获取信息，并能经受各种严酷环境的考验。不少机电一体化装置不能实现设计要求的关键原因在于没有合适的传感器。因此，传感器技术直接制约和影响着自动化技术的发展。各种高科技智能武器、机器及家用电器设计水平的高低，主要取决于传感器的数量与性能。因此，传感器是智能化高技术的前驱。

13.1.2　传感器的组成

传感器一般由敏感元件、传感元件和测量转换电路组成，如图 13-1 所示。

图 13-1　传感器组成框图

敏感元件是直接感受被测量（一般是非电量），并输出与被测量有确定关系的其他量。例如弹性敏感元件将力转换为位移输出。

传感元件是将敏感元件输出的非电量（如位移）转换成电参量（如电阻、电感、电容）。

基本转换电路用于将电参量放大或转换成便于测量的电量，如电压、电流、频率和脉冲等。

传感器组成的这种划分并无严格的界限，有的传感器只有敏感元件，有的传感器由敏感元件和传感元件组成，还有的传感器由敏感元件和转换电路组成。

13.1.3　传感器的分类

传感器的分类方法很多，一般按被测物理量和传感器工作原理分类。

按被测物理量分类时，能明确地表示传感器的用途，如位移传感器、力传感器、温度传感器等。

按传感器工作原理分类时，是根据检测变换原理的不同进行分类的，可分为电阻传感器、电感传感器、电容传感器、热电传感器、光电传感器等。

由于传感器分类方法很多，因而有的传感器可以同时测量多种参数，而对同一物理量又可用多种不同类型的传感器来进行测量。

传感器的命名可按分类方式进行，通常把被测参数和变换原理结合在一起来称呼传感器，一般称××式××传感器，如电感式位移传感器、压电式加速度传感器等。

本教材按被测对象分类来介绍常用传感器。

13.2　测力传感器及其应用

在机械制造中，无论是生产过程或检验过程，常需对各种力进行分析研究及检测。测力的传感器主要有电阻式、电容式、压电式等。其中电阻应变式传感器测量范围宽（10^{-3} ~ 10^{8}N）、精度高、动态性能好、寿命长、体积小、重量轻、价格便宜，可在恶劣条件下（高速、振动、腐蚀等）工作，因而应用范围最广。

在电阻应变式传感器中，首先由弹性敏感元件把力转换成应变式位移，然后再经转换电路转换成电量输出。

13.2.1　弹性敏感元件

弹性敏感元件是许多传感器的基本元件。弹性敏感元件根据感受的物理量不同，可分为力敏感型、压力型和温度敏感型。其中力敏感型弹性元件是能够感受力的变化，并将其转换成位移（或应变）的弹性敏感元件。常见的结构形式有柱式和梁式。

柱式弹性元件可以是实心柱体或空心柱体，如图13-2所示。采用柱式弹性元件主要特点是加工方便、结构简单，适用于拉力测量和称重系统，能承受较大载荷。

梁式弹性元件是一端固定另一端自由的弹性元件，又称悬臂梁。按其截面形状又可分为等截面悬臂梁和变截面悬臂梁，如图13-3所示。其主要特点是结构简单、灵敏度高，适用于小载荷（$1\sim10^3$N）测量。

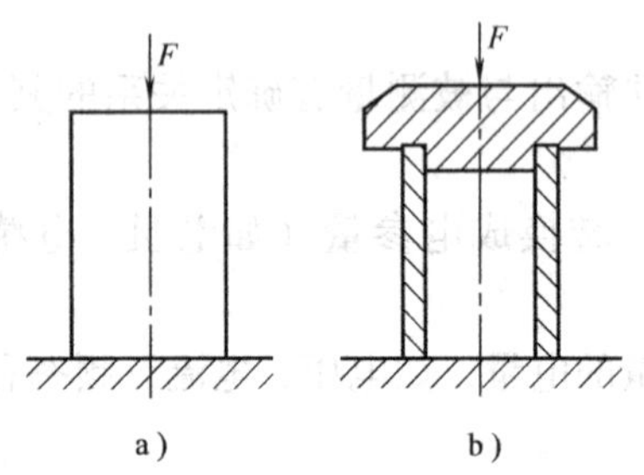

图13-2 等截面轴弹性元件

a）实心柱体 b）空心柱体

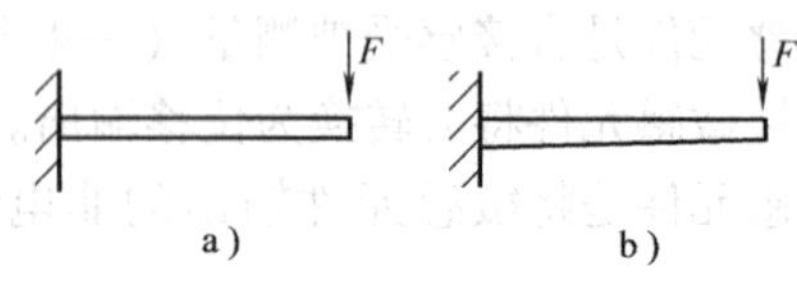

图13-3 悬臂梁式弹性敏感元件

a）等截面悬臂梁 b）变截面悬臂梁

13.2.2 电阻应变式传感器

电阻应变式传感器可分为张丝式和应变片式。其中应变片式传感器的工作原理是利用粘接剂将电阻应变片粘贴在试件（弹性元件）表面上，并随同试件一起受力变形，从而使应变片的电阻值产生相应的变化。通过适当的测量电路，将电阻的变化量转换成相应的电流或电压信号，即可获得被测试件产生变形的电量。

电阻应变片可分为金属电阻应变片和半导体应变片。这里主要介绍金属电阻应变片。

金属电阻应变片常见的形式有金属丝式、箔式和薄膜式应变片。其工作原理基于金属的电阻应变效应。

1. 电阻应变效应

金属导体的电阻随着它受外力作用发生机械变形的大小而变化的现象称为金属的电阻应变效应。例如，金属电阻丝受拉力作用而变细，其电阻值将增大。

设有一根长 L、截面积为 S、电阻率为 ρ 的金属电阻丝，其电阻值为

$$R=\rho\frac{L}{S} \tag{13-1}$$

如果该电阻丝在轴向应力作用下，长度变化 ΔL、截面积变化 ΔS、电阻率变化 $\Delta\rho$，则电阻 R 也将随之变化 ΔR，各变化量之间的对应关系可由式（13-1）微分求得。电阻的相对变化率为

$$\Delta R/R=K\varepsilon \tag{13-2}$$

式中 K——金属导体应变灵敏度；

ε——金属导体的轴向应变值。

式（13-2）表明，金属丝的电阻相对变化与轴向应变成正比，这就是所说的电阻应变效

应，是电阻应变片测量的理论基础。

2. 金属电阻应变片结构

金属电阻应变片的基本结构如图 13-4 所示。它由绝缘基片、敏感栅、栅两端的引线以及覆盖层组成。应变片的敏感栅的形式较多，这里仅介绍丝式。

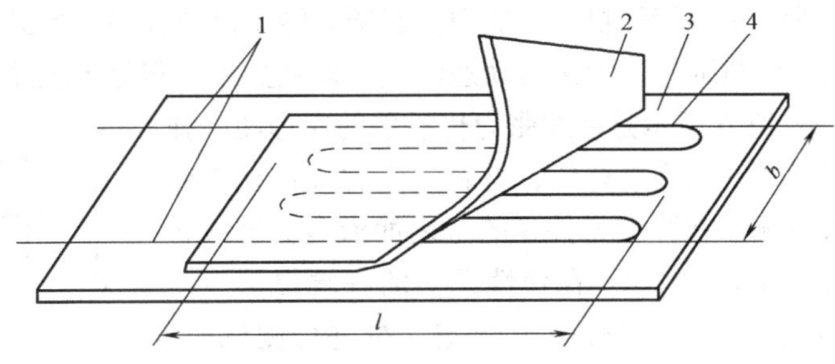

图 13-4　电阻丝应变片结构示意图

1—引线　2—覆盖层　3—绝缘基片　4—敏感栅

金属电阻应变片式传感器的基本结构有弹性元件、应变片、测量桥路三部分。

使用应变片式传感器进行力的测量时，首先要选择合适的应变片粘贴在被测试件上。当试件受力产生应变和应力时，粘贴在其上的应变片也会受力产生应变，其结果是应变片的电阻值也发生变化。这样，就把力这个非电量转换为电阻量，而电阻的测量通常借助于电桥电路。

图 13-5 所示为电桥的基本线路。图中 R_1、R_2、R_3、R_4 为电桥的四个桥臂电阻，电桥的供电电源可以是直流电源，也可以是交流电源。

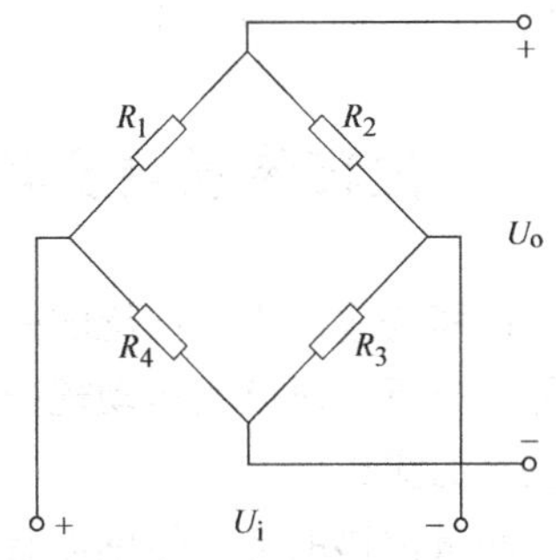

图 13 5　桥式转换电路

为了调整方便，通常采用四个桥臂电阻值相等的等臂电桥或用两相邻桥臂电阻值相等的对称电桥。当桥臂电阻无变化时，电桥处于平衡状态，输出电压为零；当桥臂电阻有变化时输出一个与电阻变化成正比的电压值。

如果把应变片式传感器中的电阻应变片作为电桥的桥臂电阻接在线路上，那么应变片受力产生的电阻的改变，可以转换为电桥电压值的变化。被测试件受力值的测量过程可以简单示意如下：

力的变化(ΔF)→应变(ε)→应变片电阻变化(ΔR)→桥路电压的变化(ΔU)

若电桥四个桥臂电阻都用应变片，则称为全桥式；若只有两相邻桥臂用应变片则称半桥式；若只有一个桥臂为应变片电阻的称为单臂电桥。

任何测量过程都会有干扰，这里也不例外，应变片电阻值的变化，除了由力产生的应变引起的干扰外，还有由温度变化引起的干扰。由于温度的变化是客观存在的，这就会给测量结果带来误差。如何消除这个误差呢？应该进行温度补偿，把由于温度的变化引起的电阻值变化抵消掉。温度补偿的方法有很多，全桥式和半桥式桥路都具有温度补偿作用，这里不一一介绍了。

13.2.3　测力传感器的应用

测力传感器常用弹性敏感元件将被测力的变化转换为应变量的变化。

应变片在试件上的安装质量是决定测试精度及可行性的关键之一。安装方法有喷涂法、焊接法、粘贴法三种。其中粘贴法是最常用的方法。

应变片在粘贴之前，应对其外观和电阻值进行检查。为了使应变片粘贴牢固，需事先对试件粘贴表面进行机械、化学处理，处理范围约为应变片面积的三倍。在贴片时，可按规范对粘接剂进行加温固化或者加压。

下面介绍一种缝纫机上使用的测力传感器——面线张力传感器。

为了提高缝纫机生产能力，必须对缝纫机的各种参数进行检测和控制。面线张力传感器可对缝纫机面线张力进行动态测量，以减少或者避免出现浮线、绉线、断线等现象。

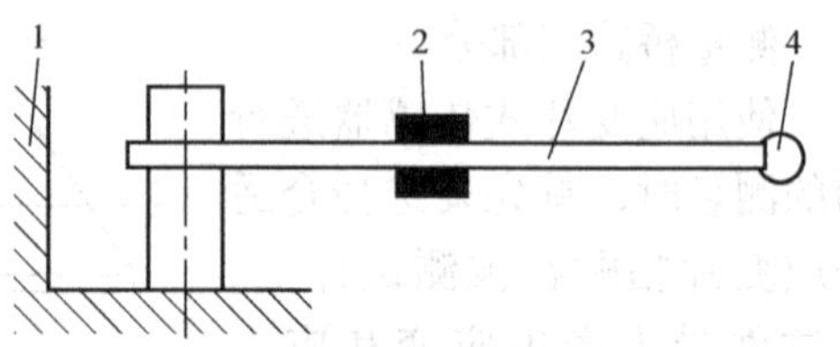

图 13-6 面线张力传感器原理图

1—外壳 2—应变片 3—弹性元件 4—圆环

图 13-6 所示是面线张力传感器的原理图。弹性元件是等强度悬臂梁，材料选用弹性性能良好的铍青铜。在弹性元件 3 的下表面沿对称轴线各粘贴一片应变片 2。在弹性元件的一端焊接一个圆环 4，另一端与外壳 1 固定。在进行测试时，将传感器安放在挑线杆和针杆线钩之间，借用夹线器上的螺孔将其固定。面线穿过圆环，其张力作用在弹性元件悬臂梁上，并使其发生弹性变形。粘贴在弹性元件上表面的应变片承受拉应变作用，阻值增大，下表面应变片承受压应变作用，阻值减小。从而将面线张力转换成电阻变化，再经过其他转换装置转换成电压并放大，由记录仪最后显示测量结果。

13.3 位移传感器及其应用

位移是应用十分广泛的一种被测量。对机械构件的位移进行测量，不仅可以确定位置，也可以分析、研究其运动规律。位移的测量包括线位移的测量和角位移的测量，本节只介绍线位移的测量。

测量位移的常用传感器有电感式传感器、电涡流式传感器、电容式传感器、电阻应变片式传感器、压电式传感器、霍尔式传感器及光栅传感器等，根据被测位移量的大小、特性和精度要求等，可选用不同类型的传感器。

13.3.1 电阻应变片位移传感器

电阻应变片式传感器除了可以测量力外，还可以测量线位移，如图 13-7 所示。当被测试件在垂直方向位移时，悬臂梁随着产生与位移相等的绕度，因而应变片产生相应的应变，电阻值改变。在小绕度的情况下，绕度与应变成正比。将应变片接入桥路，输出与位移成正比的电压信号。在这个过程中，位移量→应变片的应变→应变片电阻值的变化→桥路输出的变化。通过测量输出电压值可以知道被测试件的位移量。

同一种传感器可以测量不同的非电量；同一非电量也可用不同类型的传感器来测量，下面介绍另一种测量位移的传感器——霍尔式传感器。

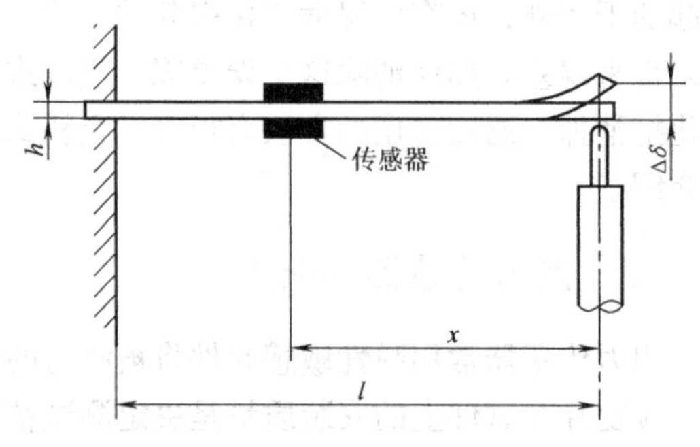

图 13-7 应变片线位移传感器工作原理

13.3.2 霍尔式传感器

1. 霍尔效应

霍尔式传感器是一种应用比较广泛的半导体磁电传感器，其工作原理基于霍尔效应。什么是霍尔效应呢？在垂直于半导体薄片的方向加上磁感应强度为 $\boldsymbol{B}$ 的磁场，片内沿 l 方向有电流 I 流过时（如图 13-8 所示），则在垂直于 I 和 $\boldsymbol{B}$ 的方向便会产生电压 U_H（称霍尔电压），这种物理现象称为霍尔效应。霍尔电压 U_H 的大小为

$$U_H = K_H I\boldsymbol{B} \tag{13-3}$$

式中 K_H——霍尔元件的灵敏度。

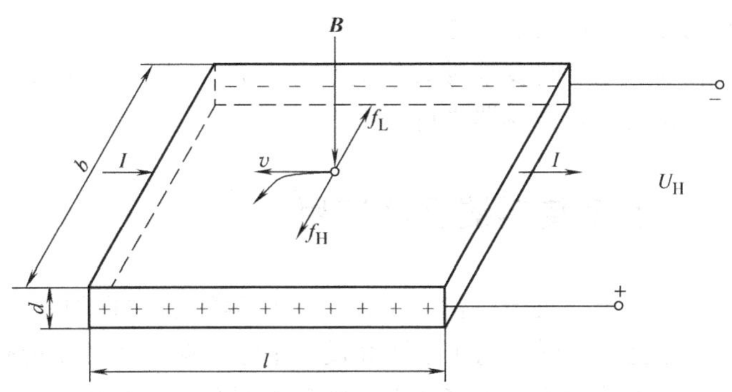

图 13-8 霍尔效应原理图

当霍尔元件的材料和几何尺寸确定后，霍尔电压的大小正比于通过的电流 I 和磁感应强度 $\boldsymbol{B}$。当磁感应强度 $\boldsymbol{B}$ 和霍尔元件平面法线成一角度 θ 时，霍尔电压

$$U_H = K_H I\boldsymbol{B}\cos\theta \tag{13-4}$$

2. 霍尔元件

根据霍尔效应原理做成的器件叫做霍尔元件。

霍尔元件的结构很简单，是一种半导体四端薄片，它由霍尔片、引线和壳体组成。霍尔片的相对两侧对称地焊上引出线，结构如图 13-9a 所示，其中 a、b 端称为激励电流端，c、d 端称为霍尔电压输出端。霍尔片一般用非磁性金属、陶瓷或环氧树脂封装，图形符号和外形如图 13-9b、c。

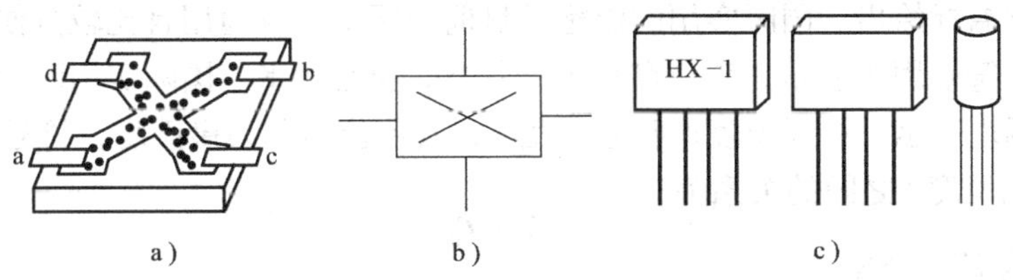

图 13-9 霍尔元件

随着电子技术的发展，霍尔元件多已集成化。集成霍尔元件有许多优点，如体积小、温漂小、灵敏度高、输出幅度大、电流稳定性要求低等。

集成霍尔元件可分为线性型和开关型：线性型的输出电压较高，使用方便，较典型的线性型霍尔器件有 UGN3501 等；开关型霍尔器件较典型的有 UGN3020。

3. 霍尔式位移传感器的应用

图 13-10 所示是霍尔式位移传感器原理图。在霍尔元件的 a、b 端加入控制电流，并保持为定值，使霍尔元件在一均匀梯度的磁场 $\boldsymbol{B}$ 中沿 x 方向移动，则在 c、d 端霍尔电压的大小只取决于它在磁场中的位移量。

图 13-10 中，因霍尔元件的磁场是一个极性相反、磁场强度相同的两个磁钢构成一均匀

梯度磁场，磁场在一定范围内沿 x 方向的变化梯度 $\mathrm{d}\boldsymbol{B}/\mathrm{d}x$ 为常数，则当元件沿 x 方向移动时，霍尔电压的变化为

$$\frac{\mathrm{d}U_{\mathrm{H}}}{\mathrm{d}x}=K_{H}I\frac{\mathrm{d}\boldsymbol{B}}{\mathrm{d}x}=K\frac{\mathrm{d}\boldsymbol{B}}{\mathrm{d}x} \tag{13-5}$$

式中　K——霍尔式位移传感器的输出灵敏度。

将上式积分得

$$U_{\mathrm{H}}=Kx \tag{13-6}$$

由此表明，霍尔电压 U_{H} 与位移量 x 成正比。电压极性表示移动方向。磁场梯度愈大，灵敏度越高；磁场梯度越均匀，输出线性度越好。

任何非电量只要能够转换为位移量的变化，均可用上述霍尔式位移传感器进行测量。

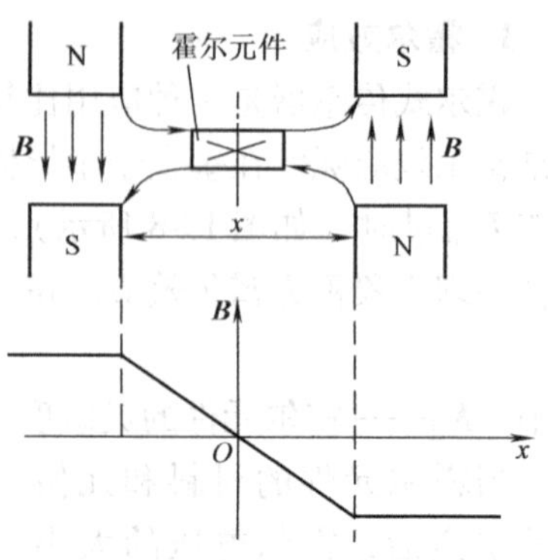

图 13-10　霍尔式位移传感器原理图

13.4　温度传感器及其应用

温度是与人类的生活、工作关系最为密切的物理量之一，也是各门学科与工程研究设计中经常遇到和必须精确测定的物理量。从工业炉温、环境气温到人体温度，很多技术领域都离不开测温和控温。在工业生产中温度的测量和控制，对改善产品性能，提高产品质量，对生产过程的自动检测与自动控制等具有重要意义。

13.4.1　温标和测量方法

1. 温标

温度是用来定量地表示一个物体冷热的物理量。而温标是衡量物体温度的标尺，物体的温度数值应根据温标给出。国际实用的温标是目前国际上比较通用且比较方便的温标。国际实用温标的温度符号用 T 表示，单位名称为开尔文，符号为 K。国际实用温标还规定了温度也可以用摄氏温度表示，摄氏温度用符号 t 表示，其单位名称为摄氏度，符号为°C。国际实用温度 T 与摄氏温度 t 之间的关系为

$$t=T-T_0 \tag{13-7}$$

式中，T_0 定义为 273. 15K。

2. 测温方法

测温方法一般分为接触测温法和非接触测温法两大类。接触测温法是将测温传感器与被测对象接触，两者充分热交换，最后达到热平衡后，两者温度相同，由仪表将温度示出；非接触测量就是利用特制的透镜将被测物体发出的热辐射能量积聚，再将它转换成电量，从而来测量被测物体的温度。

目前，对温度的测量仍主要在于对平衡状态的接触测量，对于流体温度、动态介质温度的非接触测量技术有待进一步研究和发展。

13.4.2　常用温度传感器

1. 热电阻

热电阻主要是利用导体的电阻随温度变化这一特性来测量温度的。目前广泛应用的热电

阻材料是铂、铜和镍等。

（1）铂热电阻

铂热电阻的物理化学性能在高温下和氧化介质中很稳定。它能用作工业测温元件和作为温度标准。铂的性能最稳定，采用特殊结构可制标准铂热电阻温度计。它的适用范围为 $-200 \sim +600°C$。工业用铂热电阻如图 13-11 所示，一般是将铂丝 2 绕在带有螺旋沟槽的玻璃或云母板上，外加不锈钢护套，也可将绕好的铂丝套入玻璃管熔烧封装。

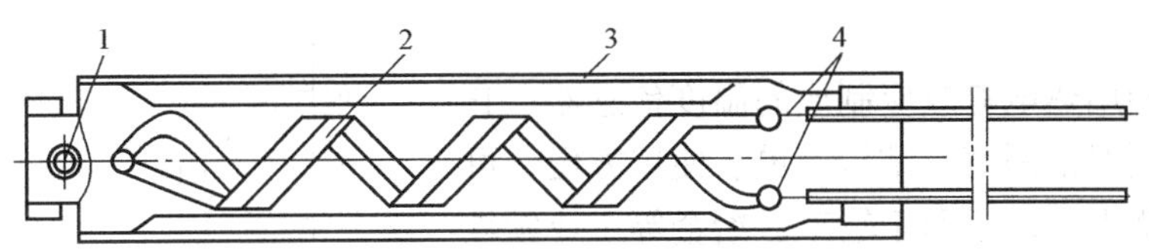

图 13-11　铂电阻结构

1—铆钉　2—铂丝　3—骨架　4—银导线

在 0 ~ 600℃以内，铂电阻与温度的关系为

$$R_t = R_0(1 + \alpha t + \beta t^2) \tag{13-8}$$

式中　R_t——温度为 $t°C$ 时的电阻（Ω）；

R_0——温度为 0°C 时的电阻（Ω）；

t——任意温度（°C）；

α、β——温度系数。

铂热电阻阻值不仅与温度 t 有关，还与温度在 0°C 时的铂热电阻值有关。目前国内统一设计的工业用铂热电阻的 R_0 值有 10Ω、100Ω 等几种，将 R_t 与 t 相应关系列成表格称其为铂热电阻分度表，分度号分别用 Pt10、Pt100 表示。

（2）铜热电阻

铜热电阻价廉并且线性好，但温度高时易氧化。当测量精度要求不高、测量范围不大时，可以用铜热电阻代替铂热电阻使用。在 $-50 \sim +150°C$ 时，铜电阻呈线性关系

$$R_t = R_0(1 + \alpha t) \tag{13-9}$$

铜电阻 R_0 值为 50Ω、100Ω 两种，分度号分别用 Cu50、Cu100 表示。

2. 热敏电阻

热敏电阻是近年来出现的一种新型半导体测温元件，主要是利用半导体的电阻随温度变化的特性测温。热敏电阻是由一些金属氧化物，如钴、锰、镍等，采用不同比例的配方，高温烧结成陶瓷。热敏电阻可根据使用要求封装加工成各种形状，如片状、杆状等，如图 13-12a 所示。它主要由热敏电阻、引线和壳体组成。

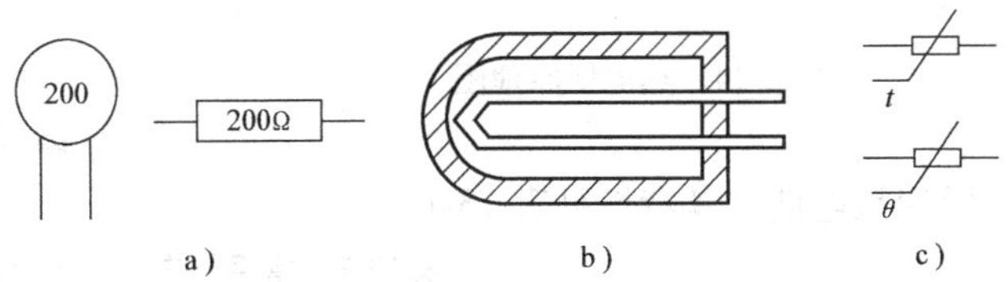

图 13-12　热敏电阻的结构外形及符号

a）形状　b）结构　c）符号

热敏电阻按温度系数可分为正温度系数型（PTC）、负温度系数型（NTC）和临界温度系数型（CTR），它们的特性曲线如图 13-13 所示。CTR 热敏电阻是一种具有开关特性的负

温度系数热敏电阻。当环境温度为某一温度时，其阻值急剧跃变，故 CTR 热敏电阻可用于自动温控和报警电路，起温度开关作用。

热敏电阻可用于工程控制、温度补偿、家用电器温控等工程技术中。用于测温时，要求通过电流小，注意线性化处理。

热敏电阻更广泛的应用是用于工业温控或仪器的温度补偿，若控制范围为 $-20\sim+60°C$，控制精度可达 $\pm0.1°C$。

3. 热电偶

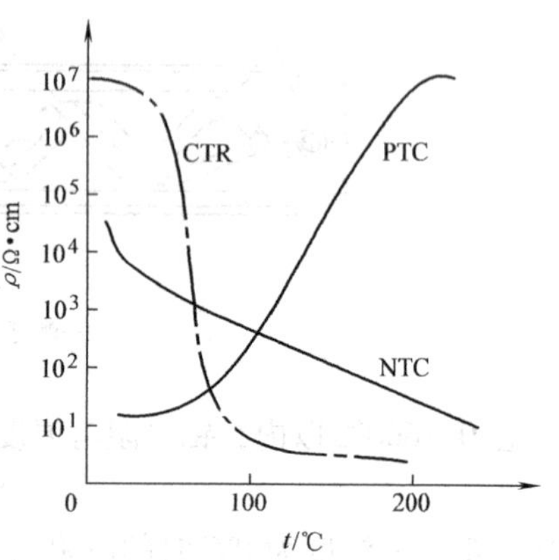

图 13-13 各种热敏电阻的典型特性

热电偶是利用热电势效应制成的温度传感器。它具有精度高、测温范围宽、结构简单、使用方便、可远距离测量等优点，广泛用于轻工、冶金等工业领域的温度测量、调节和自动控制等方面。

（1）热电势效应

将两种不同材料的导体构成一闭合回路，若两个接点处温度不同，则回路中将产生电动势，从而形成电流，这种物理现象称为热电势效应，简称热电效应。在图 13-14 所示的回路中，把 A、B 两导体的组合称为热电偶，A、B 两种导体称为热电极，节点 T 置于温度为 t 的被测对象中，称为工作端或热端，节点 T_0 置于参考温度 t_0 中，称为自由端或冷端。

热电势是由接触电势和温差电势两部分组成的，其大小只与两材料和两节点的温度有关，而与热电偶的尺寸、形状及材料的中间温度无关。热电势记作 $E_{AB}(t, t_0)$。

若图 13-14 的热电偶回路中接入第三种材料的导体，只要第三种导体的两端温度相同，则这一导体的引入将不会改变原来热电偶的热电动势大小，如图 13-15 所示。其中 C 导体两端温度相同。这一点很重要，它为热电偶测量时加测量引线带来方便。

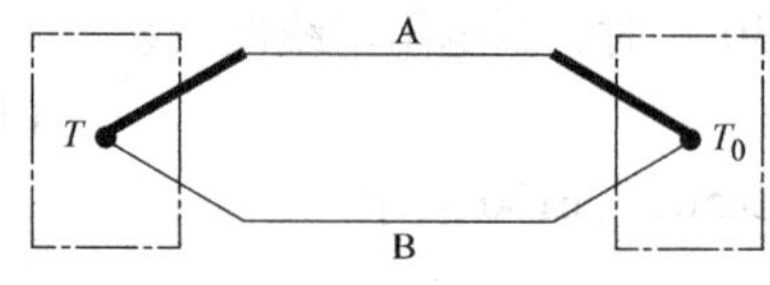

图 13-14 热电偶原理图

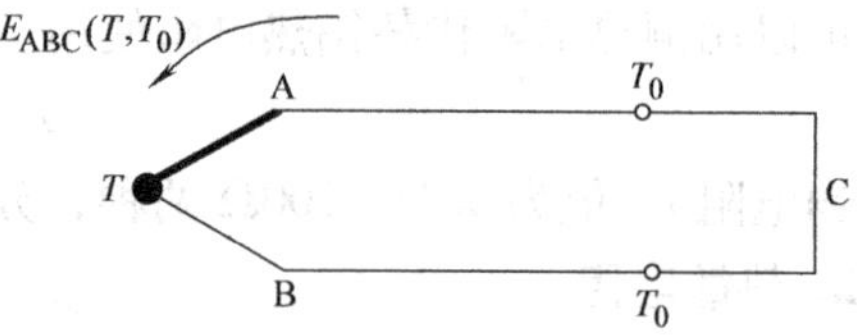

图 13-15 具有中间导体的热电偶回路

常用热电偶及其特性见表 13-1。

表 13-1 常用热电偶及其特点

名称	型号	分度号	测温范围/°C	特性
铂铑$_{10}$-铂	WRP	S	0~1600	使用范围广，性能稳定，精度高，复现性好。高温下铑易升华，污染铂极，价格贵，一般用于较精密的测温中
镍铬-镍硅	WRN	K	-200~1300	热电动势线性好，价廉，但材质较脆，焊接性能及抗辐射性能较差
镍铬-考铜	WRK	EA—2	0~300	热电动势大，线性好，价廉，测温范围小，考铜易氧化变质

热电偶的热电势一般情况下和两端点温度 t、t_0 都有关。如果保持自由端（冷端）的温度恒定，如取为0°C，则热电势仅为被测端温度的单值函数。热电偶的分度表（温度与热电动势关系的对应数据表格）和根据分度表刻度的显示仪表都是以热电偶的自由端温度等于0°C 为条件的。

表 13-2 是镍铬-镍硅热电偶分度表。

表 13-2　镍铬-镍硅热电偶分度表（自由端温度为 0°C）

工作端温度/°C	热电动势/mV		工作端温度/°C	热电动势/mV	
	EU—2	K		EU—2	K
-50	-1.86	-1.889	470	19.37	19.363
-40	-1.50	-1.527	480	19.79	19.788
-30	-1.14	-1.156	490	20.22	20.214
-20	-0.77	-0.777	500	20.65	20.640
-10	-0.39	-0.392	510	21.08	21.066
-0	-0.00	-0.000	520	21.50	21.493
+0	0.00	0.000	530	21.93	21.919
10	0.40	0.397	540	22.35	22.346
20	0.80	0.798	550	22.78	22.772
30	1.20	1.203	560	23.21	23.198
40	1.61	1.611	570	23.63	23.624
50	2.02	2.022	580	24.05	24.050
60	2.43	2.436	590	24.48	24.476
70	2.85	2.850	600	24.90	24.902
80	3.26	3.266	610	25.32	25.327
90	3.68	3.681	620	25.75	25.751
100	4.10	4.095	630	26.18	26.176
110	4.51	4.508	640	26.60	26.599
120	4.92	4.919	650	27.03	27.022
130	5.33	5.327	660	27.45	27.445
140	5.73	5.733	670	27.87	27.867
150	6.13	6.137	680	28.29	28.288
160	6.53	6.539	690	28.71	28.709
170	6.93	6.939	700	29.13	29.128
180	7.33	7.338	710	29.56	29.547
190	7.73	7.737	720	39.97	29.965
200	8.13	8.137	730	30.39	30.383
210	8.53	8.537	740	30.81	30.799
220	8.93	8.938	750	31.22	31.214
230	9.34	9.341	760	31.64	31.629
240	9.74	9.745	770	32.06	32.042
250	10.15	10.151	780	32.46	32.455
260	10.56	10.560	790	32.87	32.866
270	10.97	10.969	800	33.29	33.277
280	11.38	11.381	810	33.69	33.686
290	11.80	11.793	820	34.10	34.095
300	12.21	12.207	830	34.51	34.502
310	12.62	12.623	840	34.91	34.909
320	13.04	13.039	850	35.32	35.314
330	13.45	13.456	860	35.72	35.781
340	13.87	13.874	870	36.13	36.121
350	14.30	14.292	880	36.53	36.524
360	14.72	14.712	890	36.93	36.925
370	15.14	15.132	900	37.33	37.325
380	15.56	15.552	910	37.73	37.724
390	15.99	15.974	920	38.13	38.122
400	16.40	16.395	930	38.53	38.519
410	16.83	16.818	940	38.93	38.915
420	17.25	17.242	950	39.32	39.310
430	17.67	17.664	960	39.72	39.703
440	18.09	18.088	970	40.10	40.096
450	18.51	18.513	980	40.49	40.488
460	18.94	18.938			

实际使用中，自由端温度通常不是0°C，当热电偶自由端温度 $t_0>0°C$，但 t_0 基本恒定时，得到的热电动势 $E_{AB}(t,t_0)<E_{AB}(t,0°C)$ 根据热电偶的性质有

$$E_{AB}(t,0°C)=E_{AB}(t,t_0)+E_{AB}(t_0,0°C) \tag{13-10}$$

式中　$E_{AB}(t,t_0)$——毫伏表直接得到的热电动势，查热电偶的分度表得到 $E_{AB}(t_0,0°C)$，根据上式求出 $E_{AB}(t,0°C)$，最后再根据分度表查出被测温度 t。

例如，用镍铬-镍硅分度号为K的热电偶测炉温时，其自由端温度恒定在 $t_0=20°C$，在直流电位差计上测出热电动势 $E_{AB}(t,\ 20°C)=38.905mV$。此时炉温的计算方法如下：

查镍铬-镍硅热电偶K分度表得 $E_{AB}(20℃,\ 0°C)\ =0.798mV$

$$E_{AB}(t,0°C)=E_{AB}(t,20°C)+E_{AB}(20°C,0°C)$$
$$=38.905mV+0.798mV=39.703mV$$

反查K分度表，求得 $t=960°C$。

热电偶冷端温度 t_0 变化时，会影响热电动势值，因而要求冷端恒温。可用冰保温瓶恒定在0°C，或用恒温度器保证 t_0 值，也可以用电子补偿电路进行恒温补偿。

为了使热电偶冷端不受高温热源的影响，冷端基本保持恒定或波动较小，可把热电偶做得很长，但会使使用贵重金属的热电偶耗费加大。因此人们往往采用在一定范围内（0～100°C）与工作热电偶的热电特性相近的材料制成导线，用它将热电偶的冷端延长至需要的地方，这种方法称为补偿导线法，这样的导线称为补偿导线，使用补偿导线仅起延长热电偶的作用，不起任何温度补偿作用。

使用补偿导线必须注意两点：一是两根补偿导线与热电偶两个热电极的节点必须具有相同的温度；二是各种补偿导线只能与相应型号的热电偶配用，而且必须在规定的温度范围内使用，极性切勿接反。

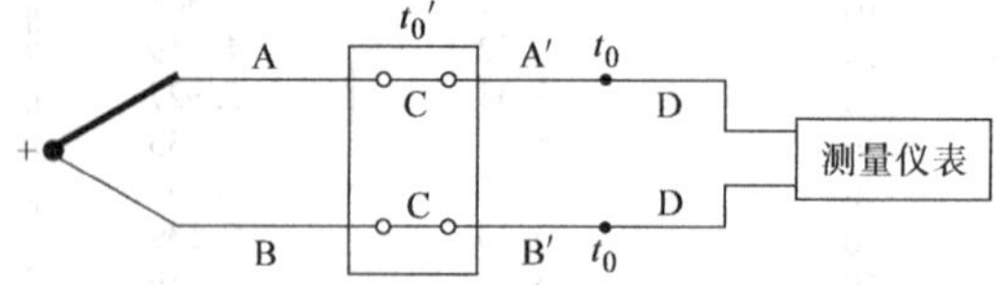

图13-16　测量某点温度的基本电路

（2）热电偶的测温线路

图13-16所示是一个热电偶直接和仪表配用测量某点温度的电路。图中A、B为热电偶，A′、B′为温度补偿导线，C为铜接线柱，D为铜导线。

13.4.3　应用举例

许多工业产品的最外层都有一层透明包装纸，透明纸的粘接一般由电烙铁来完成。为保证粘接质量，必须根据不同的透明纸严格控制好电烙铁的温度，图13-17为电烙铁温度控制的典型电路。它由温度控制器、铂热电阻（Pt100）、电烙铁、固态继电器和开关S组成。

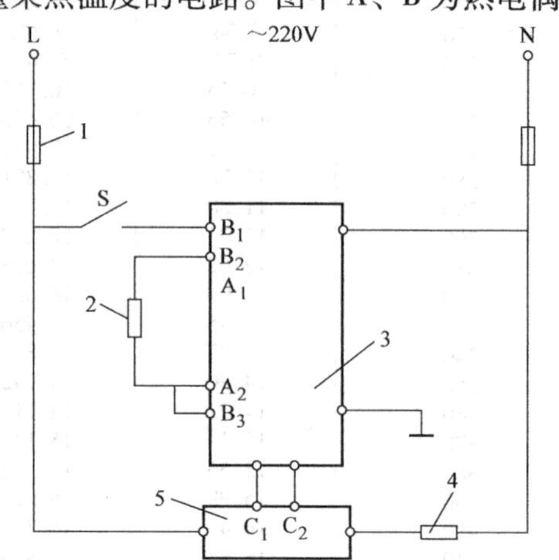

图13-17　温度传感器应用典型电路

1—熔断器　2—铂电阻　3—温度控制器　4—电烙铁　5—固态继电器

当合上开关S，温控器工作，安装在电烙铁上的测温电阻2的阻值随电烙铁温度升高而增大，其信号输入温控器3的 A_1、A_2 端，温控器把测温电阻的阻值和温控器的预置值进行比较，高于预置值

时，由 B_5、B_6 输出信号给固态继电器 5，使固态继电器 C_1、C_2 断开电源，切断电烙铁的电源，让其自然降温；当低于预置值时，C_1、C_2 接通，则电烙铁进行加温，稳定了电烙铁的工作温度。

早期使用的温控器是用继电器来切断电源的，但其工作不稳定，会产生很强的电磁噪声，并有电火花产生，影响周围电器。

13.5 光电传感器及其应用

光电式传感器是将被测量的变化转换成光通量的变化，再通过光电元件转换成电信号的一种传感器。它具有结构简单、非接触、高可靠性、高精度和反应快等优点，故在非电量检测中占有重要的地位。

13.5.1 光电效应

光电式传感器的核心部件是光电元件，光电元件的理论基础是光电效应。光电效应是金属、半导体等材料在光照下释放出电子的物理现象。它分为外光电效应、内光电效应和光生伏特效应三种类型。具有光电效应的元件称为光电元件。

外光电效应就是在光线作用下，电子从物体表面逸出的物理现象，也称为光电发射效应。基于外光电效应的元件有光电管和光电倍增管等。

内光电效应就是在光线作用下，释放出的电荷均匀存在于物体内部，使其电阻值下降的现象，也称为光电导效应。基于内光电效应的元件有光敏电阻等。

光生伏特效应就是在光线作用下，释放出的电荷在 PN 结的作用下产生漂移，从而产生一定方向电动势的现象。基于光生伏特效应的元件有光电池和光电晶体管等。

13.5.2 光电元件

1. 光敏电阻

光敏电阻是一种应用广泛的半导体光电元件。根据入射光波长的不同，光敏电阻的灵敏度也不同。光敏电阻的种类主要有紫外光敏电阻、可见光敏电阻和红外光敏电阻。紫外光敏电阻主要用于紫外线的探测；可见光敏电阻（如硅、锗光敏电阻）主要用于各种光电阻自动控制系统（如光电自动开关门、自动给水和停水装置）、照相机自动曝光、电视机亮度自动调整、光电计数器等；红外光敏电阻广泛用于成分分析、无损探伤、人体病变检查等方面。

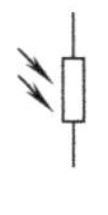

光敏电阻的符号如 13-18 所示。

图 13-18 光敏电阻符号

2. 光电池

光电池的种类很多，其感光灵敏度随材料和工艺方法的不同而不同，目前应用最广泛的是硅光电池。它具有性能稳定、传递效率高等优点，其缺点是质脆、经不起剧烈冲击、抗辐射能力差、价格较贵。

硒光电池，由于其光谱响应峰值为 0.75μm，属于可见波长范围，因此很多分析仪器、测量仪器也常用到它。

硒光电池交换效率比硅光电池效率低，但它频率响应范围较宽，与人眼视觉的频率响应范围相近，因而适用于曝光表及照度计。

3. 光敏二极管、光敏晶体管

光敏二极管的结构与一般二极管相似。在电路中一般工作于反向截止区，如图 13-19 所示。在不受光照射时，它处于截止状态，受光照射时，反向电流增大，且反向电流与光照度成正比，所以光敏二极管起着变阻作用。

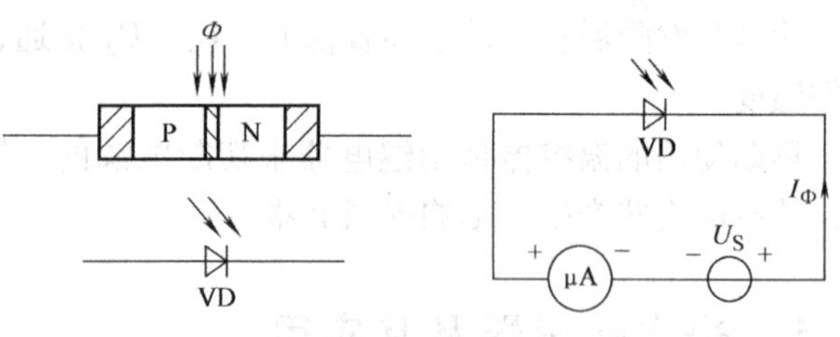

图 13-19　光敏二极管

光敏晶体管是根据光敏二极管和普通晶体管的工作原理组合而成的，它比光敏二极管具有更高的灵敏度。光敏晶体管有 PNP 和 NPN 两种，其符号如图 13-20 所示。

4. 光控电路

光控电路有多种形式。其光敏部分的接法有以下三种：第一种是将光敏元件作为基极下偏流元件，如图 13-21a 所示；第二种是将光敏元件作为基极上偏流元件，如图 13-21b 所示；第三种是采用光电池作为光敏元件，直接为晶体管提供导通偏压，光电池的接法要注意极性，如图 13-21c 所示。以上三个电路都用一个电位器 RP 调整光控灵敏度，在前两种接法中，光敏元件可以是光敏电阻、光敏二极管，也可以是光敏晶体管。

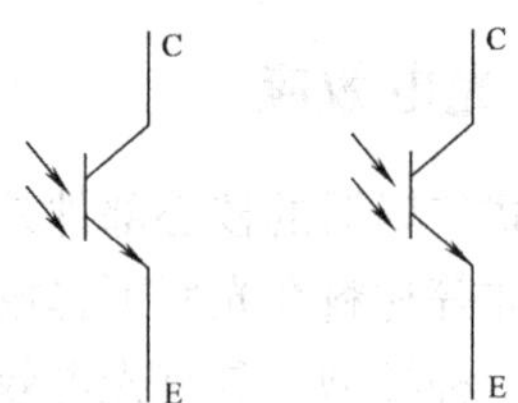

图 13-20　光敏晶体管

如果在没有光照时，被控末级已导通，而当有光照时，则被控末级截止的光控电路称为“暗通式”光控电路；反之称为“光通式”光控电路。

在图 13-21a 电路中光敏元件没有受到光照时内阻增大、晶体管导通，因而为“暗通式”，而图 13-21b、图 13-21c 两种电路为“光通式”。

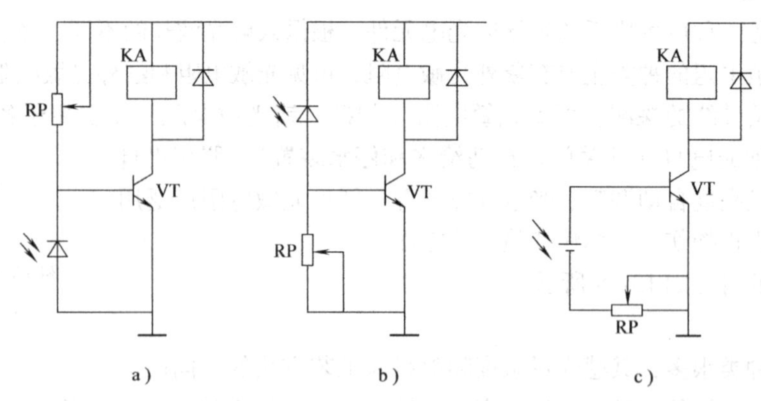

图 13-21　光控电路

13.5.3 光电式传感器及其应用

1. 光电式传感器

光电式传感器由光电元件、光源和光学元件以及相应的转换电路构成。常用光源有白炽灯和发光二极管。选择光源与光电元件时，要注意使光源发出的光的频率在光电元件接收灵敏度最高的范围内。

光电式传感器广泛应用于各种生产领域，它属非接触式测量，一般可归为四种类型。

第一种，被测物 1 本身是光源 3，由被测物发出的光通量到达光电元件（如光电比色温度计、光照度计等）2 上，如图 13-22a 所示。

第二种，被测物 1 吸收光源 3 的光通量，由被测物吸收光通量后到达光电元件 2。吸收量决定于被测物的某些参数（如测液体的透明度），如图 13-22b 所示。

第三种，被测物 1 是具有反射能力的表面，光电元件 2 的输出反映了被测物的某些参数（如纸张白度测量），如图 13-22c 所示。

第四种，被测物 1 遮挡光通量，光电元件 2 的输出反映了被测物的某些参数（如振动测量、带材跑偏测量），如图 13-22d 所示。

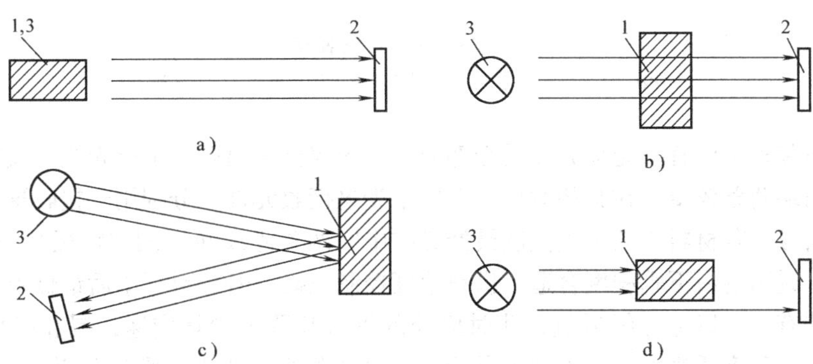

图 13-22 光电传感器的几种形式

1—被测物体 2—光电元件 3—光源

2. 光电传感器的应用

(1) 光电式边缘位置检测器

在冷轧带钢厂中，带材连续经过酸洗、退火、镀锡等工艺流程。带材在输送过程中容易走偏。若带材跑偏，其边缘会与传送机械发生碰撞，出现卷边，造成废品。光电式边缘位置检测器是为检测带材跑偏提供纠偏信号而设置的，如图 13-23 所示。

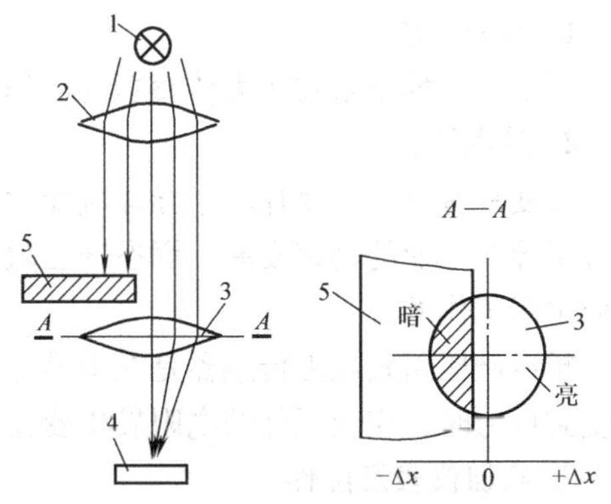

图 13-23 光电式边缘位置检测器

1—光源 2、3—透镜 4—光敏电阻 5—被测带材

光源 1 发出的光线经过光路系统（透镜 2、3）会聚到光敏电阻 4 上。而部分光线因受到被测带材 5 的遮挡，使得到达光敏元件的光通量减小，光敏电阻接到测量电路中。当带材处于正确

位置（中间位置）时，测量电路输出电压为零。当带材左偏时，遮光面积减小，到达光敏电阻的光通量增大，光敏电阻值随之减小，输出电压值为正值；当带材右偏时，输出电压为负值。输出电压值被送到执行机构，为纠偏控制系统提供纠偏信号。输出电压的正负反映带材跑偏的方向，输出电压的大小反映了带材偏离的距离。

（2）光线检测装置

在大型钢厂，较重的卷料展卷时，必须控制卷料挠度下垂程度。图 13-24 为卷料挠度下垂的光线检测装置。

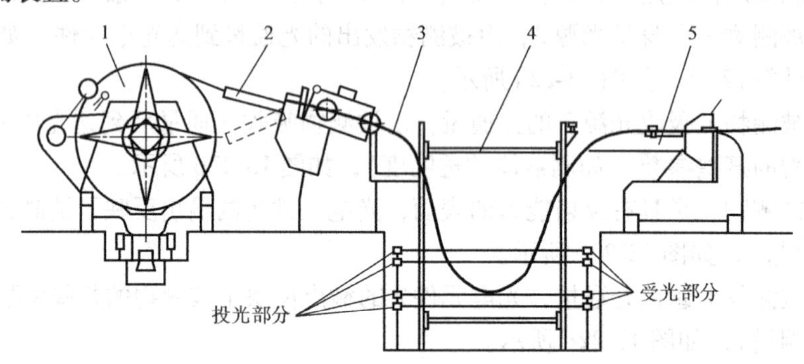

图 13-24　光线检测装置

1—供料装置　2—展卷机构　3—带材　4—光检装置　5—收料装置

图中光检装置 4 设有投光部分和受光部分。投光部分发出四条平行光线，其中中间两条间距较宽，两端两条较窄。在其相对位置有四个光电接收元件，分别用于接收这四条平行光线发出的光信号。若材料 3 的下垂挠度最低点在中间两条光线间（图中情况），仅有下方两条光线通过，说明卷料下垂程度合适，供料速度控制正确。若卷料下垂后最低点在中间两条光线之上，则有三条以上光线通过，此时应控制供料装置 1 少量增速，展卷机构 2 速度提高，使卷料下垂程度适当增加。若卷料最低点在这两条光线之下，则三条以上光线被遮断，则应控制供料装置少量减速，展卷速度降低，从而控制卷料挠度下垂度。

13.6　实训 19　扩散硅压阻式压力传感器

1. 实训目的

了解扩散硅压阻式压力传感器的工作原理和工作情况。

2. 基本原理

应变片有金属应变片和半导体应变片。半导体应变片是用半导体材料作敏感栅制成的。随着半导体工业的迅速发展，固态硅压阻式传感器正广泛得到应用。它是利用半导体的压阻效应进行工作的。

扩散硅压阻式压力传感器是在单晶硅的基片上用扩散工艺制成一定形状的应变元件，当它受到压力时，应变元件的电阻发生变化，使电路输出电压变化。

3. 实训仪表及部件

1）CSY 型传感器系统实训仪（内含直流稳压电源、差动放大器、电压表、压阻式传感器）1 台。

2）U 型玻璃管及其加压配件 1 套。

4. 实训步骤

1）将 CSY 型传感器系统实训化中的直流稳压电源调至 ±6 档，电压表的量程选择 2V 档，且将差动放大器的增益调至适中。

2）观察传感器芯片结构。

3）将压阻式传感器、差动放大器及电压表按图 13-25 所示电路连接好，注意接线须正确，否则易损坏元器件，接到差动放大器的两输入端可不考虑极性。

4）按图 13-26 接好传感器供压回路，传感器具有两个气嘴、一个高压嘴和一个低压嘴。当高压嘴接入正压力时（相对低压嘴）输出为正，反之为负。

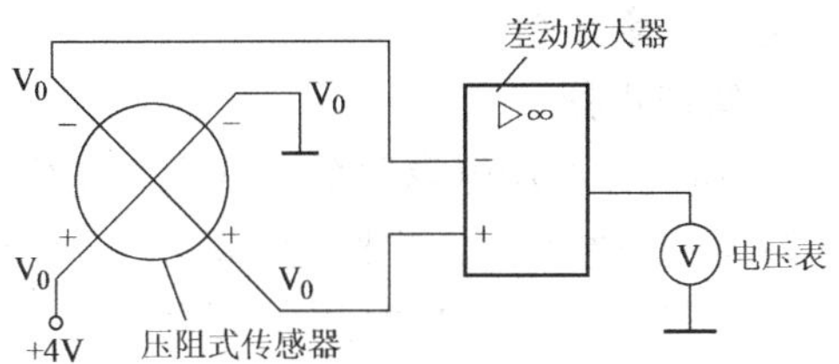

图 13-25　传感器电路

5）将加压皮囊上的锁紧螺钉拧松。将 U 形玻璃管直立于观察方便的地方，尽量保持 U 形玻璃管垂直，严防打碎玻璃管。

6）将清洁的自来水（为观察方便也可向水中注入少量的钢笔用墨水）小心地从 U 形玻璃管开口的一端倒入管内，直至 20cm 刻度处（少一点也可）。

7）接通电源，调整差动放大器零位旋钮，使电压表指示尽可能为零，记下此时电压表读数。

8）拧紧皮囊上的锁紧螺钉，轻按加压皮囊，注意不要用太大力，否则水会从 U 形玻璃管中冲出，当 U 形玻璃管中的液面刻度差 ≤4cm(0.4kPa)，且电压表有压力指示时，记下此时的读数，然后每隔这一刻度差，记下读数，并将数据填入表 13-3 中。

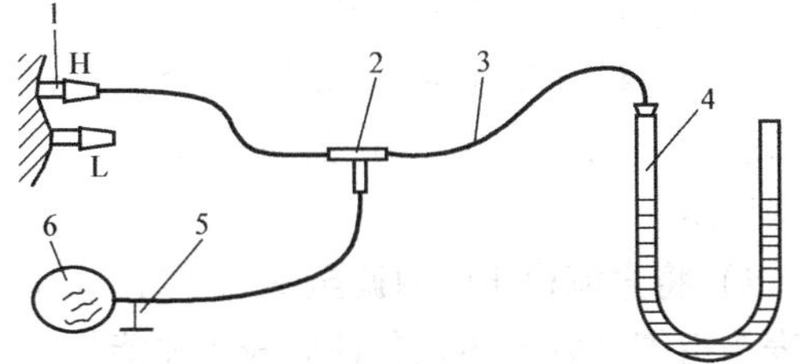

图 13-26　传感器供压回路

1—压力传感器引压嘴　2—三通管接头　3—皮管　4　U 形玻璃管　5　截止阀　6—加压皮囊

表 13-3　实训 19 测量值记录表

压力/kPa						
电压/mV						

注：1kPa = 10cm 水柱高。根据所得的结果计算系统灵敏度 S，并作出 $V-P$ 关系曲线，计算出系统误差。

5. 注意事项

1）如在实训中 U 形玻璃管内液面刻度不稳定，应检查加压气体回路是否有漏气现象。气囊上的锁紧螺钉是否拧紧。

2）如读数误差较大，应检查气管是否有折压现象，造成传感器与 U 玻璃形管之间的供气压力不均匀。

6. 分析与思考

这种硅压阻式传感器是否可用作真空以及负压测试？

13.7 实训 20　金属箔式应变片：单臂、半桥、全桥比较

1. 实训目的

验证单臂半桥、全桥的性能。

2. 实训设备与器材

CSY 型传感器系统实训仪（内含直流稳压电源、差动放大器、电压表、测微头、金属箔式应变片等)1 台。

3. 实训步骤

1）将直流稳压电源调至 ±2V 档，V/F 表调至 2V 档，运算放大器增益调至最大；

2）将差动放大器调零，调零方法是用实验线将差动放大器的正负输入端与地端连接起来，增益放在最大位置，然后将输入端接到电压表的输入插口，调整差动放大器上的调零旋钮使表头指示为零。

3）按图 13-27 接线，图中 R_4 为金属箔式应变片，R、RP 为调电桥平衡网络。

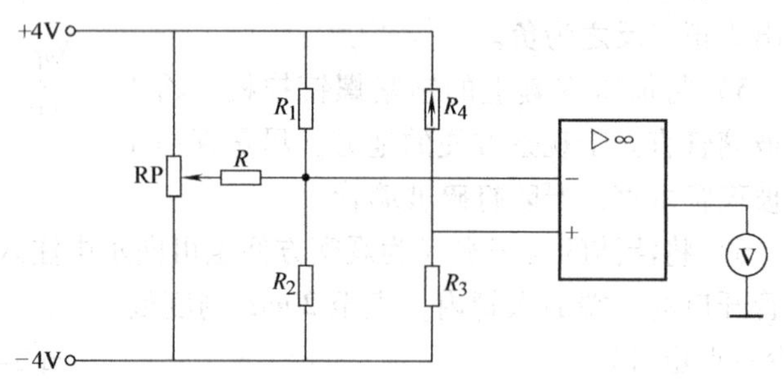

图 13-27　金属箔式应变片测试图

4）将直流稳压电源调至 ±4V 档，选择适当的放大增益，然后调整电桥平衡电位器 RP，使表头指零（须预热几分钟后表头才能稳定下来）。

5）加上砝码，每加一个读数，将测得的数值填入表 13-4。

表 13-4　实训 20 测量值记录表(一)

重量/g										
电压/mV										

6）保持放大器增益不变，将 R_3 换为与 R_4 工作状态相反的另一应变片，形成半桥，调好零点，将测出读数填入表 13-5。

表 13-5　实训 20 测量值记录表(二)

重量/g										
电压/mV										

7）保持差动放大器增益不变，将 R_1、R_2 两个电阻换成另两片工作片，接成一个直流全桥，调好零点，将读出数据填入表 13-6。

表 13-6　实训 20 测量值记录表(三)

重量/g										
电压/mV										

8）在同一坐标纸上描出 $X-V$ 曲线，比较三种接法的灵敏度。

4. 注意事项

1）在更换应变片时应关闭电源。

2）在实验过程中，如发现电压表发生打表，应将电压表量程扩大或将运算放大器增益减小。

3）在本实验中只能将放大器接成差动形式，否则系统不能正常工作。

4）直流稳压电源不能调得过大，以免损坏应变片或造成严重自热效应。

5）接全桥时请注意区别各应变片的连接。（R_1 与 R_3 工作状态相同，R_2 与 R_4 工作状态相同。）

13.8　小结

1）一个自动检测系统通常由被测系统、传感器、转换电路、输出显示装置、数据处理装置或执行机构等组成，其中传感器是把被测的非电量变换成电量的装置，在自动检测系统中占有重要地位。

2）测力传感器的形式有多种，其中电阻应变式测力传感器由电阻应变片和弹性元件组成。

3）电阻应变片式传感器也可以用来测位移，同一种传感器可以检测不同的参数；同一被测量也可以用不同的传感器来测量。

4）温度的测量主要通过热电式传感器，如热电阻、热敏电阻和热电偶等来实现。热电阻和热敏电阻是将温度的变化转换为电阻值变化的传感器；热电偶是利用热电势效应，即将温度变化转换为电势的传感器。

5）光电式传感器是将被测量的变化转换成光通量的变化，再通过光电元件转换成电信号的一种传感器，其应用非常广泛。光电元件的理论基础是光电效应。光电效应的三种类型，对应不同的光电元件；根据被测物与光电元件和光源之间的关系，光电传感器的应用有四种形式。

13.9　习题

1. 电阻应变片作为测力传感器的传感元件，它是如何实现力-电的转换的？
2. 弹性元件在传感器中起什么作用，主要有哪几种基本形式？
3. 什么叫霍尔效应？试说明霍尔传感器是如何测位移的。
4. 什么是热电效应？试述热电偶的测温原理。补偿导线的作用是什么？使用补偿导线的原则是什么？
5. 光电传感器可分为哪几类？请举例说明光电传感器是如何进行光电转换的。

部分习题参考答案

第 1 章

1. $U_{ab}=10V$

2. $I_2=-1A$

3. (1) $U_2=-1V$，$U_3=9V$

(2) 元件 1 供出功率 10W，元件 2 吸收功率 1W，元件 3 吸收功率 9W

4. 元件 2 吸收 12W，元件 1 吸收 8W

5. (1) $U_{bd}=1V$

(2) 元件 1 供出 2W，元件 3 吸收 16W，元件 4 供出 4W，元件 6 吸收 3W

6. a) $I=0$，$U=12V$，$U_1=0$，$U_2=12V$

b) $I=1.2A$，$U=10.8V$，$U_1=4.8V$，$U_2=6V$

c) $I=2.4A$，$U=9.6V$，$U_1=9.6V$，$U_2=0$

7. $U=204V$，$U_S=205V$

8. (1) 电源中通过的电流 $I=410A$

(2) 电炉中通过的电流 $I_L=0A$

(3) 电源的端电压 $U=164V$，电灯不亮。

9. (1) $I=3A$

(2) $R=8\Omega$

(3) $I=-1/3A$

10. $R_1=47k\Omega$，$R_2=150k\Omega$，$R_3=800k\Omega$，$R_4=1M\Omega$，$R_5=30M\Omega$，$R_6=5M\Omega$

11. $R_1=0.35\Omega$，$R_2=3.15\Omega$，$R_3=31.5\Omega$，$R_4=315\Omega$，$R_5=3.15k\Omega$

12. $R_1=19880\Omega$，$R_2=80k\Omega$

13. $R_x=8\Omega$

14. (1) $I_1=4.5A$，$I_2=1.5A$

(2) 电路的等效电阻 $R=5\Omega$

(3) $R_4=9\Omega$

(4) $R_5=2\Omega$，$P_5=72W$

16. R_1 中的电流为零；R_2 中的电流为 0.5A，方向向下；R_3 中的电流为 0.5A，方向向下；R_4 中的电流为 1A，方向向下；U_{S2} 中的电流为 0.5A，方向向左

17. $I_1=6.667A$（R_{o1} 中通过的电流），$I_2=4.167A$，$I=10.834A$

18. $U_{ab}=-2V$

19. $I=0.2A$

20. $U=5V$

21. a) $U_{So}=2V$，$R_o=8/6\Omega$

b）$U_{So}=8V$，$R_o=7.33\Omega$

c）$I_S=3.33A$，$R_o=3\Omega$

22. $U_{So}=10V$，$R_o=2\Omega$

23. $I_2=2.154A$

24. $U_{ab}=1.2V$

25. $I=1/6A$

26. a）$V_a=-1.538V$

b）$V_a=1V$

27. S 断开时：$V_a=-8.124V$，$V_b=-11.03V$；S 闭合时：$V_a=1.515V$，$V_b=0V$

28. $V_a=7.2V$

第 2 章

2. $U=7.07V$；$f=50Hz$；$\varphi=-\frac{\pi}{6}$

3. i_2 超前 $i_1 30°$；i_3 滞后 $i_1 30°$。

4. $i=5\sqrt{2}\sin(100t+53.1°)A$

5. B、D、E

6. C、E

7. D、E

9. 2

10. （1）$X_L=25\Omega$

（2）$I=8.75A$

11. （1）$X_C=40\Omega$

（2）$I=2.5A$

12. A 灯亮度不变；B 灯亮度变暗；C 灯亮度变亮

13. a）80V；b）10V

14. $R=4\Omega$；$L=9.55mH$

15. $u_2=20\sin(314t-47.3°)$；u_1 超前

16. $R=345\Omega$

17. 14.1A；2A

18. $u_1=6\sqrt{2}\sin 2tV$；u_1 与 u_2 同相位；$U_1=3U_2$

19. $\cos\varphi_1=0.5$；$\cos\varphi=0.91$

20. $I_p=2.58A$；$I_l=2.58A$；$P=565.8W$

21. $\cos\varphi=0.86$

22. $P=480W$；$Q=138.6var$；$S=560V\cdot A$

第 3 章

1. $I_1\approx 8.33A$；$I_2\approx 113.6A$。

2. （1）200Ω

（2）98mW

（3）12mW

3. （1）$U_{2N}=36V$，$I_{1N}=5.26A$，$I_{2N}=55.6A$

（2）$I_1=2.1A$，$I_2=22.2A$

4. 16 盏

5. $n_1=1500r/min$；$n=1455r/min$

6. 4 极，2 极；4.6%；3.3%

8. $\lambda=2$

9. （1）$\eta_N=80\%$

（2）$T_N=19.5N \cdot m$

（3）$s_N=8.65\%$

（4）4

11. （1）4.65kW

（2）8.31A，14.35A

（3）30.6N · m

第 4 章

3. （1）三相电源无电；熔丝熔断，控制电路两端无电压；停止按钮 SB 接触不良；控制电路中电器元件接线端接触不良。

（2）接触器的主触点损坏，接触器吸合不紧；主电路电器元件接线端接触不良；电动机损坏。

（3）自锁触点未接到起动按钮两端或接线端松脱，接触不良。

（4）电源电压过低或接触器动铁心被卡住。

（5）电源电压过低或接触器铁心端面的短路环断裂所致。

（6）电压过高；接触器吸合不上，导致线圈过热而损坏。

（7）电源电压过低或电动机缺相起动。

第 5 章

4. 图 5-35 梯形图的指令程序

序号	指令语	器件号
0	LD	X400
1	OR	X401
2	ANI	X402
3	OR	M 100
4	LD	X403
5	AND	X404
6	OR	M113

7	ANB	
8	ORI	M101
9	OUT	Y435

5. （1）Y30、Y32 为“0”，Y31 为“1”

（2）Y30、Y31、Y32 为“1”

（3）Y30、Y32 为“1”，Y31 为“0”

6. 9s

第 8 章

1. （1）$I_B = 50\mu A$，$I_C = 2mA$，$U_{CE} = 6V$

2. （1）$R_B = 160k\Omega$，$I_C = 3mA$，$I_B = 75\mu A$，$U_{CE} = 3V$；

（2）$R_B = 320k\Omega$，$I_C = 1.5mA$，$I_B = 37.5\mu A$，$U_{CE} = 7.5V$

3. $R_C = 2.5k\Omega$，$R_B = 200k\Omega$

4. （2）600kΩ

（3）发射结击穿。与电位器串联一个阻值较大的电阻。

5. a）不能放大交流信号。从直流通路分析：晶体管为 PNP 型，电路中晶体管的 BE 结为反向偏置，使 VT 处于截止状态，无法放大交流信号。

b）不能放大交流信号。从直流通路分析：晶体管的 BE 结为正向偏置，BC 结为反向偏置，外部满足放大条件，但 U_{CE}的电压等于 V_{CC}且不变。从交流通路分析：因 $R_C = 0\Omega$，u_o 被 R_C 短路，使 $u_o = 0$，故无交流信号输出。

c）不能放大交流信号。从直流通路分析：因为 $R_B = 0$，$U_{BCQ} = V_{CC}$，而 $U_{CEQ} < V_{CC}$，BC 结为正向偏置，晶体管处于饱和状态，故无放大作用。同时将使 I_{BQ}很大，使 VT-BE 结烧坏。

d）不能放大交流信号。从直流通路分析：晶体管的 BE 结为正向偏置，BC 结为反向偏置，外部满足放大条件；从交流通路分析；C_B 使 u_1 短路，则使 u_{be}、i_b、i_c、u_{ce}法 F 均为 0，$u_o = 0$，故无交流信号输出。

6. （1）$A_u' = -150$

（2）$A_u = -100$

（3）$r_i = 1.6k\Omega$，$r_o = 3k\Omega$

7. $R_B = 480k\Omega$，$R_C = 3.3k\Omega$，$U_{CE} = 8.7V$

8. （1）$I_B = 20\mu A$，$I_C = 1mA$，$U_{CE} = 61V$

（2）$r_{BE} = 0.79k\Omega$，$A_u' = -84$，$U_o = -0.84V$，$r_i \approx r_{BE} = 1.6k\Omega$，$r_o = R_C = 2.7k\Omega$

（3）$A_u = -63$

10. （1）取样、基准、放大和调整环节。

（2）输出电压升高时，调整管压降 U_{CE}升高，使输出电压幅度下降，因而使输出电压稳定。输出电压降低时，调整过程相反。

第 9 章

3. 1MΩ

4. 10kΩ

5. −7.7V

6. $R_{11}=50\text{k}\Omega$，$R_{12}=25\text{k}\Omega$，$R_{13}=200\text{k}\Omega$

7. $R_{11}=1\text{M}\Omega$，$R_{12}=500\text{k}\Omega$，$R_{13}=200\text{k}\Omega$，$R_{14}=100\text{k}\Omega$，$R_{15}=20\text{k}\Omega$

8. $R_{F1}=1\text{k}\Omega$，$R_{F2}=9\text{k}\Omega$，$R_{F3}=40\text{k}\Omega$，$R_{F4}=50\text{k}\Omega$，$R_{F5}=400\text{k}\Omega$

9. 500kΩ

10. （1）图 9-40a 所示电路中，$U_{TH}=+1.5\text{V}$，$U_{TL}=-1.5\text{V}$

（2）图 9-40b 所示电路中，$U_{TH}=+3\text{V}$，$U_{TL}=0\text{V}$

11. （1）$f_{OH}=31.8\text{Hz}$，$f_{OL}=3.18\text{Hz}$

（2）$R_F=20\text{k}\Omega$，应采用负温度系数的热敏电阻

第 10 章

2. $Y_1=\overline{\overline{AB}\cdot\overline{\overline{A}\cdot\overline{B}}}=AB+\overline{A}\,\overline{B}$，$Y_2=\overline{\overline{A}\,\overline{B}}=A+B$

3. BCD

4. $Y=ABCD+AB\overline{C}\,\overline{D}+\overline{A}\,\overline{B}CD+\overline{A}\,\overline{B}\,\overline{C}\,\overline{D}$

5. （1）$(69)_{10}$，$(01101001)_{8421BCD}$

（2）$(129)_{10}$，$(000100101001)_{8421BCD}$

6. （1）$(110101100111)_2$，$(0011010000110001)_{8421BCD}$

（2）$(1100110001100)_2$，$(0110010101000000)_{8421BCD}$

7. （1）$(8520)_{10}$，$(10000101001000)_2$

（2）$(1962)_{10}$，$(11110101010)_2$

8. $Y_1=\overline{A}\,\overline{B}C+\overline{A}B\overline{C}+A\overline{B}\,\overline{C}+ABC$

$Y_2=\overline{A}BC+A\overline{B}C+AB\overline{C}+ABC=AB+BC+CA$

9. $Y=\overline{A}B+A\overline{B}$

10. $Y=\overline{\overline{ABDABCACD}}$

11. 开锁信号为 $\overline{A}BC\overline{D}$

第 11 章

4. 五进制

5. 十二进制

9. 十进制

11. 串行输出数码为 1000，寄存器为 1001，数码左移

第 12 章

2. +5V，+2.5V

3. 施密特电路

4. 单稳态触发器，11s

参 考 文 献

[1] 沈裕钟．电工学[M]．4版．北京:高等教育出版社,1999.

[2] 秦曾煌．电工学[M]．5版．北京:高等教育出版社,1999.

[3] 曹建林．电工学[M]．北京:高等教育出版社,2004.

[4] 王俊岳．电工学与电子学[M]．重庆：重庆大学出版社，1989.

[5] 童大至．电工电子技术基础[M]．北京：解放军出版社，1988.

[6] 潘兴源．电工电子技术基础[M]．上海：上海交通大学出版社，1999.

[7] 高福华．电工技术基础[M]．北京：电子工业出版社，1987.

[8] 刘式雍．电工学[M]．北京：高等教育出版社，1985．

[9] 刘笃鹏，李朝纲．电工学[M]．北京：水利电力出版社，1985.

[10] 席时达．电工技术[M]．北京：高等教育出版社，1993.

[11] 李树燕．电路基础[M]．2版．北京：高等教育出版社，1998.

[12] 李瀚荪．电路分析基础[M]．2版．北京：高等教育出版社，1984.

[13] 杨延栋，王运志．应用电工技术[M]．开封：河南大学出版社，1997.

[14] 曹彦芳．电路基础实验[M]．2版．北京：高等教育出版社，1999.

[15] 曾祥富．电工技能与训练[M]．北京：高等教育出版社，1994.

[16] 黄永铭．电动机与变压器维修[M]．北京：高等教育出版社，1999．

[17] 王琥，王铁工．机床维修电工[M]．北京：高等教育出版社，1992.

[18] 何焕山．工厂电气控制设备[M]．北京：高等教育出版社，1993.

[19] 童诗白．模拟电子技术[M]．2版．北京：高等教育出版社，1988.

[20] 曾祥富，张龙兴，童士宽．电子技术基础[M]．北京：高等教育出版社，1996.

[21] 林小峰．可编程序控制器原理及应用[M]．北京：高等教育出版社，1991.

[22] 郑瑜平．可编程序控制器[M]．2版．北京：北京航空航天大学出版社，1996.

[23] 田瑞庭．可编程序控制器应用技术[M]．北京：机械工业出版社，1994．

[24] 李乃夫．可编程序控制器原理应用实验[M]．北京：中国轻工业出版社，1998.

[25] 杨士元，等．可编程序控制器编程应用和维修[M]．北京：清华大学出版社，1995.

[26] 朱善君，等．可编程序控制器原理应用维护[M]．北京：清华大学出版社，1992.

[27] 许江，蒋跃宗．可编程序控制器PLC基础应用教程[M]．北京：中国水利水电出版社，1996.

[28] 陈正传，罗会昌．电子技术[M]．北京：机械工业出版社，1989.

[29] 诸林裕．电子技术基础[M]．北京：中国劳动出版社，1988.

[30] 杨素行．模拟电子技术基础简明教程[M]．2版．北京：高等教育出版社，1997.

[31] 王筱颖．模拟电路导论[M]．北京：高等教育出版社，1986.

[32] 阎石．数字电子技术[M]．4版．北京：高等教育出版社，1998.

[33] 朱国兴．电子技能与训练[M]．北京：高等教育出版社，1996.